Karl J. Thomé-Kozmiensky

Recycling und Rohstoffe

Band 1

TK

Die Deutsche Bibliothek – CIP-Einheitsaufnahme

Recycling und Rohstoffe – Band 1
Karl J. Thomé-Kozmiensky.
– Neuruppin: TK Verlag Karl Thomé-Kozmiensky, 2008
ISBN 978-3-935317-36-8

ISBN 978-3-935317-36-8 TK Verlag Karl Thomé-Kozmiensky

www.pefc.org

Verlag: TK Verlag Karl Thomé-Kozmiensky • Neuruppin 2008
Redaktion und Lektorat: Professor Dr.-Ing. habil. Dr. h. c. Karl J. Thomé-Kozmiensky und Dr.-Ing. Stephanie Thiel
Erfassung und Layout: Petra Dittmann, Martina Ringgenberg und Andreas Schulz
Druck: Mediengruppe Universal Grafische Betriebe München GmbH, München

Der Entwurf der Verordnung über den Einbau von mineralischen Ersatzbaustoffen in technischen Bauwerken und zur Änderung der Bundes-Bodenschutz- und Altlastenverordnung – Ersatzbaustoff-Verordnung – wird derzeit überarbeitet. Damit sollen zum Schutz von Boden und Grundwasser erstmals rechtsverbindliche Anforderungen an die Verwertung formuliert werden. Ministerialrat Rüdiger Wagner stellt den bisherigen Arbeitsentwurf und die aktuellen Entwicklungen nach Auswertung wissenschaftlicher Untersuchungen und Gutachten sowie Einbeziehung der beteiligten Kreise vor. Stellungnahmen dazu kommen u.a. aus dem Niedersächsischen Umweltministerium.

In Deutschland fallen pro Jahr gut 240 Millionen Tonnen mineralische Abfälle an, das sind etwa sechzig Prozent des gesamten Abfallaufkommens. Diese Menge teilt sich in etwa wie folgt auf: 140 Millionen Tonnen Boden und Steine, 73 Millionen Tonnen Bauabfall und Straßenaufbruch, 15 Millionen Tonnen Aschen und Schlacken aus Abfallverbrennungsanlagen und Kraftwerken, 7 Millionen Tonnen Hochofenschlacken und 6 Millionen Tonnen Stahlwerksschlacke.

Für die Entsorgung – insbesondere die Verwertung – dieser Abfälle werden neue Rahmenbedingungen festgelegt.

Bislang wurden mineralische Abfälle hauptsächlich im Straßenbau, zur Verfüllung von Abgrabungen, bei Rekultivierungsmaßnahmen auf Deponien und als Versatz in untertägigen Bergwerken verwertet. Die Verwertung orientierte sich an den Z-Werten des Merkblatts M20 der Länderarbeitsgemeinschaft Abfall und der Einbau in Deponien am geltenden Deponierecht, das sind die Abfallablagerungsverordnung, die Deponieverordnung, die Deponieverwertungsverordnung, die Technischen Anleitungen Abfall und Siedlungsabfall.

Befürchtungen bestehen, dass die neue Verordnung bisherige Verwertungswege erschwert oder gar unmöglich macht. Es kann nicht ausgeschlossen werden, dass das Verbrennen von Abfällen und die Entsorgung von Kraftwerksschlacken teurer werden, weil an die Verwertung dieser festen Rückstände strengere Forderungen gestellt werden. Auch das Bauen könnte teurer werden. Befürchtet werden auch Auswirkungen der Verordnung für abgeschlossene und laufende Maßnahmen. Andererseits besteht Hoffnung, dass Recyclingbaustoffe einen gesicherten Produktstatus erhalten.

Rechtliche, wirtschaftliche und technische Fragen zur zukünftigen Verwertung der mineralischen Abfälle werden in diesem Buch ausführlich behandelt. Breiten Raum nehmen das Baustoffrecycling und die Verwertung der verschiedenen Aschen und Schlacken ein.

Zum Baustoffrecycling interessieren insbesondere die Voraussetzungen für die Zulassung von Recyclingmaterial, die Nutzung industrieller Abfälle in Beton sowie Techniken im Vorfeld der Verwertung.

Das Thema Schlackenrecycling wird insbesondere in Hinblick auf hochwertige Verwertungsoptionen behandelt, z.B. Rückgewinnung von Metallen, aber auch bedarfsgerechte Herstellung von Produkten.

An übergeordneten Aspekten werden die ökotoxikologische Einstufung und die Voraussetzungen für die Zulassung als Baustoff behandelt. Die Themen Deponie und Altlasten hängen eng mit dem Buchthema zusammen: das wird in den Beiträgen über das Deponierecht, zur Planung und Genehmigung einer Deponie sowie über die Sanierung einer Bergbaualtlast deutlich.

November 2008

Professor
Dr.-Ing. Dr. h. c. Karl J. Thomé-Kozmiensky

Inhaltsverzeichnis

Rechtliche, wirtschaftliche und ökologische Aspekte

Schlacken

Sonstige mineralische Abfälle

Verwertung als Baustoffe

Deponien und Altlasten

Rechtliche, wirtschaftliche und ökologische Aspekte

Anforderungen an den Einbau von mineralischen Ersatzbaustoffen und an Verfüllungen

Rüdiger Wagner

Mengen

In Deutschland fallen jährlich etwa 240 Millionen Tonnen mineralische Abfälle an. Dies entspricht etwa sechzig Prozent der Gesamtabfallmenge von 350 Millionen Tonnen pro Jahr. Von den mineralischen Abfällen sind etwa 140 Millionen Tonnen Boden und Steine, etwa 73 Millionen Tonnen Bauabfall und Straßenaufbruch, etwa 15 Millionen Tonnen Aschen und Schlacken aus Kraftwerken und anderen Verbrennungsprozessen, etwa 7 Millionen Tonnen Hochofenschlacke sowie etwa 6 Millionen Tonnen Stahlwerksschlacke.

Der größte Anteil des Bodenmaterials wird im Rahmen von Baumaßnahmen umgelagert und verwendet oder bei Verfüllungsmaßnahmen eingesetzt. Gut zwei Drittel des Bauabfalls und Straßenaufbruchs von 51 Millionen Tonnen werden wieder als Recyclingbaustoff eingesetzt. Eine genauere Übersicht wurde durch ein Forschungsvorhaben des Ökoinstitutes über Aufkommen, Qualität und Verbleib mineralischer Abfälle im Auftrag des Umweltbundesamtes erstellt [1].

1. Rechtliche Rahmenbedingungen

Die Mitteilung 20 der Länderarbeitsgemeinschaft Abfall vom 6. November 1997 [2] war lange Zeit Grundlage für den Vollzug bei der Verwertung dieser Abfallströme. Sie bestimmte abfallspezifische Anforderungen durch Feststoff- und Eluatwerte zum Schutz von Boden und Grundwasser. Sie galten sowohl für Verfüllungsmaßnahmen als auch für den Einsatz zu bautechnischen Zwecken.

Dabei wurden je nach Schadstoffbelastungen Einschränkungen hinsichtlich der Einbaustandorte und Einbauweisen festgelegt, Einbauklassen Z0 bis Z2. Die Anpassung des Regelwerkes an die neueren Vorgaben des vorsorgenden Bodenschutzes (BBodSchV) wie auch an die in der Länderarbeitsgemeinschaft Wasser (LAWA) entwickelten Maßstäbe des vorsorgenden Gewässerschutzes – Geringfügigkeitsschwellenkonzept [3] und Grundsätze des vorsorgenden Grundwasserschutzes bei Abfallverwertung und Produkteinsatz (GAP-Papier) [4] – ist wegen inhaltlicher Differenzen innerhalb der Länder und mit Teilen der Wirtschaft nicht fortgesetzt worden. Allerdings wurden der allgemeine Teil und als erster besonderer Teil die Technische Richtlinie Boden (Anforderungen an die Verfüllung von Bodenmaterial) in überarbeiteter Form der Umweltministerkonferenz (UMK) vorgelegt und von ihr zur Kenntnis genommen [5]. Eine Empfehlung zur Anwendung im Vollzug erfolgte nicht. Spätestens mit dem sog. *Tongrubenurteil II* des Bundesverwaltungsgerichts (BVerwG) vom 14.4.2005 wurde deutlich, dass die Mitteilung 20 nicht mehr Grundlage für den Vollzug sein konnte [6]. Das Bundesverwaltungsgericht entschied hinsichtlich der Verfüllung einer Tongrube im Rahmen der bergrechtlich geforderten Wiedernutzbarmachung, dass die Vorsorgemaßstäbe des Bundes-Bodenschutzgesetzes (BBodSchG) anzulegen seien und nach § 7 Abs. 3 Bundesbodenschutzgesetz der Pflichtige in der Regel nach Maßgabe der Verhältnismäßigkeit Bodeneinwirkungen, die die Vorsorgewerte überschreiten, zu unterlassen habe. Die Mitteilung 20 entspreche diesen Anforderungen nicht, sie könne mangels Rechtsqualität auch nicht das Bodenschutzrecht verdrängen. In der Folge verstärkte sich rasch eine je nach Bundesland divergierende Vollzugspraxis, die mangels klarer Vorgaben zu aufwändigen Einzelfallprüfungen führte.

2. Auf dem Weg zu bundesrechtlichen Anforderungen

Mit gleichlautenden Beschlüssen baten die Länderarbeitsgemeinschaften Boden (LABO), Abfall (LAGA) und Wasser (LAWA) im September 2005 das Bundesumweltministerium, bundeseinheitliche, rechtsverbindliche Anforderungen an die Verwertung von mineralischen Abfällen in technischen Bauwerken und in bodenähnlichen Anwendungen zu regeln [7]. Dabei sollten die überarbeitete Technische Richtlinie Boden, das *Tongrubenurteil II* des Bundesverwaltungsgerichts wie auch Eckpunkte für eine Bundesregelung, die von Mitgliedern der Ad-hoc-Arbeitsgemeinschaft zur Mitteilung 20 erarbeitet worden waren, berücksichtigt werden. Die Regelungen sollen sich auf Abfall- und Bodenschutzrecht stützen.

Auf dem vom Bundesumweltministerium veranstalteten Workshop am 13. und 14. Februar 2006 fand die Forderung nach einer Bundesregelung auch seitens der Wirtschaft ganz überwiegend Unterstützung, um Rechtssicherheit, einheitliche Wettbewerbsbedingungen und administrative Erleichterungen zu erreichen [8].

Das Bundesumweltministerium hat die Arbeiten an einer Bundesregelung aufgenommen. Im Rahmen eines Forschungsvorhabens des Umweltbundesamtes seitens des Landesamtes für Natur, Umwelt und Verbraucherschutz Nordrhein-Westfalen (LANUV NRW) wurden die Ergebnisse des Förderschwerpunktes

Sickerwasserprognose des Bundesministeriums für Bildung und Forschung (BMBF) ausgewertet. Dabei wurden u.a. Vorschläge für Grenzwerte entwickelt [9]. Das Bundesministerium für Umwelt (BMU) hat am 13.11.2007 darauf basierend einen ersten Arbeitsentwurf einer Verordnung über Anforderungen an den Einbau mineralischer Ersatzbaustoffe in technischen Bauwerken (ErsatzbaustoffV) und zur Änderung der Bundesbodenschutzverordnung (BBodSchV) vorgelegt. Die Erörterungen mit den Ländern, den Wirtschaftsbeteiligten und den Ressorts haben im Januar 2008 stattgefunden. Am 20. und 21.05.2008 hat beim Umweltbundesamt (UBA) in Dessau ein weiterer Workshop zur Folgenabschätzung und zur Erörterung noch offener Fragen stattgefunden [10].

Ein zweiter Arbeitsentwurf wird unter Berücksichtigung der abgegebenen Stellungnahmen und der Ergebnisse des Workshops voraussichtlich noch im Herbst 2008 vorgelegt werden.

Das förmliche Rechtsetzungsverfahren wird im Laufe des Jahres 2009 durchzuführen sein. Die Notifizierung des Verordnungsentwurfs nach den Regeln der EU-Informationsrichtlinie ist vorgesehen.

3. Konzeption und Struktur der geplanten Bundesregelungen

Der Verordnungsentwurf folgt in Konzeption und Struktur weitgehend dem Aufbau des Eckpunktepapieres der Länderarbeitsgemeinschaft Abfall [11], welches die Verwendung von mineralischen Abfällen zu bautechnischen Zwecken einerseits und die bodenähnliche Anwendung von Bodenmaterial – Landschaftsbau, Verfüllung von Abgrabungen[1] – andererseits in zwei verschiedenen Regelwerken anspricht.

a) Bodenähnliche Anwendungen – Verfüllungen, Landschaftsbau – sollen auf der Grundlage der Ermächtigung des § 6 Bundesbodenschutzgesetz in einem neuen § 12 a in der Bundesbodenschutzverordnung geregelt werden.

   Ergänzend zu den bestehenden Regelungen für die durchwurzelbare Bodenschicht in § 12 Bundesbodenschutzverordnung sollen zukünftig die bodenschutzrechtlichen Anforderungen an die Verwertung außerhalb der durchwurzelbaren Bodenschicht zur Verfüllung von Abgrabungen und im Landschaftsbau dadurch ebenfalls bundeseinheitlich geregelt werden. Unter Berücksichtigung des neuesten Standes der Wissenschaft, der bisherigen Erfahrungen im Ländervollzug und zur Wahrung der bodenschutzrechtlichen und wasserrechtlichen Vorsorgepflichten soll hierfür grundsätzlich nur Material verwendet werden, dessen Schadstoffgehalt im Feststoff die doppelten Vorsorgewerte der Bundesbodenschutzverordnung und gleichzeitig im Eluat die Geringfügigkeitsschwellenwerte des Wasserrechts unterschreitet (Doppelkondition). Eine höhere Schadstoffbelastung von Materialien führt jedoch

[1] Die Verfüllung von Tagebauen mit bergbaulichen und wasserwirtschaftlichen Besonderheiten, wie z.B. Braunkohle-Tagebaue, werden als spezifische Sonderfälle vom Anwendungsbereich der Regelung ausgenommen. Die Wiedernutzbarmachung von Kali-, Braunkohle- oder Steinkohlehalden wird nicht geregelt.

nicht automatisch zur Beseitigung auf Deponien. Vielmehr bedarf die Verwertung höher belasteter Materialien, wie schon bisher, auch weiterhin der vorherigen Einzelfallgenehmigung und wasserrechtlichen Erlaubnis durch die zuständigen Behörden.

b) Die Verwendung von mineralischen Abfällen zu technischen Zwecken – z.B. Straßenbau, technischer Landschaftsbau – wird Gegenstand einer Verordnung sein, die sowohl auf § 7 KrW-/AbfG als auch auf § 6 Bundesbodenschutzgesetz gestützt ist (Ersatzbaustoffverordnung). Das mit dem geplanten Umweltgesetzbuch verbundene neue Wasserrecht des Bundes wird auch die Möglichkeit einer wasserrechtlichen Verordnungsermächtigung geben.

   Gegenstand der Regelungen sollen grundsätzlich die von der Mitteilung 20 und den Eckpunkten der Länderarbeitsgemeinschaft Abfall erfassten Materialien sein. Neu aufgenommen werden Gleisschotter, Braunkohlenflugasche und Kupferhüttenschlacke. Die bodenschutzrechtliche Verordnungsermächtigung ermöglicht es, diese Materialien auch dann einzubeziehen, wenn sie als Nebenprodukte oder Recyclingprodukte nicht oder nicht mehr dem Abfallbegriff unterfallen. Die Auswahl der bei den einzelnen Materialien zu beachtenden Parameter weicht aufgrund der Ergebnisse der o.e. Forschungsvorhaben teilweise von denen der Mitteilung 20 der Länderarbeitsgemeinschaft Abfall ab.

Mit dem *Tongrubenurteil II* hat das Bundesverwaltungsgericht unterstrichen, dass das Bodenschutz-, Abfall- und Wasserrecht nebeneinander stehen und jeweils zu beachten sind. Durch einen Hinweis in den Regelungen der Bundesbodenschutzverordnung (BBodSchV) wird klargestellt, dass die Regelungen der Ersatzbaustoffverordnung hinsichtlich der Anforderungen an den vorsorgenden Bodenschutz abschließend sind. Da die Grenzwerte der Ersatzbaustoffverordnung unter Beachtung der Geringfügigkeitsschwellen abgeleitet wurden und somit auch dem vorsorgenden Grundwasserschutz dienen, kann erreicht werden, dass bei Einhaltung der Anforderungen der Verordnung wasserrechtliche Erlaubnisse wegen einer nachteiligen Veränderung des Grundwassers nicht erforderlich sind.

Die Anforderungen an den vorsorgenden Boden- und Grundwasserschutz müssen schließlich auch den regional unterschiedlichen Hintergrundbelastungen im Boden und im Grundwasser Rechnung tragen. Hier wird es darauf ankommen, praktikable Lösungen zu finden, die aufwändige Einzelfallprüfungen weitgehend erübrigen. Dabei sollen Schadstoffverschleppungen und Abfalltourismus aus geringer belasteten Regionen vermieden werden.

Zentraler Punkt ist weiter die verbindliche Einführung einer Güteüberwachung, um die Einhaltung der Materialanforderungen sicher zu stellen. Dies liegt nicht nur im Interesse des Schutzes von Boden und Grundwasser. Den unterschiedlichen Wettbewerbsbedingungen zwischen den Unternehmen, die güteüberwachte Materialien vermarkten und denen, die sich dieser Sorgfalt nicht unterziehen wie auch dem Vertrauensverlust der Abnehmer durch schlechte Erfahrungen mit *schwarzen Schafen* wird damit begegnet. In Anlehnung an die nach den Straßenbauregelwerken notwendige Güteüberwachung hinsichtlich der bauphysikalischen Eignung ist ein System aus Eignungsnachweis, Eigenüberwachung – werkseigene Produktionskontrolle (WPK) – und Fremdüberwachung vorgesehen.

4. Die Ableitung von Grenzwerten

Die im Eckpunktepapier der Länderarbeitsgemeinschaft Abfall vorgeschlagenen Grenzwerte für das Eluat sind auf der Grundlage des Papiers *Grundsätze des vorsorgenden Grundwasserschutzes bei Abfallverwertung und Produkteinsatz* (GAP-Papier) und des Geringfügigkeitsschwellenkonzeptes abgeleitet worden. Das Landesamt für Natur, Umwelt und Verbraucherschutz Nordrhein-Westfalen hat im Rahmen seines UBA-Vorhabens eine systematische Vorgehensweise entwickelt, anhand welcher beurteilt werden kann, welche Anforderungen mineralische Materialien und Bodenmaterialien einhalten müssen, um aus Sicht des Boden- und Grundwasserschutzes ordnungsgemäß und schadlos eingebaut werden zu können. Die Ergebnisse zeigen, dass bei der Ableitung von Grenzwerten, die den vorsorgenden Schutz des Grundwassers gewährleisten, auch die Transportvorgänge bis zur gesättigten Zone – teilweise – berücksichtigt werden können und müssen. Damit verbunden sind aber Fragestellungen, wie der Betrachtungszeitraum für die Transportvorgänge, das Maß der Ausnutzung der Pufferkapazität des Bodens, die Differenzierung der Bodenarten, um nur einige zu nennen.

Der vorgeschlagene Ansatz zur Rückhaltung von Schadstoffen im Boden, nach dem die Geringfügigkeitsschwellen für das Grundwasser (GFS-Werte) nicht mehr am Ort des Einbaus, sondern nach einer Sickerstrecke von einem Meter eingehalten werden sollen, kann in das GAP-Konzept integriert werden.

Andererseits sind aber auf dem Transportweg durch den Boden bis zur gesättigten Zone Abbauprozesse und Rückhalteprozesse bei polyzyklischen aromatischen Kohlenwasserstoffen (PAK) und Metallen wirksam. Da bei der Modellierung vollständige Reversibilität der Rückhalteprozesse angenommen wird, ist je nach Schadstoff über lange Zeiträume (> mehrere hundert Jahre) mit einem *Durchschlagen der Stoffe* am Übergang zur gesättigten Zone zu rechnen. Die Wahrscheinlichkeit, dass sich diese Konzentrationen am Ort des Überganges infolge irreversibler Sorptions- und Abbauprozesse verringern, nimmt mit der Transportdauer zu. Dabei darf bei der Anreicherung von Schadstoffen im Boden die Filterfunktion des Bodens nur soweit beansprucht werden, dass sie auch langfristig erhalten bleibt.

Zusammengefasst wurden folgende Eckpunkte der Berechnung der Materialwerte (Eluat) zugrunde gelegt:

- Differenzierung nach Bodenarten Sand und Lehm/Schluff,
- ein Meter Transportstrecke für Rückhalte- und Abbauprozesse,
- Nutzung der Filterkapazität nur zu fünfzig Prozent zum Erhalt der Filterfunktion des Bodens,
- Betrachtungszeitraum zweihundert Jahre für technische Bauwerke und fünfhundert Jahre für Verfüllungen,
- Ermittlung der Quellstärken im kumulierten 2:1 Säuleneluat.

5. Das neue Analyseverfahren

Im Rahmen des BMBF-Verbundvorhabens *Sickerwasserprognose* hat sich herausgestellt, dass zur Beurteilung möglicher Grundwasserbeeinflussungen durch mineralische Materialien oder Altlasten Langzeit-Säulenversuche am besten geeignet sind. Dies wurde durch den direkten Vergleich mit Lysimeteruntersuchungen belegt. Für die Übereinstimmungsuntersuchung und die Überwachung der Qualitäten in der Praxis kann ein Säulenschnelltest – einfache Beprobung und Analyse des Eluates nach Sammeln bis zu einem Wasser-/Feststoffverhältnis von 2 : 1 – durchgeführt werden, dessen Ergebnis unmittelbar mit den Materialwerten verglichen und mit Ausnahme der Salze im Hinblick auf den Grundwasserpfad direkt beurteilt werden kann. Diese neuen Forschungserkenntnisse zeigen, dass die mittelfristig auftretenden Konzentrationen im Sickerwasser durch ein Eluat bei Wasser-/Feststoffverhältnis von 2 : 1 realitätsnäher abgebildet werden können. Mit dem bislang üblichen Verfahren nach DIN EN 12457 – 4, einem Eluat aus einem Wasser-/Feststoffverhältnis von WF = 10 werden Konzentrationen betrachtet, die sich sehr langfristig und außerhalb der bewertungsrelevanten Zeiträume im Sickerwasser einstellen. Dies sowie methodische Probleme – z.B. Unterschreitung der Nachweisgrenzen infolge von Verdünnungseffekten – führen zu einer Unterschätzung des tatsächlichen Grundwassergefahrenpotentials. Aus diesem Grunde soll die S 4-Elution durch das die Auslaugung über die Zeit besser abbildende Verfahren – 2:1 Wasser-Feststoff-Verhältnis – abgelöst werden. Die Validierung der Verfahren in den neuen DIN-Normen 19528 – Säuleneluat – und DIN 19529 – Schütteleluat W/F 2:1; bisher nur für anorganische Stoffe – ist abgeschlossen. Die Normen sind am 28.05.2008 beschlossen worden.

6. Die Einbautabellen

Eine Neuerung gegenüber dem Regelwerk der Länderarbeitsgemeinschaft Abfall sind die *Einbautabellen* im Arbeitsentwurf der Ersatzbaustoffverordnung. Ausschlaggebend für die tatsächliche Belastung des Grundwassers durch Sickerwasser aus den eingebauten Ersatzbaustoffen sind der stoffspezifische Materialwert, der Einbaustandort hinsichtlich Bodenqualität und Abstand zum Grundwasser sowie die Wasserdurchlässigkeit der jeweiligen Einbauweise. Ersatzbaustoffe mit einer höheren eluierbaren Schadstoffbelastung können beispielsweise an Orten mit geringem Abstand zum Grundwasser und auf Boden mit geringer Pufferkapazität nur in gering oder nicht-wasserdurchlässigen Bauweisen eingebaut werden. Die Gutachter Dr. Susset und Dr. Leuchs haben für die einzelnen geregelten Ersatzbaustoffe bei den im Straßenbauregelwerk aufgeführten Bauweisen unter Zugrundelegung der jeweiligen Durchsickerungsraten Einbauwerte errechnet und so die Zulässigkeit der Einbauweisen tabellarisch in einer Matrix von Ersatzbaustoff, Standortqualität und Einbauweise geordnet. Mit diesem Ansatz der *Einbautabellen* wurden in Nordrhein-Westfalen seit 2001 gute Erfahrungen gesammelt. Sie erübrigen in der Regel Einzelfallprüfungen hinsichtlich zulässiger Bauweisen mit den Behörden vor Ort und geben mehr Rechtssicherheit. Gleichwohl sind sie zunächst als zu komplex kritisiert worden. Im Rahmen der Erarbeitung des zweiten Arbeitsentwurfes werden sie sowohl hinsichtlich der zugrunde liegenden Annahmen als auch hinsichtlich ihrer Struktur überarbeitet.

7. Zusammenfassung

Für die *umweltoffene* Verwertung von etwa 240 Millionen Tonnen mineralischer Abfälle sollen rechtsverbindliche Anforderungen an den Schutz von Boden und Grundwasser geschaffen werden. Die abfall- und bodenschutzrechtliche Verordnungsermächtigung ermöglicht auch die Einbeziehung bestimmter industrieller Nebenprodukte und von Recyclingprodukten. Bei der Ableitung von Grenzwerten im ersten Arbeitsentwurf wurden auch die Abbau- und Rückhalteprozesse im Boden teilweise berücksichtigt. Parallel wurden hinsichtlich der Grundwasserbelastungen aussagekräftigere Säuleneluat- und Schüttelverfahren bei einem Wasser-Feststoffverhältnis von 2:1 entwickelt, validiert und genormt.

8. Quellen

[1] Aufkommen, Qualität und Verbleib mineralischer Abfälle, Publikationen des Umweltbundesamtes, http://www.umweltdaten.de/publikationen/fpdf-l/3418.pdf

[2] Mitteilungen der Länderarbeitsgemeinschaft Abfall (LAGA), http://www.laga-online.de

[3] Ableitungen von Geringfügigkeitsschwellen für das Grundwasser (GFS), UMK-Umlaufbeschluss 20/2004 v. 30.11.2004, http://www.lawa.de/pub/kostenlos/gw/GFS-Bericht.pdf

[4] Grundsätze des vorsorgenden Grundwasserschutzes bei Abfallverwertung und Produkteinsatz (GAP), ACK-Beschluss vom 17.5.2002, http://www.lawa.de/pub/kostenlos/gw/GAP-Papier06-02NEU.pdf

[5] Fortschreibung der LAGA-Mitteilung 20 *Anforderungen an die stoffliche Verwertung von mineralischen Abfällen – Technische Regeln* um den Teil II *Bodenmaterial* (*Technische Regeln Boden*) und Teil III *Probenahme und Analytik*, Beschluss Umweltministerkonferenz vom 05.11.2004. Die Verfüllung von Abgrabungen wird mittlerweile in 11 Ländern in enger Anlehnung an die TR Boden (neu) vollzogen.

[6] Siehe hierzu z.B. Attendorn, AbfallR 4/2006, S. 167ff.

[7] Beschluss Länderarbeitsgemeinschaft Abfall v. 15.9.2005

[8] Workshop des Bundesumweltministeriums; http://www.bmu.de/abfallwirtschaft/downloads/doc/36780.php

[9] Dr. Bernd Susset, Dr. Wolfgang Leuchs, Ableitung von Materialwerten im Eluat und Einbaumöglichkeiten mineralischer Ersatzbaustoffe, Publikationen des Umweltbundesamtes, http://www.umweltdaten.de/publikationen/fpdf-l/3421.pdf

[10] Workshop *Anforderungen an den Einbau mineralischer Ersatzbaustoffe und an Verfüllungsmaßnahmen*, 20./21. Mai 2008, Umweltbundesamt, Dessau, htpp://www.bmu.de/abfallwirtschaft/downloads/doc/42050.php

[11] Eckpunkte (EP) der Länderarbeitsgemeinschaft Abfall für eine *Verordnung über die Verwertung von mineralischen Abfällen in Technischen Bauwerken* Stand: 31.08.2004; http://www.bmu.de/files/abfallwirtschaft/downloads/application/pdf/abfw_workshop_bertram_b.pdf

Verteilen – Vergraben – Vergessen
Grundsätzliche Überlegungen zur Verwertung von mineralischen Abfällen

Heinz-Ulrich Bertram

1. Problemstellung

Die Bemühungen um die Förderung der Kreislaufwirtschaft führen dazu, dass immer mehr Abfälle in Stoffkreisläufe eingebracht und dort als sekundäre Rohstoffe verwertet werden (sollen). Konzepte über die zukünftige Entsorgung von Siedlungsabfällen [1] vermitteln sogar den Eindruck, dass diese vollständig verwertet werden könnten, und Deponien in naher Zukunft – *Ziel 2020* – nicht mehr erforderlich seien.

Die Erfahrungen der letzten Jahre haben jedoch gezeigt, dass von Verwertungsmaßnahmen nicht nur erhebliche Umweltbelastungen ausgehen können, sondern durch die in diesen Fällen nachträglich erforderlichen Sicherungs- und Sanierungsmaßnahmen ein hoher volkswirtschaftlicher Schaden entstehen kann.

Verwertung um jeden Preis darf daher nicht das Grundprinzip einer ökologischen Abfallwirtschaft sein. Der ehemalige Hamburger Umweltsenator Vahrenholt hat 1995 im Zusammenhang mit der Rückführung schadstoffhaltiger Abfälle in den Stoffkreislauf auf Folgendes hingewiesen [2]:

Eine Kreislaufwirtschaft, die diese Stoffe durch Verwertung immer weiter anreichern lässt, kann nicht unser Ziel sein. Das wäre keine ökologische Kreislaufwirtschaft. In einer ökologischen Kreislaufwirtschaft muss es Schadstoffsenken geben, solange die Produkte, die uns umgeben, mit Schadstoffen belastet sind.

Denn trotz aller gut gemeinten Bemühungen handelt es sich bei vielen – so genannten – *Kreislaufprozessen* um offene Systeme mit einem hohen Anreicherungsrisiko in den Medien Wasser und Boden bei zusätzlichen externen Stoffeinträgen. Diese Gefahr wird bereits in dem Bericht des Club of Rome zur Lage der Menschheit [3] beschrieben:

Im rein physikalischen Sinn gehen die verbrannten Rohstoffe und die verbrauchten Metalle nicht verloren. Ihre Atome werden lediglich umgruppiert und in verdünnter, für den Menschen aber nicht nutzbarer Form in die Luft, über den Boden und im Wasser unseres Planeten verteilt. Das natürliche ökologische System ist in der Lage, viele solcher Abfallstoffe menschlicher Lebenstätigkeit zu absorbieren und sie in chemischen Prozessen in Substanzen umzuwandeln, die für andere Organisationsformen des Lebens nutzbar oder wenigstens nicht schädlich sind. Wenn jedoch ein Abfallstoff in sehr großen Mengen freigesetzt wird, kann er den natürlichen Mechanismus übersättigen und blockieren. Die Abfälle menschlicher Zivilisation häufen sich in seiner Umwelt an, werden erkennbar, wirken störend und schließlich schädigend. ... Wir sind gegenwärtig noch keineswegs in der Lage, irgendwelche endgültigen Aussagen über die Absorptionsfähigkeit unserer Erde über die von uns freigesetzten Schadstoffe zu machen.

Diese Entwicklung, deren Auswirkungen nicht in jedem Einzelfall als *Schaden* quantifizierbar zu sein brauchen, führt zu einer permanenten Erhöhung der Hintergrundgehalte in den Medien Wasser und Boden sowie zu einer Verschlechterung der natürlichen Bodenfunktionen als Filter, Puffer und Lebensraum. Für die Schonung der natürlichen Ressourcen Boden, Wasser und Luft bedeutet das, dass die Abfallwirtschaft ihre in der Vergangenheit zu wenig beachtete *Nierenfunktion* stärker wahrnehmen und Schadstoffe ausschleusen, aufkonzentrieren und zerstören oder – soweit dieses nicht möglich ist – sicher in die Erdkruste zurückführen und dort deponieren muss.

Der Rat von Sachverständigen für Umweltfragen hat daher bereits 1994 [4] gefordert:

Die Verwertungspolitik sollte dadurch gekennzeichnet sein, dass Abfälle nicht bereits dann als verwertet gelten, wenn sie sich auf dem Markt für irgendeine Funktion absetzen lassen ... Hier können im Rahmen eines produktintegrierten Umweltschutzes, z.B. durch geeignete Stoffauswahl und Schadstoffarmut, wichtige Voraussetzungen geschaffen werden.

Zwei Jahre später [5] bringt er seine Befürchtung zum Ausdruck, dass es mit In-Kraft-Treten des Kreislaufwirtschafts- und Abfallgesetzes und des darin formulierten Vorzuges der Verwertung vor der Beseitigung zu einer Zunahme des bereits bestehenden *Druckes auf den Boden* und zur flächenhaften Verwertung von Abfällen kommt, die nicht den Charakter einer flächenhaften Deponierung gewinnen darf.

Gestützt wird diese Betrachtungsweise durch die Begründung des Bundesverfassungsgerichtes zu dem Urteil aus dem Jahr 1998 in dem Verfahren über die Verfassungsbeschwerden gegen die Abfallabgabengesetze verschiedener Bundesländer [6]:

Der Begriff der Schadlosigkeit der Verwertung in § 5 Abs. 1 Nr. 3 BImSchG stellt im Hinblick auf die abfallrechtlichen Pflichten klar, dass nicht eine Verwertung ***um jeden Preis*** *sondern die umweltverträgliche Verwertung gefordert wird.*

Dieser Hinweis ist deshalb von Bedeutung, weil mineralische Massenabfälle, z.B. Bauschutt, Verbrennungsstände aus Kraftwerken, Schlacken aus der Metallerzeugung,

- einen bedeutenden Teil des Abfallaufkommens ausmachen,
- bauphysikalische Eigenschaften besitzen, die mit denen von mineralischen Primärrohstoffen vergleichbar sind und
- teilweise in großen Mengen in kontinuierlichen Prozessen unter definierten Bedingungen in gleichbleibender Zusammensetzung entstehen.

Sie werden daher in großem Umfang in Baumaßnahmen und für die Herstellung von Bauprodukten verwendet.

Da mineralische Massenabfälle jedoch in der Regel nicht zielgerichtet hergestellt werden, sondern das Ergebnis einer anderweitigen Nutzung von Rohstoffen (z.B. Erzeugung von Metallen oder Energie) sind oder beim Neubau, Umbau oder Abriss von Gebäuden entstehen (z.B. Bauschutt oder Straßenaufbruch), muss davon ausgegangen werden, dass ihre Zusammensetzung nicht exakt der der Primärrohstoffe entspricht, sondern diese durch die in die Prozesse eingebrachten Rohstoffe oder die ursprüngliche Nutzung geprägt ist. Mineralische Abfälle können sich daher sowohl im Hinblick auf ihre Schadstoffbelastung (Gesamtgehalte) als auch im Hinblick auf ihr Freisetzungsverhalten (Schadstoffkonzentrationen im Eluat) bei vergleichbaren bauphysikalischen Eigenschaften zum Teil erheblich von Primärrohstoffen unterscheiden.

Um aus der Schadstoffbelastung von Abfällen bzw. sekundären Rohstoffen resultierende negative Auswirkungen auf die Umwelt zu vermeiden und dennoch einen möglichst umfassenden Einsatz von mineralischen Abfällen in Bauprodukten zu ermöglichen, sind fachliche Vorgaben aus Sicht des vorsorgenden Umweltschutzes erforderlich. ... Diese sind auch deshalb erforderlich, weil Bauprodukte auch nach ihrer Nutzung in offenen Kreisläufen bzw. Kaskaden – ggf. nach einer Aufbereitung – zur Substitution von Primärrohstoffen genutzt werden und

- *damit Auswirkungen auf Boden und Grundwasser verbunden sein können sowie*

- *durch ihre Verwendung in der Fläche bzw. in Produkten zu einer großräumigen Schadstoffverteilung führen können.* [7]

Dieser Ansatz berücksichtigt damit die Bedenken, die der Sachverständigenrat für Umweltfragen im Umweltgutachten 2000 geäußert hat [8]:

Allerdings kann nur eine gründliche Prüfung aller umweltpolitischen Vorteile und Risiken der tatsächlich eingesetzten Verwertungsverfahren und der jeweiligen wiederverwertbaren Stoffe, der Reststoffe und der Emissionen ein Urteil darüber ermöglichen, ob der eingeschlagene Verwertungsweg auf lange Sicht umweltverträglicher ist als die kontrollierte Beseitigung. Der Umweltrat hat die Sorge, dass insbesondere hinsichtlich der im Stoffkreislauf gehaltenen wiederverwertbaren Stoffe und der aus ihnen entstehenden Produkte zu wenig Kenntnisse über mögliche Langzeitwirkungen für Umwelt und Gesundheit vorliegen und empfiehlt, ... entsprechende Vorsorgemaßnahmen zu treffen.

Brunner [9] hat im Zusammenhang mit dem Ziel einer *vollständigen Verwertung* von Abfällen angemerkt, dass es nicht das Ziel sei, *die Abfälle im Kreislauf herumzuführen*. Nicht die Kreislaufwirtschaft sei das Ziel, sondern der Schutz der Umwelt und des Menschen. Die Kreislaufwirtschaft könne lediglich als Instrument dienen, um dieses Ziel zu erreichen. Von daher solle der Erfolg der Abfallwirtschaft nicht in erster Linie an Recyclingraten gemessen werden, sondern an dem Umstand, wie das eigentliche Ziel erreicht worden ist. Vorzuziehen seien deshalb diejenigen Verfahren, mit deren Hilfe die größtmögliche Menge an Schadstoffen in die richtige Richtung gesteuert werden könne.

2. Rechtliche Grundlagen

Nach den Grundsätzen der Kreislaufwirtschaft müssen Abfälle ordnungsgemäß und schadlos verwertet werden (§ 5 Abs. 3 KrW-/AbfG). Die Verwertung erfolgt ordnungsgemäß, wenn sie im Einklang mit den Vorschriften des Kreislaufwirtschafts- und Abfallgesetzes (KrW-/AbfG) und anderen öffentlich-rechtlichen Vorschriften steht. Zu diesen gehören auch das Bundes-Bodenschutzgesetz (BBodSchG) und das Wasserhaushaltsgesetz (WHG). Das heißt, bereits durch den Begriff *ordnungsgemäß* finden auch die Anforderungen des Boden- und Gewässerschutzes Eingang in die Regelungen des Abfallrechts. Die Verwertung erfolgt schadlos, wenn nach der Beschaffenheit der Abfälle, dem Ausmaß der Verunreinigungen und der Art der Verwertung Beeinträchtigungen des Wohls der Allgemeinheit nicht zu erwarten sind, insbesondere keine Schadstoffanreicherung im Wertstoffkreislauf erfolgt. Die für das *Wohl der Allgemeinheit* relevanten Schutzgüter werden durch § 10 Abs. 4 KrW-/AbfG konkretisiert.

Der Vorrang der Verwertung von Abfällen entfällt, wenn deren Beseitigung die umweltverträglichere Lösung darstellt. Um hier zu nachvollziehbaren Entscheidungen zu kommen, werden in § 5 Abs. 5 KrW-/AbfG Kriterien genannt, die bei der Abwägung zu berücksichtigen sind.

Materielle Anforderungen an die Schadlosigkeit der Verwertung von mineralischen Abfällen enthält weder das Kreislaufwirtschafts- und Abfallgesetz noch gibt es hierfür zurzeit auf das Abfallrecht gestützte Rechtsvorschriften. Verwertungsvorhaben müssen daher im Wesentlichen mit Hilfe anderer schutzgutbezogener Vorschriften bewertet werden. In Betracht kommen hierbei insbesondere die Vorschriften des Boden- und Gewässerschutzes, sofern sie über den Begriff *ordnungsgemäß* nicht bereits unmittelbar zu berücksichtigen sind.

Der praktische Vollzug des Kreislaufwirtschafts- und Abfallgesetzes ist bei der Bewertung der Schadlosigkeit der Verwertung auch deshalb so schwierig, weil sich aus der Forderung nach *Ressourcenschonung* gerade bei der Verwertung von mineralischen Abfällen häufig konkurrierende Ansprüche gegenüberstehen (Einsparung von Primärrohstoffen und Vermeidung von Landschaftsverbrauch durch Rohstoffabbaustätten und Deponien auf der einen Seite sowie Schutz von Grundwasser und Boden auf der anderen Seite). Daran wird das Bemühen des Gesetzgebers deutlich, möglichst vielen Abfällen den Weg in die Verwertung zu ermöglichen, ohne dabei das Wohl der Allgemeinheit und die in § 10 Abs. 4 KrW-/AbfG genannten Schutzgüter zu beeinträchtigen.

Die in diesem Zusammenhang geäußerte Auffassung, dass der Boden- und Gewässerschutz hinter der Substitution von Primärrohstoffen durch mineralische Abfälle aufgrund des gesetzlichen Zieles der *Förderung der Kreislaufwirtschaft zurückstehen* müsse, ist aus folgenden Gründen nicht haltbar:

Der in § 1 KrW-/AbfG verwendete Begriff der *natürlichen Ressourcen* muss in Verbindung mit der Agenda 21 gesehen werden. Die Umweltkonferenz von Rio hat im Jahr 1992 stattgefunden; das Kreislaufwirtschafts- und Abfallgesetz stammt aus dem Jahr 1994 und wurde somit im engen zeitlichen Zusammenhang mit dieser Konferenz geschrieben. Im Kapitel 10.1 der Agenda 21 [10] heißt es:

Eine mehr integrative Sichtweise schließt darin auch natürliche Ressourcen wie Böden einschließlich Bodenschätze, Wasser sowie Flora und Fauna (Biota) ein. Diese einzelnen Komponenten sind in Ökosystemen organisiert, die eine Vielzahl an Leistungen liefern, die wesentlich für die Bewahrung der Unversehrtheit lebenserhaltender Systeme und für die Produktivität der Umwelt sind.

Insoweit kann der in § 1 KrW-/AbfG formulierte Zweck des Gesetzes als zeitnahe nationale Umsetzung des diesbezüglichen Inhalts der Agenda 21 ausgelegt werden. Hierfür und für den umfassenden Begriff der natürlichen Ressourcen sprechen auch die gesetzlichen Vorgaben in den Grundpflichten der Kreislaufwirtschaft (§ 5 KrW-/AbfG):

§ 5 Abs. 2 KrW-/AbfG verpflichtet zwar die Erzeuger oder Besitzer von Abfällen im Hinblick auf das Ziel der Substitution von Primärrohstoffen durch Abfälle, diese nach Maßgabe des § 6 zu verwerten (Vorrang der Verwertung = Aspekt der Schonung der natürlichen Rohstoffreserven). Diese Pflicht steht jedoch unter dem Vorbehalt des § 5 Abs. 2 KrW-/AbfG, dass die Verwertung schadlos erfolgt (Aspekt der Schonung der Medien Boden, Wasser, Luft sowie von Pflanzen und Tieren). Auch bei den Prüfkriterien für den Entfall des Vorrangs der Verwertung in § 5 Abs. 5 KrW-/AbfG ist das Ziel der Schonung der natürlichen Ressourcen in diesem Sinne zu berücksichtigen.

Eine Abfallverwertung zu Lasten des Boden- und Grundwasserschutzes verstößt daher gegen Grundpflichten des Kreislaufwirtschafts- und Abfallgesetzes.

Diese Auffassung steht im Einklang mit der Bewertung von Beckmann [11], der zu dem Ergebnis kommt, dass eine Freistellung der Kreislaufwirtschaft vom Schutz der natürlichen Lebensgrundlagen – und damit auch die Bevorzugung der Abfallverwertung gegenüber dem Schutz der Umwelt – nicht mit der Staatszielbestimmung des Artikels 20 a[1] des Grundgesetzes vereinbar wäre.

3. Bewertung der funktionalen Eignung des zu verwertenden Abfalls

Die Grundpflicht der ordnungsgemäßen Verwertung (§ 5 Abs. 3 KrW-/AbfG) setzt über die Einhaltung der anderen öffentlich-rechtlichen Vorschriften hinaus voraus, dass die Verwertungsmaßnahme auch im Einklang mit dem Kreislaufwirtschafts- und Abfallgesetz steht: Gemäß § 4 Abs. 3 KrW-/AbfG beinhaltet die stoffliche Verwertung die Substitution von Rohstoffen oder die Nutzung der stofflichen Eigenschaften. Der Hauptzweck der Maßnahme muss in der Nutzung des Abfalls liegen. Die ordnungsgemäße Verwertung beinhaltet somit auch die Forderung nach der Eignung des für die Verwertung vorgesehenen Abfalls. Aus dieser gesetzlichen Forderung ergeben sich Anforderungen an den zu verwertenden Abfall (funktional) und an die Verwertungsmaßnahme (funktional, formell).

Mineralische Abfälle, die in technischen Bauwerken verwertet werden sollen, müssen die erforderlichen bauphysikalischen Eigenschaften – z.B. Scherfestigkeit, Druckfestigkeit – aufweisen, die aus bautechnischer Sicht für die Herstellung des Bauwerkes erforderlich sind. Sollen mineralische Abfälle in bodenähnlichen Anwendungen – Verfüllung von Abgrabungen, Abfallverwertung im Landschaftsbau – verwertet werden, müssen mit diesen natürliche Bodenfunktionen – z.B. Filter-, Puffer- und Rückhaltevermögen, Wasserhaltekapazität, Lebensraum – (wieder)hergestellt oder verbessert werden können.

Die Verwertungsmaßnahme muss funktionale Anforderungen und formelle Voraussetzungen erfüllen. Das heißt, bei der geplanten Maßnahme muss es sich um eine *echte* Verwertungsmaßnahme handeln – keine *Scheinverwertung*. Hiervon kann ausgegangen werden, wenn folgende Kriterien erfüllt werden:

- Die Verwendung der mineralischen Abfälle muss für die Durchführung der Maßnahme erforderlich sein.
- Der Abfall muss Primärrohstoffe ersetzen, die sonst verwendet worden wären.
- Die Maßnahme würde auch ohne Verwendung von Abfällen durchgeführt werden.

[1] Artikel 20 a GG: Der Staat schützt auch in Verantwortung für die künftigen Generationen die natürlichen Lebensgrundlagen und die Tiere im Rahmen der verfassungsmäßigen Ordnung durch die Gesetzgebung und nach Maßgabe von Gesetz und Recht durch die vollziehende Gewalt und die Rechtsprechung.

- Die Maßnahme muss zeitlich definiert sein (konkreter Beginn, konkretes Ende).
- Die Maßnahme muss ohne größere Verzögerungen und Unterbrechungen durchgeführt werden (kontinuierlicher Baustellenbetrieb).

Hinsichtlich der formellen Anforderungen müssen insbesondere die planungs- und genehmigungsrechtlichen Voraussetzungen – z.B. Baurecht – für die Durchführung der Maßnahme erfüllt sein. Anderenfalls, handelt es sich um eine Abfallbeseitigung:

Hauptzweck muss ... primär die Verwertung der Abfälle sein. Wenn die Verwertung als bloße Nebenfolge eintritt, ist der Hauptzweck damit nicht mehr die Verwertung an sich, sondern die Beseitigung des Abfalls.

... Nur das für den Zweck erforderliche Minimum an Abfällen kann nach dem Prinzip der Ressourcenschonung als Verwertungsmaßnahme gelten. ... Dementsprechend kann nur diejenige Menge an Abfällen als Verwertung angesehen werden, die die entsprechende Menge an Primärrohstoffen substituiert. Im Falle eines öffentlich-rechtlichen Handlungsgebotes (zur Sicherung) gilt nichts anderes. Nur die Menge, die die öffentliche Hand dem Pflichtigen als für die Maßnahme etwa zur Verfüllung erforderlichen Primärrohstoff aufgeben darf, ist verhältnismäßig, mit der Folge, dass nur insoweit eine Substitution durch geeignete Abfälle erfolgen kann. [27]

4. Bewertung der Schadlosigkeit der Verwertung von mineralischen Abfällen

4.1. Allgemeines

Die Regelungen für die Verwertung [12] und die Beseitigung [13, 14] (Ablagerung) von (mineralischen) Abfällen haben sich aus unterschiedlichen fachlichen Konzepten entwickelt. Außerdem sind in den letzten Jahren die Anforderungen des vorsorgenden Boden- und Grundwasserschutzes konkretisiert worden [15, 16, 17].

Für eine widerspruchfreie Bewertung der Schadlosigkeit der Verwertung von mineralischen Abfällen müssen diese unterschiedlichen Konzepte, mit denen die Auswirkungen unterschiedlicher Materialien – Bauprodukte, Abfälle zur Verwertung und zur Beseitigung, schädliche Bodenveränderungen und Altlasten – auf Boden und Grundwasser bewertet werden, miteinander verzahnt werden. Dies betrifft insbesondere die Festlegung der Zuordnungswerte – Feststoffgehalte, Eluatkonzentrationen –, bei der vor allem die materiellen Vorgaben des Medienschutzes und der Abfallwirtschaft berücksichtigt werden müssen.

Es wäre nicht nachvollziehbar und fachlich nicht haltbar, wenn ein Abfall zwar als verwertbar eingestuft würde, das am Einbauort entstehende Sickerwasser jedoch die Prüfwerte der Bundesbodenschutzverordnung für den Pfad Boden – Grundwasser überschreiten würde. Dies hätte zur Folge, dass unmittelbar im Anschluss an den Einbau von mineralischen Abfällen z.B. in einen Lärmschutzwall oder in eine Verkehrsfläche zu prüfen wäre, ob eine schädliche Bodenveränderung oder Altlast gemäß Bundesbodenschutzgesetz vorliegt.

4.2. Anforderungen des Grundwasserschutzes

Das Wasserhaushaltsgesetz (WHG) enthält eine Reihe von Vorgaben, die eine Verunreinigung des Grundwassers verhindern sollen. Um diese vollziehen zu können, muss zunächst definiert werden, wann Grundwasser als verunreinigt einzustufen ist. Die Länderarbeitsgemeinschaft Wasser (LAWA) hat daher im Nachgang zur Bundesbodenschutzverordnung die Grundsätze des Grundwasserschutzes bei Abfallverwertung und Produkteinsatz – kurz *GAP-Konzept* – erarbeitet, mit den Länderarbeitsgemeinschaften Bodenschutz (LABO) und Abfall (LAGA) abgestimmt und mit Zustimmung der Amtschefkonferenz (ACK) veröffentlicht [17].

Das GAP-Konzept kann sowohl bei der Verwertung und der Ablagerung (Beseitigung) von mineralischen Abfällen in ungedichteten Deponien als auch beim Einsatz von Bauprodukten angewendet werden. Wesentliche Grundlage für die Beurteilung des Wirkungspfades Boden – Grundwasser ist die Durchführung der so genannten Sickerwasserprognose.

Mit dem Begriff Sickerwasserprognose wird in der Bundesbodenschutzverordnung – vereinfacht dargestellt – die Abschätzung der von einer schädlichen Bodenveränderung oder Altlast ausgehenden oder in überschaubarer Zukunft zu erwartenden Schadstoffeinträge über das Sickerwasser in das Grundwasser verstanden, die auf den Übergangsbereich von der ungesättigten zur wassergesättigten Zone (= Ort der Beurteilung) bezogen wird (§ 2 Nr. 5 BBodSchV). Eine Methode der Sickerwasserprognose ist die Materialuntersuchung, bei der – ausgehend vom Mobilisierungsverhalten[2] eines schadstoffbelasteten Bodens (Abfalls) – die Schadstoffkonzentration im Sickerwasser abgeschätzt wird, die sich bei ungehinderter Durchsickerung am Ort der Beurteilung einstellen würde. Zur Beurteilung werden diese Konzentrationen mit den Prüfwerten für den Wirkungspfad Boden – Grundwasser nach Anhang 2 Nr. 3 BBodSchV verglichen. Diese Konzentrationswerte bilden die Schwelle zwischen unerheblich verändertem und erheblich/schädlich verändertem Grundwasser (Geringfügigkeitsschwelle).

Der Bezug der Geringfügigkeitsschwellen auf den Ort der Beurteilung bedeutet, dass bei der **Bewertung der Gefährdung** der Rückhalt bzw. die Anreicherung der Schadstoffe im Boden zwischen Altlast und Grundwasser eingerechnet wird. Die Konzentrationen des Sickerwassers im Bereich der Schadensquelle können also je nach den lokalen Gegebenheiten höher sein.

Die Entsorgung (Verwertung, Beseitigung) von Abfällen ist dagegen nach den **Maßstäben der Vorsorge** zu bewerten. Sie ist aufgrund der wasserrechtlichen Bestimmungen nur dann zulässig, wenn das Grundwasser nicht verunreinigt wird. Um die Beurteilungswerte zu vereinheitlichen, wird in dem GAP-Konzept für die Vorsorge dieselbe Definition von *schädlicher Grundwasserverunreinigung* verwendet wie bei der Gefahrenabwehr in der Bundesbodenschutzverordnung. Die Geringfügigkeitsschwellenwerte müssen jedoch bereits im Sickerwasser an der Unterkante des (wasserdurchlässig) eingebauten Abfallkörpers eingehalten werden, da die Vorsorge für das Grundwasser nicht zu Lasten des Bodenschutzes

[2] Das Mobilisierungsverhalten wird i.W. durch Eluatuntersuchungen beschrieben

gehen darf und eine dauerhafte Aufrechterhaltung der Abbau- und Rückhalteprozesse im Boden im Verlauf der Sickerstrecke gewährleistet bleiben muss [18]. Rückhalteeffekte des Bodens können zur Schadstoffminderung nur dann berücksichtigt werden, wenn dieses aufgrund der geologischen Gegebenheiten möglich und aus Sicht des vorsorgenden Bodenschutzes zulässig ist und – wie bei technischen Bauwerken – nur geringe Frachten auf diesen Boden einwirken (siehe hierzu auch Kapitel 4.3.). In diesem Fall sind die Geringfügigkeitsschwellenwerte an der Unterkante der rückhaltenden Schicht einzuhalten. Dagegen darf das Rückhaltevermögen des Unterbodens bei großen Frachten – z.B. bei der Verfüllung von Abgrabungen –, nicht berücksichtigt werden (siehe [28], Nr. 2.3 (4.)).

4.3. Anforderungen des Bodenschutzes

Die aus der Sicht des vorsorgenden Bodenschutzes zu stellenden Anforderungen an eine schadlose Verwertung von mineralischen Abfällen ergeben sich aus der in § 7 BBodSchG normierten und durch § 9 BBodSchV konkretisierten Vorsorgepflicht. Danach darf durch eine Verwertungsmaßnahme nicht die Besorgnis des Entstehens einer schädlichen Bodenveränderung hervorgerufen werden. Das Entstehen schädlicher Bodenveränderungen ist in der Regel zu besorgen, wenn

- die Schadstoffgehalte im Boden die Vorsorgewerte nach Anhang 2 Nr. 4 BBodSchV überschreiten,
- eine erhebliche Anreicherung von anderen Schadstoffen erfolgt, die aufgrund ihrer ... Eigenschaften in besonderem Maße geeignet sind, schädliche Bodenveränderungen herbeizuführen.

Bei der Verwertung von mineralischen Abfällen kann aus Sicht des vorsorgenden Bodenschutzes zwischen *bodenähnlichen Anwendungen* und *technischen Bauwerken* unterschieden werden. Bei bodenähnlichen Anwendungen – Verfüllung von Abgrabungen und Senken mit geeignetem Bodenmaterial sowie Verwertung von Bodenmaterial im Landschaftsbau außerhalb von technischen Bauwerken – steht die (Wieder-)Herstellung oder Sicherung natürlicher Bodenfunktionen im Vordergrund. Dies hat zur Folge, dass von den zur Verwertung vorgesehenen Abfällen nicht nur keine Besorgnis des Entstehens einer schädlichen Bodenveränderung im Hinblick auf den seitlich oder unterhalb der Verwertungsmaßnahme anstehenden Boden ausgehen darf, sondern darüber hinaus auch nur für den Verwertungszweck geeignete Abfälle – in der Regel Bodenmaterial – in Frage kommen (siehe Kapitel 3.). Dagegen muss bei technischen Bauwerken, also mit dem Boden verbundenen Anlagen, die aus Bauprodukten und/oder mineralischen Abfällen hergestellt werden und technische Funktionen erfüllen – z.B. Straßen, Verkehrs-, Industrie-, Gewerbeflächen, Lärmschutzwälle, Gebäude einschließlich Unterbau –, aus Sicht des Bodenschutzes (nur) gewährleistet sein, dass von diesen insgesamt keine Besorgnis des Entstehens einer schädlichen Bodenveränderung ausgeht.

Kann aufgrund der Standortbedingungen – wasserdurchlässige Bauweisen – keine Rückhaltung von Schadstoffen durch den Boden in Anrechnung gebracht werden, wird durch die Einhaltung der Geringfügigkeitsschwelle unmittelbar unterhalb der Einbaustelle des Abfalls – Kontaktbereich zwischen Boden und Abfall – sichergestellt, dass es durch die Verwertung zu keiner erheblichen Anreicherung von Schadstoffen im Untergrund und damit zu keiner Überbeanspruchung der Filter- und Pufferfunktion des Bodens kommt.

Wasserundurchlässige Bauweisen oberhalb des Grundwassers werden aus Sicht des Bodenschutzes in der Regel nicht als kritisch angesehen, da keine relevanten Sickerwassermengen entstehen, durch die Schadstoffe in den Unterboden eingetragen werden könnten.

4.4. Anforderungen der Abfallwirtschaft

Zusätzlich zu den materiellen Anforderungen des Boden- und Grundwasserschutzes müssen bei der Entsorgung von Abfällen – ggf. auch in Abhängigkeit vom Entsorgungsweg – abfallwirtschaftliche Anforderungen beachtet werden, die sich u.a. auf § 5 Abs. 3 KrW-/AbfG stützen. Auf der Grundlage von Feststoffgehalten werden die stoffliche Zusammensetzung des Abfalls und seine grundsätzliche Verwertungseignung aus abfallwirtschaftlicher Sicht insbesondere im Hinblick auf eine mögliche Schadstoffanreicherung oder eine großräumige Schadstoffverteilung bei der Verwertung in Kaskaden bewertet (z.B. mineralischer Abfall —> Betonzuschlag —> Beton —> Bauwerk —> Bauschutt —> Recyclingbaustoff). Außerdem wird dadurch eine zukünftige Einschränkung der Verwertungsmöglichkeiten von Recyclingbaustoffen durch eine Schadstoffanreicherung verhindert, die langfristig dazu führen würde, dass diese deponiert werden müssten.

Durch die Festlegung maximal zulässiger Eluatkonzentrationen wird sichergestellt, dass Abfälle, die aufgrund der Freisetzung von Schadstoffen auf einer Deponie entsorgt werden müssen, nicht außerhalb von Deponien verwertet werden.

Außerdem sind folgende Verwertungsgrundsätze zu beachten:

- Abfälle, die verwertet werden sollen, sind getrennt zu halten. Sie dürfen grundsätzlich vor der Untersuchung und Beurteilung nicht vermischt werden, auch wenn sie den gleichen Abfallschlüssel aufweisen (Vermischungsverbot). Eine Vermischung nach der Bewertung ist zulässig, wenn dies im Auftrag und nach Maßgabe des Betreibers der vorgesehenen Abfallentsorgungsanlage oder des Verwerters zur Gewährleistung von bautechnischen Anforderungen erfolgt.
- Abfälle, die verwertet werden sollen, sind in ihrer Gesamtheit zu untersuchen. Die Abtrennung einzelner Teilfraktionen vor der Untersuchung ist grundsätzlich nicht zulässig. Abweichungen sind nur dann zulässig, wenn die Abtrennung von Fraktionen nicht zu einer Verringerung der Schadstoffkonzentrationen oder -gehalte führt. Sollen Fraktionen getrennt verwertet werden, sind diese getrennt zu untersuchen.
- Maßgebend für die Bewertung der Schadlosigkeit sind die im einzelnen Abfall bestehenden Verunreinigungen. Dieses gilt unabhängig davon, ob der Abfall

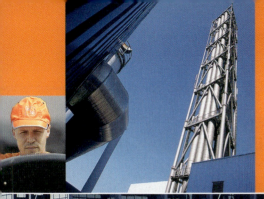

allein oder gemeinsam mit anderen Materialien als Gemisch oder in Produkten verwertet werden soll. Gleichwohl müssen bei der Festlegung konkreter Verwertungsmöglichkeiten auch die möglichen Auswirkungen des Gemisches oder Produkts auf die relevanten Schutzgüter berücksichtigt werden.

- Die für die schadlose Verwertung mageblichen Schadstoffkonzentrationen oder -gehalte dürfen zum Zweck einer schadlosen Verwertung weder durch die Zugabe von geringer belastetem Abfall gleicher Herkunft noch durch Vermischung mit anderen geringer belasteten Materialien eingestellt werden (Verdünnungsverbot).
- Werden die für die Verwertung maßgeblichen Zuordnungswerte für die Schadstoffkonzentrationen oder -gehalte überschritten, können die für die Verwertung vorgesehenen Abfälle unter Beachtung der Verwertungsgrundsätze so behandelt werden, dass die Schadstoffe
  - abgetrennt und umweltverträglich entsorgt oder
  - durch geeignete Verfahren und chemische Umsetzungen zerstört werden.

  Ist dies nicht möglich oder zweckmäßig, kommt nur noch eine gemeinwohlverträgliche Abfallbeseitigung in Frage. Das Einbinden schadstoffhaltiger Abfälle z.B. mit Zement (Verfestigung) ist keine zulässige Maßnahme zur Schadstoffentfrachtung[3, 4].

Die konsequente Umsetzung des gesetzlichen Verbotes der Schadstoffanreicherung würde dazu führen, dass bestimmte mineralische Abfälle mit erhöhten Schadstoffgehalten – z.B. Metallhüttenschlacken, pechhaltiger Straßenaufbruch – nicht mehr verwertet werden könnten. Um dieses dennoch in vertretbarem Umfang zu ermöglichen, kann der Einbau dieser Abfälle in bestimmte technische Bauwerke unter definierten Randbedingungen dann zugelassen werden, wenn neben der Einhaltung der Anforderungen des vorsorgenden Boden- und Grundwasserschutzes sichergestellt ist, dass das Risiko einer Schadstoffverteilung durch geschlossene Verwertungskreisläufe minimiert wird.

Ein Beispiel hierfür ist die Verwertung von pechhaltigem Straßenaufbruch, der unter exakt definierten Randbedingungen wieder in Straßen eingebaut werden darf. Wird eine solche Straße nach mehreren Jahren erneuert, kann der pechhaltige Straßenaufbruch an gleicher oder vergleichbarer Stelle und mit geeigneten technischen Sicherungsmaßnahmen erneut eingebaut werden. Voraussetzung hierfür ist allerdings auch, dass der Einbau dokumentiert wird und dem Träger

[3] ATA-Beschluss in der 46. Sitzung am 13./14.02.1996 in Fulda:

1. Die TA Abfall sieht eine Verfestigung von Abfällen nur zur Erhöhung der Standfestigkeit von Deponien vor und **nicht** um eine andere Entsorgung/Verwertung zu ermöglichen.

2. Das Vermischungsverbot nach Nr. 4.2 der TA Abfall ist zu beachten. Eine Einbindung von gefährlichen Abfällen z.B. in Betonformsteine ist ein Verstoß gegen Nr. 4.2. Es ist zu verhindern, dass Stoffe mit hohen Schadstoffgehalten über derartige Verfahren unkontrolliert und großräumig in der Umwelt verteilt werden und damit Belastungen erhöhen.

[4] LAGA-Beschluss zu TOP 4.1 in der 90. Sitzung am 16./17.04.2008 in Leipzig:

Die LAGA ist der Auffassung, dass es unzulässig ist, Abfälle, die vor einer Behandlung mit Bindemitteln oder vor der Vermischung mit anderen Abfällen die Zuordnungswerte nicht einhalten, in technischen Bauwerken oder in Abgrabungen zu verwerten.

der Maßnahme bekannt ist, dass der Umgang mit diesen Recyclingbaustoffen mit bestimmten Restriktionen verbunden ist. Außerdem soll dadurch sichergestellt werden, dass die Schadstoffeinträge, die durch die Verwertung schadstoffhaltiger Abfälle nicht vollständig ausgeschlossen werden können, selbst im ungünstigsten Fall auf den zugelassenen Einsatzbereich beschränkt bleiben (z.B. mineralischer Abfall —> Zuschlag für Asphalt —> Asphalt —> Straßenbestandteil —> Asphaltaufbruch —> Zuschlag für Asphalt).

Auch bei der Verwertung von mineralischen Abfällen in Bauprodukten ist sicherzustellen, dass es nicht zu einer Verschleppung von Schadstoffen in diese Bauprodukte und damit zu einer Schadstoffanreicherung kommt. Hierzu sind aus abfallwirtschaftlicher Sicht Obergrenzen für Schadstoffgehalte im zu verwertenden Abfall festzulegen. Die Zuordnungswerte für die Eluatkonzentrationen und die Feststoffgehalte dürfen im unverdünnten und unvermischten Abfall allerdings dann überschritten werden, wenn

- die Stoffkonzentrationen/-gehalte im durch den Abfall substituierten, bisher für die Herstellung des Produktes verwendeten Primärrohstoff höher liegen – in diesem Fall entspricht die Obergrenze unter Berücksichtigung des Verschlechterungsverbotes der Stoffkonzentration/dem Stoffgehalt des substituierten Primärrohstoffes – oder
- organische Schadstoffe beim Herstellungsprozess des Bauproduktes – z.B. Ziegelherstellung – so weit zerstört werden, dass – bezogen auf den eingesetzten Abfall – mindestens die festgelegten Obergrenzen für die Feststoffgehalte eingehalten werden. Das heißt, in diesem Fall sind die Schadstoffgehalte immer im Zusammenhang mit dem Herstellungsprozess zu bewerten, der diese verändern kann.

4.5. Schlussfolgerungen

Von Bauprodukten, baulichen Anlagen (z.B. Verkehrsflächen, Lärm- oder Sichtschutzwälle), bodenähnlichen Anwendungen (z.B. Verfüllung von Abgrabungen) und Beseitigungsmaßnahmen (ungedichtete Inertabfalldeponien), in denen mineralische Abfälle eingesetzt werden, darf weder die Besorgnis einer schädlichen Bodenveränderung noch die Besorgnis einer schädlichen Verunreinigung des Grundwassers ausgehen.

Eine solche Besorgnis ist dann nicht gegeben, wenn die Geringfügigkeitsschwellen des vorsorgenden Grundwasserschutzes im Sickerwasser, das aus einer (Verwertungs-, Beseitigungs-, Bau-) Maßnahme austritt, unterschritten werden. Dadurch wird gleichzeitig sichergestellt, dass die Schadstoffkonzentrationen im Sickerwasser so niedrig liegen, dass der Verdacht einer schädlichen Bodenveränderung oder Altlast nicht gegeben ist[5]. Bei bodenähnlichen Anwendungen muss darüber hinaus geeignetes Bodenmaterial verwendet werden.

[5] siehe Definition *Prüfwert* in § 8 Abs. 1 Nr. 1 BBodSchV

Diese Zusammenhänge sind integraler Bestandteil der *Grundsätze zur Abgrenzung der Anwendungsbereiche der BBodSchV hinsichtlich des Auf- und Einbringens von Materialien auf und in den Boden von den diesbezüglichen abfallrechtlichen Vorschriften*[6,7], die gemeinsam von LABO, LAGA und LAWA unter Beteiligung des Länderausschusses Bergbau (LAB) formuliert wurden, und denen die 26. ACK[8] zugestimmt hat. Diese Abgrenzungsgrundsätze waren auch bei der Fortschreibung und Anwendung der LAGA-Mitteilung 20 (siehe Kapitel 5.) und der Technischen Regeln des LAB [19] zu berücksichtigen[9]. Sie sind in einem ersten Schritt in dem Bericht *Verfüllung von Abgrabungen* [28] umgesetzt worden, der von einer Arbeitsgruppe aus Vertretern der LABO (Federführung), der LAWA, der LAGA und des LAB erarbeitet worden ist. Sowohl die Umweltministerkonferenz[10] als auch die Wirtschaftsministerkonferenz (WMK)[11] haben diesem Bericht zugestimmt (siehe [20, 21]).

Außerdem sind die abfallwirtschaftlichen Anforderungen einzuhalten, die insbesondere eine Schadstoffanreicherung und die Umgehung der Anforderungen an die Ablagerung von Abfällen verhindern sollen.

5. Die LAGA-Mitteilung 20

Um sicherzustellen, dass es in den 16 Ländern zu einer einheitlichen Beurteilung von Verwertungsvorhaben kommt, und die fachlichen Bewertungsansätze mit den Vorgaben der verschiedenen Rechtsbereiche im Einklang stehen, wurden im Auftrag der Umweltministerkonferenz (UMK) unter der Federführung der Länderarbeitsgemeinschaft Abfall (LAGA) von einer Bund-/Länderarbeitsgruppe (LAGA-AG *Mineralische Abfälle*) Anforderungen an die Verwertung mineralischer Abfälle erarbeitet (LAGA-Mitteilung 20).

Die LAGA-Mitteilung 20 *Anforderungen an die stoffliche Verwertung von mineralischen Abfällen – Technische Regeln* [22] definiert übergreifende Verwertungsgrundsätze und legt Verwertungsanforderungen unter Berücksichtigung der Nutzung und der Standortverhältnisse für die Verwertung von mineralischen Abfällen bei Baumaßnahmen im weitesten Sinne fest. U.a. wird dort die Verwertung von Bodenmaterial, Bauschutt, Straßenaufbruch, Aschen aus Abfallverbrennungsanlagen, Gießereiabfällen sowie Aschen aus steinkohlebefeuerten Kraftwerken, Heizkraftwerken und Heizwerken geregelt. Nicht behandelt wird das Ein- und Aufbringen von mineralischen Abfällen in/auf die durchwurzelbare Bodenschicht sowie das Einbringen dieser Abfälle in bergbauliche Hohlräume.

[6] veröffentlicht als Anhang 4 der *Vollzugshilfe zu § 12 BBodSchV* http://www.labo-deutschland.de/pdf/12-Vollzugshilfe_110902.pdf

[7] siehe insbesondere Begründung zu Nr. 5 und Nr. 7 der Abgrenzungsgrundsätze

[8] 26. ACK am 11./12.10.2000 in Berlin, TOP 53.1: Anpassung der Zuordnungswerte des LAGA-Regelwerkes *Anforderungen an die stoffliche Verwertung von mineralischen Abfällen – Technische Regeln* an die Vorgaben der Bundes-Bodenschutzverordnung – Abgrenzung der Anwendungsbereiche der Bundes-Bodenschutzverordnung hinsichtlich des Auf- und Einbringens von Materialien auf und in den Boden von den diesbezüglichen abfallrechtlichen Vorschriften

[9] siehe Nr. 9 der Abgrenzungsgrundsätze

[10] 58. UMK am 06./07.06.2002 in Templin, TOP 14: Verfüllung von Abgrabungen

[11] WMK am 14./15.05.2003 in Berlin, TOP 6.2: Verfüllung von Abgrabungen

Zur Vereinheitlichung des Vollzuges werden in den Technischen Regeln – Teil II der LAGA-Mitteilung 20 – für den Einbau der mineralischen Abfälle abfallspezifische Zuordnungswerte festgelegt, die unter Berücksichtigung der jeweiligen Einbaubedingungen eine schadlose Verwertung gewährleisten. Bei diesen Zuordnungswerten handelt es um Vorsorgewerte aus der Sicht des vorsorgenden Boden- und Gewässerschutzes sowie der Abfallwirtschaft (keine Schadstoffanreicherung). Hiervon sind die Regelungen und Werte aus dem Bereich der Gefahrenabwehr abzugrenzen. Abweichungen von den Zuordnungswerten können zugelassen werden, wenn im Einzelfall der Nachweis erbracht wird, dass das Wohl der Allgemeinheit nicht beeinträchtigt wird.

Beim Einbau mineralischer Abfälle werden mehrere Einbauklassen unterschieden, deren Einteilung auf Herkunft, Beschaffenheit und Verwendungsart des Abfalls unter Berücksichtigung der jeweiligen Standortverhältnisse basiert.

In dem Teil III *Probenahme und Analytik* dieses Regelwerkes werden die allgemein gültigen Verfahren für die Probenahme, die Probenaufbereitung und die Analytik sowie spezifische Vorgaben für die in den jeweiligen Technischen Regeln behandelten Abfallarten festgelegt.

Aufgrund der neuen rechtlichen Regelungen zum Schutz des Bodens [15, 16] und der Konkretisierung der Anforderungen zum Schutz des Grundwassers durch die Länderarbeitsgemeinschaft Wasser (LAWA) [17] ist die LAGA von der Umweltministerkonferenz[12] gebeten worden, die LAGA-Mitteilung 20 zu überarbeiten [23].

Die 32. Amtschefkonferenz[13] hat die Fortschreibung des Allgemeinen Teils (Teil I) der LAGA-Mitteilung 20 zur Kenntnis genommen und dessen Veröffentlichung zugestimmt. Damit lagen neben den fachlichen Grundlagen auch die formalen Voraussetzungen für die Überarbeitung der einzelnen Technischen Regeln (Teil II) vor.

Die 63. UMK[14] hat die Fortschreibung der LAGA-Mitteilung 20 um die *Technische Regel Boden* und den Teil III *Probenahme und Analytik* zur Kenntnis genommen, jedoch der von der LAGA angeregten Veröffentlichung nicht zugestimmt. Allerdings hat die Mehrheit der Länder in einer Protokollnotiz erklärt, sie werde die überarbeitete LAGA-Mitteilung 20 veröffentlichen und in den Vollzug übernehmen.

Die Wirtschaftsministerkonferenz hat diesem Beschluss der 63. UMK in ihrer Sitzung am 08./09.12.2004[15] widersprochen.

---

[12] 49. UMK am 05./06.11.1997 in Erfurt, TOP 13.16: LAGA-Regelwerk *Anforderungen an die stoffliche Verwertung von mineralischen Abfällen – Technische Regeln*

[13] 32. ACK am 06.11.2003 in Berlin, TOP 20: LAGA-Mitteilung 20 *Anforderungen an die stoffliche Verwertung von mineralischen Abfällen – Technische Regeln – Allgemeiner Teil*

[14] 63. UMK am 04./05.11.2004 in Niedernhausen, TOP 24: Verwertung von mineralischen Abfällen

[15] WMK am 08./09.12.2004, TOP 16f: Verwertung von mineralischen Abfällen

Auf die Überarbeitung weiterer Abschnitte der LAGA-Mitteilung 20 wurde aufgrund des von der LAGA nicht lösbaren Dissenses mit den Verbänden der Recyclingwirtschaft verzichtet [24]. Die LAGA hat daher die LAGA-AG *Mineralische Abfälle* bereits in ihrer 82. Sitzung[16] aufgelöst und das Vorsitzland gebeten, Empfehlungen für eine *Verordnung über die Verwertung von mineralischen Abfällen*[17] zu erarbeiten. Diese wurden der 63. UMK nachrichtlich vorgelegt und stehen dem Bundesumweltministerium (BMU) als Grundlage für die Erarbeitung einer Verordnung über die Verwertung von mineralischen Ersatzbaustoffen und für die Ergänzung der Bundesbodenschutzverordnung zur Verfügung.

6. Die LAGA-Mitteilung 20 im Licht des Tongrubenurteils

Die LAGA-Mitteilung 20 enthält Maßstäbe für die Bewertung der Schadlosigkeit der Verwertung von mineralischen Abfällen. Das Bundesverwaltungsgericht hat in dem *Tongrubenurteil* [29] vom 14.04.2005 festgestellt, dass die LAGA-Mitteilung 20 (alt = Stand: 06.11.1997), die bisher für die Bewertung herangezogen worden ist, das geltende Bodenschutzrecht nicht berücksichtigt. Die Begründung des *Tongrubenurteils* ist für die Verwertung von mineralischen Abfällen von erheblicher Bedeutung und enthält für die Bewertung der Schadlosigkeit der Verwertung dieser Abfälle wichtige Aussagen:

a) Im Rahmen des bergrechtlichen Zulassungsverfahrens können die Belange des Boden- und Gewässerschutzes nicht anhand der LAGA-Mitteilung 20 (alt) mit der dazugehörigen Technischen Regel (TR) Boden (alt) konkretisiert werden. Eine Heranziehung scheidet schon deshalb aus, weil dieses Regelwerk nach dem damaligen Stand (= Zulassung des Betriebsplanes) noch nicht an die später in Kraft getretenen Regelungen von Bundesbodenschutzgesetz und Bundesbodenschutzverordnung angepasst war.[18]

b) Im Rahmen eines bergrechtlichen Zulassungsverfahrens sind die materiellen Maßstäbe des Bundesbodenschutzgesetzes und der Bundesbodenschutzverordnung inhaltlich voll anwendbar. Entsprechendes gilt, ohne dass vorliegend darüber zu entscheiden war, auch bei einer Genehmigung über den Einbau von (Boden)Material auf der Grundlage einer baurechtlichen oder bodenabbaurechtlichen Genehmigung.

c) § 7 Satz 3 BBodSchG verlangt, dass jemand, der auf den Boden einwirkt, Bodeneinwirkungen, die die Vorsorgewerte überschreiten, grundsätzlich unterlässt, sofern nicht Aspekte der Verhältnismäßigkeit im Hinblick auf den Zweck der Nutzung entgegenstehen.

d) Der vom Berufungsgericht hilfsweise herangezogene § 10 Abs. 1 Satz 2 BBodSchV beschränkt die Vorkehrungen gegen Schadstoffeinträge beim Aufbringen von Material nicht darauf, bei einer Überschreitung der Vorsorgewerte

[16] 82. LAGA-Sitzung am 23./24.03.2004 in Speyer, TOP 20: LAGA-Mitteilung 20 *Anforderungen an die stoffliche Verwertung von mineralischen Abfällen – Technische Regeln*

[17] siehe www.bmu.de, Pfad: Home > Themen A-Z > Abfallwirtschaft > Aktuell >BMU-Workshop zur Verwertung von mineralischen Abfällen > Workshop mit Einzelvorträgen > LAGA-Eckpunkte

[18] Hinweis: Außerdem berücksichtigt die LAGA-Mitteilung 20 (Stand: 06.11.1997) nicht das KrW-/AbfG sondern bezieht sich in dem Allgemeinen Teil (Nr. I.4.2 Abfallrecht) noch auf das AbfG.

Maßnahmen zur Sicherung gegen die Schadstoffausbreitung und zur Überwachung vorzusehen. Vielmehr sind Schadstoffeinträge auch im Rahmen der Änderung von Anlagen oder Verfahren zu vermeiden oder wirksam zu vermindern.

Das heißt, technische Sicherungsmaßnahmen – wie die in der Einbauklasse 2 der LAGA-Mitteilung 20 vorgesehene Abdichtung der eingebauten Abfälle – können ein Überschreiten der Vorsorgewerte nicht rechtfertigen. Diese Vorkehrungen sind nicht zur Kompensation einer Überschreitung der Vorsorgewerte bestimmt.

e) Das Bundesverwaltungsgericht legt es nahe, dass Besitzer von Nachbargrundstücken, die an verfüllte Grundstücke grenzen, die Einhaltung der Vorsorgestandards im Rechtswege fordern können. Den einschlägigen bodenschutzrechtlichen Bestimmungen hat das Bundesverwaltungsgericht jedenfalls (auch) drittschützenden Charakter beigemessen.

Diese Ausführungen zum Bodenschutzrecht sind für die Normsetzung und für den Vollzug von erheblicher Bedeutung und entsprechend zu berücksichtigen.

Das *Tongrubenurteil* bezieht sich zwar in seinem konkreten Sachverhalt u.a. auf die Frage, welche Anforderungen mineralische Abfälle aus Sicht des vorsorgenden Bodenschutzes erfüllen müssen, wenn diese zur Verfüllung eines Tontagebaus verwendet werden. Es lässt sich jedoch aus fachtechnischer und auch aus rechtlicher Sicht auf alle anderen Fragestellungen übertragen, die im Zusammenhang mit der Bewertung der Schadlosigkeit der Verwertung von mineralischen Abfällen stehen, weil das Bodenschutzrecht nicht zwischen bodenähnlichen Anwendungen – z.B. Verfüllung eines Bodenabbaus – und technischen Bauwerken – z.B. Bau eines Lärmschutzwalles – unterscheidet. Letztendlich geht es bei allen Fallgestaltungen um die Frage, ob die Maßnahme, in der mineralische Abfälle verwertet werden, die Besorgnis einer schädlichen Bodenveränderung auslöst. Das heißt, das Tongrubenurteil wirkt sich nicht nur auf den Einbau von mineralischen Abfällen in den so genannten bodenähnlichen Anwendungen aus, sondern auch auf den Einbau in technischen Bauwerken. Es besitzt damit eine grundlegende Bedeutung für alle Anwendungsbereiche der LAGA-Mitteilung 20.

Da sich das Bundesverwaltungsgericht aufgrund des zu beurteilenden Sachverhaltes – Zulassung des Abschlussbetriebsplanes im März 2000 – nur mit dem Inhalt der LAGA-Mitteilung 20 (alt) befasst hat, ist zu prüfen, ob sich das *Tongrubenurteil* auch auf die Anforderungen auswirkt, die in der überarbeiteten LAGA-Mitteilung 20 und in der überarbeiteten Technischen Regel Boden festgelegt worden sind.

Die überarbeitete LAGA-Mitteilung 20 (neu) wurde im Allgemeinen Teil und in der Technischen Regel Boden (neu) an das Bodenschutzrecht angepasst. Ihr fachliches Konzept, das in einem erläuternden Anhang zum Allgemeinen Teil beschrieben wird, stimmt in vollem Umfang mit der aktuellen Rechtslage und dem Urteil des Bundesverwaltungsgerichts überein und ermöglicht somit einen sachgerechten und rechtskonformen Vollzug. Das überarbeitete Regelwerk kann sowohl aus technischer als auch aus rechtlicher Sicht der Bewertung von Abweichungen von den Vorsorgewerten (Abweichung vom Regelfall des § 9 Abs. 1 BBodschV) bei der Einzelfallbewertung zugrunde gelegt werden.

Die LAGA-Mitteilung 20 enthält ein stringentes Konzept, um bei der Verfüllung von Abgrabungen und bei der Verwertung von Abfällen in technischen Bauwerken Spielräume zur Überschreitung der Vorsorgewerte des Anhangs 2 Nr. 4 der BBodSchV zu eröffnen – sofern wegen der geringen Eluierbarkeit oder der Verhinderung der Entstehung von Sickerwasser eine Beeinträchtigung der Umwelt ausscheidet – als auch die Grenzen solcher Ausnahmen im Hinblick auf die wasserrechtlichen Anforderungen darzustellen. Darüber hinaus lassen die LAGA-Mitteilung 20 (neu) und die Technische Regel Boden (neu) auch Ausnahmen bei natur- und siedlungsbedingten Schadstoffbelastungen entsprechend den Vorgaben des Bodenschutzrechts zu.

Diese Bewertung wird durch gleichlautende Beschlüsse der für diese Fragestellung zuständigen Länderarbeitsgemeinschaften LABO[19], LAGA[20] und LAWA[21] bestätigt:

Die LABO/LAGA/LAWA ist der Auffassung, dass die überarbeitete Technische Regel Boden (Stand 05.11.2004) die Vorgaben des Urteils des BVerwG vom 14.04.2005 – 7 C 26.03 – berücksichtigt. Diese technische Regel ist daher eine geeignete Grundlage für die ordnungsgemäße und schadlose Verwertung gemäß § 5 Abs. 3 KrW-/AbfG in dem Übergangszeitraum bis zur Verabschiedung einer Bundesverordnung.

Die überarbeitete LAGA-Mitteilung 20 (neu) berücksichtigt zwar hinsichtlich der Zuordnungswerte für die Bewertung des Sickerwassers (Eluatkonzentrationen) noch nicht die aktuellen wissenschaftlichen Erkenntnisse. Da sie jedoch der aktuellen Rechtslage einschließlich des *Tongrubenurteils* entspricht, kann sie für einen begrenzten Übergangszeitraum bis zum In-Kraft-Treten einer Bundesverordnung im Vollzug angewendet werden. Die materiellen Anforderungen dieses Regelwerkes verhindern zuverlässig – wenn sie denn angewendet werden und verbindlicher Bestandteil von Anlagengenehmigungen sind – dass Ton-, Sand- und Kiesgruben mit ungeeigneten Abfällen verfüllt werden. Dieses belegt eine aktuelle Bestandserhebung in Niedersachsen, wonach die mehr als 500 Bodenabbaustätten ausschließlich mit unbelastetem Bodenmaterial verfüllt werden dürfen. Das heißt, die Verfüllung von Abgrabungen mit dafür ungeeigneten Abfällen lässt sich bereits mit den derzeit geltenden Rechtsvorschriften verhindern.

Das heißt, auch nach der Entscheidung des Bundesverwaltungsgerichts sind keine durchgreifenden Argumente dagegen ersichtlich, die Schadlosigkeit der Verwertung auf der Grundlage der überarbeiteten LAGA-Mitteilung 20 (neu) mit der überarbeiteten Technischen Regel Boden (neu) zu bewerten[22]. Wer sich dagegen weiterhin auf die LAGA-Mitteilung 20 (alt) stützt, verstößt gegen geltendes Recht.

[19] 28. LABO-Sitzung am 12./13.09.2005 in Limburg, TOP 15: Entscheidung des BVerwG 7 C 26.03 vom 14. April 2005 – Bodenschutzanforderungen bei der Verfüllung einer Tongrube

[20] 85. LAGA-Sitzung am 14./15.09.2005 in Saarbrücken, TOP 12: Anforderungen an die Verwertung von mineralischen Abfällen in technischen Bauwerken und in bodenähnlichen Anwendungen – Auswirkungen des Urteils des BVerwG vom 14.04.2005 (7 C 26.03)

[21] 129. LAWA-Sitzung am 27./28.09.2005 in Düsseldorf/Hombroich, TOP 10.2: Fortschreibung des technischen Regelwerks der LAGA und der LABO

[22] Eine ausführliche Bewertung enthalten [25] und [26]

Mit dementsprechenden Hinweisen auf ihren Internetseiten haben inzwischen die meisten Länder[23] auf das Tongrubenurteil reagiert und einen Weg aufgezeigt, wie in der Übergangszeit bis zum In-Kraft-Treten der Verordnung über die Verwertung von mineralischen Ersatzbaustoffen und der Ergänzung der Bundesbodenschutzverordnung (Artikelverordnung) sachgerecht und rechtskonform die ordnungsgemäße und schadlose Verwertung von mineralischen Abfällen bewertet werden kann.

Die teilweise diskutierte Frage, ob vor dem Hintergrund der Arbeiten des Bundesumweltministeriums (BMU) an der Artikelverordnung eine Umsetzung der LAGA-Mitteilung 20 (neu) in den Ländern sinnvoll sei, stellt sich nicht. Vollzugsentscheidungen sind heute und auf der Grundlage des geltenden Rechts zu treffen. Die Abfälle können nicht bis zur Verabschiedung der Artikelverordnung zwischengelagert werden. Das heißt, die Umsetzung der LAGA-Mitteilung 20 (neu) und der Technischen Regel Boden (neu) schafft für den Übergangszeitraum bis zum In-Kraft-Treten einer Bundesverordnung einheitliche Rahmenbedingungen für den Vollzug im Sinne des Urteils des Bundesverwaltungsgerichts.

Vor diesem Hintergrund hat das Niedersächsische Umweltministerium[24] für die Verfüllung von Abgrabungen mit Erlass vom 25.08.2006 gegenüber den unteren Naturschutzbehörden klargestellt, dass die Anforderungen an das Verfüllmaterial in der Nr. 8 des Leitfadens zur Zulassung des Abbaus von Bodenschätzen beschrieben werden und aufgrund des Runderlasses vom 07.11.2003 – 28-22442/1/1 (Nds. MBl. Nr. 36/2003, S. 739, VORIS 28100) zu beachten sind. Der Leitfaden wird auf den Internetseiten des Niedersächsischen Ministeriums für Umwelt und Klimaschutz als Download zur Verfügung gestellt[25].

Die inhaltliche Vorbereitung einer Entscheidung über Verfüllungsmaßnahmen, z.B. im Rahmen einer neuen Bodenabbaugenehmigung oder anlässlich einer Änderung, Ergänzung oder Konkretisierung zu einer bereits erteilten Genehmigung, hat zwei Gesichtspunkte zu betrachten:

Die Verfüllungsmaßnahme muss für die naturschutzrechtlich abgeleitete Kompensation erforderlich sein.

Das einzubringende Material muss bestimmte Anforderungen erfüllen. Diese Anforderungen ergeben sich – ergänzend zu dem oben genannten Runderlass des MU – aus dem im Einvernehmen von UMK und WMK verabschiedeten Arbeitspapier *Verfüllung von Abgrabungen* [28]. Dieses entspricht aufgrund der Bewertung der drei für diese Fragestellung zuständigen Länderarbeitsgemeinschaften LABO, LAGA und LAWA im Herbst 2005 den Vorgaben des Bundesverwaltungsgerichts in der Begründung zum *Tongrubenurteil* (siehe oben). Das Arbeitspapier *Verfüllung von Abgrabungen* ist in die Technische Regel Boden (neu) eingeflossen. Das in Verfüllungen einzubringende Material ist daher auf der Grundlage der Einbauklasse 0 der Technischen Regel Boden (neu) zu bewerten.

[23] siehe www.laga-online.de, Pfad: Home > Aktuelles > 06.03.2007

[24] Der Name wurde inzwischen geändert in *Niedersächsisches Ministerium für Umwelt und Klimaschutz*

[25] siehe www.umwelt.niedersachsen.de, Pfad: Home > Themen > Bodenschutz & Altlasten > Bodenabbau

7. Zusammenfassung

Mineralische Abfälle bilden den mit Abstand größten Abfallstrom. Da diese Abfälle häufig gute bautechnische Eigenschaften aufweisen, bietet es sich an, diese zur Substitution von mineralischen Primärrohstoffen im Baubereich zu nutzen. Aufgrund ihrer herkunfts- oder prozessbedingten Inhaltsstoffe und der Freisetzung von Schadstoffen über das Sickerwasser kann die Verwertung jedoch zu teilweise erheblichen Umweltbelastungen führen. Auf der Grundlage des vorsorgenden Boden- und Gewässerschutzes sowie des Abfallrechts sind daher Anforderungen an Schadstoffkonzentrationen und -gehalte sowie Einbaukriterien – z.B. technische und organisatorische Sicherungsmaßnahmen, Ausschlusskriterien – festzulegen, die eine ordnungsgemäße und schadlose Abfallverwertung ermöglichen.

Diese Anforderungen können im Einklang mit dem geltenden Recht festgelegt und widerspruchsfrei zu anderen Rechtsbereichen abgegrenzt werden, in denen Auswirkungen auf den Boden und das Grundwasser zu bewerten sind (z.B. Einsatz von Bauprodukten, Ablagerung von Abfällen, Bewertung von schädlichen Bodenveränderungen und Altlasten).

Die überarbeitete LAGA-Mitteilung 20 (neu = Stand: 06.11.2003) mit der überarbeiteten Technischen Regel Boden (neu = Stand: 05.11.2004) entspricht zwar hinsichtlich der Zuordnungswerte für die Bewertung des Sickerwassers nicht mehr den aktuellen wissenschaftlichen Erkenntnissen. Da sie jedoch im Einklang mit der aktuellen Rechtslage und der Begründung des Bundesverwaltungsgerichts zum *Tongrubenurteil* vom 14.04.2005 steht, kann sie für einen begrenzten Übergangszeitraum bis zum In-Kraft-Treten der Verordnung über die Verwertung von mineralischen Ersatzbaustoffen und der Ergänzung der Bundesbodenschutzverordnung (Artikelverordnung) für die Bewertung der ordnungsgemäßen und schadlosen Verwertung von mineralischen Abfällen im Vollzug angewendet werden. Wer sich dagegen auf die LAGA-Mitteilung 20 (alt = Stand: 06.11.1997) stützt, verstößt gegen geltendes Recht.

Die materiellen Anforderungen des überarbeiteten Regelwerkes verhindern zuverlässig – wenn sie denn angewendet werden und verbindlicher Bestandteil von Genehmigungen sind – dass Ton-, Sand- und Kiesgruben mit ungeeigneten Abfällen verfüllt werden. Das heißt, die Verfüllung von Abgrabungen mit dafür ungeeigneten Abfällen lässt sich bereits mit den derzeit geltenden Rechtsvorschriften verhindern.[26]

Das Bundesumweltministerium arbeitet zurzeit an einer Artikelverordnung, mit der die Rechtssicherheit und der einheitliche Vollzug in den Ländern bei der Verwertung von mineralischen Abfällen verbessert werden sollen. Mit der Ersatzbaustoffverordnung (Artikel 1) soll die ordnungsgemäße und schadlose

[26] 90. LAGA-Sitzung am 16./17.04.2008 in Leipzig, TOP 4.1: *Bericht Verfüllung von Abgrabungen: Aus dem seit 1999 geltenden Bodenschutzrecht folgt, dass in Abgrabungen nur solche Abfälle verwertet werden dürfen, welche die Vorsorgeanforderungen des BBodSchG und der BBodSchV erfüllen und geeignet sind, natürliche Bodenfunktionen (wieder)herzustellen.* (siehe Seite 4-3 der Anlage 4 des Berichts)
Bei einer Verwertung in Gruben, Brüchen oder Tagebauen muss durch den Abfall die natürliche Bodenfunktion hergestellt werden können (Filter, Puffer, Rückhaltung). (siehe Seite 4-3 der Anlage 4 des Berichts)

Verwertung von mineralischen Abfällen sowie die Verwendung von mineralischen industriellen Nebenprodukten – zusammenfassend als mineralische Ersatzbaustoffe bezeichnet – in technischen Bauwerken geregelt werden. Mit der Ergänzung der Bundesbodenschutzverordnung (Artikel 2) sollen Anforderungen an die Verwertung von mineralischen Abfällen in bodenähnlichen Anwendungen außerhalb der durchwurzelbaren Bodenschicht – bisherige Einbauklasse 0 der LAGA-Mitteilung 20 – festgelegt werden.

8. Literatur

[1] ecologic (2005): Strategie für die Zukunft der Siedlungsabfallentsorgung (Ziel 2020), FuE-Vorhaben 201 32 324 für das Umweltbundesamt im Rahmen des UFOPLAN 2003, Berlin, 2005

[2] Vahrenholt, F.: Strategie der Abfallwirtschaftspolitik; 3. Schlackenforum, Hamburg 1995

[3] Meadows, D.; Meadows, D.; Zahn, E.; Milling, P.: Die Grenzen des Wachstums, Bericht des Club of Rome zur Lage der Menschheit, Rowohlt Taschenbuchverlag, Reinbek bei Hamburg, 1973

[4] Umweltgutachten 1994: Für eine dauerhaft umweltgerechte Entwicklung; Der Rat der Sachverständigen für Umweltfragen, ISBN 3-8246-0366-7, Stuttgart, Februar 1994

[5] Umweltgutachten 1996: Zur Umsetzung einer dauerhaft umweltgerechten Entwicklung; Der Rat der Sachverständigen für Umweltfragen; ISBN 3-8246-0545-7, Stuttgart, Februar 1996

[6] Urteil des Bundesverfassungsgerichtes in dem Verfahren über die Verfassungsbeschwerden ... (gegen verschiedene Abfallabgabengesetze) (Bundesverfassungsgericht: 2 BvR 1876/91, 2 BvR 1083/92, 2 BvR 2188/92, 2 BvR 2200/92, 2 BvR 2624/94), verkündet am 07.05.1998

[7] DIN-Fachbericht 127: Beurteilung von Bauprodukten unter Hygiene-, Gesundheits- und Umweltaspekten, DIN Deutsches Institut für Normung e.V., Berlin, 1. Auflage 2003

[8] Umweltgutachten 2000: Schritte ins nächste Jahrtausend; Der Rat der Sachverständigen für Umweltfragen; ISBN 3-8246-0620-8, Stuttgart, April 2000

[9] Ziele der Abfallwirtschaft nicht mit den Instrumenten verwechseln; Europäischer Wirtschaftsdienst (EUWID) Nr. 46, S. 4, Gernsbach, 16.11.1999

[10] Agenda 21: Konferenz der Vereinten Nationen für Umwelt und Entwicklung im Juni 1992 in Rio de Janeiro – Original Dokument in Deutscher Übersetzung http://www.agenda21-treffpunkt.de/archiv/ag21dok/kap10.htm

[11] Beckmann, M.: Das deutsche Abfallrecht als Instrument des Klimaschutzes und der Ressourcenschonung, AbfallR 2/2008, S. 65-71, Lexxion Verlagsgesellschaft

[12] *Anforderungen an die stoffliche Verwertung von mineralischen Abfällen – Technische Regeln* (Mitteilung 20) der Länderarbeitsgemeinschaft Abfall (LAGA), 4. erweiterte Auflage vom 06.11.1997, Erich Schmidt Verlag, Berlin

[13] TA Abfall vom 12.03.1991

[14] TA Siedlungsabfall vom 14.05.1993

[15] Bundes-Bodenschutzgesetz (BBodSchG) vom 17.03.1998

[16] Bundes-Bodenschutz- und Altlastenverordnung (BBodSchV) vom 16.07.1999

[17] Länderarbeitsgemeinschaft Wasser (LAWA) (2002): Grundsätze des vorsorgenden Grundwasserschutzes bei Abfallverwertung und Produkteinsatz (GAP); Hannover (www.lawa.de), Mai 2002

[18] Böhme, M.; Leuchs W.: Grundsätze des vorbeugenden Grundwasserschutzes – Strategiepapier der LAWA für die Abfallverwertung und den Produkteinsatz. Bodenschutz, 7. Jahrgang, Heft 4, S. 126-129, ISSN 1432170X, Erich Schmidt Verlag GmbH & Co., Berlin, 2002

[19] Länderausschuss Bergbau (LAB): Anforderungen an die Verwertung von bergbaufremden Abfällen im Bergbau über Tage – Technische Regeln, Stand: 30.03.2004 (inzwischen aktualisierte Fassung), http://cdl.niedersachsen.de/blob/images/C4575457_L20.pdf

[20] Dinkelberg, W.; Bannick, C. G.; Bertram, H.-U.; Freytag, K.: Anforderungen des Bodenschutzes an die Verfüllung von Abgrabungen. Bodenschutz, 7. Jahrgang, Heft 4, S. 120-125, ISSN 1432170X, Erich Schmidt Verlag GmbH & Co., Berlin, 2002

[21] Dinkelberg, W.; Bertram, H.-U.; Freytag, K.; Leuchs, W.; Bannick, C. G.: Verfüllung von Abgrabungen. Bodenschutz, Kennzahl 7770, 11 Seiten, ISBN 3503027181, 39. Lieferung XII/2003, Erich Schmidt Verlag GmbH & Co., Berlin, 2003

[22] Länderarbeitsgemeinschaft Abfall (LAGA) (2003): Anforderungen an die stoffliche Verwertung von mineralischen Abfällen – Technische Regeln. Stand: 6.11.2003; erschienen als Mitteilungen der Länderarbeitsgemeinschaft Abfall (LAGA) 20, 5. erweiterte Auflage (ISBN 3 503 06395 1) im Erich Schmidt-Verlag, Berlin, 2004

[23] Bertram, H.-U. (2004), Überarbeitung der LAGA-Mitteilung 20 der Länderarbeitsgemeinschaft Abfall (LAGA) *Anforderungen an die stoffliche Verwertung von mineralischen Abfällen – Technische Regeln*, Müllhandbuch, Kennzahl 6541.2, 21 Seiten, ISBN 3503028307, Lieferung 4/2004, Erich Schmidt Verlag, Berlin, 2004

[24] Bertram, H.-U.; Bannick, C. G.: Die LAGA-Mitteilung 20 – Möglichkeiten und Grenzen, WLB-TerraTech 5/2004, ,S. 4-7, ISSN 09388303, Vereinigte Fachverlage GmbH, Mainz, 2004

[25] Attendorn, T.: Wasser- und bodenschutzrechtliche Anforderungen an die Verfüllung von Abgrabungen nach dem Tongrubenurteil II, AbfallR 4/2006, S. 167-175, Lexxion Verlagsgesellschaft

[26] Bertram, H.-U.: Anforderungen an die Verfüllung von Abgrabungen – Anmerkungen und Ergänzungen zu der Veröffentlichung von Attendorn in AbfallR 2006, AbfallR 1/2007, S. 37-42, Lexxion Verlagsgesellschaft

[27] Verwaltungsgericht Halle: Urteil zur Renaturierung einer Halde mit Abfällen vom 26.02.2008 (2 A 424/06 HAL), Seiten 15-16

[28] LABO, LAGA, LAWA, LAB: Bericht *Verfüllung von Abgrabungen* (http://www.labo-deutschland.de/.Pfad: Home > Themen > Verfüllung von Abgrabungen (05/2003) > Bericht zu Verfüllung von Abgrabungen

[29] Bundesverwaltungsgericht: Urteil vom 14.04.2005 (7 C 26.03), www.bundesverwaltungsgericht.de/media/archive/2902.pdf

Die Entsorgung von Schlacken in Österreich

Daniela Sager, Klaus Wruss und Karl E. Lorber

In Österreich ist die Abfallwirtschaft im Sinne des Vorsorgeprinzips und der Nachhaltigkeit unter anderem danach ausgerichtet, dass *bei der stofflichen Verwertung die Abfälle oder die aus ihnen gewonnenen Stoffe kein höheres Gefährdungspotenzial aufweisen als vergleichbare Primärrohstoffe oder Produkte aus Primärrohstoffen und nur solche Abfälle zurückbleiben, deren Ablagerung keine Gefährdung für nachfolgende Generationen darstellt.* [1]

In folgenden Sektoren fallen in Österreich Schlacken und Aschen an, die entsorgt werden müssen [2]:

- Anlagen zur Metallproduktion (Eisen und Stahl, Nichteisenmetalle),
- Anlagen zur thermischen Abfallbehandlung und Feuerungen (insbesondere Hausmüllverbrennungsanlagen),
- Feuerungsanlagen, in denen Abfälle mitverbrannt werden,
- Kohle- und Biomasse(heiz)kraftwerke und
- Zementanlagen.

Die größten Massen an Aschen und Schlacken stammen aus [2]:

- der Eisen- und Stahlerzeugung als Hochofenschlacke und Stahlwerksschlacke (LD-Schlacke aus dem Linz-Donawitz-Verfahren (Konverterschlacke) und Elektroofenschlacke),
- der Verbrennung von kommunalem Restabfall, Klärschlämmen usw.,
- der Verbrennung von industriellem Kombinationsabfall (Altholz, sonstige Kunststoffabfälle, usw.),
- der Verbrennung von gefährlichem Abfall,
- der Verbrennung von Kohle, Heizöl und Biomasse zur Energieumwandlung,
- der Nichteisenmetallerzeugung (Sekundäraluminiumproduktion und Sekundärkupferindustrie).

Mengenmäßig fallen die metallurgischen Schlacken und die Schlacken aus der Hausmüllverbrennung am häufigsten an. Als metallurgische Schlacke bezeichnet man eine schmelzflüssige Phase, die während metall- und stahlerzeugender Prozesse anfällt und die unerwünschte Begleitelemente enthält. Sie ist je nach der Gangart der Erze sehr komplex zusammengesetzt.

Metallurgische Krätze ist ebenfalls ein Schmelzprodukt, das im Zusammenhang mit unedleren Metallen anfällt (z.B. Aluminium, Magnesium). Krätze enthält die unedlen Metalle in oxidischer und zusätzlich in metallischer Form.

Abfallverbrennungsschlacke oder -asche ist ähnlich der metallurgischen Schlacke ein meist sehr komplex zusammengesetztes Produkt. Bei geeigneter Verbrennungstemperatur und Teilchengröße brechen Silikat- und Aluminiumoxidgerüste, die in Komponenten im Hausmüll vorhanden sind, auf und versintern zu Grobaschen und Schlacke bildenden Gläsern. Die Schlacke erfährt, in Abhängigkeit von der eingesetzten Rosttechnologie und durch lokal auftretende Temperaturspitzen, zum Teil nur punktuelle Aufschmelzungen bzw. Versinterungen. Abfallverbrennungsschlacke besteht neben den Schmelzprodukten zusätzlich aus Aschepartikeln (Feinanteil), Bruchglas, Keramik, Metall, Gestein, Salz, Wasser und auch einem unverbrannten Anteil. Daher werden diese Rückstände sowohl als (Grob-)Asche als auch als Schlacke bezeichnet.

Im Jahr 2004 sind in Österreich in der Eisen- und Stahlindustrie 2,4 Millionen Tonnen Schlacken angefallen und in thermischen Abfallbehandlungs- und Feuerungsanlagen weitere 1,6 Millionen Tonnen [3].

Die Schlacken aus der Eisen- und Stahlindustrie werden bereits seit langem als geeigneter Baustoff für den Straßen-, Wege- und Gleisbau eingesetzt, da die Reststoffe dieselben physikalischen Eigenschaften aufweisen wie Natursteine [4]. Abfallverbrennungsschlacken hingegen weisen in Österreich nur eingeschränkte Verwertungsmöglichkeiten auf, als Randwall von Deponien in Österreich [5].

1. Rechtliche Grundlagen

Die Entsorgung von Schlacken im Sinne der Abfallverwertung in Österreich unterliegt dem Abfallwirtschaftsgesetz 2002 – AWG 2002 BGBl. 102/2002 [1]. Dieses Gesetz wurde 1990 erlassen. Die aktuelle Fassung des AWG ist seit 1. Juli 2002 in Kraft und formuliert allgemeine Ziele der Abfallwirtschaft (§ 1 Abs. 2: Abfallvermeidung, -verwertung, -entsorgung).

Für die Entsorgung gilt unter anderem: *Abfälle sind zu verwerten, soweit dies ökologisch zweckmäßig und technisch möglich ist und die dabei entstehenden Mehrkosten im Vergleich zu anderen Verfahren der Abfallbehandlung nicht unverhältnismäßig sind und ein Markt für die gewonnenen Stoffe oder die gewonnene Energie vorhanden ist oder geschaffen werden kann (Abfallverwertung).* Gemäß Erlass des Umweltministeriums vom Juli 1993 zur Baurestmassentrennungsverordnung ist der Auftraggeber verpflichtet, selbst bei Mehrkosten im Ausmaß von 25 Prozent der Verwertung gegenüber einer Deponierung Vorrang einzuräumen [6].

Im Anhang 2 des AWG 2002 [1] sind Behandlungsverfahren aufgelistet und in Verwertungs- und Beseitigungsverfahren unterteilt. Zudem ist angeführt, dass nur solche Verfahren zu verwenden sind, welche die Umwelt nicht schädigen können, und Abfälle so zu verwerten bzw. zu beseitigen sind, dass die menschliche Gesundheit nicht gefährdet werden kann. Vor allem die Kriterien ökologische und ökonomische Zweckmäßigkeit, Schonung von Ressourcen, Eignung der Abfallart, Gefahrenminimierung und Art der Behandlungsanlage sind zu berücksichtigen, um eine Abgrenzung zwischen Verwertung und Beseitigung definieren zu können [2].

Auf Basis des Abfallwirtschaftsgesetzes wurde in Folge eine Reihe von Verordnungen erlassen:

- Deponieverordnung (BGBl. II 2008/39) [7], [8], [9]

  Am 30. Januar 2008 wurde die Deponieverordnung 2008 ausgegeben. Abfälle, die nicht vermieden und/oder verwertet werden können, werden als letzte Möglichkeit auf Deponien entsorgt. Seit 1. Januar 2004 dürfen in Österreich nur mehr reaktionsarme Abfälle deponiert werden. Abfälle mit erhöhten, aber immobilen Schadstoffgehalten – im Wesentlichen Reststoffe aus der thermischen Vorbehandlung – werden auf Reststoffdeponien abgelagert [2].

  Im Vergleich zur Deponieverordnung 1996 wurde der Parameterkatalog für Reststoffdeponien um die Elemente Antimon, Kobalt, Molybdän und Selen erweitert und die Grenzwerte einiger Parameter wie Blei, Arsen, Kupfer, Fluorid, Abdampfrückstand wurden erhöht. Der § 9 zur Ablagerung *Stark alkalischer Rückstände aus thermischen Prozessen* der Deponieverordnung 2008 soll in den Reststoffdeponien die Sicherheit für die Entsorgung und eine Überwachung der Temperatur sowie des Gasbildungspotentials gewährleisten.

- Das Altlastensanierungsgesetz (ALSAG) BGBl. 299/1989 i.d.g.F 2007 [10] schreibt die Altlastensanierungsbeiträge für jede Form des langfristigen Ablagerns von Abfällen (Deponieren), das Verfüllen von Geländeunebenheiten, das Lagern von Abfällen und das Befördern von Abfällen zur langfristigen Ablagerung außerhalb Österreichs fest.
- Weitere wesentliche Regelwerke sind die Verordnungen zum Wasserrechtsgesetz (BGBl.1959/215, i.d.g.F.) [11], die Festsetzungsverordnung (BGBl. II 1997/227, BGBl. II 1998/75, BGBl. II 2000/178) [12], die Abfallnachweisverordnung (BGBl. II. 2003/618) [13] und die Abfallverzeichnisverordnung (BGBl. II. 2003/570) [14].

Im Gegensatz zu anderen europäischen Ländern gibt es in Österreich für eine technische Verwertung von Schlacken derzeit keine eindeutige gesetzliche Regelung, die mit internationalen Regelwerken vergleichbar wäre [6]. In Österreich können in eingeschränktem Maße für spezielle Einsatzbereiche zum Beispiel die technische Anleitung für Recycling-Baustoffe des Österreichischen Baustoff-Recycling Verbandes herangezogen werden [15]. Diese Anleitung regelt die Anforderungen an den Einsatz von Recyclingmaterialien als Baustoff für den Straßenbau, Bauvorhaben im Siedlungsbereich, Füllmaterial für Künetten usw. [5]. Die Recycling-Baustoffe werden entsprechend ihrer Verwendung in verschiedene Güteklassen eingeteilt, damit eine gewisse Qualität sichergestellt und die Möglichkeit der einheitlichen Verwendung der Baustoffe gewährleistet werden kann [15]:

- **Güteklasse I**
  - Baustoffe für obere und untere ungebundene Tragschichten im Straßenbau,
  - Erzeugung von hydraulisch oder bituminös gebundenen Tragschichten.
- **Güteklasse IIa**
  - Baustoffe für untere ungebundene Tragschichten im Straßenbau,
  - hydraulisch gebundene Tragschichten.
- **Güteklasse IIb, III**
  - Baustoffe für hydraulisch gebundene Tragschichten,
  - land- und forstwirtschaftlichen Wegebau,
  - Parkplätze,
  - Lärmschutzwälle,
  - Auffüllungen, Künettenverfüllungen, Untergrundverbesserungen.

Das Heranziehen dieser Qualitätsnachweise für Schlackenprodukte birgt die Gefahr, dass in Einzelfällen die umweltrelevanten Anforderungen an z.B. Eisenhüttenschlacken nicht zur Gänze durch die in den Richtlinien für Recycling-Baustoffe genormten Anforderungen abgedeckt werden [4].

In Deutschland sichert die Forschungsgemeinschaft Eisenhüttenschlacken (FEhS) eine nachhaltige Nutzung der Eisenhüttenschlacken. Die Hochofen- und Stahlwerksschlacken sind als güteüberwachtes Produkt eingestuft. Im Gegensatz dazu gibt es in Österreich keine vergleichbare Einrichtung und entsprechenden Regelwerke (z.B. Begrenzung von Schwermetallen, usw.).

Schlacken gelten in Österreich grundsätzlich als Abfälle im Sinne des AWG und weisen je nach Anlage einen entsprechenden Abfallcode gemäß der Abfallverzeichnisverordnung [14] auf. Daher muss für Schlacken für die Bauindustrie erst der Nachweis der geeigneten stofflichen Verwertung erbracht werden. In Deutschland liegen mittlerweile fast flächendeckend Beurteilungskriterien für industrielle Nebenprodukte vor. In Österreich hingegen treten seit dem In-Kraft-Treten der Novelle zum Altlastensanierungsgesetz mit 1.1.2006 [10] immer wieder Unklarheiten hinsichtlich einer möglichen Beitragspflicht bei Verwertung auf. Der Grund liegt darin, dass in Österreich für so genannte industrielle Nebenprodukte kein vergleichbares Güteüberwachungssystem existiert und es den Begriff Nicht-Abfall-Nebenprodukte (EU-Definition) in der österreichischen Gesetzgebung nicht gibt. Schwierigkeiten bei der stofflichen Verwertung von *Nebenprodukten* ergeben sich unter anderem aus der gültigen Deponieverordnung. Hier werden metallische Gesamtgehalte zur Charakterisierung der Schlacken herangezogen und es kommt dadurch für Reststoffe mit oft nur gering erhöhten Metallgehalten, unabhängig von der Bindungsform, zu einer Überschreitung der Grenzwerte für Recycling-Materialien [4].

In Deutschland ist die Verwertung von Schlacken aus der Abfallverbrennung ebenfalls durch die deutsche Länderarbeitsgemeinschaft Abfall (LAGA) gesetzlich geregelt [16]. In diesem Merkblatt (Mitteilung 19 bzw. 20) sind die Anforderungen für eine stoffliche Verwertung der Abfallverbrennungsschlacke im Einzelnen erarbeitet. In Österreich hingegen gibt es für die Verwertung von Schlacken kein dementsprechendes Regelwerk und Referenzwerte werden ähnlich der Schlacken der Eisen- und Stahlindustrie dem Abfallwirtschaftsgesetz, der Deponieverordnung und den Richtlinien des Baurestmassen-Recyclingverbandes entnommen [6]. Auch in diesem Fall sind diese Richtlinien für die Beurteilung von Abfallverbrennungsschlacken zum Teil wenig geeignet, da wesentliche anorganische Schadstoff-Parameter, wie Blei, Antimon, Zink und Cadmium fehlen. Es wird erwartet, dass sich etwa Anfang 2009 die stoffliche Verwertung an einschlägigen deutschen Vorgaben orientieren kann [17].

2. Der Bundes-Abfallwirtschaftsplan (BAWP) 2006

Im Bundes-Abfallwirtschaftsplan 2006 [3] werden Aschen, Schlacken und Stäube als ausgewählte Abfallgruppe betrachtet und stammen hauptsächlich aus Anlagen zur Verbrennung von Abfällen (MVA) oder aus Feuerungsanlagen, in denen heizwertreiche Materialien mitverbrannt werden. Dazu zählen thermische Kraftwerke und Biomasse-Heizkraftwerke, Wirbelschichtfeuerungen der Papier- und Zellstoffindustrie und Anlagen der Span- und Faserplattenindustrie.

Die mengenmäßig viel stärker vertretenen metallurgischen Schlacken, Krätzen und Stäube werden im BAWP 2006 nicht gesondert behandelt und unter dem

Kapitel *Sonstige Abfälle* geführt. Dazu zählen Reststoffe und Abfälle aus der Eisen- und Stahlindustrie und Nichteisenmetall-Industrie, Schlacken aus Hochöfen, Sauerstoffkonvertern, Elektroöfen und aus der Sekundärmetallurgie.

Die folgenden Zahlen sind dem Bundes-Abfallwirtschaftsplan 2006 (Bezugsjahr 2004) entnommen [3]. Der Bundes-Abfallwirtschaftplan wird in Österreich mindestens alle fünf Jahre vom Lebensministerium verfasst, um die Ziele und Grundsätze des AWG 2002 verwirklichen zu können. 2004 fielen etwa 1,57 Millionen Tonnen an Aschen, Schlacken und Stäuben aus der thermischen Abfallbehandlung und aus Feuerungsanlagen an. Im Vergleich zu 1999 (BAWP 2001) ist eine Steigerung um etwa 642.000 Tonnen oder 59 Prozent zu verzeichnen. Die Erhöhung geht mit einer gestiegenen Einbringung von Abfällen sowie heizwertreichen Materialien in Verbrennungsanlagen und ebenso mit der Inbetriebnahme von zusätzlichen thermischen Anlagen zur Behandlung von Abfällen in Österreich einher.

Von den 1,57 Millionen Tonnen Aschen und Schlacken entfielen 380.000 Tonnen auf Schlacken und Aschen aus Abfallverbrennungsanlagen (ausgestuft) und 380 Tonnen auf Schlacken und Aschen aus Abfallverbrennungsanlagen (gefährlich). Im Vergleich zu 1999 fielen etwa 180.000 Tonnen Schlacken und Aschen aus Abfallverbrennungsanlagen zusätzlich an. Auch für die kommenden Jahre ist mit einem Anstieg des Aufkommens zu rechnen.

In Österreich werden diese Schlacken und Aschen, eventuell nach einem Vorbehandlungsschritt (z.B. Verfestigung), auf geeigneten Deponien – mit Basisabdichtung, Sickerwassererfassung und Oberflächenabdichtung – abgelagert (Tabelle 1). Insgesamt wurden im Jahr 2004 über 387.000 Tonnen Rückstände abgelagert. Die aus der Schlacke separierten Metalle werden entweder der Verhüttung zugeführt oder dem Schrotthandel übergeben.

Tabelle 1: Auf österreichischen Deponien abgelagerte Rückstände aus Abfallverbrennungsanlagen 2004

Bundesland	Schlacken und Aschen	Flugaschen und -stäube	feste salzhaltige Rückstände
	t		
Wien	167.400	keine Angabe	keine Angabe
Niederösterreich	12.500	10.600	430
Oberösterreich	76.800	3.900	keine Angabe
Steiermark	87.200	6.700	200
Kärnten	16.200	4.700	480
Gesamt	**360.000**	**26.000**	**1.100**

Quelle: Bundesministerium für Land- und Forstwirtschaft, Umwelt und Wasserwirtschaft (2006) Bundes-Abfallwirtschaftsplan 2006. Abteilung VI/3, Stubenbastei 5, 1010 Wien

Neben Schlacken und Aschen aus Anlagen zur Verbrennung von Abfällen (MVA) oder aus Feuerungsanlagen fielen im Jahr 2004 in Österreich 2,83 Millionen Tonnen an metallurgischen Schlacken, Krätzen und Stäuben an. Davon wurde der überwiegende Anteil verwertet, hauptsächlich in der Zement- und Baustoffindustrie. Lediglich etwa 200.000 Tonnen wurden auf Deponien beseitigt.

Der Anfall von Hochofen-, Konverter- und Elektroofen-Schlacke der Eisen- und Stahlindustrie betrug 2004 in Österreich rund 2,4 Millionen Tonnen. Auch hier steigen die anfallenden Mengen zukünftig durch Produktionsausbau an. Die Produktionsverfahren werden heute im Hinblick auf die Qualität der Schlacken optimiert. Bei Einhaltung der in den relevanten EuGH-Urteilen enthaltenen Kriterien können im Einzelfall einzelne Schlackearten auch in Österreich als Produkt angesehen werden [3].

3. Entsorgung von Schlacken aus verschiedenen Anlagen in Österreich

3.1. Schlacken aus Anlagen zur Metallproduktion

In Österreich werden zwei integrierte Hüttenwerke, und zwar die voestalpine Stahl Linz und die voestalpine Stahl Donawitz sowie drei Elektrostahlwerke, neben der Marienhütte Graz GmbH, auch die Böhler Edelstahl GmbH in Kapfenberg, sowie die Breitenfeld Edelstahl GmbH, betrieben [4]. Pro Tonne Rohstahl fallen in integrierten Hüttenwerken prozessbedingt etwa 450 bis 500 kg an Reststoffen und Abfällen an. Davon entfallen etwa 375 kg/t auf Schlacken und etwa 60 bis 65 kg/t auf Stäube, Schlämme und Zunder [2].

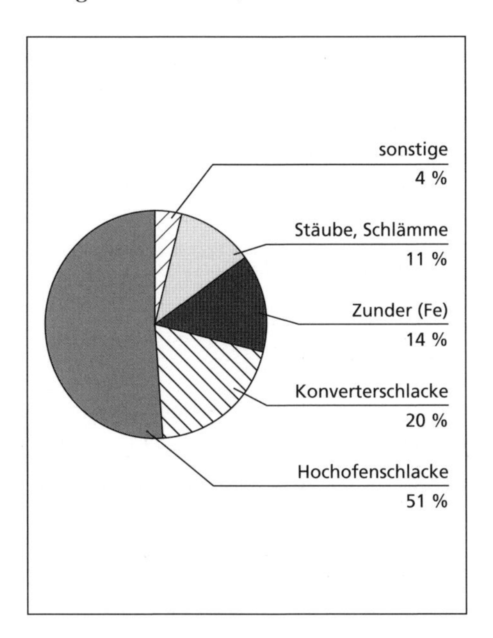

Bild 1: Charakteristischer Abfall- und Reststoffanfall eines modernen integrierten Hüttenwerkes

Quelle: Gara, S.; Schrimpf, S.: Behandlung von Reststoffen und Abfällen in der Eisen- und Stahlindustrie. Umweltbundesamt, Monographien M-092. Wien, 1998

Zu den internen Reststoffen und Abfällen in der Eisen- und Stahlindustrie zählen (Bild 1):

- Schlacken aus Hochofen, Sauerstoffkonvertern, Elektroofen, Sekundärmetallurgie;
- Schlämme aus Abwasserreinigungsanlagen, Nasswäschern, Walzwerken;
- Filterstäube aus Abgasreinigungssystemen;
- ölhaltiger Zunder aus Walzwerken;
- hütteninterner Eigenschrott.

Bei den Hochofen- und Elektroofenschlacken werden mit der Auswahl der Rohstoffe (Roheisen, Schrott, Kalk und andere Zuschläge) wichtige Voraussetzungen für die chemische Zusammensetzung der Schlacken getroffen. Die Feinabstimmung der chemischen Zusammensetzung und die Schlackentemperatur werden durch die Wahl geeigneter Betriebsbedingungen vorgenommen.

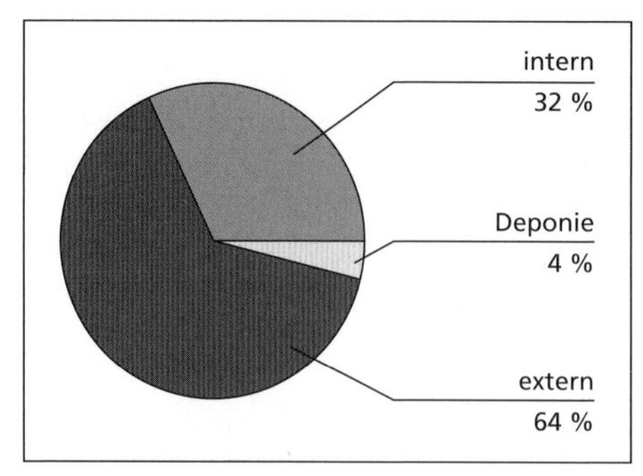

Bild 2: Verwertungs- und Entsorgungswege eines modernen integrierten Hüttenwerkes

Quelle: Gara, S.; Schrimpf, S.: Behandlung von Reststoffen und Abfällen in der Eisen- und Stahlindustrie. Umweltbundesamt, Monographien M-092. Wien, 1998

Generell beträgt die Abfallmenge an Hütten- und Stahlwerksschlacken etwa 2.100.000 Tonnen pro Jahr. Rund 86 Prozent aller Abfälle werden sowohl hüttenintern (Stäube, Zunder usw.) als auch hüttenextern (z.B. Schlacken in der Baustoffindustrie) behandelt bzw. verwertet [2]. Der Rest der Abfälle wird auf Deponien entsorgt (Bild 2).

Die Eisen- und Stahlindustrie kann in Österreich als ein Vorzeigebeispiel der Recyclingwirtschaft bezeichnet werden, da eine weitgehende Verwertung aller Haupt- und Nebenprodukte erzielt wird (Bilder 3 und 4 sowie Tabelle 2).

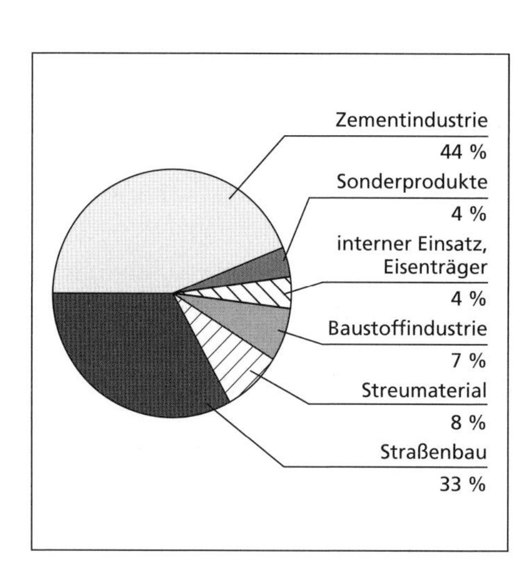

Bild 3: Verwertung von Hochofenschlacken der voestalpine Stahl Linz

Quelle: Gara, S. & Schrimpf, S.: Behandlung von Reststoffen und Abfällen in der Eisen- und Stahlindustrie. Umweltbundesamt, Monographien M-092. Wien, 1998

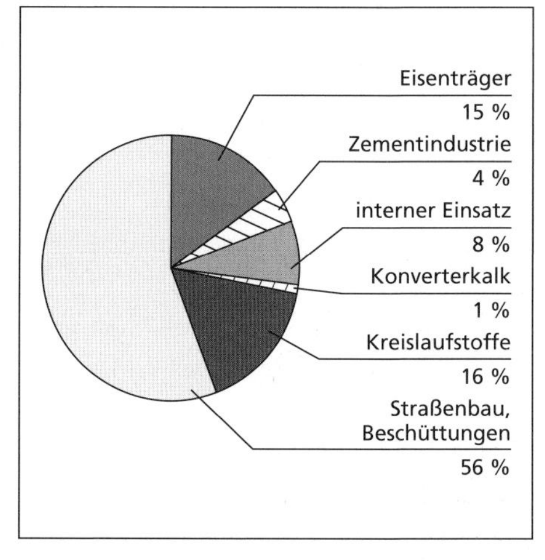

Bild 4: Verwertung von Stahlwerksschlacken (LD-Schlacke) der voestalpine Stahl Linz

Quelle: Gara, S.; Schrimpf, S.: Behandlung von Reststoffen und Abfällen in der Eisen- und Stahlindustrie. Umweltbundesamt, Monographien M-092. Wien, 1998

Derzeit ist das Umweltbundesamt (UBA) mit einer umfassenden Neuerhebung der Daten befasst, da die offiziell verfügbaren Zahlen hinsichtlich der anfallenden und verwerteten Schlackemengen bereits sehr veraltet sind (Bezugsjahr 1995) [4].

Aus den Bildern geht hervor, dass ein Großteil der anfallenden Hochofen- und Stahlwerkschlacken zu Baustoffen verarbeitet wird (vgl. Tabelle 2 und 3).

Tabelle 2: Überblick über typische Einsatzgebiete von Schlacken der Eisen- und Stahlindustrie in Österreich

Bezeichnung	Einsatz
Hochofenschlacke	Zementindustrie, Straßenbau, Streusplitt, Hoch- und Tiefbau, Strahlmittel, Düngemittel (Hüttenkalk), Rohstoff bei der Herstellung von Glas, Forst-Hüttenkalk zur schonenden Anhebung des pH-Wertes der Waldböden und zur Verbesserung der Bodenstruktur.
LD-Schlacke	Straßenbau auch für forst- und landwirtschaftliche Wege, auch für Park-, Sport- und Lagerplätze, Tiefbau, Erdbau (für Aufschüttungen und Lärmschutzwälle), als Sekundärrohstoff zur Eisenrückgewinnung, Düngemittel.
Elektroofenschlacke	Straßen- und Wasserbau (Befestigung von Ufern oder bei der Sicherung von Flusssohlen) oder deponiert (etwa 10 %).

Quelle: Mitterwallner, J.: Voraussetzungen für die Verwertung von Eisenhüttenschlacken in der Bauindustrie aus abfallwirtschaftlicher Sicht. Amt der Steiermärkischen Landesregierung, FA19D, Graz, 2007

Die Tabelle 3 gibt einen Überblick über die verschiedenen Düngemittel-Typen aus Hochofen- und Stahlwerksschlacken.

Tabelle 3: Düngemittel aus Eisenhüttenschlacken gemäß Düngemittelverordnung

Kalke aus Hochofenschlacke	Kalke aus Stahlwerkschlacke
Hüttenkalk	Thomasphosphat
Hüttenkalk, körnig	Konverterkalk
Forsthüttenkalk, körnig	Konverterkalk, körnig
Hüttenkalk mit Phosphat oder Kali	Konverterkalk (Pfannenschlacke)
Forsthüttenkalk mit weicherdigem Rohphosphat	Konverterkalk mit Phosphat Konverterkalk mit Kali Konverterkalk mit Phosphat oder Kali, körnig Konverterkalk (Pfannenschlacke) mit Phosphat oder Kali, körnig
Phosphatdünger	Phosphat-Kali (PK)-Dünger
Thomasphosphat	PK-Dünger mit Konverterkalk oder Hüttenkalk

Quelle: Mitterwallner, J.: Voraussetzungen für die Verwertung von Eisenhüttenschlacken in der Bauindustrie aus abfallwirtschaftlicher Sicht. Amt der Steiermärkischen Landesregierung, FA19D, Graz, 2007

Ein Nachteil der hohen Recyclingquoten ist eine unerwünschte Anreicherung von Begleitelementen, vor allem von Schwermetallen (Zink, Blei) während der metallurgischen Prozesse. Diese führt vermehrt zu verfahrenstechnischen Problemen. Zum Beispiel sinkt bei zu hohem Zink-Eintrag die Qualität der Produkte (Roheisen, Stahl) und Nebenprodukte (Schlacken), der Ausschuss steigt und letztendlich wird der spezifische Abfallanfall erhöht.

Die zielgerichtet gewonnene Schlacke (Hochofen- und LD-Schlacken) betrug 2002 etwa 550.000 Tonnen pro Jahr und wird von der voestalpine Stahl GmbH in Linz als Produkt eingestuft. Dies begründet sich mit gezielten, technischen Produktionsschritten, um die an ihre Verwendung gestellten Anforderungen zu erfüllen. Zudem haben die als Baustoff einsetzbaren Schlacken, die wie zuvor ausführlich erwähnt, im Straßen-, Wege-, Wasser- und Gleisbau Verwendung finden, einen positiven Marktpreis, der mit natürlichen Mineralstoffen vergleichbar ist. Die Preise für die als Baustoff verwendbaren Elektroofenschlacken liegen im Vergleich zu natürlichen Mineralstoffen in der gleichen Größenordnung [4].

3.2. Schlacken aus thermischen Anlagen zur Abfallbehandlung

Bei Abfallverbrennungsanlagen wird die Art, Menge und Zusammensetzung der anfallenden Aschen und Schlacken von der eingesetzten Menge bzw. Zusammensetzung der Abfälle, Feuerung sowie Prozesssteuerung bestimmt.

Von Seiten der Bauwirtschaft besteht in Österreich kein Bedarf an Abfallverbrennungsrückständen, da kein Mangel an natürlichen Rohstoffen für den Hoch- und Tiefbau herrscht. Daher werden Abfälle und Rückstände aus Abfallverbrennungsanlagen nahezu zu hundert Prozent in Reststoffdeponien abgelagert zu Kosten von rund 60 bis 150 EUR pro Tonne [2]. In anderen EU-Staaten hingegen werden solche Schlacken bereits in großem Maßstab als Baustoff für den Parkplatzbau, für Dämmschüttungen, usw. verwertet.

Zur Verbesserung der Deponieeigenschaften wird die mechanische Schlackeaufbereitung mit folgenden Schritten durchgeführt [19]:

- Grobteilabscheidung (etwa 300 mm Stabsieb),
- Eisenabtrennung,
- Alterung in einem Zwischenlager,
- Siebung bei etwa 50 mm,
- Grobzerkleinerung und Eisenabtrennung aus dem Überkorn,
- Eisenabtrennung und Klassierung des Unterkorns,
- Feinstkornabtrennung,
- Abtrennung von Unverbranntem aus dem Überkorn in Schwimm-Sink-Anlagen,
- Nichteisenmetallabscheidung mit Wirbelstromabscheidern,
- Schlackenwäsche zur Abtrennung von anhaftendem Feinstkorn und löslichen Bestandteilen.

Der abgetrennte Eisenschrott kann verkauft werden. Der Preis liegt üblicherweise zwischen 10 bis 50 EUR pro Tonne. Für die Nichteisenmetalle (z.B. Aluminium) müssen weitere Aufbereitungsschritte folgen. Der Marktwert der Nichteisenfraktion ist vor allem vom Aluminium-Gehalt abhängig und liegt zwischen 100 bis 600 EUR pro Tonne [2].

Ergebnisse einer Sortier- und Siebanalyse der Wiener Schlacken zeigen deutlich, dass in der Schlacke erhebliche Mengen an Metall, vor allem in den Feinfraktionen, enthalten sind (vgl. Tabelle 4).

Tabelle 4: Metallanteile in Wiener Schlacken

Anlage	gesamter Metallanteil	theoretisch rückgewinnbare Menge in Bezug auf das Jahr 2006
	Ma.-%	t/a
MVA Simmering	30	4.500
MVA Flötzersteig	10	6.000
MVA Spittelau	10	5.302

Quellen:

Liebetegger, W. (2008) Machbarkeitsstudie zur Verwertung von Schlacken aus der Abfallverbrennung der MVA Simmeringer Haide. Unveröffentlichte Bakkalaureatsarbeit am Institut für Nachhaltige Abfallwirtschaft und Entsorgungstechnik der Montanuniversität Leoben

Köfer, Ch. (2008) Machbarkeitsstudie zur Verwertung von Schlacken aus der Abfallverbrennung der MVA Flötzersteig. Unveröffentlichte Bakkalaureatsarbeit am Institut für Nachhaltige Abfallwirtschaft und Entsorgungstechnik der Montanuniversität Leoben.

Vidic, K. J. (2008) Machbarkeitsstudie zur Verwertung von Schlacken aus der Abfallverbrennung der MVA Spittelau. Unveröffentlichte Bakkalaureatsarbeit am Institut für Nachhaltige Abfallwirtschaft und Entsorgungstechnik der Montanuniversität Leoben.

Für diese untersuchten Schlacken stellte sich zudem heraus, dass eine Verwertung dieser Schlacke in Österreich rechtlich derzeit nur eingeschränkt möglich ist. Die Schadstoffgehalte überschreiten zum Teil die vorgegebenen Grenz- und Richtwerte [6, 20, 21].

Eine Verringerung der Schadstoffbelastung der Rückstände und Abfälle aus der Abfallverbrennung – Gesamtgehalte und Elutionsverhalten – und damit eine Verbesserung des Deponieverhaltens können im Wesentlichen durch zwei Maßnahmen erzielt werden [17]:

- Verringerung der Schadstoffe im zu verbrennenden Abfall,
- Behandlung der Rückstände mit dem Ziel der Entfernung – eventuell verbunden mit Wiedergewinnung einzelner Schwermetalle – oder der Immobilisierung der Schadstoffe.

3.2.1. Österreichische Anlagen zur thermischen Abfallbehandlung

In Österreich sind derzeit neun große Abfallverbrennungsanlagen für nicht gefährliche Abfälle in Betrieb (Tabelle 5) [22]. In der Tabelle fehlt die MVA Pfaffenau, die am 20. September 2008 offiziell eröffnet wurde. Bis Ende 2004 lag die maximale Behandlungskapazität der großen Abfallverbrennungsanlagen zur Verbrennung von Siedlungsabfällen bei rund 1,6 Millionen Tonnen pro Jahr. In der MVA Pfaffenau werden künftig zusätzlich 250.000 Tonnen Restabfall pro Jahr verbrannt.

Im Jahr 2003 fielen rund 190.000 Tonnen Abfallverbrennungsschlacke an. Diese Menge dürfte sich bis zum Jahr 2010 auf rund 314.000 Tonnen pro Jahr Grobasche (Schlacke) erhöhen [2].

Nach geplanten Erweiterungen der bestehenden Anlagen kann von einer Kapazität von etwa 2,0 Millionen Tonnen ausgegangen werden [3].

Tabelle 5: Anlagen zur thermischen Behandlung von Siedlungsabfällen in Betrieb, Datenstand April 2006

thermische Abfallbehandlung	Feuerung (Abfalleinsatz)	Kapazitäten t/a
Müllverbrennungsanlage Spittelau, Wien	Rost (Restmüll)	270.000
Müllverbrennungsanlage Flötzersteig, Wien	Rost (Restmüll)	200.000
Müllverbrennungsanlage WAV I, Wels, Oberösterreich	Rost (Restmüll)	75.000
Müllverbrennungsanlage WAV II, Wels, Oberösterreich	Rost (Restmüll)	230.000
Müllverbrennungsanlage Dürnrohr, Zwentendorf, Niederösterreich	Rost (Restmüll)	300.000
Arnoldstein, Kärnten	Rost (Restmüll)	80.000
Wirbelschichtofen 4 – Simmeringer Haide, Wien	Wirbelschicht (heizwertreiche Fraktion, Klärschlamm)	110.000
Wirbelschichtfeuerung – Reststoffverwertung Lenzing, Oberösterreich	Wirbelschicht (heizwertreiche Fraktion, Klärschlamm)	300.000
Thermische Reststoffverwertung (ENAGES), Niklasdorf, Steiermark	Wirbelschicht (heizwertreiche Fraktion, Klärschlamm)	100.000
Summe gerundet		**1,7 Mio.**

Quelle: Bundesministerium für Land- und Forstwirtschaft, Umwelt und Wasserwirtschaft (2006) Bundes-Abfallwirtschaftsplan 2006. Abteilung VI/3, Stubenbastei 5, 1010 Wien

Im Jahr 2004 wurden 360.000 Tonnen Schlacken und Aschen aus Verbrennungsanlagen abgelagert. Die Meldungen der Anlagenbetreiber ergaben für das Jahr 2004 eine deponierte Menge von rund 9,7 Millionen Tonnen auf 494 Deponien. Dabei entfielen wie oben angeführt 360.000 Tonnen auf Schlacken und Aschen aus den Abfallverbrennungsanlagen, das sind 3,7 Prozent der gesamten abgelagerten Massen. Im Jahr 2004 waren 666 Deponien in Betrieb, wobei für 494 Deponien gemeldete Ablagerungen verzeichnet wurden. Zudem wiesen 477 Deponien ein freies Deponievolumen von 82,5 Millionen Kubikmeter auf [3], [23].

3.2.2. Deponie Rautenweg Wien

Die Deponie Rautenweg – ursprünglich eine Schottergrube – liegt im Nordosten Wiens, am Rande des Wiener Beckens. Die Deponie Rautenweg ist Wiens einzige Deponie für die Ablagerung von Massenabfällen. Angenommen werden z.B. feste Siedlungsabfälle, Sandfanginhalte, Rückstände aus den thermischen Abfallbehandlungsanlagen, Abfälle mineralischen Ursprungs wie Erd- und Sandschlamm usw. [24].

In den drei Abfallverbrennungsanlagen in Wien – MVA Flötzersteig, MVA Spittelau und Werk Simmeringer Haide der Fernwärme Wien – fielen 2006 insgesamt 125.684 Tonnen Schlacken und Aschen an. Die Deponie Rautenweg umfasst 55 Hektar und hat ein wasserrechtlich genehmigtes Schüttvolumen von 13,7 Millionen Kubikmeter [24, 25]. Seit 1990 wird die in Wiener Anlagen und den Entsorgungsbetrieben Simmering (EBS) anfallende Schlacke in der Abfallbehandlungsanlage der Stadt Wien (MA 48) mechanisch aufbereitet und entsorgt.

Bild 5: Asche-Schlackebeton Einbau auf der Deponie Rautenweg

Quelle: Brandstätter, P.: Behandlung von Aschen/Schlacken in Wien. 8. Internationaler Abfallwirtschaftskongress. Institut für Technologie und Nachhaltiges Produktmanagement, Wirtschaftsuniversität Wien, Congress Center Wien, 26.-28. November 2007

Im Rahmen eines Forschungsprojektes wurde für die Deponie Rautenweg durch Professor Werner Wruss und Professor Walter Lukas ein *Asche-/Schlackebeton* entwickelt und als Randwallerrichtung der Deponie eingesetzt (Bild 5) [26].

Die anfallende Schlacke wird gemeinsam mit der Asche durch Beigabe von Zement, Wasser und nach Bedarf Betonzuschlagstoffen zu erdfeuchtem Schlackebeton verarbeitet. Der Asche-/Schlackebeton bietet als Vorteile eine deutliche Verringerung des Elutionsverhaltens gegenüber der losen Ablagerung durch Einbindung der Schadstoffe in die gelartige Matrix des Zements [27]. Zudem erlaubt die Konsistenz des Materials mit hoher Einbaudichte (1,8 t/m^3) eine stärkere Neigung der Böschungen der Randwälle und somit eine optimale Ausnutzung des vorhandenen Deponievolumens – derzeit etwa 3,0 Millionen Kubikmeter Restvolumen.

Seit 1991 sind etwa 2,7 Millionen Tonnen Asche-/Schlackebeton auf der Deponie Rautenweg abgelagert worden (Stand 1/2007) [26].

3.3. Schlacken aus sonstigen Anlagen

3.3.1. Schlacken aus Zementanlagen

Die im Zementherstellungsprozess bei der Verbrennung entstehenden Aschen werden im Klinker eingebunden und somit intern verwertet. Allerdings kann es auch hier zu einer Anreicherung von Schadstoffen im Produkt – Zement bzw. Beton – kommen. Durch europäische und österreichische Normen ist in Österreich lediglich die bautechnische Zusammensetzung des Zements, nicht aber die Höhe der Schwermetall- und Schadstoffgehalte im Zement, geregelt [2].

Zusätzlich werden in der Zement- und Baustoffindustrie (13 Anlagen, Stand 2003) Aschen, Schlacken und Rückstände aus anderen Industriezweigen, v.a. Eisen- und Stahlindustrie, Nichteisenmetallindustrie, Gießereien und Kraftwerken als Alternativroh- und Alternativzumahlstoffe eingesetzt. Im Jahr 2002 wurden in den österreichischen Zementwerken unter anderem 497.710 Tonnen Hochofenschlacke eingesetzt [2]. Im Jahr 2003 wurden in der österreichischen Zementindustrie zudem über eine Million Tonnen Abfälle eingesetzt, rund 255.810 Tonnen Abfälle und Ersatzbrennstoffe und rund 683.450 Tonnen Schlacken und Aschen als Alternativroh- und Alternativzumahlstoffe [28]. Ein zusätzlicher Einsatz von Reststoffen und Abfällen aus der Eisen- und Stahlindustrie mit hohen Schwermetallanteilen in der Zementindustrie ist aufgrund der Produktnormen für Zement nicht mehr möglich [2].

3.3.2. Schlacken aus Kohle- und Biomasse(heiz)kraftwerken

Bei der Verbrennung von Kohle, Biomasse und in geringerem Umfang von Heizöl schwer fallen ebenfalls feste Abfälle und Rückstände als Grobasche, Flugasche und Rückstände aus der Entschwefelung (z.B. REA-Gips) an [2].

Die Rückstände aus Kohlekraftwerken werden zum größten Teil in der Zement- und Baustoffindustrie verwertet.

Grobasche aus der Verbrennung von Biomasse – Rinde und Hackgut – kann aufgrund des hohen Calcium-, Magnesium-, Kalium-, Natrium- und Phosphorgehaltes als Düngemittel und Zuschlagstoff zu Kompostieranlagen eingesetzt werden. Generell darf nur die Asche aus der Verbrennung von unbehandelter Biomasse als Düngemittel verwendet werden [2]. Für die Aufbringung der Aschen auf Acker- und Grünland, bzw. auf Waldflächen gelten Grenzwerte der Kompostverordnung [29]. Zum Beispiel wird die Grobasche (Rostasche) der Biomasse-Kraft-Wärme-Kopplungsanlage Leoben (BKL) einer stofflichen Verwertung in der Zementindustrie zugeführt. Die Flugasche (Zyklon und E-Filter) wird aufgrund ihrer Zusammensetzung deponiert. Jährlich fallen in der BKL insgesamt etwa 2.200 Tonnen an Asche an.

3.3.3. Schlacken aus Nicht-Eisenmetall-Anlagen

Typische Rückstände bzw. Abfälle fallen bei der Sekundäraluminiumproduktion, Sekundärkupferindustrie, Sekundärbleiproduktion und Refraktärmetallherstellung an (Tabelle 6).

Tabelle 6: Rückstände bzw. Abfälle aus Nicht-Eisenmetall-Anlagen

Nicht-Eisenmetall-Anlage	Rückstand bzw. Abfall
Sekundäraluminiumproduktion	Salzschlacken, Filterstäube, Krätzen und Ofenausbruch
Sekundärkupferindustrie	Schlacken (Schachtofenschlacke, Konverterschlacke, Anodenofenschlacke), Filterstäube (Schachtofenstaub, Konverterstaub, Anodenstaub) und Ofenausbruch
Sekundärbleiproduktion	Filterstaub, Aschen, Bleikrätze, Schlacken, Schlämme und Ofenausbruch
Refraktärmetallherstellung	Filterstaub, Schlacken und Ofenausbruch

Quelle: Reisinger, H.; Winter, B.; Szednyj, I.; Böhmer, S.; Jahnsen, T.: Abfallvermeidung und -verwertung: Aschen, Schlacken und Stäube in Österreich. Detailstudie zur Entwicklung einer Abfallvermeidungs- und verwertungsstrategie für den Bundes-Abfallwirtschaftsplan 2006. Umweltbundesamt GmbH (Hrsg.), Wien, 2005

Rückstände bzw. Abfälle der Sekundäraluminiumproduktion weisen einen hohen Schwermetallgehalt, teilweise einen hohen Anteil an Salzen (Salzschlacke) sowie Anteile an Dioxinen auf. Salzschlacken der Sekundäraluminiumindustrie (Nichteisenmetall-Industrie) dürfen aufgrund des Gefährdungspotenzials und der zur Verfügung stehenden Aufbereitungsmöglichkeiten in Österreich nicht behandelt und deponiert werden (Export nach Deutschland).

Rückstände bzw. Abfälle der Sekundärkupferproduktion der sekundären Kupferhütte Brixlegg (Tirol) werden intern im Schachtofen wieder eingesetzt und folgendermaßen entsorgt:

- Aus Konverterschlacke wird Metall zurückgewonnen.
- Schachtofenschlacke (Fayalit/Olivin/Spinell-Schlacke) wird als Sandstrahlmittel (Fraktion von 0,25 bis 2,8 mm) verwendet.

Laut einem Feststellungsbescheid gemäß § 4 Abs. 2 AWG i.d.g.F. BGBl. Nr. 325/1990 der Bezirkshauptmannschaft Kufstein in Tirol (16.12.1991) wird der Schlackensand der Montanwerke Brixlegg nicht als Abfall eingestuft [2]. Anfallendes Über- und Unterkorn wird innerbetrieblich in der Schmelzhütte wiederverwendet.

Die BMG Metall und Recycling GmbH in Arnoldstein/Kärnten ist die einzige Sekundärbleihütte in Österreich. Die Eigenproduktion betrug 2002 etwa 23.000 Tonnen Blei. Anfallende Krätzen, Aschen und Schlämme werden wieder im Schmelzprozess verarbeitet. Schlacken aus NE-Metallschmelzen (Abfallcode SN 31203) wurden aus dem gefährlichen Abfallregime ausgestuft. Im Unterschied zu den meisten europäischen Erzeugern wird hier eine Silikatschlacke anstelle einer Sodaschlacke produziert, womit eine Auswaschung in das Grundwasser verhindert werden soll. Diese Schlacken werden auf einer Reststoffdeponie der Asamer-Becker Recycling GmbH (ABRG) in Arnoldstein, Kärnten, abgelagert.

Bezüglich der Refraktärmetallindustrie setzt die Treibacher Industrie AG in Kärnten sowohl betriebseigene Abfälle als auch Abfälle von Dritten in verschiedenen Prozessen ein. Elektroofenschlacke der sekundären Eisen/Vanadium/Nickel/Molybdän-Hütte wird als Topschlacke für die Eisen- und Strahlindustrie im Ausland verkauft. Der Produktstatus der Topschlacke wird auch hierbei angestrebt [5].

4. Zukünftige Aspekte

Zur direkten Ablagerung wird für Schlacken aus der Hausmüllverbrennung zurzeit die Alternative *Verwertung als Ersatzbaustoff* diskutiert. Dazu werden die technischen Möglichkeiten der Aufbereitung von MVA-Schlacke und Abtrennung sowie Verwertung von Nichteisen-Metallen erörtert. Aus den Angaben von Deponiebetreibern in Österreich über die freien Kapazitäten geht hervor, dass regional das für das direkte Ablagern von Abfallverbrennungsschlacken genehmigte Deponievolumen voraussichtlich in den Jahren 2015 bis 2020 erschöpft sein wird. Lösungen zur Verwertung von MVA-Schlacken sind daher anzustreben [17].

Verbrennungsaschen und -schlacken enthalten wertvolle Reststoffe, aus denen man wiederum Metalle wie Kupfer, Zink oder Blei zurückgewinnen kann. Vor allem für Kupfer, Aluminium und Zink sind die Rohstoffpreise stark gestiegen. Weltweit leiden Bergbau-Regionen zunehmend an Folgeschäden des Bergbaus und der Verarbeitung der Erze. Für alternative Verfahren dürfen die betrieblichen

Kosten nicht höher sein als die Kosten für die Deponierung. Im Einzelnen gibt es folgende Schwierigkeiten für alternative Verfahren [2]:

- hoher Energieverbrauch;
- hoher Aufwand für die Minderung der Emissionen (Luft, Wasser);
- zusätzliche Kosten für die Behandlung allfälliger Reststoffe;
- z.B. in der Baustoffindustrie kein momentaner Bedarf an Ersatzbaustoffen;
- keine ausreichenden praktischen Betriebserfahrungen für die Rückgewinnung von Metallen aus Abfall;
- vergleichsweise geringe Deponierungskosten.

Verschiedene erfolgreiche Pilotversuche, z.B. in der Schweiz, haben gezeigt, dass die Rückgewinnung von Kupfer und Aluminium dennoch wirtschaftlich tragbar ist [17].

Auch an der Technischen Universität Wien und an der Montanuniversität Leoben wird am Recycling solcher sekundären Rohstoffe geforscht. Dabei ist das Ziel, ein Konzept zu entwickeln, wie eine Stadt wie z.B. Wien ihre Rückstände aus der Verbrennung – Aschen und Schlacken – in Zukunft bewirtschaften soll. Die Wertstoffe aus diesen Abfällen sollen bestmöglich genutzt werden.

Da es in Österreich, wie zuvor ausführlich diskutiert, keine mit deutschen Regelwerken vergleichbaren gesetzlichen Vorgaben (u.a. Grenzwerte) für die Schlackeverwertung gibt, wäre es ein wesentlicher Zukunftsaspekt, eine Orientierung an europäischen Regelwerken anzustreben. Dies würde eine wirtschaftlich sinnvolle Entsorgung der Schlacken in Österreich wesentlich erleichtern.

5. Literaturverzeichnis

[1] Bundesgesetzblatt für die Republik Österreich: BGBl. I 2002/102: Bundesgesetz über eine nachhaltige Abfallwirtschaft (Abfallwirtschaftsgesetz 2002). In: Kodex Abfallrecht, 17. Auflage; LexisNexis Verlag ARD ORAC; ISBN 3-7007- 3028-4; Wien, 2004

[2] Reisinger, H.; Winter, B.; Szednyj, I.; Böhmer, S.; Jahnsen, T.: Abfallvermeidung und -verwertung: Aschen, Schlacken und Stäube in Österreich. Detailstudie zur Entwicklung einer Abfallvermeidungs- und verwertungsstrategie für den Bundes-Abfallwirtschaftsplan 2006. Umweltbundesamt GmbH (Hrsg.), Wien, 2005

[3] Bundesministerium für Land- und Forstwirtschaft, Umwelt und Wasserwirtschaft: Bundes-Abfallwirtschaftsplan 2006. Abteilung VI/3; Stubenbastei 5, 1010 Wien, 2006

[4] Mitterwallner, J.: Voraussetzungen für die Verwertung von Eisenhüttenschlacken in der Bauindustrie aus abfallwirtschaftlicher Sicht. Gutachten. Amt der Steiermärkischen Landesregierung, FA19D, Graz, 2007

[5] Mochty, F.: Regelung in Österreich zur Verwertung mineralischer Abfälle. Workshop – Anforderungen an die ordnungsgemäße und schadlose Verwertung mineralischer Abfälle. Bundesumweltministerium, Bonn, 13.-14. Februar 2006

[6] Liebetegger, W.: Machbarkeitsstudie zur Verwertung von Schlacken aus der Abfallverbrennung der MVA Simmeringer Haide. Unveröffentlichte Bakkalaureatsarbeit am Institut für Nachhaltige Abfallwirtschaft und Entsorgungstechnik der Montanuniversität Leoben, 2008

[7] Bundesgesetzblatt für die Republik Österreich: BGBl. 1996/164: Deponieverordnung 1996. Wien, 1996

[8] Bundesgesetzblatt für die Republik Österreich: BGBl. 2004/49: Änderung der Deponieverordnung 1996. Wien, 2004

[9] Bundesgesetzblatt für die Republik Österreich: BGBl. 2008/39: Deponieverordnung 2008. Wien, 2008

[10] Bundesgesetzblatt für die Republik Österreich: BGBl. Nr. 299/1989: Altlastensanierungsgesetz (ALSAG). IdF BGBl. I Nr. 40/2008, Wien, 2008

[11] Bundesgesetzblatt für die Republik Österreich: BGBl. 1959/215: Wasserrechtsgesetz (WRG). IdF BGBl. I Nr. 82/2003, Wien, 2003

[12] Bundesgesetzblatt für die Republik Österreich: BGBl. II 1997/227, BGBI. II 1998/75, BGBl. II 2000/178: Festsetzungsverordnung. Wien, 2000

[13] Bundesgesetzblatt für die Republik Österreich: BGBl. II. 2003/618: Abfallnachweisverordnung. Wien, 2003

[14] Bundesgesetzblatt für die Republik Österreich: BGBl. II. 2003/570: Abfallverzeichnisverordnung. Wien, 2003

[15] Baustoffrecyclingverband Österreich: Richtlinie für Recycling-Baustoffe. 5. Auflage; Wien, 2003

[16] Länderarbeitsgemeinschaft Abfall (LAGA): Mitteilung 19 Merkblatt über die Entsorgung von Abfällen aus Verbrennungsanlagen für Siedlungsabfälle und 20 Anforderungen an die stoffliche Verwertung von mineralischen Reststoffen/Abfällen. Dresden, 1994

[17] Lechner, P.; Mostbauer, P.: MVA-Schlacken – Verwerten oder Ablagern? Tagungsband zur 9. DepoTech Konferenz, Montanuniversität Leoben, 12.-14. November 2008

[18] Gara, S.; Schrimpf, S.: Behandlung von Reststoffen und Abfällen in der Eisen- und Stahlindustrie. Umweltbundesamt, Monographien M-092. Wien, 1998

[19] Lechner, P.; Stubenvoll, J.: Verbrennung von Abfällen. In: Lechner, P. (Hrsg.): Kommunale Abfallentsorgung. Wien: Facultas Verlag, 2004, S. 195-246

[20] Köfer, C.: Machbarkeitsstudie zur Verwertung von Schlacken aus der Abfallverbrennung der MVA Flötzersteig. Unveröffentlichte Bakkalaureatsarbeit am Institut für Nachhaltige Abfallwirtschaft und Entsorgungstechnik der Montanuniversität Leoben, 2008

[21] Vidic, K. J.: Machbarkeitsstudie zur Verwertung von Schlacken aus der Abfallverbrennung der MVA Spittelau. Unveröffentlichte Bakkalaureatsarbeit am Institut für Nachhaltige Abfallwirtschaft und Entsorgungstechnik der Montanuniversität Leoben, 2008

[22] Lorber, K. E.; Staber, W.; Kneissl, P. J.: Neue Abfallverbrennungsanlagen in Österreich. In: Thomé-Kozmiensky, K. J.; Beckmann, M. (Hrsg.): Energie aus Abfall. Band 4. Neuruppin: TK Verlag Karl Thomé-Kozmiensky, 2008

[23] Lorber, K. E.; Wruss, K.; Staber, W.; Menapace, H.; Wruss, W.: Entwicklung der Abfalldeponierung in Österreich. In: Stegmann, R.; Rettenberger, G.; Bidlingmaier, W.; Bilitewski, B.; Fricke, K.; Heyer, K.-U. (Hrsg.): Deponietechnik 2008. Dokumentation der 6. Hamburger Abfallwirtschaftstage vom 21.-22. Februar 2008. Stuttgart: Verlag Abfall aktuell

[24] http://www.wien.gv.at/ma48/pdf/deponie-rautenweg-deutsch.pdf

[25] Tschische, M.: Deponiegasprognose Deponie Rautenweg. Unveröffentlichte Bakkalaureatsarbeit am Institut für Nachhaltige Abfallwirtschaft und Entsorgungstechnik der Montanuniversität Leoben, 2008

[26] Brandstätter, P.: Behandlung von Aschen/Schlacken in Wien. 8. Internationaler Abfallwirtschaftskongress. Institut für Technologie und Nachhaltiges Produktmanagement, Wirtschaftsuniversität Wien, Congress Center Wien, 26.-28. November 2007

[27] Mostbauer, P.; Lechner, P.; Meissl, K.: Langzeitverhalten von MVA-Reststoffen – Evaluierung von Testmethoden. Facultas.wuv. Wien, 2007

[28] Mauschitz, G.: Emissionen aus Anlagen der österreichischen Zementindustrie. Berichtsjahr 2003. Zement+Beton Handels- und Werbeges.m.b.H., 2004

[29] Bundesgesetzblatt für die Republik Österreich: BGBl II Nr. 292/2001: Kompostverordnung. Wien, 2001

Verwertung von mineralischen Abfällen
– Stellungnahme zum Entwurf der Ersatzbaustoff- und der Bodenschutzverordnung –

Harald Burmeier

Der Ingenieurtechnische Verband Altlasten e.V. (ITVA) begrüßt die Absicht des Bundesministeriums für Umwelt, Naturschutz und Reaktorsicherheit, die Verwertung von Bodenaushub, mineralischen Abfällen, industriellen Nebenprodukten und Recyclingprodukten auf eine bundeseinheitliche Rechtsgrundlage zu stellen, um hierdurch Rechtssicherheit, einheitliche Wettbewerbsbedingungen und administrative Erleichterungen zu erreichen. Diese, in der Begründung zum Entwurf der Ersatzbaustoffverordnung angegebenen Ziele, werden durch den Arbeitsentwurf für die beiden neuen Rechtsverordnungen nach dem Stand vom 13.11.2007 sowie vom 20. und 21.05.2008 leider nicht erreicht. Es ist zu befürchten, dass die teilweise sehr komplizierten Regelungen, mit ihren zum Teil verschärften materiellen Anforderungen, durch neue Werte bei gleichzeitig neuen, noch nicht validierten Analyseverfahren (Säulenschnelltestverfahren) neue Hürden für das Flächenrecycling und für die Verwertung von mineralischen Stoffen aus der Altlastensanierung aufbauen. Die Menge zu entsorgender mineralischer Abfälle wird signifikant ansteigen. Es wird daher empfohlen, die Arbeitsentwürfe grundlegend zu überarbeiten. Im Folgenden werden einige, aus Sicht des ITVA bedeutsame Diskussionspunkte herausgestellt und Lösungsansätze vorgestellt:

Zu Artikel 1: Ersatzbaustoffverordnung

Es ist nicht nachvollziehbar, weshalb die Nichtanwendungsregelung im § 2 Abs. 3, erster Anstrich, nur für die Fälle des § 12 Bundesbodenschutzverordnung (BBodSchV), nicht hingegen auch für die bodenähnlichen Anwendungen des neuen § 12 a BBodSchV gelten soll. Auch auf diese Fälle sollte die Nichtanwendungsregelung erstreckt werden. Die Nichtanwendungsregelung im zweiten Anstrich hat zur Folge, dass in Fällen des Auf- oder Einbringens oder Umlagerns von Materialien im Rahmen der Sanierung einer Altlast oder einer schädlichen Bodenveränderung nicht die Anforderungen gemäß § 5 Abs. 1 i.V.m. den Anhängen 1 und 2 gelten, sondern dass der Grundsatz der Gefahrenabwehr gemäß § 4 Bundesbodenschutzgesetz (BBodSchG) gilt. Eine vergleichbare Regelung für die Umlagerung von Materialien im Rahmen des Flächenrecyclings fehlt jedoch. Dies ist nicht begründbar, da auf derartigen Standorten das Gefahrenpotential gegenüber Standorten der Altlastensanierung eher geringer einzuschätzen ist. Um das Ziel der Bundesregierung zur Eindämmung des Flächenverbrauchs durch Revitalisierung vormals zu Siedlungszwecken genutzten Landes nachhaltig zu fördern, schlägt der ITVA eine vergleichbare Regelung für das Flächenrecycling, aufzunehmen in den § 5, vor.

Nicht nachvollziehbar ist, weshalb im dritten Anstrich die Nichtanwendungsregelung auf die Verwertung von mineralischen Abfällen in Deponien beschränkt wird. Diese Regelung sollte auch auf die Verwertung von mineralischen Abfällen **auf** Deponien angewandt werden, da diese Fallgestaltung ebenfalls in der Deponieverwertungsverordnung geregelt ist und deshalb eine Einbeziehung in diese Verordnung entbehrlich ist.

§ 5 ist das Herzstück der Ersatzbaustoffverordnung und regelt die materiellrechtlichen Anforderungen an den Einbau von mineralischen Ersatzbaustoffen in technischen Bauwerken. Hier fehlt eine Regelung, wie sie beispielsweise in den nordrhein-westfälischen Verwertererlassen enthalten ist, dass bei Einhaltung dieser Anforderungen die wasserrechtlichen Anforderungen erfüllt werden und damit wasserrechtliche Erlaubnisse mangels nachteiliger Veränderungen des Grundwassers entbehrlich sind. Auf diesen Zweck der Verordnung wird in der Begründung auf Seite 5 ausdrücklich hingewiesen, um die zuständigen Behörden und die Wirtschaft vom administrativen Aufwand zu entlasten. Eine entsprechende Aussage im Verordnungsentwurf hierzu fehlt jedoch.

Durch die Bezugnahme auf die Materialwerte in Anhang 1-1 im § 5 Abs. 5 wird der Einbau von mineralischen Ersatzbaustoffen von der Einhaltung von Eluat-Werten abhängig gemacht. Dieses ist aus Gründen des Grundwasserschutzes nachvollziehbar. Etwaige Gefahren für Menschen beim Direktkontakt mit dem mineralischen Material dürfen jedoch nicht ausgeblendet werden. Der ITVA empfiehlt daher, für bestimmte Einbauweisen mit der Möglichkeit des Direktkontakts Boden-Mensch, z.B. beim Einbau von mineralischen Materialien in Deckschichten ohne Bindemittel – z.B. Einbau von Schlacke und Aschen auf Sportplätzen, im Wegebau usw. –, zusätzliche Feststoff-Werte festzulegen.

§ 5 Abs. 5 hat eine entscheidende Bedeutung für Maßnahmen des Flächenrecyclings, wobei zu fordern ist, dass zusätzlich zu den in § 5 Abs. 5 getroffenen sinnvollen Ausnahmeregelungen für Gebiete, in denen die Hintergrundwerte im Grundwasser naturbedingt überschritten sind, auch Ausnahmeregelungen für Gebiete mit großflächig siedlungsbedingt erhöhten Schadstoff-Gehalten und für die Umlagerung von Materialien im Rahmen des Flächenrecyclings getroffen werden. Auf die entsprechenden Regelungen im Entwurf des § 12 Abs. 2 Satz 2, Abs. 10 und in § 12 a Abs. 4 BBodSchV wird ausdrücklich hingewiesen. Hierzu schlägt der ITVA eine Ergänzung zu § 5 Abs. 5 in folgendem Wortlaut vor:

§ 5 Abs. 5 a: Die zuständige Behörde soll, abweichend von den Anforderungen des Anhangs 1, die Verwendung von Bodenmaterialien und Abfällen aus Bautätigkeiten als Ersatzbaustoffe am Herkunftsort zulassen, wenn die Schadstoffsituation am Ort des Einbaus nicht nachteilig verändert wird.

Mit dieser Bestimmung soll das Flächenrecycling erleichtert werden, indem Bodenmaterialien und Abfälle aus Bautätigkeiten, z.B. Bauschutt, der im Rahmen einer Flächenrecyclingmaßnahme aufbereitet wird, unter erleichterten Bedingungen am Herkunftsort wiederverwendet werden können, anstatt sie extern als Abfälle entsorgen zu müssen. Dieses dient dem Nachhaltigkeitsziel der Bundesregierung, die Wiedernutzbarmachung von Brachflächen zu erleichtern und damit die Flächeninanspruchnahme künftig zu reduzieren. Bei Geländemodellierungen und Baumaßnahmen fallen häufig in großen Mengen Bodenaushubmaterialien und Bauschutt an, die vor Ort, z.B. durch mobile Brech- und Klassieranlagen, aufbereitet werden können. Die am Herkunftsort angefallenen Aushub- und Bauabfallmaterialien eignen sich häufig dazu, im Rahmen der Flächenrecyclingprojekte für die Geländeauffüllung oder -profilierung in technischen Bauwerken – unter Straßen, Parkplätzen, Fundamenten etc. – Verwendung zu finden. Vergleichbare Regelungen enthalten § 5 Abs. 6 und § 12 Abs. 2 Satz 2

BBodSchV für die Wiederverwendung von standorteigenen Materialien im Rahmen einer Altlastensanierung und bei der Herstellung einer durchwurzelbaren Bodenschicht. Dieselbe Regelung soll auch in § 12 a BBodSchV für bodenähnliche Verwendungen durch Verweisung auf § 12 Abs. 2 Satz 2 BBodSchV aufgenommen werden. Eine entsprechende Regelung fehlt aber bislang im Entwurf der Ersatzbaustoffverordnung, obwohl anders als bei offenen Anwendungen beim Einbau in technischen Bauwerken eine zusätzliche Barriere vorhanden ist. Um diesen Wertungswiderspruch zu beseitigen, ist ein Abweichen von den Materialwerten des Anhangs 1 gerechtfertigt. Voraussetzung ist, dass die Schadstoffsituation am Einbauort nicht nachteilig verändert wird. Liegt diese Voraussetzung vor, so soll die zuständige Behörde im Regelfall von den Anforderungen des Anhangs 1 abweichen und höhere Materialwerte zulassen. Die ergänzende Regelung soll allerdings auf Materialien beschränkt bleiben, die im Rahmen von Gebäuderückbau- und Flächenrecyclingmaßnahmen vor Ort anfallen. Dies sind Abfälle aus Bautätigkeiten und Bodenmaterialien aus Baumaßnahmen im Sinne des ersten und vierten Anstrichs des § 3 Nr. 5 Ersatzbaustoffverordnung.

Eine Abweichung von den Materialwerten des Anhangs 1 der Ersatzbaustoffverordnung bedarf eines Antrags des Trägers der Baumaßnahme und einer Einzelfallprüfung der zuständigen Behörde. Die Erklärung der Behörde, dass die Abweichung zulässig ist, ist ein Verwaltungsakt im Sinne von § 35 Verwaltungsverfahrensgesetz, der in der Regel zusammen mit der behördlichen Entscheidung im Rahmen eines Baugenehmigungsverfahrens, eines wasserrechtlichen Erlaubnisverfahrens, eines immissionsschutzrechtlichen Genehmigungsverfahrens oder eines anderen Zulassungsverfahrens erteilt wird. In vielen Fällen wird ein technisches Bauwerk im Sinne des § 3 Nr. 6 Ersatzbaustoffverordnung als bauliche Anlage zu qualifizieren sein, deren Errichtung einer Baugenehmigung nach der jeweiligen Landesbauordnung bedarf. Sollte ausnahmsweise kein Zulassungsverfahren erforderlich sein, muss die zuständige Behörde die Zustimmung zum Einbau in einem isolierten Verfahren erteilen. Welche Behörde für die Erteilung einer Zustimmung gemäß § 5 Abs. 5 a Ersatzbaustoffverordnung zuständig ist, muss landesrechtlich geregelt werden.

Darüber hinaus regt der ITVA nochmals an, die Ausnahmeregelung in § 5 Abs. 5 Satz 1 Ersatzbaustoffverordnung auch auf siedlungsbedingt erhöhte Schadstoffgehalte im Grundwasser anzuwenden. Eine vergleichbare Regelung enthält § 12 Abs. 10 BBodSchV für die Herstellung einer durchwurzelbaren Bodenschicht. Es wäre ebenfalls ein Wertungswiderspruch, wenn die Verlagerung von Materialien mit siedlungsbedingt erhöhten Schadstoffgehalten bei offener Anwendung zulässig ist, der Einbau derselben Materialien in technische Bauwerke aber untersagt ist. In vielen Fällen dürfte es zudem kaum oder nur schwer möglich sein zu klären, ob die Herkunft der erhöhten Schadstoffgehalte natur- und siedlungsbedingt ist. Voraussetzung für eine Ausnahmeregelung ist ebenso wie bei naturbedingt erhöhten Schadstoffgehalten, dass die Schadstoffsituation am Einbauort nicht verschlechtert wird. Dies steht im Einklang mit dem in der EU-Wasserrahmenrichtlinie und der EU-Grundwasserrichtlinie geregelten Verschlechterungsverbot. Daher ist eine entsprechende Ergänzung von § 5 Abs. 5 Ersatzbaustoffverordnung für siedlungsbedingt erhöhte Schadstoffgehalte im Grundwasser gerechtfertigt und geboten.

Bei der Regelung in § 6, den organischen Gesamtkohlenstoffgehalt auf 0,5 Masseprozent zu beschränken, geht über das Ziel hinaus, den Einbau von organischen Abfällen in aufgelassene Braunkohletagebaue zu unterbinden. Durch eine geeignete Öffnungsklausel sollte sichergestellt werden, dass Bodenmaterial im Einzelfall auch mit natürlichen organischen Bestandteilen eingebaut werden darf. Der natürliche Gehalt von Unterboden kann durchaus einen höheren TOC-Gehalt als 0,5 Masseprozent haben.

Entgegen der Begründung zu § 7 Abs. 1 gibt es weder im Abfallrecht noch im Deponierecht ein absolutes Vermischungs- oder Verdünnungsverbot. Für den Einbau von mineralischen Ersatzbaustoffen sollten dieselben Ausnahmen, wie beispielsweise in § 3 Abs. 5 Satz 3 der Deponieverwertungsverordnung (DepVerwV) gelten, wonach das Vermischungsverbot nicht für das Kriterium Festigkeit und nicht für stabilisierte Abfälle gilt. Im § 7 Abs. 3 bleibt unklar, was Gemische aus Bodenmaterial sind. Hier bedarf es einer Definition. Nach dem Wortlaut gelten die höheren bzw. zusätzlichen Anforderungen an den Einbau von Bodenmaterial beispielsweise auch dann, wenn das Gemisch nur zu einem untergeordneten Teil aus Bodenmaterial besteht. Dies ist fachlich nicht gerechtfertigt. Es sollte eine Irrelevanzregelung getroffen werden.

Zu den Anhängen 1-1 bis 1-3 ist anzumerken, dass dort für die verschiedenen Ersatzbaustoffe Materialwerte genannt werden, die richtigerweise als Grenzwerte bezeichnet werden müssten, da ein Überschreiten dieser Werte unzulässig ist. Diese Grenzwerte bedeuten zum Teil eine erhebliche Verschärfung gegenüber den Zuordnungswerten der Mitteilung 20 der Länderarbeitsgemeinschaft Abfall, gegenüber den Werten des Eckpunktepapiers der Länderarbeitsgemeinschaft Abfall (LAGA) und teilweise auch gegenüber den Geringfügigkeitsschwellen für das Grundwasser (GFS-Werten), wobei die GFS-Werte ihrerseits nicht unumstritten sind. Die neuen Bewertungsansätze sind bisher nur in kleinen Zirkeln diskutiert und erst im Jahr 2008 der breiten Öffentlichkeit vorgestellt worden. Von einer wissenschaftlich nachvollziehbaren und in Fachkreisen akzeptierten Ableitung kann daher noch nicht gesprochen werden. Beispielsweise sind bei der Ableitung der Materialwerte für polyzyklische aromatische Kohlenwasserstoffe (PAK) die im Forschungsverbundvorhaben KORA gewonnenen Erkenntnisse über den biochemischen Abbau in der ungesättigten Zone nur unzureichend berücksichtigt worden. Außerdem ist unklar, ob die neuen Werte überhaupt eingehalten werden können, ein Vergleichsmaßstab für das Säulenverfahren fehlt. Es gibt nur wenige Praxiserfahrungen durch Versuchsreihen für die Parameter des Anhangs 1-1. Insbesondere für die organischen Parameter der Anhänge 1.2 und 1.3 liegen bisher keine Erfahrungswerte vor.

Der ITVA empfiehlt deshalb, neue Materialwerte rechtsverbindlich erst dann einzuführen, wenn die zur Ableitung herangezogenen Methoden und Maßstäbe wissenschaftlich fundiert und nachvollziehbar sind. Hier gehen die Meinungen noch weit auseinander, wie der Workshop des Bundesministeriums für Umwelt (BMU) am 20./21.05.2008 in Dessau gezeigt hat.

Der in Fußnote 4 genannte TOC-Gehalt im Feststoff für Bodenmaterialien ist zu niedrig und weder aus Gründen des Grundwasserschutzes noch in abfallrechtlicher

Hinsicht erforderlich. Hier sollten dieselben Regelungen bei Überschreitungen des TOC-Gehaltes und Glühverlustes gelten, wie sie in der Fußnote 3 der Tabelle 2 des Anhangs 3 des Entwurfs der integrierten Deponieverordnung vorgesehen sind.

Zum Nachweis der Eignung und zur Güteüberwachung wird ein neues Säulenschnelltestverfahren vorgeschrieben, das weder in der Praxis über einen längeren Zeitraum erprobt ist, noch den Stand der Labortechnik widerspiegelt. Wie auch andere angehörte Institutionen, kritisiert der ITVA, dass die neuen Säulenverfahren zu längeren Untersuchungszeiten und zu höheren Kosten führen, ohne dass ein relevantes Mehr an Aussagesicherheit gewonnen werde. Ein weiterer Kritikpunkt ist, dass der Referentenentwurf des BMU nur noch den Säulenversuch als alleiniges Eluationsverfahren vorsieht, obwohl das BMU dem Deutschen Institut für Normung (DIN) den Auftrag gegeben hat, beide Verfahren gleichwertig zu entwickeln.

Ein weiterer Kritikpunkt ist, dass zur Versuchsdurchführung Veränderungen und Vorkonditionierungen der Quellenstärkematerialien zulässig sind, z.B. das Brechen des Grobkorns > 32 mm und das Zumischen von Quarzsand zur Erhöhung der Durchlässigkeit bei geringdurchlässigen Materialien. Dieses spiegelt die Realität nicht – wie in der Begründung angegeben – am besten wider. Der ITVA empfiehlt, auf die verbindliche Einführung eines neuen Untersuchungsverfahrens solange zu verzichten, bis dieses in der Fachwelt als Stand der Untersuchungstechnik anerkannt ist und Erfahrungswerte vorliegen. Dieses bezieht sich einerseits auf die verschiedensten, in der Verwertungspraxis in großen Mengen anfallenden Materialien und andererseits auch auf die zu bestimmenden Parameter, für die weder im Rahmen des Forschungsvorhabens des Umweltbundesamtes (UBA) noch im Rahmen des Förderschwerpunktes *Sickerwasserprognose* des Bundesministeriums für Bildung und Forschung (BMBF) Referenzdaten – insbesondere für organische Stoffgruppen außer PAK – ermittelt worden sind.

Anhang 2-2 zählt für 17 unterschiedliche Ersatzbaustoffe unter Berücksichtigung der verschiedenen Grundwasserdeckschichten jeweils 168 verschiedene Einbauweisen auf. Bei 17 Ersatzbaustoffen ergeben sich somit 2.856 Fallgestaltungen. Die Einbautabellen sind insoweit einerseits zu kompliziert und stellen eine Überregulierung dar, andererseits ist der Anhang 2-2 als enumerativer Katalog formuliert. Dieses würde der Verwertungspraxis widersprechen, da es auch andere zulässige Einbauweisen gibt, z.B. den Einbau unter einer Folienabdeckung. Anhang 2-2 sollte dahingehend geändert werden, dass nur einige wenige typische Einbauweisen beispielhaft genannt werden und ansonsten der Einsatz von mineralischen Ersatzbaustoffen in ähnlichen Einbauweisen möglich ist.

Die Untersuchungspflichten des Anhangs 3 gelten gemäß Ziff. 1 aus Erfahrung auch für die Aufbereitung durch mobile Anlagen unmittelbar am Abbruchobjekt. Auf Baustellen ist es aber unrealistisch, vorzuschreiben, dass alle 2.500 Tonnen eine werkseigene Kontrolle und alle 10.000 Tonnen eine Fremdüberwachung durchgeführt wird. Solche Mengen fallen auf kleineren und mittleren Baustellen nicht an. Die Regelung würde zum Teil ins Leere führen. Im Anhang 4 Ziff. 2 schreibt der Verordnungsentwurf für die Probenahme zwingend die Anwendung der LAGA-Richtlinie PN 98 vor. Dieses ist zu statisch und schließt eine flexible

Vorgehensweise in der Praxis aus. Es ist besonders zu befürchten, dass die vollständige Umsetzung der Richtlinie PN 98 bei jeder Untersuchung zu einer erheblichen Kostensteigerung und ggf. auch Zeitverzögerung führen wird. Im Anhang 4 Ziff. 3 Abs. 1 ist geregelt, dass Materialien mit Grobkorn > 32 mm zur Gewinnung von Eluaten zerkleinert werden müssen. Dieses wird, wie bereits vorab ausgeführt, dem Anspruch nicht gerecht, das Material so zu untersuchen, wie es verwertet werden soll. Durch das Schaffen frischer Bruchflächen im Material unterscheidet sich das zerkleinerte Material in seinen Eigenschaften erheblich von dem nicht zerkleinerten, einzubauenden Material. In vielen Fällen wird die Zerkleinerung zu unrealistischen Befunden führen, z.B. wenn schwermetallhaltige Minerale im basaltischen Gleisschotter enthalten sind.

Anhang 4 Tabelle 2 enthält eine statische Verweisung auf genau bezeichnete DIN-Verfahren zur Bestimmung der dort genannten Parameter. Die Erfahrungen bei der Anwendung des Anhangs 1 der BBodSchV haben gezeigt, dass eine statische Verweisung auf DIN-Normen nicht geeignet ist, den wissenschaftlichen Fortschritt und die labortechnische Weiterentwicklung zu berücksichtigen. Ebenso wie im Zusammenhang mit der beabsichtigten Novellierung der BBodSchV sollte auch hier generell auf den Stand der Untersuchungs- und Bestimmungstechnik verwiesen werden.

Zu Artikel 2: Novellierung der Bundesbodenschutzverordnung

Der ITVA begrüßt es, dass nunmehr Regelungen für das Auf- und Einbringen von Materialien unterhalb und außerhalb einer durchwurzelbaren Bodenschicht in § 12 a aufgenommen werden. Einzelne Regelungen sind jedoch nicht nachvollziehbar, nicht begründet oder widersprechen den Vollzugs- und Praxiserfahrungen.

Die in § 12 a Abs. 1 Nr. 1 festgelegte Begrenzung des gesamten organischen Kohlenstoffs (TOC) auf einen Wert von 0,5 Masseprozent sollte kein absolutes Ausschlusskriterium für die Verwendung von Materialien sein. Durch diesen Wert würde beispielsweise Baggergut aus Flussbetten und Kanälen für den Einbau unter- oder außerhalb einer durchwurzelbaren Bodenschicht ausgeschlossen, ohne dass hierfür ein sachlicher Grund ersichtlich ist. Auch der Schutz des Grundwassers erfordert einen solch niedrigen TOC-Wert nicht.

Die dreizehn in Bezug zum § 12 a Abs. 1 Nr. 2 im Anhang 2 Nr. 3 genannten Eluatwerte sind weder wissenschaftlich noch fachlich abgeleitet und nachvollziehbar. Sie sind zum Teil niedriger als die bisherigen Zuordnungswerte gemäß den technischen Regeln der LAGA und zum Teil niedriger als die Werte des Eckpunktepapiers der LAGA. Neue Grenzwerte sollten rechtsverbindlich erst dann eingeführt werden, wenn die Ableitungsgrundsätze fachlich begründet und öffentlich, beispielsweise im Bundesanzeiger, bekanntgemacht worden sind. Zudem beruhen die neuen Werte auf dem bereits oben kritisierten und in der Praxis noch nicht bewährten Säulenschnelltestverfahren, so dass die umgerechneten analogen S 4-Werte äußerst kritisch zu betrachten sind. Des Weiteren liegen die neuen Eluat-Werte zum Teil deutlich unter den Grenzwerten der Trinkwasserverordnung. Die Eluat-Werte für die Parameter Chrom, Kupfer, Chlorid, Sulfat, polyzyklische aromatische Kohlenwasserstoffe (PAK), Mineralölkohlenwasserstoffe

(MKW), leichtflüchtige halogenierte Kohlenwassertsoffe (LHKW), Chlorphenole, Chlorbenzole und Hexachlorbenzol wurden den in wissenschaftlicher und hydrogeologischer Hinsicht heftig umstrittenen LAGA-Werten zur Ableitung von Geringfügigkeitsschwellen (GFS) entnommen. Die Eluat-Werte für Phenol und polychlorierte Biphenyle (PCB) liegen sogar erheblich unterhalb der entsprechenden GFS-Werte. Bei Einhaltung der neuen Eluat-Werte ist zu befürchten, dass für die Verfüllung von Abgrabungen weder geeignetes Bodenmaterial noch andere mineralische Abfälle eingesetzt werden können.

Ausblick

Im Fazit bleibt festzustellen, dass sich die Ersatzbaustoffverordnung in einem Diskussionsstand befindet, der mit Vorlage des zweiten Arbeitsentwurfs im Herbst 2008 sicherlich bereits einige der angesprochenen Punkte aufnimmt. Grundsätzlich bleibt zu hoffen, dass im Ergebnis der fachlichen Beratungen die Positionen der Fachverbände und anderen angehörten Parteien nicht ungehört bleiben und die Vollzugs- und Praxistauglichkeit der Ersatzbaustoffverordnung gegeben ist. Weiterhin bleibt zu hoffen, dass sich der Aufwand für Probenahme und Analytik in vertretbaren Grenzen hält und nicht den Wert des zu behandelnden Bodenmaterials übersteigt.

Die vorgenannten Ausführungen fußen auf der Arbeit des Fachausschusses C 6 – Rechtsfragen – des ITVA, der die Stellungnahme zum Arbeitsentwurf für die Ersatzbaustoffverordnung und zur Änderung der Bundes-Bodenschutz- und Altlastenverordnung im November 2007 erarbeitet hat, sowie dem Bericht des Fachausschussobmanns und der Geschäftsführerin des ITVA zum BMU-Workshop am 20./21.05.2008 in Dessau.

Allen Beteiligten sei an dieser Stelle noch einmal herzlicher Dank für diese Arbeit ausgesprochen.

Technische, ökologische und gesetzliche Aspekte bei der Verwendung von Eisenhüttenschlacken

Heribert Motz

1. Einleitung

Nachhaltigkeit ist eines der großen Zukunftsthemen unserer Gesellschaft. Die deutsche Stahlindustrie stellt sich seit Jahren diesem umfangreichen Aufgabenfeld. Sie will schonend mit den Ressourcen umgehen, zu wirtschaftlichem Wohlstand beitragen und sich der Verantwortung für soziale Ausgewogenheit stellen. Ob Umwelt, Wirtschaft oder Soziales – in allen Bereichen arbeitet die Stahlindustrie mit großem Engagement, damit Nachhaltigkeit kein leerer Begriff bleibt, sondern für die nachfolgenden Generationen Wirklichkeit wird.

Wer Eisen und Stahl produziert, stellt als Nebenprodukt gleichzeitig Eisenhüttenschlacken her. Stahl findet in nahezu allen Lebensbereichen, wie Bauwesen, Verkehr, Haushalt, Anwendung. Aber wo werden heute Eisenhüttenschlacken eingesetzt, und welche Rahmenbedingungen sind zu beachten? Der folgende Beitrag greift diese Fragestellung auf und zeigt, dass Eisenhüttenschlacken heute hochwertige Produkte darstellen, die vor dem Hintergrund abgestimmter technischer Regelwerke sowie nationaler und europäischer Verordnungen in sehr unterschiedlichen Einsatzgebieten verwendet werden können. Ihre traditionelle Verwendung ist ein Beispiel für den verantwortungsvollen Umgang mit Ressourcen und bietet zusätzlich die Möglichkeit CO_2-Emissionen einzusparen.

2. Entstehung von Eisenhüttenschlacken und Haupteinsatzgebiete

Die Eisen- und Stahlherstellung gliedert sich heute in der Regel in drei Stufen:

- die Reduktionsstufe im Hochofen,
- die Stahlherstellung im Linz-Donawitz (LD)- oder Elektroofenverfahren und
- die sekundärmetallurgische Verfahrenstechnik.

In diesen Verfahren entstehen jeweils Schlacken, die Hochofenschlacken, die Konverter- und Elektroofenschlacken sowie die sekundärmetallurgischen Schlacken, in flüssigem Zustand bei Temperaturen bis 1.600 °C.

Zur Abkühlung der Schlacken dominieren heute nur noch zwei Verfahren. Die schnelle Abkühlung mit Wasser in Granulationsanlagen und die langsame Abkühlung an der Luft in Beeten. Beide Verfahren werden für die Abkühlung von Hochofenschlacken genutzt, während für die übrigen Schlackenarten ausschließlich die langsame Abkühlung an Luft gewählt wird. In den vergangenen Jahren wurden immer wieder andere Abkühlungstechniken erprobt und installiert, so die Pelletierung auf Drehtellern, die Verdüsung mit Luft zu Wolle oder die Luftgranulation von Stahlwerksschlacken, ohne dass diese sich aber in Europa oder weltweit dauerhaft durchgesetzt haben.

Die beiden Abkühlungsverfahren führen zu unterschiedlichen Aggregatzuständen der Schlacken. Während durch die langsame Abkühlung eine kristalline Stückschlacke entsteht – Hochofenstückschlacke, LD-Schlacke, Elektroofenschlacke –, wird durch die schnelle Abkühlung eine glasige Hochofenschlacke, der Hüttensand, erzeugt. Vor einer weiteren Verwendung der Schlacken werden diese in der Regel mechanischen Bearbeitungsschritten – Brechen, Sieben usw. – unterzogen, um die in Normen und anderen Regelwerken festgelegten Anforderungen für die geplante Verwendung erfüllen zu können.

Um einen Überblick hinsichtlich Produktion und Verwendung von Schlacken in Europa zu gewinnen, führt die europäische Schlackenorganisation EUROSLAG im Turnus von zwei Jahren Umfragen bei ihren Mitgliedern durch. Die Ergebnisse aus dem Jahr 2006 zeigen, dass europaweit etwa 29 Millionen Tonnen Hochofenschlacken erzeugt werden, die zu 77 Prozent zu glasigem Hüttensand, zu 21 Prozent zu kristalliner Stückschlacke und zu 2 Prozent noch zu pelletierter Schlacke verarbeitet werden. Dabei ist anzumerken, dass sich das Verhältnis zwischen Hüttensand und Stückschlacke in den vergangenen Jahren immer mehr zugunsten des Hüttensands verschiebt. Dies ist zum einen durch den Bau neuer Granulationsanlagen bedingt. Zum anderen besteht vor allem in Zeiten einer boomenden Baukonjunktur eine hohe Nachfrage nach hüttensandhaltigen Zementen, die dazu beitragen die CO_2-Emissionen bei der Zementherstellung zu reduzieren.

Hinsichtlich der Stahlwerksschlacken wurde insgesamt eine Menge von etwa 17 Millionen Tonnen erzeugt, wobei 58 Prozent aus dem Konverterverfahren, 31 Prozent aus dem Elektroofenverfahren und 11 Prozent aus sekundärmetallurgischen Verfahren resultieren.

Die europaweite Verwendung von Eisenhüttenschlacken geht aus den Bildern 1 und 2 hervor.

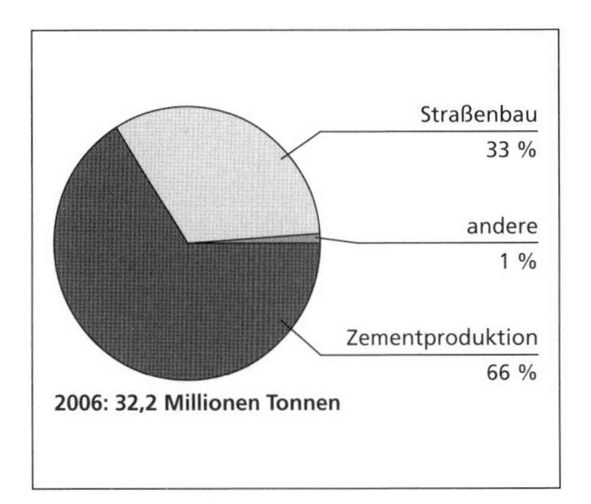

Bild 1: Verwendung von Hochofenschlacken in Europa

Im Hinblick auf die Hochofenschlacken (Bild 1) wurden 33 Millionen Tonnen verwendet, also eine höhere Menge als erzeugt wurde. Dies wird verursacht durch den Abbau alter Haldenbestände z.B. in Frankreich, die vor etwa 40 Jahren kontrolliert aufgebaut wurden. Bei der Verwendung von Hochofenschlacken dominieren heute zwei Gebiete. Die Herstellung von hüttensandhaltigen Zementen – untergeordnet die Verwendung von gemahlenem Hüttensand als Betonzusatzstoff – und der Einsatz als Gesteinskörnung oder Baustoffgemisch im Straßenbau für Tragschichten.

Die Verwendung von Stahlwerksschlacken (Bild 2) ist deutlich weiter differenziert. Im Vordergrund steht zwar wieder der Straßenbau, allerdings werden dort Stahlwerksschlacken bis in die Deckschichten als Gesteinskörnung mit besonderen Eigenschaften, was Verwitterungsbeständigkeit, Festigkeit und griffigkeitsrelevante Eigenschaften anbetrifft, eingesetzt.

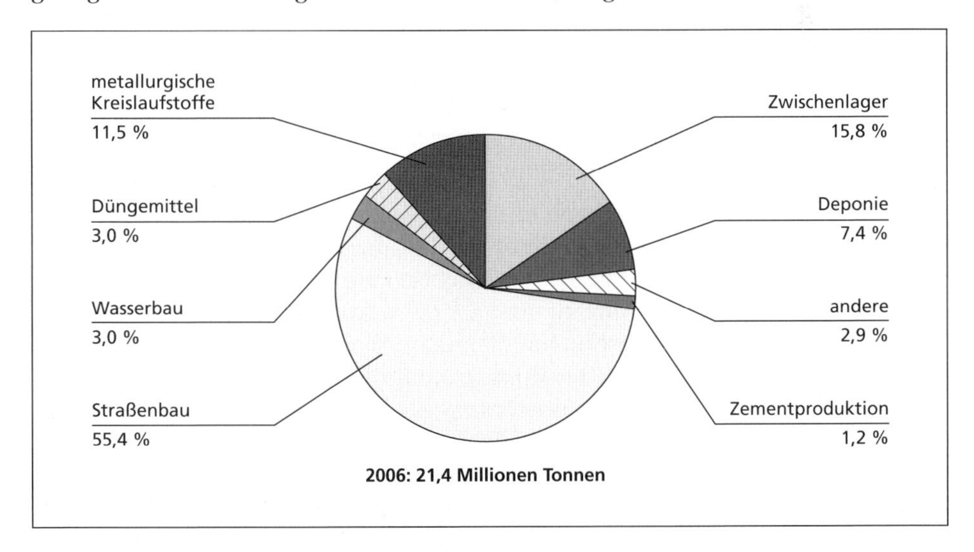

Bild 2: Verwendung von Stahlwerksschlacken in Europa

Als weitere Einsatzgebiete für Stahlwerksschlacken sind der Wasserbau, die Verwendung als Düngemittel und die Verwendung als metallurgischer Kreislaufstoff im Hochofen anzusprechen. Etwa 7 Prozent der Stahlwerksschlacken müssen heute noch deponiert werden, meist weil diese sehr feinkörnig entstehen und damit vor allem im Bauwesen nicht einzusetzen sind. Die Forschungsaktivitäten zu Eisenhüttenschlacken sind daher heute insbesondere auf diese Schlackenarten gerichtet mit dem Ziel, eine deutlich höhere Verwendungsrate zu erreichen.

3. Technische und ökologische Aspekte der Verwendung

3.1. Hüttensand für die Zementherstellung

Europaweit ist Hüttensand ein seit mehr als hundert Jahren anerkannter und heute in der EN 197 *Zement* [1] genormter Zementbestandteil. Die EN 197 beinhaltet insgesamt 27 Zemente, davon allein, wie aus Tabelle 1 hervorgeht, neun hüttensandhaltige Zemente.

Tabelle 1: Haupt- und Nebenbestandteile von Zementen gemäß EN 197-1

<table>
<tr><th>Zementart</th><th>Bezeichnung</th><th>Kurz-zeichen</th><th>Klinker
Ma.-%</th><th>Hütten-sand
Ma.-%</th><th>Puzzolan und/oder kieselsäure-reiche Flugasche
Ma.-%</th><th>Nebenbe-standteile
Ma.-%</th></tr>
<tr><td rowspan="4">CEM II</td><td rowspan="2">Portlandhüttenzement</td><td>CEM II/A-S</td><td>80 – 94</td><td>6 – 20</td><td>–</td><td>0 – 5</td></tr>
<tr><td>CEM II/B-S</td><td>65 – 79</td><td>21 – 35</td><td>–</td><td>0 – 5</td></tr>
<tr><td rowspan="2">Portland-Kompositzement</td><td>CEM II/A-M</td><td>80 – 94</td><td colspan="2">6 – 20</td><td>0 – 5</td></tr>
<tr><td>CEM II/B-M</td><td>65 – 79</td><td colspan="2">21 – 35</td><td>0 – 5</td></tr>
<tr><td rowspan="3">CEM III</td><td rowspan="3">Hochofenzement</td><td>CEM III/A</td><td>35 – 65</td><td>36 – 65</td><td>–</td><td>0 – 5</td></tr>
<tr><td>CEM III/B</td><td>20 – 34</td><td>66 – 80</td><td>–</td><td>0 – 5</td></tr>
<tr><td>CEM III/C</td><td>5 – 19</td><td>81 – 95</td><td>–</td><td>0 – 5</td></tr>
<tr><td rowspan="2">CEM V</td><td rowspan="2">Kompositzement</td><td>CEM V/A</td><td>40 – 64</td><td colspan="2">18 – 30</td><td>0 – 5</td></tr>
<tr><td>CEM V/B</td><td>20 – 39</td><td colspan="2">31 – 50</td><td>0 – 5</td></tr>
</table>

In den vergangenen 140 Jahren sind zahlreiche Bauten unter der Verwendung von hüttensandhaltigem Zementen errichtet worden, die sich durch eine hohe Dauerhaftigkeit und eine jahrzehntelange Nutzung bis zum heutigen Tag auszeichnen. Dazu zählt, um nur ein Beispiel zu nennen, die bekannte Jahrhunderthalle des Architekten Max Berg in Breslau, dem heutigen Wroclaw in Polen, die 1911 bis 1913 als einer der frühen Stahlbetonbauten mit Eisenportlandzement errichtet wurde. Die lichte Weite der Stahlbetonkuppel, bis heute die größte der Welt, beträgt 65 Meter, ihre lichte Höhe 42 Meter. Zehntausend Menschen finden in ihr Platz, und einst beherbergte sie auch die größte Orgel der Welt. Diese Halle hat den Zweiten Weltkrieg weitgehend unbeschadet überstanden und steht seit 2007 auf Grund ihrer architekturgeschichtlichen Bedeutung als Nummer 1165 auf der UNESCO-Liste des Welterbes.

Die Erfolgsgeschichte der hüttensandhaltigen Zemente war nur möglich, weil diese technische mit ökonomischen und, was zunehmend von Bedeutung ist, mit ökologischen Vorteilen vereinen.

Die technischen Vorteile oder die technischen Besonderheiten der hüttensandhaltigen Zemente, z.B. niedrige Hydratationswärme, hoher Sulfatwiderstand, niedriger Alkaligehalt, niedrige Kapillarporosität, hoher Widerstand gegen Chloriddiffusion und helle Farbe, sind in der Literatur ausführlich beschrieben und werden deshalb hier nicht näher erläutert [2, 3]. Es sei an dieser Stelle aber erwähnt, dass bereits 1912 der Verein Deutscher Eisenportlandzement-Fabrikanten ein eigenes Forschungsinstitut begründete, um einerseits Qualitätsprüfungen durchführen und um andererseits durch begleitende Forschung die Hüttensandnutzung optimieren zu können. Das FEhS – Institut für Baustoff-Forschung e.V., 1954 gegründet, hat diese Tradition mit aufgegriffen. Den technischen Eigenschaften der mit Hüttensand hergestellten Zemente wird also seit Jahrzehnten große Aufmerksamkeit gewidmet, um sie auch immer wieder den technischen Herausforderungen moderner Bauwerke anzupassen.

Aber wo liegen die ökologischen Vorteile des Hüttensands?

Sowohl die Zement- als auch die Stahlherstellung sind energieintensive Produktionsprozesse. Der Primärenergiebedarf der deutschen Zementindustrie, d.h. der Bedarf an primären und sekundären Brennstoffen für die Portlandzementklinkerproduktion und an Strom einschließlich des ökologischen Rucksacks der Stromerzeugung beträgt etwa ein Prozent des gesamten Primärenergiebedarfs in Deutschland. Die Herstellung von einer Tonne Portlandzement benötigt im Mittel etwa 1.590 kWh Primärenergie. Dominierend wirkt sich hierbei der Anteil aus, der aus dem Klinkerbrennprozess resultiert. Dieser Anteil wurde in der Vergangenheit bereits so weit reduziert, dass er nahe am theoretischen Minimum liegt und für eine weitere verfahrenstechnische Optimierung nicht zur Verfügung steht.

Die Substitution von Klinker durch Hüttensand, der keinen separaten Brennprozess erfahren muss, führt in Abhängigkeit vom Anteil des Hüttensands im Zement zu einer deutlichen Reduzierung. So benötigt ein hüttensandreicher Zement mit 75 Ma.-% Hüttensand nur noch etwa 600 kWh/t und damit nur etwa 38 Prozent der Primärenergie, die ein Portlandzement benötigt.

In Bild 3 ist der Wert für einen universell verwendbaren Hochofenzement mit nur 60 Ma.-% Hüttensand eingetragen. Es ist zu erkennen, dass immerhin die Hälfte des Primärenergiebedarfs eingespart werden kann, auch wenn die in der Zementnorm EN 197 [1] vorgesehenen 95 Ma.-% Hüttensand nicht annähernd ausgeschöpft werden.

Etwa 5 bis 8 Prozent der weltweiten CO_2-Emissionen können der Zementindustrie zugerechnet werden. Vor dem Hintergrund, dass die weltweite Produktion von Zement, eine der Schlüsselindustrien der Wirtschaft, insbesondere in den Schwellenländern, ein extremes Wachstum aufweist, kommt der Substitution des Portlandzementklinkers durch andere Zementbestandteile eine erhebliche Bedeutung zu. 2005 hat die Weltproduktion von Zement mehr als 2,2 Milliarden Tonnen betragen.

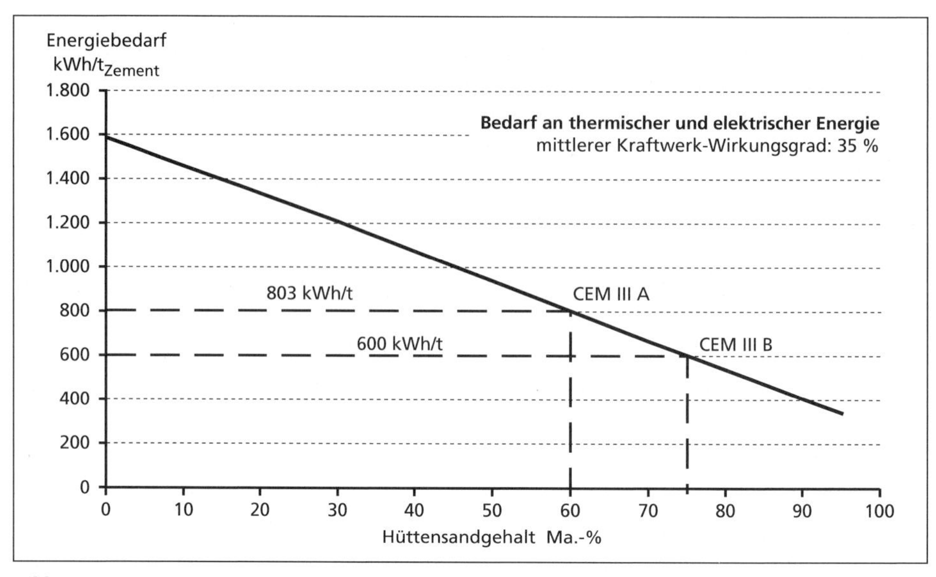

Bild 3: Primärenergiebedarf von Zementen

Allein auf China entfielen eine Milliarde Tonnen. Würden in der Zementindustrie keinerlei Optimierungsmaßnahmen hinsichtlich der CO_2-Emission durchgeführt, so prognostizierte bereits 2002 das Battelle Memorial Institut bis zum Jahr 2050 fast eine Verdreifachung der zementinduzierten CO_2-Emission.

Einen wichtigen, wenn auch allein sicherlich nicht ausreichenden Beitrag zur CO_2-Minderung stellt der vermehrte Einsatz des Hüttensands dar.

Wie im Bild 4 dargestellt ist, reduziert, ähnlich den Verhältnissen beim Primärenergiebedarf, der Hüttensandeinsatz im Zement auch die spezifischen CO_2-Emissionen in erheblichem Umfang.

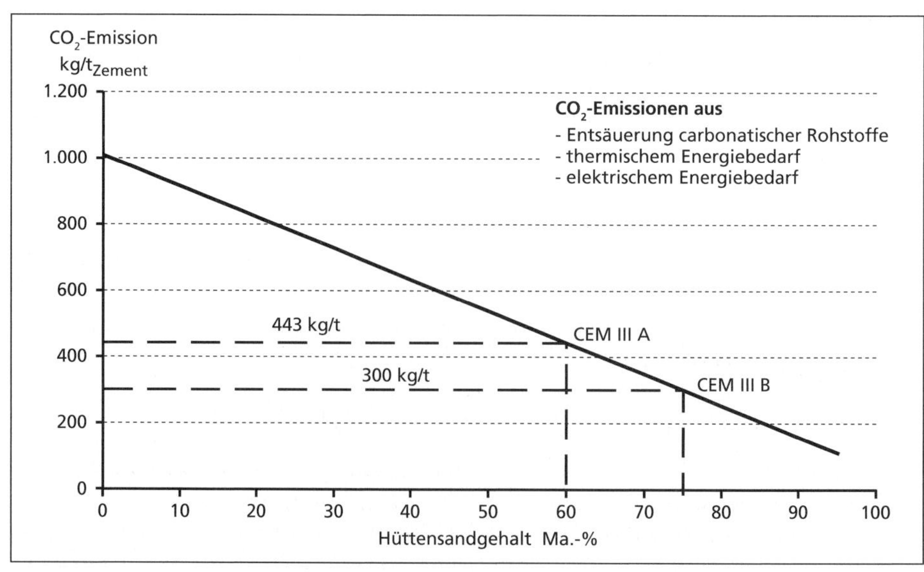

Bild 4: CO_2-Emission bei der Zementherstellung

Benötigt die Herstellung von einer Tonne Portlandzement etwa 1.000 kg CO_2, so verringert sich dieser Wert mit steigendem Hüttensandgehalt. Bei der Herstellung von einer Tonne eines hüttensandreichen Zements mit 75 Ma.-% Hüttensand werden mit 300 kg CO_2 nur noch etwa 30 Prozent der mit der Portlandzementherstellung verbundenen Menge emittiert. Dominant ist der Anteil aus der Entsäuerung carbonatischer Rohstoffe, der bei der Klinkerherstellung aus natürlichen Rohstoffen nicht vermieden werden kann.

Um eine Vorstellung von der Relevanz dieser spezifischen Daten zu geben, wurden beispielhaft für Deutschland diese Daten ermittelt. Die Nutzung von etwa 140 Millionen Tonnen Hüttensand für die Zementherstellung hat dazu geführt, dass zwischen 1946 und 2004 die CO_2-Emissionen um mindestens 164 Millionen Tonnen, das sind 89 Milliarden Kubikmeter, gesenkt wurden. Diese enorme Menge wäre ausreichend, um das ehemalige Luftschiff *Hindenburg* 443.000-mal füllen zu können.

Die Zementherstellung ist nicht nur ein energieintensiver, sondern auch ein rohstoffintensiver Prozess. Zur Herstellung von einer Tonne Portlandzement werden etwa 1,4 Tonnen Kalkstein und etwa 0,2 Tonnen weiterer Rohstoffe benötigt. Wird vorausgesetzt, dass bei der jährlichen Roheisenproduktion von weltweit 785 Millionen Tonnen im Jahr 2005 etwa 260 Millionen Tonnen Hochofenschlacke entstanden sind, die theoretisch zu hundert Prozent zu Hüttensand granuliert und als Portlandzementklinkerersatz verwendet werden könnten, würden mehr als 400 Millionen Tonnen natürlicher Rohstoffe jährlich nicht abgebaut werden müssen.

Hüttensand stellt somit sicher die technisch und ökologisch leistungsfähigste Alternative zum Portlandzementklinker dar. Dies drückt sich seit 1997 auch in der Entwicklung der Marktanteile der hüttensandhaltigen Zemente in Deutschland aus. Wie aus Bild 5 hervorgeht, ging seit dieser Zeit der Anteil der Portlandzemente CEM I kontinuierlich

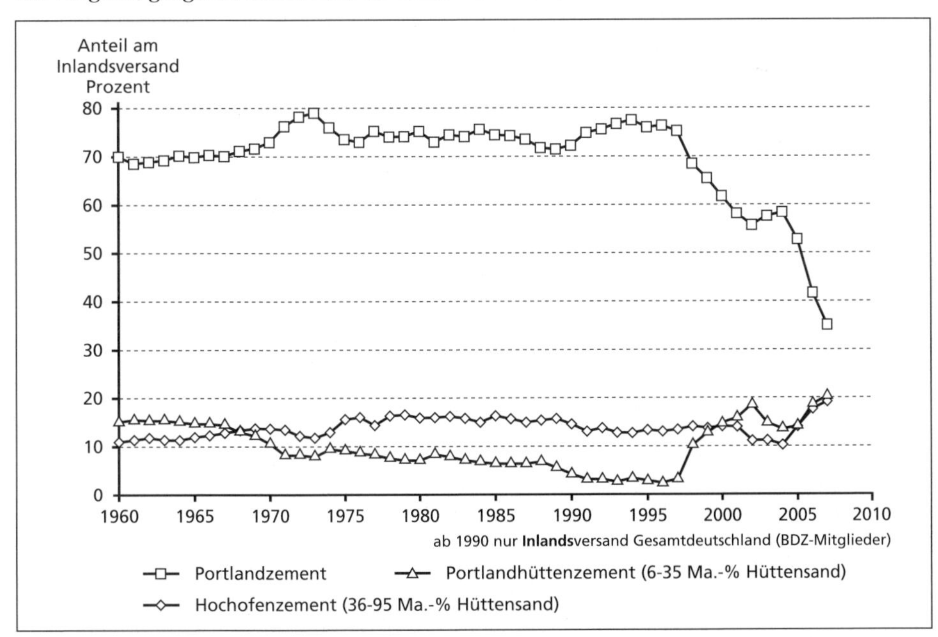

Bild 5: Marktanteile von hüttensandhaltigen Zementen in Deutschland

auf heute etwa vierzig Prozent zurück, während der Anteil der hüttensandhaltigen Zemente – Portlandhüttenzement und Hochofenzement – auf fast vierzig Prozent anstieg. Es ist somit ein eindeutiger Trend in der Zementindustrie zu erkennen, zumindest in der häufig eingesetzten Festigkeitsklasse 32,5 R für die Herstellung von Transportbeton den Portlandzement durch hüttensandhaltige Zemente CEM II oder CEM III/A 42,5 zu ersetzen.

3.2. Stückschlacken für den Verkehrsbau

Die Möglichkeit, Eisenhüttenschlacken für den Verkehrsbau einzusetzen, ist langjährig bewährt und im zugehörigen Regelwerk verankert. Dies bedeutet aber nicht, dass damit Stillstand in der Anwendungsforschung herrscht. Vielmehr ist es auch in diesem Bereich äußerst wichtig die Baustoffe aus Eisenhüttenschlacken weiter zu entwickeln, um den wachsenden Anforderungen des Verkehrsbaus, die insbesondere aus steigenden Achslasten, neuen Rezepturen im Asphalt- und Betonstraßenbau und verschärften Umweltanforderungen resultieren, zu genügen. Die nachfolgend aufgeführten Anwendungsbeispiele mögen einen Eindruck über das weite Anwendungsspektrum im Verkehrsbau von Eisenhüttenschlacken geben.

3.2.1. Selbsterhärtende Gemische aus Eisenhüttenschlacken

Es ist bekannt, dass aufgrund hydraulischer und carbonatischer Reaktionen Mischungen aus Hochofenstückschlacke, LD-Schlacke und ggf. Hüttensand erhärten und damit über Jahre hinweg Festigkeitssteigerungen aufweisen [4]. Die ursprünglich als ungebundene Schicht eingebauten Gemische erhalten damit Eigenschaften, die hydraulisch gebundenen Schichten nahekommen, ohne dass, bedingt durch die langsame Erhärtung, der Nachteil von bis in die Deckschicht durchschlagenden Rissen entsteht. Mögliche Gemischvarianten wurden zunächst im Laboratorium auf ihr Erhärtungsverhalten untersucht und anschließend in Erprobungsstrecken getestet. Die Ergebnisse haben gezeigt, dass über die gewählten Komponenten und deren mengenmäßige Anteile das Erhärtungsverhalten gezielt je nach Anforderung des Straßenbaus gesteuert werden kann (Bild 6). Somit kann z.B. für Tragschichten in Autobahnen über die Zeit eine dosierte Festigkeitssteigerung eingestellt werden, die eine Zunahme der Tragfähigkeit des gesamten Oberbaus bedeutet. Somit sind diese Schichten auf das wachsende Verkehrsaufkommen und eine gleichzeitig mögliche Steigerung der Achslasten bestens eingestellt.

Die europaweit mit derartigen *selbsterhärtenden Schichten* vorliegenden Erfahrungen wurden in einer im Jahr 2004 veröffentlichten europäischen Norm EN 14227-2 *Hydraulisch gebundene Gemische – Anforderungen, Teil 2: Schlackengebundene Gemische* [5] zusammengestellt. Darin sind die Anforderungen an die Komponenten – Eisenhüttenschlacken und andere Gesteinskörnungen – und die Gemische, z.B. Prüfverfahren, Anforderungen an die Erhärtung über die Zeit usw., beschrieben. Damit erhält der planende Ingenieur die Möglichkeit, je nach zu erwartender Beanspruchung des Straßenoberbaus ein geeignetes Design der Tragschichten zu wählen, so dass dauerhaft die zu erwartenden

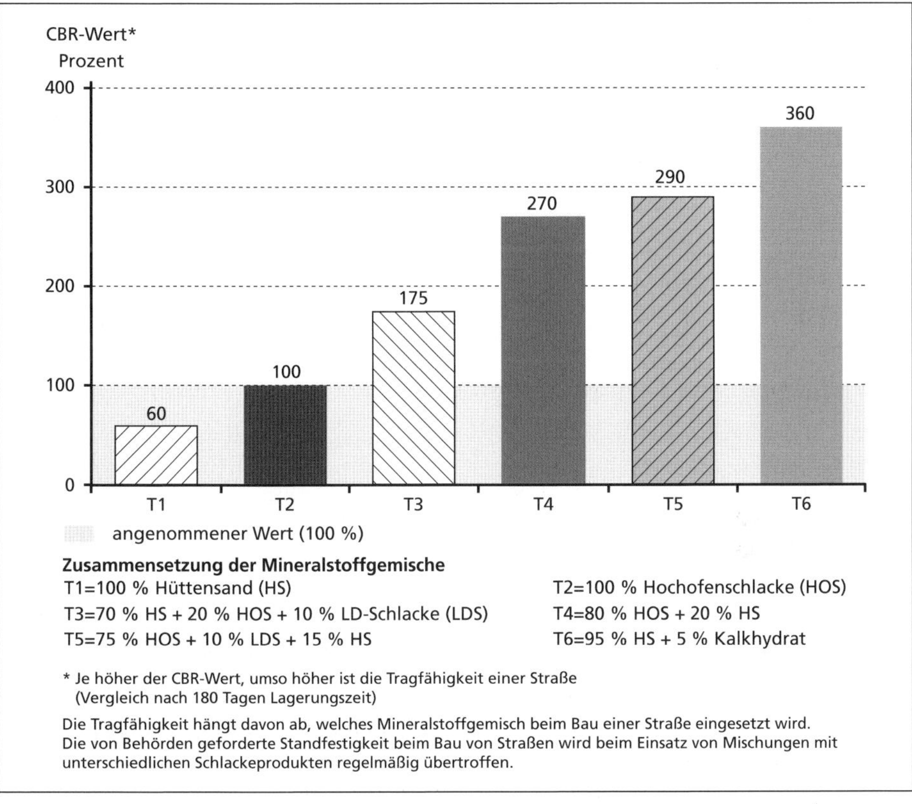

Bild 6: Selbsterhärtung von Gemischen aus Eisenhüttenschlacken

Lasten aufgenommen werden können. Erst kürzlich beendete Untersuchungen der Bauhausuniversität Dessau an bestehenden Strecken, deren Fertigstellung bis zu zwanzig Jahre zurücklag, haben dieses Ergebnis bestätigt [6].

Aufgrund ihrer hydraulischen und carbonatischen Eigenschaften können Eisenhüttenschlacken aber nicht nur im Straßenoberbau, sondern auch im Straßenunterbau zur Bodenstabilisierung und Bodenverfestigung eingesetzt werden. So liegen z.B. seit vielen Jahren im Vereinigten Königreich und in den südeuropäischen Ländern zahlreiche Erfahrungen mit der Verwendung von gemahlenem Hüttensand zur Bodenverfestigung vor. Diese Schlacken haben sich insbesondere dort bewährt, wo sulfathaltige Böden anstehen und deren Quellverhalten deutlich verbessert werden konnte [7]. Auch diese Erfahrungen haben schließlich zur Erarbeitung der europäisch harmonisierten Norm EN 14227-12 [8] geführt. Diese europäische Norm legt Bodenverbesserungen mit Schlacke für den Bau von Straßen, Flugplätzen und sonstigen Verkehrsflächen, die Anforderungen an ihre Bestandteile und Zusammensetzung und die Klassifizierung des im Labor bestimmten Gebrauchsverhaltens fest. Die EN 14227-12 hat schließlich wieder die unterschiedlichen Erfahrungen in den europäischen Ländern zusammengetragen und gibt damit dem planenden Ingenieur die Möglichkeit, Prüfverfahren auszuwählen und das Erhärtungsverhalten von behandelten Böden so zu steuern, dass vor dem Hintergrund der zu erwartenden Bauwerkslasten und der klimatischen Verhältnisse die Tragsicherheit des Unterbaus ausreichend dimensioniert werden kann.

Hingewiesen werden soll an dieser Stelle auch auf die Überarbeitung der EN 13282 *Hydraulische Tragschichtbinder*, die erstmals im Teil 2 *Normal erhärtende Tragschichtbinder* auch die Möglichkeit eröffnet, Konverterschlacken bis zu einem Anteil von 40 bis 60 Prozent zur Herstellung von Tragschichtbindern zu nutzen [9]. Es wird in diesem Falle insbesondere auf Erfahrungen in Frankreich zurückgegriffen, weil dort diese Schlacken seit einigen Jahren für diesen Anwendungsbereich erfolgreich eingesetzt werden.

3.2.2. Einsatz von Stahlwerksschlacken

Aus der Einführung des Linz-Donawitz (LD)-Verfahrens in den siebziger Jahren resultierten letztendlich die LD-Schlacken (LDS). Parallel hierzu wurden seit dieser Zeit Elektroöfen in Deutschland gebaut, die überwiegend aus Schrott Rohstahl erzeugen. Dabei entsteht als Nebenprodukt die Elektroofenschlacke (EOS). LD-Schlacke und Elektroofenschlacke werden unter dem Oberbegriff Stahlwerksschlacke seit vielen Jahren z.B. im Straßenbau eingesetzt.

Es ist bekannt, dass Stahlwerksschlacken im abgekühlten Zustand freie Oxide, wie Freikalk oder freies Magnesium enthalten können, welche bei Zutritt von Feuchte die Hydratphasen ausbilden können. Dies kann zu einer Zerstörung des Schlackengefüges führen, welches schließlich die Funktionsfähigkeit des Bauwerks beeinträchtigen kann. Um derartige Reaktionen zu vermeiden, wurde von der Stahlindustrie eine Vielzahl von Methoden entwickelt, die heute in den Erzeugerwerken je nach den vorgesehenen Verwendungsgebieten eingesetzt werden. Folgende Methoden werden angewandt:

- natürliche oder künstliche Bewitterung,
- Behandlung mit Dampf,
- empirische Berechnung des Freikalks auf der Basis der chemischen Zusammensetzung der Schlacke und Trennung der Schlacken nach solchen mit niedrigem und hohem Freikalkgehalt,
- röntgenographische Bestimmung des Freikalks mit anschließender Trennung der Schlacken nach solchen mit niedrigem und hohem Freikalkgehalt,
- Bestimmung des Freikalks mit dem LIBS-Messverfahren – *Laser Induced Breakdown Spectroscopy* – [10], welches anschließend ebenfalls eine Trennung der Schlacken erlaubt.

Während die beiden erstgenannten Behandlungsmethoden den Nachteil aufweisen, dass sie große Mengen an feinkörnigen Schlacken erzeugen, die kaum im Bauwesen abgesetzt werden können, sind die letztgenannten Bestimmungsmethoden immer nur werksspezifisch zu sehen und erfordern generell eine Vielzahl von Voruntersuchungen, um abgesicherte Daten zu erhalten, die eine sichere Trennung der Schlacken ermöglichen.

Es wurde auch versucht, den Freikalk während der Stahlherstellung in nicht kritische Bereiche abzusenken. Dies konnte jedoch nicht in die Tat umgesetzt werden, weil dadurch mit erheblichen Nachteilen für die Stahlqualität oder den Stahlwerksbetrieb gerechnet werden musste. Letztlich blieb nur noch die Möglichkeit, die Behandlung der Schlacke in einen gesonderten Behandlungsschritt zu verlagern. Die hierzu notwendige Technologie wurde gemeinsam mit der ThyssenKrupp Steel AG und dem FEhS-Institut entwickelt und 1993 mit der Fertigstellung eines entsprechenden Aggregats im Stahlwerk Bruckhausen, Duisburg, in die Tat umgesetzt [11]. Inzwischen wird die Behandlung bei der ThyssenKrupp Steel AG und dem Stahlwerk ArcelorMittal Gent – vormals Sidmar –, Belgien, im Dauerbetrieb eingesetzt.

Die Behandlungsmethode beruht auf dem Prinzip, dass Sand als basizitätssenkendes Medium in die flüssige Schlacke eingeblasen wird, wobei Sauerstoff als Trägergas Verwendung findet. Ohne auf die Einzelheiten einzugehen, lassen sich Schlacken erzeugen, die selbst die höchsten Anforderungen an die Raumbeständigkeit für Gesteinskörnungen im Verkehrsbau, z.B. für die Verwendung in Asphaltdeckschichten erfüllen. Bewertungskriterium für die Raumbeständigkeit bildet die im Dampfversuch ermittelte Volumenzunahme. Diese Prüfmethode wurde vom FEhS-Institut entwickelt und ist heute in der EN 1744-1 [12] europäisch genormt. Während unbehandelte Schlacken im Dampfversuch Volumenzunahmen bis 5 Vol.-% aufweisen, liegen behandelte Schlacken immer unter 1 Vol.-%. Damit war der Weg frei, LD-Schlacken für höchste Beanspruchungen z.B. in Asphaltdeckschichten einsetzen zu können. Elektroofenschlacken weisen per se sehr niedrige Freikalkgehalte auf, so dass sie ebenfalls für diese Asphaltanwendungen geeignet sind.

Bauphysikalisch zeichnen sich die Stahlwerksschlacken vor allem durch ihre hohe Rohdichte > 3,2 g/cm^3, ihre kubische Kornform, ihre hohe Festigkeit mit Schlagzertrümmerungswerten < 18 Ma.-%, ihre Verwitterungsbeständigkeit und ihre raue Oberfläche aus, charakterisiert durch eine ausgeprägte Mikro- und Makrorauigkeit. Diese gegenüber anderen industriellen Nebenprodukten hervorstechenden Eigenschaften haben dazu geführt, dass Stahlwerksschlacken heute neben der Verwendung in Tragschichten ohne Bindemittel immer häufiger vor allem in hochbelasteten Asphaltdeckschichten eingesetzt werden. In Bild 7 ist am Beispiel eines Laborversuchs mit dynamischen Lastwechseln dargestellt, dass insbesondere, bedingt durch die Kubizität der Körner und die raue Oberfläche, eine hohe Standfestigkeit von Asphaltschichten erreicht wird, die natürlichen Gesteinen gleichwertig oder sogar überlegen ist.

Die Änderung des Vorschriftenwerks des Straßenbaus hin zu der Anforderung an Bauunternehmen, innerhalb der Gewährleistungsfrist bestimmte Griffigkeitswerte garantieren zu müssen, hat den Einsatz von Schlacken weiterhin forciert. Die Kombination der genannten Eigenschaften führt zu dauerhaft standfesten Asphaltschichten, die insbesondere auf Autobahnen mit hohem Schwerlastverkehr eingesetzt werden. Abschnitte auf der A 5 bei Karlsruhe oder der A 40 bei Essen sind Beispiele für die Bewährung des Baustoffes Stahlwerksschlacke. Für diese Strecken wurden Stahlwerksschlacken ausgewählt, weil, bedingt durch die

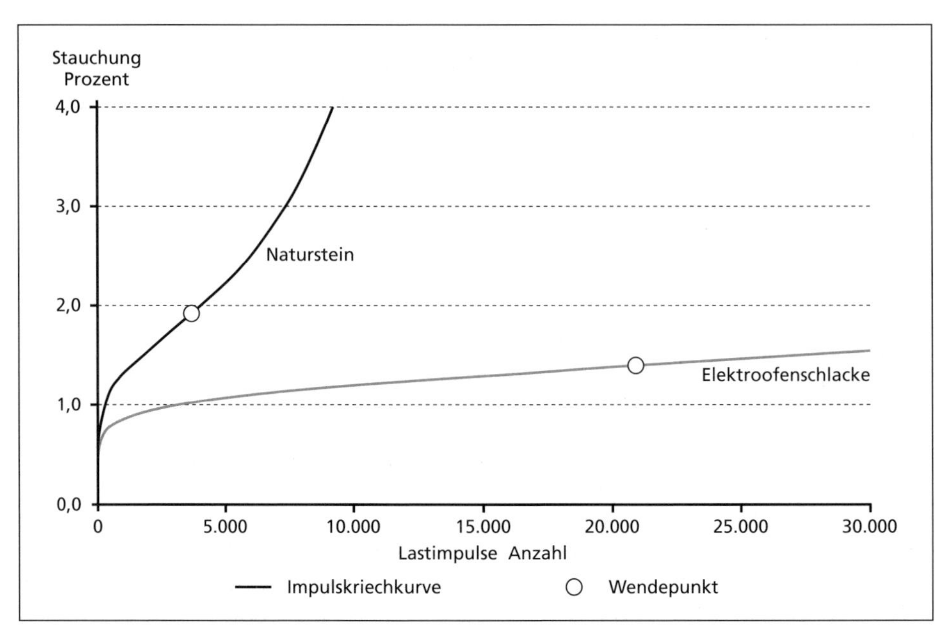

Bild 7: Vergleich der Standfestigkeit von Asphaltschichten, hergestellt mit Gesteinskörnungen aus Naturstein und Elektroofenschlacke (EOS)

Bauweise *offenporiger Asphalt* zur Reduzierung von Straßenlärm, hochfeste und griffige Gesteinskörnungen erforderlich sind. Die nach der Verkehrsübergabe durchgeführten Messungen mit dem SCRIM – *Sideway-force Coefficient Routine Investigation Machine* – haben die gute Griffigkeit der gebauten Strecken belegt.

Ein weiteres traditionelles Anwendungsgebiet für Stahlwerksschlacken ist neben dem Verkehrsbau der Wasserbau. Stahlwerksschlacken sind daher in der DIN EN 13382 – 1 [13] sowie in den Technischen Lieferbedingungen für Wasserbausteine – TLW [14] in Deutschland als zugelassener Wasserbaustein beschrieben. Vorteilhaft wirkt sich auf diesem Gebiet insbesondere ihre hohe Rohdichte und raue Oberfläche aus, die zu einer guten Verzahnung der Körner führt. Die hergestellten Bauwerke können somit dem Strömungs- und Wellenangriff einen ausreichenden Widerstand entgegensetzen. Hauptanwendungsgebiete von Stahlwerksschlacken im Wasserbau sind im Rahmen von Flussregulierungsmaßnahmen Auffüllungen und Abdeckungen von Kolken sowie Sohlaufhöhungen und Sohlstabilisierungen. Weiterhin werden Stahlwerksschlacken zum Uferschutz für Deckwerke eingesetzt. Ähnlich wie im Straßenbau müssen sie auch für diese Anwendungsgebiete ausreichend raumbeständig sein. Die genannten Normen und Regelwerke enthalten daher diesbezügliche Prüfverfahren und Anforderungen, die im Rahmen der Qualitätssicherung eingehalten werden müssen.

4. Gesetzliche Aspekte bei der Verwendung

Neben den Stoffeigenschaften und den in Normen und anderen Regelwerken festgelegten Anforderungen wird der Einsatz von industriellen Nebenprodukten entscheidend durch die nationale und europäische Gesetzgebung beeinflusst, weil letztendlich dort die Rahmenbedingungen für deren Einsatz vorgegeben werden. Dies gilt insbesondere, wenn es um die Bewertung als Produkt oder Abfall oder des Umweltverhaltens geht. Als Beispiel hierfür seien an dieser Stelle die europäische Abfallrahmenrichtlinie, die REACH-Gesetzgebung und die in Deutschland vom Bundesministerium für Umwelt, Naturschutz und Reaktorsicherheit zurzeit vorbereitete *Ersatzbaustoffverordnung* genannt. Die Auswirkungen von gesetzlichen Regelungen auf die Verwendung von Eisenhüttenschlacken werden nachfolgend erläutert.

4.1. Abfallrahmenrichtlinie

Die Einführung des Kreislaufwirtschafts- und Abfallgesetzes [15] im Jahre 1996 hat letztlich in Anlehnung an die damalige europäische Abfallrahmenrichtlinie alle industriellen Nebenprodukte dem Abfallregime unterworfen. Als Folge davon ließ die deutsche Stahlindustrie frühzeitig im Rahmen von zwei Gutachten [16, 17] untersuchen, inwieweit vor dem Hintergrund der Verkehrsanschauung sowie der deutschen und der europäischen Rechtsprechung des EuGH Eisenhüttenschlacken Abfälle oder Produkte (Nebenprodukte) darstellen. Beide Gutachten kommen zu dem Ergebnis, dass für Eisenhüttenschlacken der Produktcharakter zu bejahen ist und sie deshalb nicht dem Abfallregime zu unterwerfen sind.

Die Diskussion der Gutachten mit den Verwaltungsbehörden der Stahl erzeugenden Bundesländer hat zu unterschiedlichen Ergebnissen geführt. So hat in Nordrhein-Westfalen das Umweltministerium nach der werksspezifischen Prüfung der Erzeugung, Vermarktung und Qualitätssicherung von Eisenhüttenschlacken die Anerkennung von Hochofen- und LD-Schlacken als Produkt im Rahmen von Vereinbarungen mit der Stahlindustrie ausgesprochen. In anderen Bundesländern, wie Baden-Württemberg, Bremen und Niedersachsen, liegen Erklärungen der Umweltministerien vor, die für bestimmte Schlackenarten, Elektroofenschlacken und Hochofenschlacken, den Produktcharakter anerkennen. Eine bundesweite Anerkennung von Eisenhüttenschlacken durch das Bundesministerium für Umwelt, Naturschutz und Reaktorsicherheit, Berlin, hat noch nicht stattgefunden.

Aber nicht nur in Deutschland hat die Frage, ob Stoffe Produkte oder Abfälle darstellen, kontroverse Diskussionen ausgelöst. Sehr deutlich wurde dies im Rahmen der derzeit laufenden Überarbeitung der europäischen Abfallrahmenrichtlinie, bei der von Beginn an die europäischen Staaten die Kommission aufgefordert haben, für eine deutliche Abgrenzung zwischen Nebenprodukten und Abfällen sowie für eine Definition des Endes der Abfalleigenschaft einzutreten. Jeder, der sich mit diesem Sachverhalt auseinandergesetzt hat, weiß, dass insbesondere die Frage der Abgrenzung im europäischen Umweltausschuss, im Rat und im Parlament kontroverse Diskussionen ausgelöst hat. Es wurde nicht zuletzt befürchtet, durch die Definition von Nebenprodukten in der Abfallrahmenrichtlinie Schlupflöcher für solche Stoffe zu schaffen, die eindeutig Abfälle darstellen.

Ohne an dieser Stelle auf Einzelheiten der Entwürfe und der Abstimmungen eingehen zu können, hat sich im Rahmen der zweiten Lesung des Europäischen Parlaments am 17. Juni 2008 der Artikel 5 *Nebenprodukte* durchgesetzt, in dem in Absatz 1 Voraussetzungen vorgegeben werden, wann ein Stoff oder Gegenstand als Nebenprodukt gelten kann.

Kriterien der Abfallrahmenrichtlinie für Nebenprodukte (Ergebnis der zweiten Lesung im europäischen Parlament, 17. Juni 2008)

Artikel 5 ***Nebenprodukte***

Ein Stoff oder Gegenstand, der das Ergebnis eines Herstellungsverfahrens ist, dessen Hauptziel nicht die Herstellung dieses Stoffes oder Gegenstands ist, kann nur dann als Nebenprodukt und nicht als Abfall im Sinne des Artikels 3 Nummer 1 gelten, wenn die folgenden Voraussetzungen erfüllt sind:

a) es ist sicher, dass der Stoff oder Gegenstand weiter verwendet wird,

b) der Stoff oder Gegenstand kann direkt ohne weitere Verarbeitung, die über die normalen industriellen Verfahren hinausgeht, verwendet werden,

c) der Stoff oder Gegenstand wird als integraler Bestandteil eines Herstellungsprozesses erzeugt und

d) die weitere Verwendung ist rechtmäßig, d. h. der Stoff oder Gegenstand erfüllt alle einschlägigen Produkt-, Umwelt- und Gesundheitsschutzanforderungen für die jeweilige Verwendung und führt insgesamt nicht zu schädlichen Umwelt- oder Gesundheitsfolgen.

Die Festlegung von Kriterien und die letztendliche Zuordnung zu bestimmten Stoffen oder Gegenständen findet im so genannten Kommitologie-Verfahren statt. Dieses Verfahren wird von der Kommission ins Leben gerufen, wobei sie von einem Regelungsausschuss unterstützt wird, der sich aus den Vertretern der Mitgliedsstaaten zusammensetzt und in dem der Vertreter der Kommission den Vorsitz führt. Es bleibt zu hoffen, dass die ausgewählten Vertreter des Regelungsausschusses bei der Auswahl von Stoffen als Nebenprodukt auf das vorhandene Wissen zu deren Umgang zurückgreifen.

Auch wenn nun im Entwurf der Abfallrahmenrichtlinie die Voraussetzungen getroffen wurden, industrielle Nebenprodukte zu definieren, bleibt dennoch eine Vielzahl von Auslegungsfragen offen, wenn es um deren Abgrenzung zu Abfällen geht. Die Kommission hat daher im Februar 2007 eine Mitteilung zu Auslegungsfragen betreffend Abfall und Nebenprodukte für Rat und Parlament [18] erarbeitet.

Die europäische Stahlindustrie hat bereits im Vorfeld der Veröffentlichung über ihren europäischen Verband EUROSLAG eine Vielzahl von Gesprächen insbesondere mit der Generaldirektion *Environment* geführt, um die Erzeugung von Eisenhüttenschlacken als Produkt darzulegen. Es konnte schließlich erreicht werden, dass die Kommission in ihrer Mitteilung Hochofenschlacken als Beispiel für einen Stoff nennt, der nicht unter die Definition von Abfall fällt. Sie weist gleichzeitig darauf hin, dass z.B. die Aufbereitung – Brechen, Sieben – zum Erzielen einer bestimmten Korngröße integraler Bestandteil des Produktionsprozesses ist. Sie relativiert damit das Urteil des EuGH *Palin Granit* [19], in dem als Voraussetzung für ein Nebenprodukt jegliche Aufbereitung (*processing*) ausgeschlossen wurde.

Als Folge der Mitteilung der Kommission hat Großbritannien Hochofenstückschlacken und Hüttensand als Nebenprodukt anerkannt. Es bleibt abzuwarten, ob das deutsche Umweltministerium ebenfalls eine solche Entscheidung trifft.

4.2. REACH

Die neue europäische Verordnung zur Registrierung, Bewertung, Zulassung und Beschränkung von Chemikalien – Registration, Evaluation, Authorisation and Restriction of Chemicals *REACH* – ist Ende Dezember 2006 durch das Europäische Parlament und den Europäischen Rat verabschiedet worden und am 1. Juni 2007 in Kraft getreten. Von der Verordnung sind folgende Stoffe betroffen:

1. zulassungspflichtige Altstoffe
2. registrierungspflichtige Altstoffe
3. Neustoffe

Unter *Altstoffen* oder *Phase-in-Stoffen* werden dabei solche Stoffe verstanden, die bereits vor dem 18. September 1981 auf den Markt gebracht wurden. *Neustoffe* sind dementsprechend alle Stoffe, die erst nach diesem Datum vermarktet wurden. Altstoffe sind im so genannten EINECS-Verzeichnis gelistet (*European Inventory of Existing Commercial Chemical Substances*), während Neustoffe im ELINCS-Verzeichnis (*Europen List of Notified Chemical Substances*) erfasst werden.

Für die deutsche Stahlindustrie stand es seit Einführung der REACH-Verordnung fest, Eisenhüttenschlacken als Stoffe (*substances*) zu registrieren. Zum einen stellen sie, wie bereits in Kapitel 4.1. ausgeführt, auf der Grundlage von Gutachten und Vereinbarungen mit Umweltministerien in Belgien, Deutschland, Österreich und dem Vereinigten Königreich Nebenprodukte dar. Zum anderen sind Eisenhüttenschlacken seit vielen Jahren als Phase-in-Stoffe mit EINECS- und CAS-Nummern registriert. Unter der Voraussetzung, dass Schlacken keine Abfälle, sondern Produkte darstellen, hat daher das FEhS-Institut für Baustoff-Forschung e.V. im Dezember 2006 die Arbeit zur Vorregistrierung und schließlich zur Registrierung von Eisenhüttenschlacken aufgenommen. Als Grundlage für die weitere Arbeit wurden zunächst auf der Basis der bestehenden CAS- und EINECS-Nummern für Eisenhüttenschlacken die in Tabelle 2 dargestellten Gruppen zusammengefasst.

Tabelle 2: Gruppierung von Eisenhüttenschlacken zur Vorregistrierung innerhalb der REACH-Gesetzgebung

Schlackengruppen			
Material		CAS-Nummer	EINECS-Nummer
HS	Hochofenschlacke (granuliert)	65996-69-2	266-002-0
HOS	Hochofenschlacke (kristallin)	65996-69-2	266-002-0
LDS	Konverterschlacke	91722-09-7	294-409-3
EOS	Elektroofenschlacke (Massenstahlherstellung)	91722-10-0	294-410-9
EDS	Elektroofenschlacke (Edelstahlherstellung)	91722-10-0	294-410-9
SEKS	Stahlwerksschlacke (sekundärmetallurgische Verfahren)	65996-71-6	266-004-1

Die dort genannten Gruppen werden bis zum 1. Dezember 2008 von den jeweiligen Erzeugerwerken einheitlich vorregistriert. Dabei sind weiterhin Angaben zum Mengenband und zu möglichen Anwendungsgebieten erforderlich. Das Mengenband liegt für Eisenhüttenschlacken in allen Fällen > 1.000 t/a, so dass eine Registrierung bis zum 1. Dezember 2010 erforderlich ist.

Parallel zu den Maßnahmen zur Vorregistrierung muss auf Grund des engen Zeitrahmens schnellstmöglich mit den Arbeiten zur Registrierung begonnenen werden. Zu diesem Zweck wird vom FEhS-Institut die Bildung eines Konsortiums *Eisenhüttenschlacken* vorbereitet, in dem alle europäischen Erzeuger von Eisenhüttenschlacken zusammengeschlossen werden sollen. Die Aktivitäten zur Erarbeitung eines Konsortialvertrags laufen zurzeit. Die Abstimmung des Konsortialvertrags benötigt Zeit. Aus diesem Grund haben sich die Mitglieder des FEhS-Instituts, Duisburg, in dem annähernd alle Stahlerzeuger in Deutschland, Österreich und den Niederlanden verbunden sind, bereits im Vorfeld der Konsortienbildung im Rahmen eines Vorvertrags, der insbesondere die Zusammenarbeit unter kartellrechtlichen Erfordernissen regelt, zu einem Cluster zusammengeschlossen. Dieses Cluster arbeitet seit Mai 2008 an der Vorbereitung des Registrierungsdossiers. Es wurde entschieden, hierzu mit einem Consultant aus der chemischen Industrie zusammenzuarbeiten, damit schnellstmöglich auf der Grundlage einer Datenlückenanalyse die notwendigen Unterlagen erstellt werden können.

Zu den Aufgaben des zukünftigen Konsortiums wird es u.a. gehören, das Registrierungsdossier einschließlich der chemischen Sicherheitsbewertung (Chemical Safety Assessment – CSA) zu erarbeiten, das schließlich die Basis für den mit Hilfe von IUCLID 5 zu erstellenden Datensatz bilden muss. Dieser wird dann vor dem 1. Dezember 2010 an die Europäische Chemikalienagentur – ECHA übermittelt und steht ab diesem Zeitpunkt der Öffentlichkeit im Internet zur Verfügung. Generell wird die Registrierung von Eisenhüttenschlacken in den genannten Gruppen als gemeinsame Registrierung (*Joint Registration*) vorgenommen werden. Das heißt, aus dem Kreis der Mitglieder des Konsortiums wird ein Unternehmen ausgewählt, welches als federführender Registrant (*Lead Registrant*) die Registrierungsunterlagen einreicht. Die übrigen Mitglieder des Konsortiums können sich im Rahmen ihrer Registrierung auf den *Lead Registrant* und dessen Registrierungsunterlagen berufen.

Mit dem aufgezeigten Weg sind die Mitglieder des FEhS-Instituts der Auffassung, eine Registrierung von Eisenhüttenschlacken erfolgreich vornehmen zu können. Die Registrierung unterstreicht schließlich die langjährige Auffassung der Stahlindustrie, Eisenhüttenschlacken von Anfang an, also bereits im flüssigen Zustand, als Produkte zu erzeugen.

4.3. Ersatzbaustoffverordnung

Nachdem die Länderarbeitsgemeinschaft Abfall – LAGA viele Jahre versucht hat bundeseinheitliche Kriterien für die Bewertung und die Verwendung von Abfällen zu erarbeiten, sind diese Aktivitäten letztendlich auch am Widerstand aus Industrie und Verwaltung der einzelnen Bundesländer gescheitert. Aus diesem Grund arbeitet nun das Bundesministerium für Umwelt, Naturschutz und Reaktorsicherheit, Berlin, seit 2006 an einer einheitlichen Bundesverordnung. Im November 2007 wurde der erste Arbeitsentwurf einer Artikelverordnung über den Einbau von mineralischen Ersatzbaustoffen in technischen Bauwerken

(ErsatzbaustoffV) und zur Änderung der Bodenschutzverordnung – BBodSchV vorgelegt. Die geplante Verordnung hat eine große umweltpolitische und volkswirtschaftliche Bedeutung, zumal sie mit geschätzten 240 Millionen Tonnen den wohl größten Massenstrom an industriellen Nebenprodukten und Abfällen in Deutschland betrifft. Zu diesem Massenstrom gehören neben den Recycling-Baustoffen u.a. auch die Flugaschen und die Eisenhüttenschlacken. Vor diesem Hintergrund verfolgt die betroffene Wirtschaft die Entwicklungen mit höchster Aufmerksamkeit. Sie hat aber immer betont, dass sie die Erarbeitung einer bundeseinheitlichen Verordnung begrüßt und auch aktiv unterstützt.

Ohne an dieser Stelle auf die Einzelheiten des ersten Arbeitsentwurfs einzugehen, seien hier nur einige Kriterien genannt, die von Seiten der Industrie kritisiert wurden und Korrekturen bedürfen.

- Zur Ermittlung der Quellstärke soll zukünftig im Rahmen der Routineüberwachung ein neues Säulenverfahren mit dem Wasser-Feststoffverhältnis 2:1 herangezogen werden. Mit diesem Verfahren bestehen zurzeit keine ausreichenden und statistisch abgesicherten Erfahrungen. Bisher wird überwiegend das so genannte S4-Verfahren mit einem Wasser-Feststoffverhältnis von 10:1 zur Bewertung des Eluatverhaltens von Baustoffen eingesetzt. Die Einführung eines neuen Auslaugverfahrens führt zum Verlust des gesamten vorliegenden Bewertungshintergrunds.
- Die vorgeschlagenen stoffspezifischen Parameter (Materialwerte) und Grenzwerte können zurzeit noch nicht durch die Industrie bewertet werden, inwieweit sie zu möglichen Einschränkungen führen. Es hat sich aber bereits hinsichtlich der Eisenhüttenschlacken gezeigt, dass Anwendungen insbesondere im offenen Wegebau nur noch sehr eingeschränkt möglich sein werden und damit traditionelle Einsatzgebiete verloren gehen können.
- Die Ableitung der Materialwerte beruht auf einem komplexen Ableitungssystem, das wenig zum Verständnis und zur Nachvollziehbarkeit beiträgt.
- Der Bodeneinfluss soll zukünftig zumindest für ausgewählte Metalle berücksichtigt werden, gleichzeitig wurde aber in diesem Falle der Abstand zwischen Bauwerk und Grundwasser von einem auf zwei Meter erhöht. Dies wird vor allem in Gebieten mit hohem Grundwasserstand zu Restriktionen für die Verwendung von industriellen Nebenprodukten führen.
- Kritisiert wurden auch die sehr umfangreichen Einbautabellen, welche in Abhängigkeit der Einbauweise und der Grundwasserdeckschicht die Verwendung festlegen. Diese Kritik wird allerdings von der Industrie unterschiedlich gesehen, weil derartige Tabellen bereits in Nordrhein-Westfalen seit vielen Jahren erfolgreich angewandt werden.

Die Bedenken der Industrie wurden im Rahmen eines Workshops im Umweltbundesamt, Dessau, gemeinsam mit dem Ministerium für Umwelt, Naturschutz und Reaktorsicherheit im Mai 2008 erörtert. Es bleibt abzuwarten, inwieweit diese im Rahmen des zweiten Arbeitsentwurfs der Verordnung berücksichtigt werden.

5. Zusammenfassung

Eisenhüttenschlacken werden seit mehr als hundert Jahren auf der Grundlage von Normen und anerkannten Regelwerken im Bauwesen und als Düngemittel eingesetzt. Bezüglich des Bauwesens stehen dabei die Herstellung von Zementen und die Verwendung im Verkehrswegebau im Vordergrund. Auf diese Weise konnten damit allein seit 1945 etwa eine Milliarde Tonnen mineralischer Baustoffe eingespart und natürliche Ressourcen geschont werden. Durch die Verwendung von Hüttensand, der granulierten Hochofenschlacke, als Hauptbestandteil bei der Zementerzeugung als Klinkersubstitut können weiterhin CO_2-Emissionen eingespart werden. Der Hüttensand trägt damit dazu bei, die ehrgeizigen Ziele in Deutschland zur Reduktion der CO_2-Emissionen zu erreichen. Kontinuierliche Anwendungsforschung und Qualitätsüberwachung der hergestellten Produkte stellen sicher, dass alle Produkte aus Eisenhüttenschlacken den vorgegebenen Anforderungen an die Technik genügen.

Die Überarbeitung der europäischen Abfallrahmenrichtlinie, die REACH-Gesetzgebung und die in Deutschland zurzeit in der Bearbeitung befindliche Ersatzbaustoffverordnung werden zukünftig neue Maßstäbe setzen, welche Stoffe den Status *Industrielles Nebenprodukt* erhalten werden und wie ihre Bewertung und ihr Einsatz aus Umweltsicht vorzunehmen sind. Die Erzeuger von Eisenhüttenschlacken werden alle Maßnahmen ergreifen, damit ihre Produkte auch weiterhin vor dem Hintergrund der aktuellen Umweltgesetzgebung als Baustoffe und als Düngemittel eingesetzt werden können.

6. Literatur

[1] EN 197-1: Cement – Part 1: Composition, specification and conformity criteria for common cements

[2] Weber, R.; et al.: Hochofenzement – Eigenschaften und Anwendungen im Beton, Montanzement Marketing GmbH 1991

[3] Ehrenberg, A.: CO_2 emissions and energy consumption of granulated blast furnace slag, 3rd European Slag Conference 2nd – 4th October 2002, Keyworth, UK, EUROSLAG Proceedings No. 2

[4] Motz, M.; Kohler, G.; Thomassen, K.: Selbsterhärtende Tragschichten aus Eisenhüttenschlacken. Schriftenreihe des FEhS-Instituts Heft 1, Seite 116ff

[5] DIN EN 14227-2: Hydraulisch gebundene Gemische – Anforderungen Teil 2: Schlackengebundene Gemische, Beuth Verlag GmbH, Berlin

[6] Weingart, W.; Lüdike, H.: Schlussbericht zum Forschungsprojekt Nr. FE 08.181/2004/NGB *Eignung von Gemischen für hydraulisch gebundene Tragschichten nach Europäischer Norm für Anwendungen in Deutschland.* Auftraggeber: Bundesministerium für Verkehr, Bau und Stadtentwicklung, vertreten durch Bundesanstalt für Straßenwesen, Bergisch Gladbach

[7] Higgins, D.: Soil stabilisation with ground granulated blastfurnace slag, 3rd European Slag Conference 2nd – 4th October 2002, Keyworth, UK, EUROSLAG Proceedings No. 2

[8] DIN EN 14227-12: Hydraulisch gebundene Gemische – Anforderungen Teil 12: Bodenverbesserung mit granulierter Hochofenschlacke, Beuth Verlag GmbH, Berlin

[9] EN 13282-2: Hydraulic road binder Part 2: Normal hardening hydraulic road binders – Composition, specifications and conformity criteria of normal hardening hydraulic road binders, draft version No 14, April 2008, CEN/TC 51 *Cement and building limes*

[10] Pilz, K.; et al.: Steelmaking slag measurement with LIBS, 5th European Slag Conference 19th – 21st September 2007, Luxembourg, EUROSLAG Proceedings No. 4

[11] Drissen, P.; Kühn, M.: Verbesserung der Eigenschaften von Stahlwerksschlacken durch Behandlung flüssiger Schlacken, Schriftenreihe des FEhS-Instituts Heft 6, Seite 287ff

[12] EN 1744-1: Part 1: Chemical Analysis

[13] DIN EN 13383-1: Wasserbausteine – Teil 1: Anforderungen, Beuth Verlag GmbH, Berlin

[14] Technische Lieferbedingungen für Wasserbausteine – TLW , Ausgabe 2003, Bundesministerium für Verkehr Bau und Stadtentwicklung, Bonn

[15] Kreislaufwirtschafts- und Abfallgesetz, verkündet als Art. 1 des Gesetzes zur Vermeidung, Verwertung und Beseitigung von Abfällen, BGBl. I S. 2705; zuletzt geändert durch Gesetz vom 25.1.2004, BGBl. I S. 82.

[16] Eisenhüttenschlacken – Abfall oder Produkt? Gutachten erstellt von Prof. Dr. L. Versteyl, Schriftenreihe des FEhS-Instituts Heft 5, 1998

[17] Gutachten über den rechtlichen Status von Schlacken aus der Eisen- und Stahlherstellung, erstellt von Prof. Dr. L. Versteyl und Rechtsanwalt Dr. Holger Jacobj, Schriftenreihe des FEhS-Instituts Heft 12, 2005

[18] Kommission der Europäischen Gemeinschaften: Mitteilung der Kommission an den Rat und das Europäische Parlament, Brüssel, den 21.2.2007, KOM (2007) 59 zur Mitteilung zu Auslegungsfragen betreffend Abfall und Nebenprodukte

[19] Palin Granit Oy und Vehmassalon kansanterveystyön kuntayhtymän hallitus gegen Lounais-Suomen ympäristökeskus (Rs. C-9/00), EuZW 2002, 669 = NVwZ 1362 = Versteyl, Umweltrecht der EU, a.a.O., R.4.71; Anm. Frenz in DVBl. 2002, 827.

Abfallrecht und Stoffrecht – ein Gegeneinander oder ein Miteinander?

Klaus Günter Steinhäuser, Lars Tietjen und Inga Beer

1. Einleitung

Am 30. Dezember 2006 wurde im Amtsblatt der EU die REACH-Verordnung (VO(EG) 1907/2006) veröffentlicht [1]. Sie ist in ihren ersten Teilen am 01. Juni 2007 in Kraft getreten. Diese grundlegende Neuorientierung des Chemikalienmanagements in Europa betrifft keineswegs nur die chemische Industrie, sondern nahezu alle Branchen, die Stoffe erzeugen, importieren oder verwenden. Auch die Abfallwirtschaft geht mit Stoffen um, so dass sich die Frage stellt, welche Wirkungen REACH für Abfälle entfaltet und wie die einzelnen Bestimmungen ineinander greifen.

2. REACH – ein Überblick

REACH ist ein Akronym für Registrierung, Evaluierung (Bewertung) und Autorisierung (Zulassung) von Chemikalien. Damit sind bereits die wesentlichen Säulen dieser Verordnung beschrieben. REACH ist das Produkt mehrjähriger zäher, teilweise sehr kontroverser Verhandlungen.

Was waren die Gründe Europas Chemikalienpolitik grundlegend zu reformieren? Das alte Regelungssystem, das zwischen Altstoffen (Stoffe, die vor dem 18.09.1981 auf dem Markt waren) und Neustoffen unterschied, privilegierte deutlich die Altstoffe. Die Industrie musste nur bereits vorhandene Daten einreichen, auf deren Basis die Behörden nur etwa 110 von 30.000 mengenmäßig relevanten Altstoffen bezüglich ihrer Risiken überprüften; demgegenüber waren für alle Neustoffe im Rahmen einer Notifizierung umfangreiche Daten zur Sicherheit für Mensch und Umwelt durch den Anmelder vorzulegen. Das System war somit innovationsfeindlich und führte zu erheblichen Kenntnislücken mit zahlreichen unerkannten Risiken für Mensch und Umwelt. Mehr als 40 verschiedene Vorschriften der EG erschwerten es den betroffenen Firmen einen Überblick zu gewinnen. Die Chemikalienanwender waren nur am Rande einbezogen und wussten oft nur unzureichend, mit welchen stofflichen Risiken sie umgehen.

REACH verfolgt demgegenüber folgenden neuen Ansatz:

1) Hersteller und Importeure müssen ihre Stoffe ab 1 t/a bei der neu gegründeten europäischen Chemikalienagentur ECHA in Helsinki registrieren. Ab 10 t/a ist zusätzlich zu dem Registrierungsdossier mit Daten zu diesen Stoffen – Datenumfang orientiert sich an Stoffmenge und möglichem Risiko – ein Stoffsicherheitsbericht vorzulegen, in dem die Risiken für verschiedene Anwendungen zu bewerten und Risikominderungsmaßnahmen darzustellen sind. Für bisherige Altstoffe – so genannte *phase in-Stoffe* – gilt ein gestuftes Registrierverfahren, wobei hochvolumige Stoffe bereits 2010, niedrigvolumige Stoffe erst 2018 zu registrieren sind. Alle *phase in-Stoffe* sind im Zeitraum 01. Juni bis 01. Dezember 2008 *vorzuregistrieren*. Das bedeutet, dass die Hersteller und Importeure bis dahin Stoffname – mit Kennnummern wie CAS-Nr.; EINECS-Nr. –, ihren Namen und Adresse sowie die vorgesehene Frist zur Registrierung – inklusive Mengenbereich – mitteilen müssen. Dieser frühe Schritt dient der Erfassung aller *phase in-Stoffe* und ermöglicht, dass die betroffenen Unternehmen bei der Registrierung zusammenarbeiten können und dabei eine Datenteilung sichergestellt wird. Die Firmen, die den gleichen Stoff vorregistriert haben, bilden zusammen ein SIEF (Substance Information Exchange Forum). Wer seine hergestellten bzw. importierten Stoffe nicht bis zum 01. Dezember 2008 gemeldet hat, kann die Übergangsregelungen für *phase in-Stoffe* nicht nutzen. Sie sind dann unmittelbar mit allen erforderlichen Daten zu registrieren; denn es gilt der Grundsatz: *no data – no market*.

2) Die Wirtschaft übernimmt die Verantwortung für die sichere Verwendung der Stoffe entlang der gesamten Produktkette. Der Staat ist nur noch dann in der Pflicht, die Unsicherheit der Chemikalien nachzuweisen, wenn regulatorische Maßnahmen erforderlich sind. Die Verordnung begründet auch Pflichten der

Stoffanwender, die durch die Hersteller mittels erweiterter Sicherheitsdatenblätter (eSDS) informiert werden und ihrerseits den Herstellern die Verwendung der Stoffe mitteilen sollen.

3) Die behördliche Stoffevaluierung (Evaluation) beschränkt sich auf Stichproben (Dossier evaluation) sowie eine gründliche Bewertung (Substance evaluation) einiger Stoffe, an denen – z.B. wegen vermuteter Risiken – besonderes Interesse besteht. Resultat dieser Bewertung können die Zulassungspflicht (siehe 4.) oder gemeinschaftsweite Beschränkungsmaßnahmen im Sinne der bisherigen Richtlinie 76/769/EWG sein, die nahezu wörtlich als Anhang XVII in die REACH-Verordnung übernommen wurde.

4) Verwendungen besonders besorgniserregender Stoffe müssen künftig EU-weit zugelassen werden (Autorisierung). Eine Zulassung ist nur möglich, wenn entweder eine angemessene Kontrolle gegeben ist oder sich unter Berücksichtigung sozioökonomischer Aspekte und bei Prüfung von Alternativen die (befristete) Notwendigkeit der weiteren Verwendung zeigt. Besonders gefährliche Stoffe sind kanzerogen, mutagen oder reproduktionstoxisch (CMR-Stoffe) oder sie sind persistent, bioakkumulierend und toxisch (PBT- und vPvB-Stoffe). Auch Stoffe mit vergleichbarem Gefährlichkeitsprofil – z.B. hormonell wirksame Chemikalien – können im Einzelfall dazu zählen. Die Zulassungspflicht folgt aus der Aufnahme eines Stoffes in den Anhang XIV der REACH-Verordnung.

Im REACH-Anpassungsgesetz vom 20. Mai 2008 [2] hat Deutschland sein Chemikaliengesetz der neuen europäischen Rechtsnorm angepasst, schafft das Alt- und Neustoffverfahren ab und bestimmt die Zuständigkeiten der Behörden für den Vollzug von REACH.

3. REACH und Abfall

3.1. Grundlegende Bestimmungen von REACH

Artikel 2 Absatz 2 der REACH-Verordnung bestimmt: *Abfall im Sinne der Richtlinie 2006/12/EG des Europäischen Parlaments und des Rates gilt nicht als Stoff, Zubereitung oder Erzeugnis im Sinne des Artikels 3 der vorliegenden Verordnung.* Damit ist eine Generalausnahme geschaffen für alle Materialien, für die die Abfalldefinition der Abfall-Rahmenrichtlinie zutrifft. Auch Anlagen zur Behandlung, Verwertung und Beseitigung von Abfällen, die der Abfallgesetzgebung unterliegen, werden von REACH nicht erfasst. Eine (kleine) Ausnahme bilden nur die unter REACH zu entwickelnden Expositionsszenarien gemäß Artikel 3 Nr. 37 und Annex I (Nr. 5.1.1 und 5.2.2). Diese sollen den gesamten Lebenszyklus einschließlich – wo relevant – der Abfallphase betrachten. In einem Dokument der EU-Kommission zum 4. Treffen der *Competent Authorities* zu REACH am 16./17. Juni 2008 wird hervorgehoben, dass dadurch abfallrechtliche Bestimmungen nicht modifiziert oder reduziert werden, sondern diese Szenarien sich auf die substanzspezifischen Risiken beschränken und Empfehlungen zur Kontrolle dieser Risiken geben sollen [3].

3.2. Abfall oder Produkt?

Ist die generelle Abfallausnahme zunächst hilfreich, so führt sie dennoch nicht dazu, dass die gesamte Abfallwirtschaft von REACH ausgenommen ist. Klar ist zunächst, dass die Ausgangsmaterialien, die als Abfälle verwertet werden – z.B. als Ersatzbrennstoff für die energetische Verwertung – keine Stoffe gemäß REACH sind. Auch Schlacken, Aschen und andere Rückstände sind meist Abfälle und unterliegen, solange sie nicht im Rahmen der endgültigen Verwertung als Produkte genutzt werden, nicht REACH. Anders liegt der Fall bei Nebenprodukten, die bei der Abfallverwertung durch chemische Reaktion erst entstehen und in den Wertstoffkreislauf zurückgeführt werden, beispielsweise Salzsäure oder Gips [4]. Sie sind Stoffe und somit grundsätzlich registrierungspflichtig. Zwar sieht REACH gemäß Art. 2 Abs. 7, lit. b i.V. mit Anhang V für Nebenprodukte eine Ausnahme von der Registrierungspflicht vor, aber nur, soweit diese nicht selbst eingeführt oder in Verkehr gebracht werden.

Von besonderem Interesse ist Art. 2 Abs. 7, lit. d in Bezug auf Recyclingstoffe. Er lautet: *Ausgenommen von den Titeln II, V und VI sind [...]*

d) nach Titel II registrierte Stoffe als solche, in Zubereitungen oder in Erzeugnissen, die in der Gemeinschaft zurückgewonnen werden, wenn

i) der aus dem Rückgewinnungsverfahren hervorgegangene Stoff mit dem nach Titel II registrierten Stoff identisch ist und

ii) dem die Rückgewinnung durchführenden Unternehmen die in den Artikeln 31 oder 32 vorgeschriebenen Informationen über den gemäß Titel II registrierten Stoff zur Verfügung stehen.

Die Titel II, V und VI betreffen die Registrierung, die Bewertung sowie die Bestimmungen zu nachgeschalteten Anwendern. Damit werden zentrale Pflichten von REACH unter bestimmten Voraussetzungen für Recycling-Produkte aufgehoben. Es bleiben aber die Pflichten unter Titel IV der Verordnung, d.h. der Produzent muss seine Kunden in der Lieferkette über die Eigenschaften und Risiken des Produkts informieren.

3.3. Wo endet die Abfalleigenschaft?

Zentrale Frage, ob ein Material REACH unterliegt, ist somit, ob es als Abfall zu klassifizieren ist oder nicht. Dies regelt aber nicht REACH sondern das Abfallrecht. Zwar gibt es ein relativ einheitliches Verständnis, wann ein Stoff oder Produkt zu Abfall wird; jedoch fehlt in der derzeitigen Abfall-Rahmenrichtlinie 2006/12/EG [5] eine klare Bestimmung, wann ein Produkt die Abfalleigenschaft wieder verliert. Diese Unklarheit führte dazu, dass der EuGH in diversen Urteilen genauere Abgrenzungskriterien entwickelt hat. Grundsätzlich kann man sagen: Sobald der subjektive Wille zur Produktverwendung besteht und dieser durch objektive Kriterien – Abschluss einer vollständigen Verwertung, Eintritt eines Verwertungserfolges z.B. Gewinnung eines neuen Materials oder Erzeugnisses, Verlust oder zumindest Minderung der abfallspezifischen Gefährlichkeit durch

Abschluss des Verwertungsprozesses – konkretisiert wurde, kann von einem Ende der Abfalleigenschaft ausgegangen werden [6]. Mit der am 18. Juni 2008 vom Europäischen Parlament in zweiter Lesung verabschiedeten Fassung der novellierten Abfall-Rahmenrichtlinie wird diese Unklarheit weitgehend aufgehoben [7]. Der neue Artikel 6 wird lauten:

Ende der Abfalleigenschaft

1. *Bestimmte festgelegte Abfälle sind nicht mehr als Abfälle im Sinne von Artikel 3 Buchstabe a anzusehen, wenn sie ein Verwertungsverfahren, wozu auch ein Recyclingverfahren zu rechnen ist, durchlaufen haben und spezifische Kriterien erfüllen, die gemäß den folgenden Bedingungen festzulegen sind:*

   a) *Der Stoff oder Gegenstand wird gemeinhin für bestimmte Zwecke verwendet;*

   b) *es besteht ein Markt für diesen Stoff oder Gegenstand oder eine Nachfrage danach;*

   c) *der Stoff oder Gegenstand erfüllt die technischen Anforderungen für die genannten bestimmten Zwecke und genügt den bestehenden Rechtsvorschriften und Normen für Erzeugnisse und*

   d) *die Verwendung des Stoffs oder Gegenstands führt insgesamt nicht zu schädlichen Umwelt- oder Gesundheitsfolgen.*

   Die Kriterien enthalten erforderlichenfalls Grenzwerte für Schadstoffe und tragen möglichen nachteiligen Umweltauswirkungen des Stoffes oder Gegenstands Rechnung.

2. *Die zur Annahme dieser Kriterien und zur Festlegung der Abfälle erfolgenden Maßnahmen, die eine Änderung nicht wesentlicher Bestimmungen dieser Richtlinie bewirken, indem sie diese ergänzen, werden gemäß Artikel 39 Absatz 2 nach dem Regelungsverfahren mit Kontrolle erlassen. Spezielle Kriterien für das Ende der Abfalleigenschaft sind unter anderem mindestens für Aggregate, Papier, Glas, Metall, Reifen und Textilien in Betracht zu ziehen.*

3. *Abfälle, die gemäß den Absätzen 1 und 2 nicht mehr als Abfälle angesehen werden, sind ebenfalls für die Zwecke der Verwertungs- und Recyclingziele der Richtlinien 94/62/EG, 2000/53/EG, 2002/96/EG und 2006/66/EG sowie anderer einschlägiger Gemeinschaftsvorschriften nicht mehr als Abfälle anzusehen, soweit die auf Recycling oder Verwertung bezogenen Anforderungen dieser Rechtsvorschriften eingehalten werden .*

4. *Wurden auf Gemeinschaftsebene keine Kriterien nach dem Verfahren in den Absätzen 1 und 2 festgelegt, so können die Mitgliedstaaten im Einzelfall entscheiden, ob bestimmte Abfälle unter Berücksichtigung der geltenden Rechtsprechung nicht mehr als Abfälle anzusehen sind. Sie teilen der Kommission diese Entscheidungen gemäß der Richtlinie 98/34/EG des Europäischen Parlaments und des Rates vom 22. Juni 1998 über ein Informationsverfahren auf dem Gebiet der Normen und technischen Vorschriften mit, sofern jene Richtlinie dies erfordert.*

Es ist zu hoffen, dass es nun gelingt, die notwendigen Konkretisierungen der Kriterien europaweit vorzunehmen und damit zu vermeiden, dass die Mitgliedstaaten zahlreiche Entscheidungen im Einzelfall treffen. Derzeit ist die Bandbreite der Auslegung des Endes der Abfalleigenschaft zwischen den Mitgliedstaaten sehr groß; ja selbst innerhalb Deutschlands gibt es zwischen den Bundesländern eine beträchtliche Varianz. Dies bedeutet aber Unsicherheit, wo REACH wieder beginnt zu greifen. Während bislang viele Firmen daran interessiert waren, möglichst früh dem Abfallrecht zu *entrinnen*, könnte jetzt – je nach Umfang der Pflichten unter REACH – umgekehrt ein recht spätes Ende der Abfalleigenschaft von Interesse sein [8]. Um hier im Sinne der Betroffenen Klarheit zu schaffen, ist es wünschenswert, dass es möglichst objektive Kriterien für die Entscheidung gibt, was Abfall ist und was Produkt [9].

3.4 Sind Recycling-Unternehmen Hersteller?

Art. 2 Abs. 7, lit. d der REACH-Verordnung nennt zwei Voraussetzungen für die Ausnahme von Recyclingprodukten von der Registrierungspflicht: Der zurückgewonnene Stoff soll mit dem bereits registrierten identisch sein und die notwendigen Informationen zur Erfüllung der Pflichten nach Art. 31 und 32 müssen vorliegen. In Artikel 31 werden Sicherheitsdatenblätter für gefährliche Stoffe und Zubereitungen geregelt; in Artikel 32 geht es um Informationspflichten für solche Stoffe und Zubereitungen, für die keine Sicherheitsdatenblätter geliefert werden müssen. Für die meisten Bereiche des stofflichen Recycling dürfte nach Analyse des Umweltbundesamtes diese privilegierende Regelung dazu führen, dass keine Probleme zu erwarten sind. Beispielsweise ist beim Lösemittelrecycling sowohl ein Identitätsnachweis möglich als auch die notwendigen Informationen aus den Primärverwendungen zu beschaffen. Dabei ist zu beachten, dass der Leitfaden zur Identität eine erhebliche Variationsbreite hinsichtlich der Verunreinigungen und Nebenstoffe zulässt. Damit dürfte diese Voraussetzung durchaus wenig Probleme machen. Auch die geforderten Informationspflichten dürften in vielen Fällen zu erfüllen sein, wie auch aus Dokumenten der EU-Kommission hervorgeht [3]. Hier sind aber noch Klärungen erforderlich.

Noch strittig ist aber die Frage, ob der Recycling-Prozess als Herstellungsprozess anzusehen ist oder eher als Anwendungsprozess eines *downstream user*. Unzweifelhaft ist, dass Unternehmen, die Sekundärrohstoffe herstellen, die nicht vorher Abfall waren, – bei denen also die Lieferkette nicht unterbrochen ist –, als nachgeschaltete Anwender zu betrachten sind. Anders liegt der Fall beim Recycling aus Abfall.

Ein Rechtsgutachten im Auftrag des Bundesverbandes Sekundärrohstoffe und Entsorgung (bvse) verneint die Herstellung bei der Rückgewinnung von Stoffen (ohne verändernde chemische Reaktion) praktisch vollständig [10]. Wesentliches Argument ist, dass ein einmal hergestellter Stoff kein zweites Mal produziert werden kann. Die deutschen Behörden, aber auch die EU-Kommission, vertreten hier eine andere Interpretation: Recycling aus Abfall ist ein Herstellungsprozess [11]. Dafür sprechen unter anderem folgende Argumente:

- Wird ein Stoff zu Abfall, wird die Liefer- und Informationskette unterbrochen und er ist – im Sinne von REACH – kein Stoff mehr. Artikel 2 Abs. 2 führt zu einer faktischen Unterbrechung der Lieferkette. Mit dem Recycling startet eine neue Lieferkette. Aus der Ausnahme für Abfall folgt deshalb die Fiktion einer Herstellung für das Recycling.
- Herstellung ist gemäß REACH (Art. 3 Nr. 8) nicht nur die chemische Synthese sondern auch die Stoffextraktion.
- Die Ausnahme von der Registrierungspflicht nach Art. 2 Abs. 7, lit d wäre unnötig gewesen, wenn der Verordnungsgeber nicht von einer Registrierungspflicht beim Recycling ausginge.
- Die Definition für Verwendung (Art. 3 Nr. 24) trifft auf Recycling nicht zu.
- Das Ziel von REACH würde verfehlt, wenn nicht wenigstens eine hinreichende Informationslage für Recyclingstoffe sichergestellt würde, die nicht wesentlich schlechter ist als für Primärstoffe.

Es soll nicht geleugnet werden, dass diese Frage auch zwischen den europäischen Mitgliedstaaten noch kontrovers diskutiert wird. Es spricht aber vieles dafür, dass sich das Grundverständnis, dass Recycling ein Herstellungsprozess im Sinne von REACH ist, durchsetzen wird. Es ist deshalb den Unternehmen dringend zu raten, die Vorregistrierungsperiode nicht ungenutzt verstreichen zu lassen. Falls sich klärt, dass eine Registrierung nicht erforderlich ist, kann diese *zurückgezogen werden* Eine Vorregistrierung ist auch erforderlich, falls man die Ausnahmeregelung nach Art. 2 Abs. 7, lit. d nutzen will. Da man sich hierbei auf eine vorhandene Registrierung des Stoffes stützen muss, braucht man zunächst eine Vorregistrierung, um selbst auch von der Übergangsfrist profitieren zu können.

3.5. Ist das Recycling-Produkt ein Stoff, eine Zubereitung oder ein Erzeugnis?

REACH unterscheidet zwischen Stoffen, Zubereitungen und Erzeugnissen. In Artikel 3 finden sich folgende Definitionen:

- Stoff: chemisches Element und seine Verbindungen in natürlicher Form oder gewonnen durch ein Herstellungsverfahren, einschließlich der zur Wahrung seiner Stabilität notwendigen Zusatzstoffe und der durch das angewandte Verfahren bedingten Verunreinigungen, aber mit Ausnahme von Lösungsmitteln, die von dem Stoff ohne Beeinträchtigung seiner Stabilität und ohne Änderung seiner Zusammensetzung abgetrennt werden können;
- Zubereitung: Gemenge, Gemische oder Lösungen, die aus zwei oder mehr Stoffen bestehen;
- Erzeugnis: Gegenstand, der bei der Herstellung eine spezifische Form, Oberfläche oder Gestalt erhält, die in größerem Maße als die chemische Zusammensetzung seine Funktion bestimmt;

In den meisten Fällen wird das durch den Recyclingprozess gewonnene Produkt, das in den Wirtschaftkreislauf zurückgeführt wird, gemäß dieser Definitionen ein Stoff sein, auf dessen Registrierung man sich ggf. beziehen kann. Offen bleibt aber, was vorliegt, wenn das Produkt mehrere chemische Bestandteile enthält.

In vielen Fällen wird man Nebenbestandteile – hier ist von Prozentsätzen von zehn bis zwanzig Prozent die Rede – als Verunreinigungen betrachten können. Der Leitfaden zur Identifizierung versteht unter einer Verunreinigung einen *unbeabsichtigten Bestandteil in einem Stoff, so wie er hergestellt wurde. Er kann aus den Ausgangsstoffen stammen oder das Resultat einer Nebenreaktion oder unvollständigen Reaktion sein. Wenn er in dem Stoff vorhanden ist, wurde er nicht bewusst zugesetzt.* So kann ein Pigment, das einem Primärkunststoff bewusst zugesetzt wurde, im Recycling-Kunststoff eine unbeabsichtigte Verunreinigung sein. Im Hinblick auf die Registrierung und eine eventuelle Einstufung und Kennzeichnung ist es allerdings Pflicht des Herstellers zu prüfen, ob die Verunreinigungen das Gefahrenprofil und die Gefahreneinstufung beeinflussen.

Vielkomponentengemische können aber so genannte UVCB-Stoffe sein. Hierunter versteht man Substanzen *mit unbekannter oder variabler Zusammensetzung, komplexe Reaktionsprodukte oder biologische Materialien, die über ihre chemische Zusammensetzung nicht vollständig zu identifizieren sind, da die Zahl der Bestandteile relativ groß ist und/oder die Zusammensetzung zu einem erheblichen Teil nicht bekannt ist und/oder die Variabilität der Zusammensetzung relativ groß ist oder kaum vorhersagbar.* Recycling-Produkte erfüllen manchmal diese Definition. Beim Recycling gibt es keine feste Regel, ob ein Hersteller oder Importeur sein Produkt als Zubereitung oder als UVCB-Substanz zu betrachten hat. Bei Zubereitungen – bei ihnen sind die Stoffkomponenten meist bewusst zugesetzt – müssen die einzelnen Bestandteile oberhalb einer Berücksichtigungsgrenze vorregistriert werden. Der Produzent hat hier eventuell die Wahl, aber die Diskussionen und Interpretationen sind noch im Fluss. Je nach Einzelfall kann jede der beiden Optionen vorteilhaft sein und Erleichterungen bieten [3].

Sollten die Recycling-Produkte ihre Funktion weniger durch ihre chemische Zusammensetzung als vielmehr durch ihre Form, Oberfläche oder Gestalt erfüllen, können sie als Erzeugnis betrachtet werden. Dies ist in der Regel selten der Fall (Beispiele: Holzbalken, Antiquitäten). Ob dieses Verständnis auch auf die meisten recyclierten Baustoffe anwendbar ist, ist eher zweifelhaft.

Eine Einstufung eines Recyclingprodukts als Erzeugnis hätte den *Vorteil* für den Hersteller oder Importeur, dass dann zahlreiche Pflichten, insbesondere hinsichtlich Einstufung und Kennzeichnung sowie Informationsweitergabe, entfallen oder deutlich eingeschränkt werden. Bei einigen Prozessen könnte deshalb ein spätes Ende der Abfalleigenschaft – und damit ein direkter Übergang zum Erzeugnis – durchaus Erleichterungen bringen.

3.6 Ausgewählte Stoffströme [12]

3.6.1. Altpapier

Papier selbst ist im Sinne von REACH als Erzeugnis zu betrachten, da Gestalt und Form für die Funktion überwiegen. Da Altpapier zunächst einmal in der Regel als Abfall zu betrachten ist, stellt sich hier deutlich die Frage nach dem Ende der Abfalleigenschaft. Ein spätes Ende führt dazu, dass von vornherein ein

Erzeugnis hergestellt wird. Andernfalls ist Altpapier jedoch ein grundsätzlich zu registrierender Stoff. Da allerdings Zellstoff als Hauptbestandteil von Papier gemäß Anhang IV der REACH-Verordnung nicht registrierungspflichtig ist, würde auch dies zu keinen umfangreichen Pflichten führen. Klärungsbedürftig ist noch ob Nebenbestandteile wie Pigmente, Farben, Leime aus dem Ausgangsmaterial als Verunreinigungen zu sehen sind oder für das Endprodukt eine Funktion haben. Im Ergebnis besteht in der Regel keine Registrierungspflicht.

3.6.2. Altglas

Glas als Gemisch geschmolzener Silikate ist eine erstarrte Schmelze. Im Sinne von REACH ist es am ehesten als UVCB-Substanz zu sehen. Glas wird in Scherben gesammelt. Je nachdem, ob diese als Abfall anzusehen sind – die Glasindustrie strebt an, dass sie als Sekundärstoff eingestuft werden – und wann dann ggf. die Abfalleigenschaft endet, wird Altglas als Erzeugnis oder als Stoff anzusehen sein. Ist Altglas ein Stoff, kann es aber sicherlich von der Bestimmung in Art. 2 Abs. 7, lit. d profitieren. Hinzu kommt, dass inzwischen beschlossen ist, Glas in Annex V zusätzlich zu nennen, womit die Registrierungspflicht entfällt und keine unangemessenen Pflichten für das Altglasrecycling entstehen dürften.

3.6.3. Kompost

Kompost ist typischerweise ein Vielkomponentengemisch biologischer Herkunft mit variabler Zusammensetzung. Als solcher ist er als UVCB-Stoff zu betrachten. Bisher befindet sich dieser Stoff weder in der EINECS- noch in der ELINCS-Liste, worin die Alt- und Neustoffe nach bisheriger Gesetzgebung aufgeführt sind. Auch hier werden jedoch vermutlich in Zukunft keine Registrierpflichten bestehen, da eine Ausnahme von der Registrierung durch Aufnahme in Annex V (gemeinsam mit Biogas) vorgesehen ist.

3.6.4. Polymere und Kunststoffe

Polymere selbst sind gemäß Art. 2 Abs. 9 der REACH-Verordnung von der Registrierung ausgenommen [13]. Kunststoffhersteller haben aber die Pflicht, die Monomere zu registrieren – wenn nicht bereits in der Lieferkette die Monomere registriert wurden –, falls die Polymere zu mindestens zwei Massenprozent aus diesen bestehen und die Monomer-Gesamtmenge die üblichen Volumengrenzen (1 t/a) überschreitet. Diese Pflicht besteht prinzipiell auch für Kunststoffrecycler. Die grundsätzliche Registrierungspflicht besteht auch im Hinblick auf Zusatzstoffe in den Altkunststoffen wie Stabilisatoren oder Weichmacher, soweit diese Zusätze zur Funktion im Altkunststoff beitragen und nicht als Verunreinigungen zu betrachten sind. In den meisten Fällen dürften die Kunststoffrecycler eine Registrierung unter Nutzung von Art. 2 Abs. 7, lit. d vermeiden können; die eigene Vorregistrierung ist aber trotzdem erforderlich. Im Kunststoffbereich bestehen noch mehrere offene Fragen, wie man angemessen mit diesem Stoffstrom umgeht und wie die Informationsflüsse zwischen Primärkette und Recycler funktionieren können. Das Umweltbundesamt hat hierzu ein Forschungsvorhaben vergeben.

3.7. REACH und Abfall – ein Mit- und Nebeneinander, kein Gegeneinander

Im Falle von REACH ist das Stoffrecht kein Widerpart zum Abfallrecht, sondern beide Rechtsbereiche greifen ineinander. In der Diskussion von REACH war es ein wichtiges Anliegen, eine Behinderung eines ökologisch vorteilhaften Recycling zu vermeiden. Es bestand aber auch Einvernehmen – auch im Interesse der Recyclingwirtschaft selbst – dass Sekundärprodukte den gleichen Sicherheitsanforderungen unterliegen müssen wie Primärprodukte. Sie dürfen keinen Wirtschaftsbereich mit reduzierter Produktsicherheit darstellen. Es kommt nun darauf an, eindeutige Schnittstellen zu schaffen, wo das Abfallrecht gilt und wo das Stoffrecht, um widersprüchliche Doppelregelungen zu vermeiden. Die Novelle der Abfallrahmenrichtlinie ist hier ein sehr wichtiger Schritt. Es gibt noch einige Unklarheiten, aber man ist insgesamt auf dem richtigen Weg.

4. Sind Abfälle wassergefährdende Stoffe?

Im Falle von REACH ist das Ziel die klare Abgrenzung der Rechtsbereiche. Im Falle der wassergefährdenden Stoffe nach §§ 19g ff. Wasserhaushaltsgesetz – künftig §§ 54 und 55 Umweltgesetzbuch, Zweites Buch Wasserwirtschaft – greifen zwei Rechtsbereiche ineinander und ergänzen sich.

Die Einstufung wassergefährdender Stoffe in Wassergefährdungsklassen (WGK) hat das Ziel, dass (stationäre) Anlagen zum Lagern, Abfüllen, Herstellen, Behandeln und Verwenden wassergefährdender Stoffe so errichtet und betrieben werden, dass keine nachteilige Gefährdung der Gewässer zu besorgen ist. Wassergefährdende Stoffe verändern nachhaltig die physikalische, chemische oder biologische Beschaffenheit des Wassers nachteilig und werden mit Zustimmung des Bundesrates in einer allgemeinen Verwaltungsvorschrift (VwVwS) durch das Bundesumweltministerium bekanntgemacht. Dabei werden die Stoffe in drei Klassen eingeteilt (WGK 1 bis 3) oder einzelne Stoffe werden als *nicht wassergefährdend* (nwg) erkannt. Es ist festzuhalten, dass sich der Stoffbegriff des Wasserrechts von dem des Chemikalienrechts insoweit unterscheidet, als er auch Zubereitungen, Erzeugnisse und Abfälle sowie Biostoffe einschließt. Allein Abwasser und radioaktive Stoffe sind ausgenommen [14].

Abfälle unterliegen damit den Vorschriften der §§ 19g ff. WHG und sind potenziell wassergefährdend. Das Abfallrecht deckt in der Regel nicht die Vorsorge vor Gewässerverunreinigungen aus Anlagen zum Umgang mit wassergefährdenden Stoffen ab. Wenn Anlagen gemäß Abfallrecht genehmigt werden, ist im Rahmen des Gesamtverfahrens auch immer eine wasserrechtliche Eignungsfeststellung oder Bauartzulassung erforderlich. Es gibt weitere Gründe dafür, die WGK-Einstufung von Abfällen zu regeln:

- Es besteht sowohl bei Abfallerzeugern als auch bei Wasserbehörden der Länder eine große Unsicherheit hinsichtlich einer korrekten Einstufung. Die Vollzugspraxis der Bundesländer unterscheidet sich eklatant. Manche befassen sich nicht mit der Problematik, andere stufen Abfälle auf der Basis des

Besorgnisgrundsatzes des Wasserrechts in die höchste Gefährdungsklasse 3 ein. Zahlreiche Anfragen bei der WGK-Dokumentationsstelle im Umweltbundesamt verdeutlichen diese Unsicherheit.

- Die Regeln zur Bestimmung der Wassergefährdungsklasse bei Gemischen führen nur bei einigen Abfällen zu einem zutreffenden und angemessenen Ergebnis, da die Zusammensetzung der Abfälle nur partiell bekannt ist. Teilweise sind Überbewertung mit Hang zur Unverhältnismäßigkeit die Folge, teilweise werden aber auch gefährliche Abfälle nicht ausreichend erfasst, z.B. schwermetallhaltiger Sonderabfall.
- Untersuchungsprogramme mit Abfalleluaten zeigen, dass Abfälle durchaus wassergefährdende Eigenschaften haben können.
- Die Einstufung in Wassergefährdungsklassen beruht auf der Einstufung und Kennzeichnung in Gefahrensätze (R-Sätze). Dieses Verfahren lässt sich auf Stoffe und Zubereitungen anwenden, auf Abfälle jedoch in der Regel nicht. Auch das künftige *Global harmonisierte System zur Einstufung und Kennzeichnung von Chemikalien* (GHS-System), das die bisherige Chemikalieneinstufung ablösen wird, bringt hier keine Änderung. Für Abfälle werden zwar derzeit die so genannten H-Kriterien entwickelt, wozu auch H 14 (ökotoxisch) zählt. Dies hilft jedoch auch nur begrenzt weiter, weil die Prüfkriterien in der Regel nur partiell ermittelt werden und zudem kein Expositionspfad angegeben ist – Giftigkeit auf inhalativem Wege trägt nicht zur Wassergefährdung bei.

Die Expertenkommission *Kommission Bewertung wassergefährdender Stoffe* (KBwS), die das Bundesumweltministerium hinsichtlich wassergefährdender Stoffe berät, hat bereits 2003 einen Vorschlag unterbreitet, wie sich Abfälle mit nur begrenztem Untersuchungsaufwand in Wassergefährdungsklassen einstufen lassen. Länderarbeitsgemeinschaft Wasser (LAWA) und Länderarbeitsgemeinschaft Abfall (LAGA) haben 2005 diesen Vorschlag abgelehnt, da sie geringen Bedarf sahen und die Praktikabilität bezweifelten.

Da der Bedarf an einheitlichen und einfachen Regeln nach wie vor besteht, haben Umweltbundesamt und die Komission Bewertung wassergefährdender Stoffe inzwischen einen neuen Vorschlag entwickelt, der die Bedenken der Bundesländer aufgreift und besonderen Wert auf die Praktikabilität legt, da er sich eng an abfallrechtliche Bewertungen anlehnt. Es ist vorgesehen, diese Vorgehensweise als Anhang zu einer Verordnung zum Umgang mit wassergefährdenden Stoffen (VUmwS) auf der Grundlage des Umweltgesetzbuches (UGB) einzuführen [15].

Die Eckpunkte dieses Vorschlages sollen nachfolgend dargestellt werden:

- Das Konzept konzentriert sich auf die besonders wichtige Gruppe der festen, mineralischen Abfälle, die teilweise auch als Baustoffe wiederverwertet werden. Es liegt deshalb grundsätzlich nahe, auf die vorgesehene Ersatzbaustoffverordnung (ErsatzbaustoffV) Bezug zu nehmen. Nach dieser werden die wieder verwertbaren Abfälle in Ersatzbaustoffkategorien eingeteilt. Je nach Inhaltsstoffen und ihrer Eluierbarkeit wird die Eignung des mineralischen Abfalls festgestellt, nur an hydrogeologisch günstigen Standorten oder überall eingebaut werden zu können. Die zugrunde liegenden Beurteilungskriterien weisen eine hohe Parallelität zu der Ableitung von Wassergefährdungsklassen auf, weshalb sich hieran entscheidet, ob der Abfall schwach (WGK 1) oder nicht wassergefährdend (nwg) ist.

- Leider ist noch nicht klar, wann mit dem In-Kraft-Treten der Ersatzbaustoffverordnung zu rechnen ist. Einstweilen kann hilfsweise bis zum In-Kraft-Treten dieser Rechtsverordnung auf die so genannten Z-Kriterien der LAGA – sie sind die Vorläufer der Ersatzbaustoffkategorien – oder die Geringfügigkeitsschwellen der LAWA Bezug genommen werden. Die Z-Werte haben jedoch den Nachteil, nicht rechtsverbindlich zu sein sondern lediglich empfehlenden Charakter zu haben. Die Geringfügigkeitsschwellen werden demgegenüber mit dem baldigen In-Kraft-Treten der Grundwasserordnung verbindlich.
- Kann der Abfall nicht einbebaut werden, sondern wird abgelagert, so entscheidet sich die Wassergefährdungsklasse an den Zuordnungskriterien für die Deponieklassen der Abfallablagerungsverordnung (AbfAblV), was auch zur höchsten WGK 3 führen kann.
- Andere feste (nichtmineralische) Abfälle wie Reifen oder Holz können nach den Kriterien und Methoden der o.g. Verordnungen untersucht und eingestuft werden,
- Ansonsten findet eine WGK-Zuordnung gemäß den Regeln, die für Stoffgemische gelten, statt. Diese eröffnen auch die Möglichkeit, Prüfdaten am Gemisch (Abfall) zu berücksichtigen oder auch Einzelentscheidungen der Expertenkommission KBwS herbeizuführen, die dann dem Bundesumweltministerium eine Einstufung vorschlägt.

Das vorgeschlagene Konzept hat den deutlichen Vorteil, sich eng an andere Rechtsnormen anzulehnen und so den Aufwand auf ein Minimum zu begrenzen. Gleichwohl kommen sie hinsichtlich der Wassergefährdung zu einem angemessenen, fachlich begründeten Ergebnis. Die früher geäußerten Bedenken dürften daher ausgeräumt sein.

5. Schluss

Sowohl das Beispiel der sorgfältigen Abgrenzung zwischen REACH und Abfallrecht als auch die Darlegung des Zusammenwirkens von Wasser- und Abfallrecht bei der Einstufung in Wassergefährdungsklassen zeigen, wie wichtig es ist, viel Sorgfalt auf saubere Schnittstellen zwischen den verschiedenen Rechtsbereichen im Umweltschutz zu investieren. Diese Investition lohnt sich. Es gibt leider Beispiele, wo Überlappungen und Lücken zu Unklarheiten bei den betroffenen Betrieben und den Überwachungs- und Vollzugsbehörden führen. Erst die Gerichte legen dann fest, was Experten und Politiker vorher versäumt haben. Dies sollte beim hier erörterten Grenzbereich zwischen Stoff- und Abfallrecht nicht passieren. Lösungen lassen sich nicht mit einem Gegeneinander sondern nur in einem konstruktiven Dialog im Miteinander finden.

6. Zusammenfassung

Die europäische Chemikalienpolitik erhielt mit REACH eine neue Grundlage. REACH erweitert die Eigenverantwortung der Hersteller, Importeure und Anwender von Stoffen über die gesamte Produktkette. Abfälle sind ausdrücklich vom Geltungsbereich von REACH ausgenommen. Allerdings unterliegen Produkte, die aus Abfall gewonnen werden und nicht mehr dem Abfallrecht unterliegen, dem Chemikalienrecht. Sie sind entweder Stoffe, Zubereitungen oder Erzeugnisse im Sinne von REACH. Im Beitrag sind die Pflichten der Hersteller solcher Stoffe und einige Beispiele erläutert. Besonders wichtig ist eine eindeutige Definition, wann die Eigenschaft als Abfall endet. Die anstehende Novelle der EU-Abfallrahmenrichtlinie ist hierzu ein wichtiger Schritt. Während es bei REACH wichtig ist, eine eindeutige Schnittstelle zwischen Stoff- und Abfallrecht zu finden, greifen bei den Bestimmungen zu wassergefährdenden Stoffen Wasserrecht und Abfallrecht ineinander. Das vorgeschlagene Verfahren, Abfälle in Wassergefährdungsklassen einzustufen, wird vorgestellt.

7. Literatur

[1] Verordnung (EG) Nr. 1907/2006 des Europäischen Parlaments und des Rates vom 18. Dezember 2006 zur Registrierung, Bewertung, Zulassung und Beschränkung chemischer Stoffe (REACH), zur Schaffung einer Europäischen Agentur für chemische Stoffe, zur Änderung der Richtlinie 1999/45/EG und zur Aufhebung der Verordnung (EWG) Nr. 793/93 des Rates, der Verordnung (EG) Nr. 1488/94 der Kommission, der Richtlinie 76/769/EWG des Rates sowie der Richtlinien 91/155/EWG, 93/67/EWG, 93/105/EG und 2000/21/EG der Kommission

[2] Gesetz zur Durchführung der Verordnung (EG) Nr. 1907/2006 (REACH-Anpassungsgesetz) vom 20.05.2008

[3] Dokument CA/24/2008 der Europäischen Kommission zum 4. Meeting der Competent Authorities von REACH: Waste and recovered substances. Brüssel 02. Juni 2008

[4] Kopp-Assenmacher, S.: REACH und Abfall. SBB-Forum II – 2007, 1-4

[5] Richtlinie 2006/12/EG des Europäischen Parlaments und des Rates vom 5. April 2006 über Abfälle

[6] Giesberts, L.; Kleve, G.: Einmal Abfall – nicht immer Abfall: Das Ende der Abfalleigenschaft. DVBl 2008, 678-688

[7] Novelle der Abfall-RahmenRL, 2. Lesung des Europäischen Parlaments vom 18. Juni 2008, http://www.europarl.europa.eu/sides/getDoc.do;jsessionid=BDF8BD8D6BAF2324362A3BCE501234BF.node2?pubRef=-//EP//TEXT+TA+P6-TA-2008-0282+0+DOC+XML+V0//DE

[8] Meineke, C.: Auswirkungen von REACH. Müllmagazin 2/2007, 20-22

[9] Fluck, J.: REACH und Abfall. AbfallR 1/2007, 14-18

[10] Konzak, O.; Stephan, B.: Anwendbarkeit und Auswirkungen der Verordnung (EG) Nr. 1907/2006 zur Registrierung, Bewertung, Zulassung und Beschränkung chemischer Stoffe (REACH) auf ausgewählte Bereiche der Recyclingwirtschaft. Gutachten im Auftrag von: Bundesverband Sekundärrohstoffe und Entsorgung e.V., Köln, März 2008

[11] Tietjen, L.: Gleiche Paragrafen – andere Ansichten. Recycling Magazin, 11/2008, 22-23

[12] Umweltbundesamt, Bericht zu den Auswirkungen von REACH auf Recycling/Verwertung, 2. ergänzte Fassung vom 21. Februar 2008, Umweltbundesamt Dessau-Roßlau

[13] Bimboes, D.: REACH und Abfall – eine schwierige Geschichte. Müll und Abfall 6, 2007, 274-277

[14] Steinhäuser, K. G.: Wassergefährdung – Weiterentwicklung im Umweltgesetzbuch. Vortrag bei der Jahrestagung der TOS Prüf GmbH, 01. März 2008, Kassel

[15] Kommission Bewertung wassergefährdender Stoffe: Einstufung von Abfällen in Wassergefährdungsklassen. 1. Sitzung 2008, 27. / 28. Februar 2008

Verordnung zur Vereinfachung des Deponierechts
– Zusammenführung der Vorschriften über Deponien und Langzeitlager –

Andrea Versteyl

1. Ausgangssituation

Gegenwärtig verteilt sich das deutsche Deponierecht auf sieben parallele Gesetze, Rechtsverordnungen und Verwaltungsvorschriften. An erster Stelle ist das Kreislaufwirtschafts- und Abfallgesetz (KrW-/AbfG) zu nennen. Auf untergesetzlicher Ebene regeln die Abfallablagerungsverordnung (AbfAblV), die Deponieverordnung (DepV) und die Deponieverwertungsverordnung (DepVerwV) wichtige Fragen der Abfallablagerung sowie der Errichtung, der Beschaffenheit, des Betriebs, der Stilllegung und der Nachsorge von Deponien und Langzeitlagern. Hinzu kommen mit der Allgemeinen Abfallverwaltungsvorschrift über Anforderungen zum Schutz des Grundwassers bei der Lagerung und Ablagerung von Abfällen, der TA Abfall und der TA Siedlungsabfall drei Verwaltungsvorschriften.

Die genannten Gesetze, Verordnungen und Verwaltungsvorschriften bilden ein kompliziertes, zuweilen schwer verständliches Regelwerk mit zahlreichen Bezugnahmen und Korrelaten. Deponiebetreiber, Abfallerzeuger und Behörden sind gezwungen, für das Verständnis der Gesamtstruktur alle Rechtsnormen für sich und im Zusammenhang zu betrachten, was zu Rechtsunsicherheiten, hohen Kosten und erheblichem Verwaltungsaufwand führen kann. Aus diesem Grund war eine Vereinfachung des Deponierechts dringend geboten.

Bereits im Jahr 2002 hatte der Bundesrat in einer Entschließung anlässlich der Zustimmung zur Deponieverordnung die Bundesregierung gebeten, eine integrierte Deponieverordnung vorzulegen, die das *zersplitterte* Deponierecht kodifiziert bzw. zusammenführt. Im Februar 2007 legte das Bundesministerium für Umwelt (BMU) den ersten Entwurf einer solchen Verordnung vor und leitete damit die fachliche Diskussion über die geplanten Neuregelungen ein. Im Rahmen eines Workshops wurde dieser erste Arbeitsentwurf im Mai 2007 im Bundesumweltministerium insbesondere mit Wirtschaftsvertretern erörtert. Der erheblich überarbeitete zweite Arbeitsentwurf wurde im Oktober 2007 veröffentlicht. Gegenüber dem ersten Entwurf entschloss sich das Bundesumweltministerium zu einer Artikelverordnung, deren Artikel 1 die neuen Regelungen zu Deponien und Langzeitlagern (Deponieverordnung) und deren Artikel 2 Vorschriften zur Umsetzung der Richtlinie 2006/21/EG (Gewinnungsabfallverordnung) enthält. Im Mai 2008 wurde der Referentenentwurf vorgelegt und das Anhörungsverfahren eingeleitet. Am 24.09.2008 hat das Bundeskabinett den Entwurf der Verordnung zur Vereinfachung des Deponierechts (Deponierechts-Vereinfachungsverordnung, DepVereinfV) beschlossen.

Um die Neuregelungen möglichst zeitnah für die Normadressaten erlassen zu können, wird die Verordnung noch nicht auf Regelungen des kommenden Umweltgesetzbuchs (UGB) gestützt, da dessen In-Kraft-Treten nicht vor dem Jahr 2010 zu erwarten ist. Mit In-Kraft-Treten des Umweltgesetzbuchs soll die Deponierechts-Vereinfachungsverordnung allerdings als Verordnung zum Umweltgesetzbuch angepasst werden.

Die neue Deponieverordnung soll alle deponiespezifischen Vorgaben des Europäischen Gemeinschaftsrechts umsetzen. Dies betrifft insbesondere die so genannte Deponierichtlinie (1999/31/EG), die einheitliche verfahrens- und materiellrechtliche Anforderungen an die Deponierung von Abfällen in Europa aufstellt. Des Weiteren wird die neue Deponieverordnung der gemeinschaftsrechtskonformen Umsetzung der Entscheidung 2003/33/EG des Rates vom 19.09.2002 dienen, mit der der Rat das Abfallannahmeverfahren konkretisiert hatte. Wegen mangelhafter Umsetzung der Deponierichtlinie ist gegen die Bundesrepublik Deutschland im Jahr 2006 ein Vertragsverletzungsverfahren eingeleitet worden.

2. Konzeption der neuen Deponieverordnung

Der vorliegende Beitrag konzentriert sich auf die neue Deponieverordnung (DepV [neu]), die Gegenstand von Art. 1 des Entwurfs der Deponierechts-Vereinfachungsverordnung ist. Die neue Deponieverordnung wird die bisher geltenden deponierechtlichen Regelungen (vgl. Kapitel 1.) weitgehend ersetzen. Hierzu sollen die Anforderungen der Abfallablagerungsverordnung und der Deponieverwertungsverordnung in die Deponieverordnung integriert werden. Die Bundesregierung verspricht sich von dem neuen Regelwerk ein flexibleres Deponierecht, das zügigere Zulassungsverfahren ermöglicht.

Wesentliche Regelungsschwerpunkte der neuen Deponieverordnung sind:

- Es wird weiterhin zwischen fünf Deponieklassen (Klassen 0 und I bis IV) unterschieden (siehe § 2 Nr. 7 bis 11 DepV [neu]). Die Vorschriften für Monodeponien wurden modifiziert. So gelten für die Errichtung von Monodeponien im Prinzip keine Sondervorschriften mehr (vgl. § 3 Abs. 4 DepV und § 3 DepV [neu]). Diese Neuerung ist vor dem Hintergrund zu sehen, dass die Vorgaben für das Abdichtungssystem im Sinne standortspezifischer Einzelentscheidungen flexibilisiert werden (vgl. § 1 Abs. 3 DepV [neu]).
- Die Anforderungen an die Abfallablagerung auf Deponien werden an die entsprechenden Vorgaben der EG-Deponierichtlinie und die Ratsentscheidung 2003/33/EG mit dem Ziel angepasst, eine gemeinschaftsrechtskonforme Umsetzung dieser Regelwerke sicherzustellen (Anhang 5 Nr. 4 und 5 DepV [neu]). Die neuen Regelungen beziehen sich z.B. auf Abfallarten, die stauben, die Asbestfasern enthalten, die schlammig, pastös oder breiig sind oder die bei gemeinsamer Ablagerung zu nachteiligen Reaktionen führen können, z.B. hinsichtlich Temperaturentwicklung. Zudem ist der Deponiekörper insgesamt standsicher aufzubauen, während die Abfälle hohlraumarm einzubauen sind und nur zu geringen Setzungen führen sollen.
- Umfangreiche Bestandsschutzregelungen für bestehende Deponien (§§ 26 f. DepV [neu]) stellen in materieller Hinsicht im Wesentlichen darauf ab, ob diese dem Stand der Technik entsprechen. Hierfür soll eine bestandskräftige Planfeststellung nach § 31 Abs. 2 KrW-/AbfG, eine Plangenehmigung nach § 31 Abs. 2 KrW-/AbfG oder eine Anordnung nach §§ 35 oder 36 Abs. 2 KrW-/AbfG ausreichen.
- Die Kriterien für die Feststellung des Abschlusses der Nachsorgephase (Anhang V Nr. 10 DepV [neu]) beziehen nach Auffassung des Verordnungsgebers neueste Forschungsergebnisse ein. Neben weiteren Kriterien wird als neue Entscheidungsgröße die Schadstofffracht in dem in oberirdisches Gewässer eingeleiteten Sickerwasser eingeführt. Insoweit nimmt die neue Regelung Bezug auf Anhang 51 der Abwasserverordnung, deren Anwendungsbereich durch Art. 3 DepVereinfV entsprechend modifiziert wird.
- Entsprechend dem Wunsch mehrerer Bundesländer und aus Teilen der Deponiewirtschaft werden die Anforderungen an die geologische Barriere sowie an die Basis- und Oberflächenabdichtungssysteme flexibilisiert und zugleich harmonisiert. In Anhang 1 DepV [neu] wird für Geokunststoffe (Kunststoffdichtungsbahnen, Schutzschichten usw.), Polymere und Dichtungskontrollsysteme für Dichtungsbahnen eine zentrale Zulassung durch die Bundesanstalt für Materialforschung und -prüfung (BAM) eingeführt. Für sonstige Baustoffe, Abdichtungskomponenten und Abdichtungssysteme schreibt die neue Verordnung grundsätzlich den Stand der Technik vor und stellt für diesen einen umfangreichen Kriterienkatalog auf.
- In Anhang 2 DepV [neu] werden für Deponien der Klasse IV (Untertagedeponien) im Salzgestein zusätzlich zu den etablierten Anforderungen (Langzeitsicherheitsnachweis) Anforderungen an den Standort und die geologische Barriere sowie – in Umsetzung der EG-Deponierichtlinie – an die Stilllegung solcher Deponien aufgenommen.

- Anhang 3 DepV [neu] legt Kriterien für die Verwendung und Zuordnung von Abfällen und Deponieersatzbaustoffen für Deponien der Klassen 0 bis III fest. Hiermit werden die Vorgaben der geltenden Deponieverwertungsverordnung – teilweise modifiziert – in die neue Deponieverordnung integriert. Die bisherige Vorgabe der Deponieverwertungsverordnung, für den Einsatz zur Verbesserung der geologischen Barriere und in den Dichtungssystemen strengere Werte festzulegen als für eine Deponie der Klasse 0, wird geändert; zukünftig soll für diese Anwendungen Material mit Inertabfalleigenschaften zugelassen werden.
- In Anhang 4 DepV [neu] werden die Vorgaben für die Beprobung von Abfällen für die Parameter des Anhangs 3 sowie für die Untersuchungsstellen aus der geltenden Deponieverordnung bzw. der Abfallablagerungsverordnung übernommen.
- Anhang 5 DepV [neu] beinhaltet Anforderungen an die Dokumentation, Information, an den Einbaubetrieb und die Überwachung. Gegenüber den derzeitigen Vorgaben sind die neuen Anforderungen flexibler ausgestaltet. Sie sollen eine gute Kontrolle bei gleichzeitiger Entlastung der Behörden sicherstellen. Neben den Vorgaben aus Anhang I und III der Deponierichtlinie werden die Anforderungen der TA Abfall berücksichtigt.

Soweit im Verordnungsentwurf Vorschriften des Kreislaufwirtschafts- und Abfallgesetzes und des Wasserhaushaltsgesetzes zitiert werden, beziehen sich diese Verweise auf die derzeitige Rechtslage. Insoweit kann sich im Zuge des Umweltgesetzbuch-Prozesses Anpassungsbedarf ergeben.

Der weitere Fahrplan des Bundesumweltministeriums sieht vor, dass sich Bundestag und Bundesrat noch in diesem Jahr mit der Verordnung befassen. Nach der zweiten Lesung im Bundestag wird mit einer Veröffentlichung im März 2009 und einem In-Kraft-Treten zum 01.06.2009, d.h. dreizehn Monate nach Ablauf der Umsetzungsfrist der Richtlinie, gerechnet.

3. Ziele der Verordnung

Die Verordnung wird sich an ihren selbst gesteckten Zielen messen müssen. Diese sind

1. Sicherung und Weiterentwicklung des Standes der Technik,
2. Überprüfung der jeweiligen Regelungstiefe (1:1-Umsetzung).

3.1. Sicherung und Weiterentwicklung des Standes der Technik

Die Kriterien für die Entlassung einer Deponie aus der Nachsorge beziehen sich auf neueste Erfahrungen, insbesondere die Ergebnisse eines UFO-Plan-Vorhabens. Neben anderen Kriterien wird als neue Entscheidungsgröße die *Schadstofffracht im einzuleitenden Sickerwasser* einbezogen. Klarstellend wird der Anwendungsbereich des Anhangs 51 der Verordnung zur Änderung der Verordnung über Anforderungen an das Einleiten von Abwasser in Gewässer geändert (Art. 3 der DepVereinfV).

Im Sinne einer Sicherung und Weiterentwicklung des Standes der Technik, aber insbesondere einer Harmonisierung kann Anhang 1 der geplanten Verordnung gesehen werden, in dem die Anforderungen an die geologische Barriere und die Abdichtungssysteme flexibilisiert und standardisiert werden:

Für Geokunststoffe (Kunststoffdichtungsbahnen) und Dichtungskontrollsysteme für Dichtungsbahnen wird eine zentrale Zulassung der Bundesanstalt für Materialforschung und -prüfung (BAM) vorgegeben. Für serienmäßig vorgefertigte oder lizenzierte und standardisierte sonstige Baustoffe, Abdichtungskomponenten und Abdichtungssysteme werden zwischen den Bundesländern abgestimmte, bundeseinheitliche Anforderungen mit hohem Qualitätsstandard gefordert. Für sonstige Baustoffe, Abdichtungskomponenten und Abdichtungssysteme soll deren Eignung projektabhängig ebenfalls nach bundeseinheitlichen Anforderungen zum Stand der Technik gegenüber der zuständigen Behörde nachgewiesen werden. Gerade am Beispiel der Abdichtungssysteme lässt sich verdeutlichen, weshalb eine ausschließliche Zusammenführung der bestehenden Vorschriften zu kurz greifen würde. Bei der Erarbeitung der Abfallablagerungsverordnung standen Bundesregierung und Länder unter einem erheblichen Zeitdruck, so dass die Gelegenheit nicht genutzt werden konnte, neuere Erkenntnisse aus Wissenschaft und Technik in ausreichendem Maße einzubeziehen und die entsprechenden materiellen Anforderungen der TA Abfall weiterzuentwickeln. Bei Oberflächenabdichtungssystemen, die als Kombidichtung auf Deponien mit einem relativen Reaktionspotential zeitnah nach Verfüllungsende eingebaut worden sind, sind Schwächen im Hinblick auf die Langzeitstandsicherheit aufgetreten (nicht reversible Mikro- und Makrorisse). Diese Schwächen lassen sich zwar durch modifizierte Materialkenngrößen und Einbauvorgaben kompensieren, bedürften allerdings entsprechender Änderungen der materiellen Vorgaben der TA Abfall. Alternative Dichtungskomponenten, für die die Länder in einer Ad-hoc-Arbeitsgemeinschaft die Gleichwertigkeitskriterien erarbeitet haben, lassen außerdem die Errichtung von wirtschaftlicheren und nachhaltiger wirkenden Dichtungssystemen zu. Die Tatsache, dass die meisten Oberflächenabdichtungen, die in den letzten Jahren realisiert worden sind, nicht als gleichwertige Alternativsysteme ausgeführt worden sind, belegt die Notwendigkeit, flexiblere Anforderungsprofile auf Verordnungsebene festzulegen.

3.2. Überprüfung der jeweiligen Regelungstiefe (1:1-Umsetzung)

Mit der Verordnung vom 13.12.2006 hat Anhang 1 der Abfallablagerungsverordnung (AbfAblV) einen längeren Vorspann und eine größere Zahl von *Fußnoten* erhalten, in denen jeweils Ausnahmen von der Geltung der Zuordnungswerte geregelt sind (z.B. Änderung bei den Eluat-Kriterien TOC/DOC).

In der neuen Deponieverordnung findet bei den Parametern eine Beschränkung auf die der EU-Ratsentscheidung 2003/33/EG statt (1:1-Umsetzung von EG-Recht). Allerdings wird der Behörde die Möglichkeit eingeräumt, im Einzelfall weitere Parameter festzulegen. Um reproduzierbare Kontrollergebnisse zu erhalten, werden in Anhang 4 der geplanten Verordnung die einschlägigen Analysevorschriften festgelegt. § 6 DepV [neu] enthält die Annahmekriterien für die Abfälle der jeweiligen Deponieklasse für die Vermischung. Die (neuen) Zuordnungskriterien für Abfälle zur Ablagerung und für Deponieersatzbaustoffe (Anhang 3) gestalten sich aufgrund der 1:1-Umsetzung wie folgt:

- Wegfall der *Nicht-EU-Parameter*: Festigkeit, extrahierbare lipophile Stoffe, Leitfähigkeit, Chrom VI, adsorbierbare organisch gebundene Halogene (AOX) und Aluminium, Stickstoff und Zuordnungswerte *unterhalb Deponieklasse 0* bei Deponieersatzbaustoffen.
- Zuordnungswerte der Deponieklasse 0 sind z.T. erhöht analog der EU-Ratsentscheidung. Die Zuordnungswerte der Deponieklasse I bis Deponieklasse III sind unverändert außer beim Parameter Antimon. Die geänderten Zuordnungswerte der Deponieklasse 0 ergeben sich auch aus Anhang 3 Tabelle 2.

Mechanisch-biologisch behandelte Abfälle dürfen gemäß § 6 DepV [neu] nur auf Deponien der Klasse II, und zwar nicht zusammen mit gefährlichen Abfällen abgelagert werden, asbesthaltige Abfälle und Abfälle mit künstlichen Mineralfasern nur auf Deponieklasse III oder in Monobereichen der Deponieklasse II oder I. Die Ablagerung auf einem bautechnisch abgetrennten Teilabschnitt von Deponieklasse III oder Deponieklasse II ist auch bei Nichteinhaltung einzelner Zuordnungskriterien mit Zustimmung der Behörde zulässig für den überwiegend mineralischen Anteil der Abfälle aus Schadensabfällen, Abfälle aus dem Rückbau von Deponien/Altlasten und Abfälle, die Asbest und andere künstliche Mineralfasern enthalten.

Gemäß der Überschreitungsregelung (Anhang 3 Vorspann Tabelle 2) kann die Behörde die Überschreitung einzelner Zuordnungswerte der jeweiligen Deponieklasse zulassen

- bei Abfällen zur Beseitigung und Deponieersatzbaustoffen,
- allgemein bis zum maximal Dreifachen des Zuordnungswertes,
- bei spezifischen Massenabfällen auf einer Monodeponie der Klasse I; darüber hinaus bis maximal zum Dreifachen des Deponieklasse-II-Wertes,
- dabei jedoch keine Überschreitung *außerhalb Fußnoten*, zulässig bei den Parametern Glühverlust, gesamter organischer Kohlenstoff (TOC), Benzol, Toluol, Ethylbenzol, Xylol (BTEX), polychlorierte Biphenyle (PCB), Mineralölkohlenwasserstoffe (MKW), pH-Wert und gelöster organischer Kohlenstoff (DOC),
- anders als bislang ohne zulässige Ausnahmemöglichkeiten für *ausschließlich nicht gefährliche spezifische Massenabfälle*.

Überschreitungen des TOC/Glühverlust (Anhang 3) sind mit Zustimmung der Behörde auch für die Deponieklasse 0 zulässig, wenn die Zuordnungskriterien für den DOC, eine bestimmte biologische Abbaubarkeit und ein Brennwert ≤ 6.000 kJ/kg eingehalten sind.

Für die Deponieklasse 0 gilt zusätzlich:

- Eine Überschreitung des TOC und Glühverlusts bis 6 % ist zulässig, wenn der Z-Wert für den DOC eingehalten ist (50 mg/l).
- Bei Bodenaushub und Baggergut ohne gefährliche Inhaltsstoffe kann die Behörde höhere Grenzwerte festlegen.

Im Übrigen gelten die Regelungen des Ausnahmeverfahrens nach § 8 DepV.

4. Entlassung aus der Nachsorge (§ 11 DepV [neu])

Für die Entlassung aus der Nachsorge gelten gemäß § 11 geänderte Prüfkriterien (Anhang 5 Nr. 10); bezüglich des Wirkpfades Wasser muss bei Einleitung in ein oberirdisches Gewässer die zulässige Konzentration nach Anhang 51 der Abwasserverordnung eingehalten werden, oder die in ein oberirdisches Gewässer jährlich eingeleitete Fracht eines relevanten Schadstoffes überschreitet nicht das Produkt des Konzentrationswertes x 20 % des Jahresniederschlages und durch in den Untergrund versickerndes Sickerwasser werden die Auslöseschwellen nicht überschritten.

5. Verwertung von Deponieersatzbaustoffen (§§ 14 bis 17 DepV [neu])

In Anhang 3 (Nr. 1) werden auch die bisherigen Vorgaben der Deponieverwertungsverordnung für den Einsatz zur Verbesserung der geologischen Barriere und in den Dichtungssystemen geändert. Zukünftig soll für diese Anwendungen Material mit Inertabfalleigenschaften zugelassen werden.

Auf der Grundlage der §§ 7 Abs. 1 Nrn. 1 und 4 sowie § 12 Abs. 1 KrW-/AbfG bestimmt § 14 Abs. 1 der geplanten Verordnung die Kriterien, die beachtet werden müssen, wenn Deponieersatzbaustoffe auf einer Deponie für bestimmte Einsatzbereiche, die in § 15 genannt sind, verwendet werden sollen.

§ 2 fasst die Verbote nach der bisherigen Deponieverwertungsverordnung zusammen und dient der Berücksichtigung des entsprechenden Ablagerungsverbotes nach Art. 5 Abs. 3 der EG-Deponierichtlinie. Nach § 14 Abs. 3 gelten für die Verwendung von Deponieersatzbaustoffen dieselben Annahmekriterien wie für Abfälle zur Beseitigung. Als besonderer Einsatzbereich für Deponieersatzbaustoffe wird in § 15 DepV [neu] die Profilierung genannt, bei Altdeponien der Aufbau eines gleichmäßigen Oberflächenprofils mit ausreichender Neigung.

Neu ist die Regelung, dass der Einsatz zu Profilierungszwecken auch auf Abschnitten von Deponien möglich ist, die sich nicht insgesamt in der Stilllegungsphase befinden. Voraussetzung dafür ist, dass der Deponieabschnitt aufgrund der Anforderungen der Abfallablagerungsverordnung oder der Deponieverordnung stillgelegt wurde.

6. Altdeponien in der Ablagerungsphase – Übergangsregelungen – Bestandsschutz (§§ 26 ff. DepV [neu])

Die §§ 26 und 27 DepV [neu] regeln im Interesse des Bestandsschutzes die Anforderungen an Deponien oder Deponieabschnitte, die sich im Zeitpunkt des In-Kraft-Tretens der neuen Deponieverordnung in der Ablagerungs- oder Stilllegungsphase befinden. Diese Deponien unterfallen den Anforderungen der Abfallablagerungsverordnung und der geltenden Deponieverordnung. Es ist davon auszugehen, dass diese Deponien insoweit den in den vorgenannten Verordnungen festgelegten Stand der Technik einhalten.

Für Deponien oder Deponieabschnitte, die sich bei In-Kraft-Treten der Verordnung im Bau oder in der Ablagerungsphase befinden, ist auf Grundlage von bestehenden Festlegungen, die nach der Abfallablagerungsverordnung, der Deponieverordnung oder der Deponieverwertungsverordnung in einer Planfeststellung (§ 31 KrW-/AbfG), Plangenehmigung (§ 31 KrW-/AbfG) oder Anordnung nach §§ 35, 36 KrW-/AbfG bestandskräftig getroffen wurden, ein Weiterbetrieb zulässig. Alternativ lässt die Norm eine von der Behörde bestätigte Anzeige nach § 14 Abs. 1 S. 1 DepV genügen. Zu beachten ist, dass die seinerzeitige Frist für die Abgabe einer solchen Anzeige am 01.08.2003 auslief. Im Übrigen muss die Anzeige behördlich bestätigt worden sein. In welcher Form die Bestätigung erfolgen muss, ist rechtlich umstritten.

Dies gilt jedoch mit der Maßgabe, dass die abzulagernden Abfälle die Zuordnungskriterien für den Glühverlust oder den Gesamtkohlenstoff (TOC) und den gelösten organischen Kohlenstoff (DOC) nach Anhang 3 Nr. 2 DepV [neu] für die jeweilige Deponieklasse einhalten (§ 26 Abs. 1 S. 2 DepV [neu]). Soweit die geltende Deponieverordnung Überschreitungsmöglichkeiten der Zuordnungskriterien für den DOC und beim TOC und Glühverlust für Deponien der Klasse III vorsieht, werden diese Ausnahmemöglichkeiten mithin nicht als Bestandsschutz übernommen. Vielmehr müssen die Zuordnungswerte nach Anhang 3 Nr. 2 DepV [neu] unter Berücksichtigung der Ausnahmen in den Fußnoten eingehalten werden. Wegen dieser *Verschärfung* ist in § 30 Abs. 2 DepV [neu] eine Übergangsregelung für spezifische Massenabfälle vorgesehen, die den Zuordnungswert für den Glühverlust oder den Gesamtkohlenstoff nach Anhang 3 Nr. 2 DepV [neu] überschreiten.

Da diese Bestandsschutzregelung durchaus kompliziert und geeignet ist, Rechtsunsicherheiten hervorzurufen, empfehlen verschiedene ministerielle Rundschreiben zur Vermeidung von Übergangsproblemen den Erlass von Plangenehmigungsbescheiden durch die zuständigen Behörden. Darin soll festgestellt werden, dass die betreffende Deponie die materiellen Voraussetzungen der jetzt geltenden Rechtsvorschriften für den unbefristeten Weiterbetrieb erfüllt.

Für (insbesondere) Hausmülldeponien in der Ablagerungsphase trifft § 26 Abs. 3 DepV [neu] eine Übergangsregelung. Hiernach kann die zuständige Behörde abweichend von § 10 Abs. 1 DepV [neu] bis zum Abklingen der Hauptsetzungen eine temporäre Abdeckung zur Minimierung von Sickerwasserneubildung und Deponiegasfreisetzungen zulassen, wenn große Setzungen erwartet werden.

Schließlich enthält § 27 DepV [neu] eine Bestandsschutzregelung für Altdeponien, die sich bei In-Kraft-Treten der neuen Verordnung in der Stilllegungsphase befinden. Die Stilllegung solcher Deponien (oder Deponieabschnitte) ist auf Grundlage von bestehenden Festlegungen (weiterhin) zulässig, die nach den §§ 12 oder 14 der geltenden Deponieverordnung in einer Planfeststellung (§ 31 Abs. 2 KrW-/AbfG), einer Plangenehmigung (§ 31 Abs. 3 KrW-/AbfG) oder einer Anordnung nach § 35 oder § 36 Abs. 2 KrW-/AbfG bestandskräftig getroffen wurden.

7. Fazit

Der vorliegende Entwurf der neuen Deponieverordnung sieht keine Übergangsregelung für begonnene Zulassungsverfahren vor. Sie gilt daher für bereits begonnene Zulassungsverfahren mit ihrem In-Kraft-Treten. Angesichts fehlender erheblicher Regelungsunterschiede zwischen dem alten und dem neuen Recht ist dem Wechsel des Rechtsregimes für die laufenden Zulassungsverfahren jedoch kaum praktische Bedeutung beizumessen.

Insgesamt ist zu begrüßen, dass es gelungen ist – wenn auch mit siebenjähriger Verspätung und voraussichtlich mit weiterem Anpassungsbedarf bei In-Kraft-Treten des Umweltgesetzbuchs –, das zersplitterte Deponierecht in einer Verordnung zusammenzufassen und – soweit bislang ersichtlich – keine höheren formellen und materiellen Zulassungshindernisse festzulegen.

Chancen und Risiken mittelständischer Recyclingunternehmen im Ausland

Peter Hoffmeyer

Die Abfalltrennung in Deutschland mit den hohen Umweltstandards hat die Abfallwirtschaft zu einer deutschen Zukunftsbranche gemacht, in der insgesamt mehr als 200.000 Beschäftigte einen Arbeitsplatz finden. Das war nicht immer so.

In Deutschland gab es bis 1970 nur reine Sammel- und Entsorgungsunternehmen. Der eingesammelte Haus- und Gewerbemüll wurde hauptsächlich auf Deponien abgelagert oder in ganz wenigen Abfallverbrennungsanlagen verbrannt. Es gab nur ein Gefäß für den Bürger – die Restmülltonne. Der Recyclinggedanke gewinnt dann in den siebziger Jahren an Bedeutung. Ein neuer Markt entsteht, der sich stetig weiterentwickelt. Es beginnt die Sammlung von Glas und Papier, um die Abfälle wiederzuverwerten. Auch neue Sortier- und Kompostierungsanlagen werden gebaut.

Heute kann von Entsorgungs- und Recyclingunternehmen gesprochen werden, die in der Abfallwirtschaft tätig sind. Deponierung und reine Verbrennung spielen nur noch eine untergeordnete Rolle. Es gilt, Energie und Rohstoffe zurückzugewinnen, um damit natürliche Ressourcen zu schonen. Neben Abfallverbrennungsanlagen und Deponien gibt es folglich viele Sortier- und Kompostierungsanlagen. Es entstanden Abfallheizkraftwerke, die nicht nur Abfall verbrennen, sondern Energie in Form von Fernwärme oder Strom abgeben.

Schon jetzt sind viele Deponien wegen des Deponierungsverbotes für unbehandelte Abfälle geschlossen. In den nächsten Jahren bis 2020 werden die deponierten Abfälle abnehmen und das Recycling von Abfällen weiter zunehmen. Es gilt, aus dem Abfall zu holen, was im Abfall steckt – soweit es ökologisch und ökonomisch Sinn macht.

In Deutschland werden also schon jahrelang *Schätze aus dem Abfall* gehoben. 65 Prozent des deutschen Abfallaufkommens werden heute recycelt oder als Ersatz für primäre Energieträger genutzt. Die Sammel- und Verwertungsquoten liegen auf einem hohen Niveau. Möglich gemacht haben das Milliardeninvestitionen der deutschen Wirtschaft in High-Tech-Behandlungsanlagen. Es gibt die unterschiedlichsten Anlagen in Deutschland für Rest- oder Bioabfall, Verpackungen, Altpapier, Glas, stark schadstoffhaltige Abfälle oder Kunststoffe, um nur einige zu nennen. In allen Anlagen werden aus vorher Nutzlosem Sekundärrohstoffe hergestellt.

An dieser Stelle sei als Beispiel das Recycling von Elektroschrott genannt. Jährlich fallen in Deutschland 1,8 Millionen Tonnen Elektroschrott an. Der nicht mehr benötigte Fernseher, das ausrangierte Radio oder die nicht mehr nutzbare Mikrowelle landen letztendlich beim Entsorger, der die Rohstoffe herauslöst – der Rest wird fachgerecht und umweltfreundlich entsorgt. Ein Verweis an die internationalen Perspektiven: Beim Thema Elektroschrott sind erfolgreiche Kooperationen mit dem Ausland möglich.

Die Verwertung von Wertstoffen bringt viele Vorteile. Laut einer Studie erspart der Einsatz von Sekundärrohstoffen der deutschen Volkswirtschaft jährlich eine Summe von 3,7 Milliarden Euro – 2,3 Milliarden Euro bei der Elektrostahlerzeugung, 700 Millionen Euro bei der Aluminiumherstellung, 340 Millionen Euro durch die Nutzung von Ersatzbrennstoffen und 225 Millionen Euro durch das Recycling von Verpackungen. Durch den Einsatz von Sekundärrohstoffen werden zwanzig Prozent der Metallrohstoffkosten und drei Prozent der Kosten für Energieimporte eingespart.

Die finanzielle Ersparnis ist *ein* Aspekt. Ein weiterer Pluspunkt ist der Beitrag der Abfallwirtschaft zum Klimaschutz. Alleine durch den Rückgang der Deponiegase wie Methan trägt die Entsorgungswirtschaft rund zehn Prozent zur Erreichung der deutschen Klimaschutzziele bei. Zudem werden durch den Einsatz von Sekundärrohstoffen natürliche Ressourcen geschont.

Ein weiterer Vorteil ist die Verringerung der Abhängigkeit von rohstoffexportierenden Ländern. Durch den Einsatz von Sekundärrohstoffen importiert Deutschland als rohstoffarmes Land weniger Rohstoffe.

Die Spitzenstellung Deutschlands in der Abfallverwertung und im Abfallrecycling ist besonders dem Engagement privater Unternehmen zu verdanken. Die deutsche Entsorgungswirtschaft ist zur Wachstumsindustrie geworden, die auch in Zukunft weitere Arbeitsplätze schafft. Bisher liegt der Umsatz bei vier Prozent aller Wirtschaftsbereiche – 2030 liegt er Schätzungen nach bei etwa 16 Prozent.

Die deutsche Abfallwirtschaft hat ihre Hausaufgaben gemacht. Die privaten Unternehmen erledigen ihre Aufgaben gut, günstig und umweltschonend. Allerdings ist der deutsche Markt gesättigt. Innovationen im Ausmaß der letzten Jahre und die damit verbundenen Veränderungen wird es in absehbarer Zeit nicht mehr geben. Auch die europäischen Vorgaben werden auf dem deutschen Markt kaum zu wesentlichen Investitionen in neue Technik führen.

Allerdings werden die Ressourceneinsparung und die Ressourceneffizienz zukünftig auch in Deutschland weiterhin sehr wichtig sein – gerade um die endlichen Ressourcen zu schonen und das Klima zu schützen.

Umwelttechnologien sind zurzeit im Ausland sehr gefragt, denn nicht nur in Deutschland wird die Energie immer teurer. Auch die Preise auf dem Rohstoffmarkt sind in den letzten Jahren wegen der starken Nachfrage aus Staaten wie China und Indien drastisch gestiegen. Konstante oder fallende Preise erwartet auch für die Zukunft niemand, denn Rohstoffe werden immer knapper. Da macht es Sinn, verstärkt Sekundärrohstoffe – also Rohstoffe, die durch das Recycling gewonnen werden – zu erzeugen und einzusetzen, nicht nur in Deutschland, sondern überall auf der Welt.

Viele Länder wollen von Europa und speziell von Deutschland lernen, denn im Ausland steht die konsequente Energie- und Rohstoffnutzung zumeist noch am Anfang. Ausländische Unternehmen nutzen in vielen Jahren aufgebautes deutsches Know-how. Deutschland ist eine führende Exportnation in der Umwelttechnologie, die wichtige Beiträge zur Lösung vieler Umwelt- und Energieprobleme in anderen Ländern beitragen kann.

Der Erfolg im Ausland – gerade für einen Mittelständler – ist allerdings kein Selbstläufer. Es gibt die Konkurrenz mit örtlichen und großen Konzernen, der *Technologieklau* ist nicht zu vernachlässigen und man braucht in vielen Fällen einen *langen Atem*, weil Entscheidungen langwierig und schwierig sind. Verträge sind in der Regel nicht nach einem Verhandlungstag unterschrieben. Kapazitätsgrenzen bei kleinen Unternehmen, fehlende Netzwerke und fehlende Transparenz in den Auslandsmärkten oder zu wenig Kapital sind weitere Risikofaktoren. International sind viele Kooperationsmöglichkeiten denkbar. Man muss sich allerdings genau ansehen, welche Anforderungen gewünscht sind und in welcher Art die Zusammenarbeit funktionieren kann.

Es ist dabei bedeutsam, das Umweltbewusstsein, die rechtlichen Anforderungen und die technischen Standards weltweit anzuheben. Nur in wenigen Ländern gibt es so moderne Anlagen wie in Deutschland. In Schwellenländern sind schon gesicherte Deponien ein enormer Fortschritt.

Es ist notwendig, sich auf die Verhältnisse vor Ort einzustellen. Dazu gehören der Entwicklungsstand des Umweltschutzes, die ökonomischen Verhältnisse, die Abfallzusammensetzung und die staatlichen Verordnungen. Standardlösungen wird es in den seltensten Fällen geben. Flexible Lösungen für die jeweils vorherrschenden Verhältnisse sind gefragt.

An erster Stelle stehen sicher in vielen Fällen bezahlbare und umsetzbare Entsorgungsmöglichkeiten. Schon eine *kleine* Lösung bringt dann eine Verbesserung für den dort lebenden Menschen.

Dass es im Ausland gut laufen kann, zeigt der dort erfolgreiche deutsche Maschinenbau, der von kleinen und mittelständischen Unternehmen geprägt ist. Auch sind schon viele deutsche Unternehmen aus dem Recycling- und Entsorgungsbereich im Ausland aktiv. Über dreißig Prozent dieser Unternehmen erwirtschaften mehr als die Hälfte ihres Umsatzes außerhalb Deutschlands.

Der Investitionsbedarf in moderne Umwelttechnologien z.B. in Russland, China und Indien, aber auch Europa ist hoch. Milliardenbeträge werden in Zukunft investiert. Ein Ende ist derzeit nicht abzusehen.

Deutschland wird Wege und Mittel finden, sein Know-how vermehrt zu exportieren – zum Vorteil für den weltweiten Umweltschutz und zum Vorteil der deutschen, auch mittelständischen Unternehmen.

Die Zukunft der deutschen Abfallwirtschaft liegt auch im Ausland. Deutschland befindet sich in einer sehr guten Ausgangsposition. Dieser Vorsprung sollte nicht aus den Händen gegeben werden.

Methoden zur Messung der Ressourceneffizienz

Markus Berger und Matthias Finkbeiner

1. Einleitung

1.1. Hintergrund

Die natürlichen Ressourcen der Erde sind seit jeher eine wichtige Grundlage für Fortschritt und wirtschaftliches Handeln der Menschen. Während die Nutzung von Ressourcen in früheren Zeiten jedoch überschaubar und auf wenige Rohstoffe begrenzt war, hat sich dieses Bild in den letzten Jahrhunderten dramatisch verändert. Mit dem permanent steigenden Rohstoffbedarf unserer Gesellschaften, sind dabei auch die aus der Ressourcennutzung resultierenden negativen Konsequenzen immer deutlicher geworden. So führt bereits der Rohstoffabbau, beispielsweise die Braunkohleförderung in Tagebaugebieten, zu zahlreichen Problemen wie etwa der Zerstörung von Naturraum. Auch die Verarbeitung von Rohstoffen zu Produkten, insbesondere unter Nutzung fossiler Energieträger, kann zu gesundheitlichen und ökologischen Konsequenzen, wie Smog, der

Klimaerwärmung oder der Versauerung von Gewässern führen. Während diese Probleme mittlerweile ins Bewusstsein gerückt sind und nach Lösungen gesucht wird, stehen unsere Gesellschaften bereits vor einer neuen Herausforderung – der zunehmenden Verknappung von Rohstoffen.

Als Grund für diese Entwicklung gilt vor allem der sprunghaft gestiegene Rohstoffbedarf von bevölkerungsreichen und sich immer stärker industrialisierenden Schwellenländern wie China oder Indien (Reuscher et al. 2008). Während einige Rohstoffe als knapp gelten, da die aktuelle Nachfrage ihr Angebot übersteigt – z.B. Stahl –, ist für andere Ressourcen – z.B. Erdöl – ein tatsächliches Ende der heute förderbaren Reserven absehbar. Sich momentan verknappende und real zur Neige gehende Rohstoffe führen somit zu steigenden Preisen und Konflikten um die verbleibenden Rohstoffvorräte.

1.2. Motivation

Ein effizienterer Umgang mit den natürlichen Rohstoffen sowie die Verminderung der durch ihre Nutzung hervorgerufenen ökologischen und gesundheitlichen Konsequenzen sind wichtige Aufgaben für unsere Gesellschaften. Auch wenn die Relevanz dieser Thematik unbestritten ist, gilt die Messung der Ressourceneffizienz, insbesondere auf Produkt- und Prozessebene, als schwierig. Aus diesem Grund werden in diesem Beitrag geeignete Methoden und Indikatoren aufgezeigt, diskutiert sowie anhand eines Fallbeispieles angewendet.

1.3. Terminologie

Rohstoff, Ressource, Ressourceneffizienz, Ressourcenproduktivität, etc. sind im Moment häufig verwendete Begriffe, deren exakte Bedeutung allerdings nicht immer klar ist. Sogar in der Fachliteratur treten teilweise widersprüchliche Definitionen auf, so dass eine Vereinheitlichung der verwendeten Terminologie sinnvoll und notwendig erscheint. Aufgrund der fehlenden Homogenität werden im Folgenden einige Begriffe definiert, um innerhalb dieses Beitrags eine konsistente Wortwahl zu gewährleisten.

Unter einer Ressource wird, entsprechend der Definition von Lindeijer et al. (2002), ein Objekt der Natur verstanden, dessen Förderung und anschließende Weiterverarbeitung in einem ökonomischen System für Menschen interessant ist. Ein Rohstoff hingegen ist ein Teil einer Ressource, der bereits aus seiner natürlichen Umgebung herausgelöst, sonst aber noch nicht bearbeitet wurde.

Die natürlichen Ressourcen der Erde lassen sich weiterhin in verschiedene Kategorien einteilen. Zunächst wird zwischen biotischen – belebten – Ressourcen, wie Holz oder Fisch, und abiotischen – unbelebten – Ressourcen, wie Eisenerz oder Erdöl, unterschieden. Entsprechend ihres Entstehungszeitraumes werden Ressourcen als regenerativ – in geringem Zeitraum erneuerbar –, z.B. Holz, und nicht-regenerativ – in geringem Zeitraum nicht erneuerbar –, z.B. Kohle, unterschieden. Wie groß der gerade erwähnte Zeitraum ist und ab wann eine Ressource als regenerativ oder nicht-regenerativ eingestuft wird, ist bisher umstritten. So wird beispielsweise Torf, mit einer Entstehungszeit von etwa achttausend Jahren, in einigen Definitionen noch als regenerative Ressource bezeichnet. Unter fossilen Ressourcen sind die auf organischen Kohlenstoffverbindungen basierenden abiotischen, nicht-regenerativen Ressourcen zu verstehen, also Erdöl, Erdgas, (Torf) und Kohle.

Die Begriffe Rohstoffvorkommen, -reserve, -vorrat beziehen sich auf die momentan technisch und wirtschaftlich förderbaren Anteile einer Ressource. Dabei handelt es sich jedoch nicht um konstante Mengen, da mit zunehmender Rohstoffknappheit und fortschreitender technischer Entwicklung auch die Förderung bisher unrentabler Vorkommen interessant werden kann.

Die wirtschaftlich geprägten Begriffe Ressourceneffizienz und Ressourcenproduktivität sind entsprechend der oben genannten Definitionen etwas irreführend, da in der Industrie keine Ressourcen sondern Rohstoffe verarbeitet werden. Auch wenn genau genommen von Rohstoffeffizienz und -produktivität gesprochen werden müsste, führt die Umsetzung dieser Prinzipien auch zu einer Schonung der natürlichen Ressourcen. Aus diesem Grund erscheint die Verwendung der Begriffe durchaus plausibel.

Die Unterscheidung von Ressourceneffizienz und -produktivität hängt prinzipiell vom Standpunkt des Betrachters ab. Um bei den wirtschaftlich geprägten Definitionen zu bleiben, wird unter Ressourcenproduktivität das Verhältnis aus Produktoutput und dem dafür nötigen Rohstoffinput verstanden. Unter Ressourceneffizienz wird hingegen das Verhältnis aus ökonomischer Wertschöpfung und Rohstoffinput verstanden (Schaltegger et al. 2002).

$$\text{Ressourcenproduktivität} = \frac{\text{Produktoutput}}{\text{Rohstoffinput}} \tag{1}$$

$$\text{Ressourceneffizienz} = \frac{\text{Wertschöpfung}}{\text{Rohstoffinput}} \tag{2}$$

Wie die Gleichungen 1 und 2 zeigen, steht bei beiden Quotienten der Rohstoffinput im Nenner, so dass sich die Gleichungen lediglich durch die im Zähler eingesetzten Werte für Produktoutput und Wertschöpfung unterscheiden. Da der Produktoutput und die Wertschöpfung ebenfalls eng miteinander verflochten sind, scheinen beide Begriffe eine ähnliche Aussage zu treffen. Eine mögliche Unterscheidung ergibt sich allerdings aus der veränderten Zieldefinition. Maßnahmen zur Steigerung der Ressourcenproduktivität zielen darauf ab, aus einer bestimmten Rohstoffmenge möglichst viele Produkte herzustellen. Das Ziel von Strategien zur Steigerung der Ressourceneffizienz ist es hingegen, eine gleich bleibende Wertschöpfung, z.B. durch die Herstellung eines Produktes, bei möglichst geringem Rohstoffeinsatz zu erreichen. Es kann also geschlussfolgert werden, dass im Falle der Ressourcenproduktivität (Gleichung 1) der Nenner fixiert wird, während bei der Ressourceneffizienz (Gleichung 2) der Zähler mehr oder weniger konstant gehalten wird. Dennoch erscheinen beide Begriffe eng miteinander verwandt. So führen Konzepte zur Steigerung der Ressourceneffizienz gleichzeitig auch zu einer höheren Ressourcenproduktivität.

Die Ressourceneffizienz taucht häufig auch in Verbindung mit dem Begriff der Ökoeffizienz auf, die aus dem Verhältnis aus ökonomischer Wert- und ökologischer Schadschöpfung definiert ist.

$$\text{Ökoeffizienz} = \frac{\text{Wertschöpfung}}{\text{ökologische Schadschöpfung}} \qquad (3)$$

Die ökologische Schadschöpfung umfasst hierbei alle negativen ökologischen Folgen und somit neben dem Rohstoffverbrauch auch Emissionen und Abfälle, die ökologische und gesundheitliche Schäden hervorrufen können. Maßnahmen zur Steigerung der Ökoeffizienz zielen ebenfalls darauf ab, eine gleich bleibende Wertschöpfung bei geringerer ökologischer Schadschöpfung zu erreichen. Entsprechend dieser Definition kann die Ressourceneffizienz auch als Teilmenge der breiter gefassten Ökoeffizienz verstanden werden (Schaltegger 2007).

1.4. Anforderungen an Methoden zur Messung der Ressourceneffizienz

Modelle mit denen die Ressourceneffizienz gemessen werden kann, müssen einer Vielzahl von Ansprüchen aus Wissenschaft und Wirtschaft gerecht werden. Da diese Anforderungen sehr komplex sein können, sollen in diesem Beitrag nur zwei grundsätzliche Anforderungen formuliert werden:

- Betrachtung der Rohstoffverfügbarkeit
- lebenswegorientierte Untersuchung (Rohstoffgewinnung —> Produktion —> Nutzung —> Entsorgung)

Neben der Erfassung des Rohstoffinputs, der für eine Wertschöpfung in Form eines Produktes erforderlich ist, sollte also auch die Verfügbarkeit der eingesetzten Rohstoffe erfasst werden. Geschieht dies nicht, könnte die Wertschöpfung durch knapper und damit teurer werdende Rohstoffinputs geschmälert werden.

Bei Untersuchungen auf der Produkt- und Prozessebene erscheint, wie im zweiten Punkt gefordert, zudem eine lebenswegorientierte Betrachtung notwendig. Um ein objektives Bild zu erhalten müssten also sämtliche Ressourcenverbräuche in der Herstellung, Nutzung und Entsorgung eines Produktes berücksichtigt werden. Wird beispielsweise die Erzeugung einer Kilowattstunde elektrischer Energie betrachtet, so ist hierfür natürlich weniger Uran in Atomkraftwerken als Wasser in Wasserkraftwerken nötig. Die Kernkraft erscheint somit entschieden ressourceneffizienter als die Wasserkraft. Wird die Untersuchung jedoch auf den gesamten Lebenszyklus ausgeweitet, so kommen weitere Rohstoffverbräuche für den Uranabbau, die Wiederaufbereitung der Brennelemente und die sich anschließende Endlagerung hinzu. Das Ergebnis eines Ressourceneffizienz-Vergleichs kann sich auf diese Weise durchaus verändern.

Wie bereits erwähnt ist die Verarbeitung von Rohstoffen in industriellen Prozessen in der Regel auch mit für Umwelt und Gesundheit schädlichen Emissionen und Abfällen verbunden. Eine Steigerung der Ressourceneffizienz kann neben der

Rohstoffersparnis also auch zu geringeren ökologischen und gesundheitlichen Konsequenzen führen. Hieraus darf jedoch nicht geschlussfolgert werden, dass weniger Rohstoffinputs automatisch zu geringeren Belastungen für Mensch und Natur führen. Im oben genannten Beispiel sind die negativen Auswirkungen der ressourceneffizienteren Atomkraft keinesfalls harmloser als die der Wasserkraft. Im Rahmen einer verantwortungsvollen Nachhaltigkeitsuntersuchung sollte die Ressourceneffizienz daher nicht allein sondern stets im Zusammenhang mit aus der Rohstoffnutzung resultierenden Emissionen und Abfällen betrachtet werden. Idealerweise sollte eine Untersuchung der Ressourceneffizienz zu einer ganzheitlichen Ökoeffizienz-Betrachtung ausgeweitet werden.

Der Ansatz, ökologische und gesundheitliche Aspekte bei einer Ressourceneffizienz-Bewertung nicht außer Acht zu lassen, wird auch von der Europäischen Union unterstützt. In der von der Kommission der Europäischen Gemeinschaft veröffentlichten Thematischen Strategie für eine nachhaltige Nutzung natürlicher Ressourcen (Europäische Union 2005), wird die Definition des Ressourcenbegriffs daher deutlich erweitert. So werden neben den klassischen biotischen und abiotischen Ressourcen auch *Umweltmedien wie Luft, Wasser und Boden, [...] strömende Ressourcen wie Windenergie, geothermische Energie, Gezeitenenergie und Sonnenenergie und physischer Raum (Land)* als Ressource definiert. In Ressourceneffizienz-Betrachtungen soll nicht mehr nur die Entnahme dieser Ressourcen sondern auch die Einleitung von Abfällen und Emissionen in die Ressourcen berücksichtigt werden. Ziel der Strategie, die auch den Lebenszyklusansatz unterstützt, ist der Schutz der natürlichen Ressourcen, *unabhängig davon, ob die Ressourcen für die Herstellung von Produkten oder als Senken zur Absorption von Emissionen (Boden, Luft und Wasser) verwendet werden.*

Auch wenn die von der Strategie geforderte Integration der ökologischen und gesundheitlichen Konsequenzen in Ressourceneffizienz-Betrachtungen zu begrüßen ist, sorgt die Verallgemeinerung des Ressourcenbegriffs für Schwierigkeiten. Indem ökologische Aspekte, wie die Eutrophierung von Gewässern, als Frage der Emissions-Aufnahmefähigkeit von Ressourcen gehandhabt werden, geht die Trennung zwischen Ressourcen- und Ökoeffizienz verloren. Diese Vermischung der Begriffe kann zu Problemen hinsichtlich der Kommunizierbarkeit künftiger politischer Richtlinien an Wirtschaft und Bevölkerung führen.

2. Ausgewählte Methoden zur Messung der Ressourceneffizienz

Nachdem der Begriff Ressourceneffizienz definiert und seine Relevanz innerhalb von Nachhaltigkeitsuntersuchungen erläutert wurde, werden im Folgenden ausgesuchte Methoden zur Messung der Ressourceneffizienz aufgezeigt. Die folgenden Methoden erfüllen die oben genannten Anforderungen ganz oder zumindest teilweise und erscheinen deshalb als prinzipiell geeignet. Es sei darauf hingewiesen, dass die folgende Liste keinesfalls den Anspruch auf Vollständigkeit erhebt und an der TU Berlin derzeit weitere Methoden untersucht werden.

- Material Input pro Serviceeinheit – MIPS (Ritthof et al. 2002)
- Environmentally weighted Material Consumption – EMC (van der Voet et al. 2005)
- Kumulierter Energieaufwand – KEA (Fritsche et al. 1999)
- Ökobilanz (ISO 14040 2006) (ISO 14044 2006)
  - * Wirkungskategorien
    - Abiotischer Ressourcenverbrauch (CML) (Guinee et al. 2001)
    - Ressourcenverbrauch (EDIP) (Hauschild und Wenzel 1998)
  - * Wirkungsabschätzungsmethoden
    - Methode der ökologischen Knappheit (Frischknecht et al. 2006)
    - Eco-indicator 99 (Goedkopp und Spriensma 2001)
    - Environmental Priority Strategies (Steen et al. 1999)
    - Life cycle Impact assessment Method based on Endpoint modelling – LIME (Itsubo et al. 2003)

Alle oben genannten Methoden bilden die Rohstoffnutzung und einige auch die aus der Verarbeitung resultierenden ökologischen und gesundheitlichen Konsequenzen ab. Mit Ausnahme der Environmentally weighted Material Consumption, fehlt jedoch bei allen Methoden die Betrachtung der wirtschaftlichen Komponente. Als zentrales Element der Ressourceneffizienz und Ökoeffizienz muss bei diesen Methoden also noch die Wertschöpfung ermittelt werden. Dafür sind geeignete ökonomische Methoden, wie beispielsweise Life Cycle Costing (Rebitzer und Hunkeler 2003), vorhanden, die in diesem Beitrag nicht näher ausgeführt werden.

2.1. Material Input pro Serviceeinheit – MIPS

Der Material Input pro Serviceeinheit ist ein Indikator, mit dessen Hilfe der Rohstoffverbrauch von Produkten und Prozessen gemessen wird. Rohstoffe werden hierfür in die Kategorien *Abiotische* und *Biotische Rohstoffe*, *Bodenbewegung in der Land- und Forstwirtschaft, Wasser* und *Luft* unterteilt. Wichtig ist hierbei, dass Rohstoffe im MIPS-Konzept als Material bezeichnet werden und auch nicht wirtschaftlich genutzte Stoffe beinhalten, die normalerweise nicht als Rohstoffe definiert werden. So gehen beispielsweise beim Abbau von Erzen die gesamten Gesteinsbewegungen in die Kategorie Abiotische Rohstoffe ein und nicht nur das Erz an sich. Der Verbrauch oder die Bewegung sämtlicher dieser Materialien wird über den gesamten Lebensweg eines Produktes aggregiert. Hierbei werden auch die Materialentnahmen aller Vorketten berücksichtigt, die aus Ressourcenabbau, Bereitstellung von Energieträgern, Zwischenprodukten, etc. resultieren. Auf diese Weise lassen sich Materialintensitäten – ökologische Rucksäcke – für Werkstoffe und Produkte ermitteln, die sich entlang der Wertschöpfungskette aufsummieren. In der Praxis wird unter dem ökologischen Rucksack oftmals der *Globale Materialaufwand* (GMA oder Total Material Requirement – TMR) verstanden.

Der Globale Materialaufwand beinhaltet die Summe der Material-Kategorien Abiotische und Biotische Rohstoffe sowie Bodenbewegung und enthält, wie bereits erwähnt, sowohl die wirtschaftlich genutzten als auch ungenutzten Anteile der Materialflüsse. Zusätzlich erfasst der Globale Materialaufwand Importe und die damit verbundenen indirekten Materialflüsse, für z.B. Transporte.

Die nicht im ökologischen Rucksack enthaltenen Material-Kategorien Wasser und Luft werden hingegen gesondert betrachtet. Basierend auf der Annahme, dass sämtliche Materialinputs früher oder später zu Abfällen und Emissionen werden, sollen die MIPS neben dem Rohstoffverbrauch auch als Indikator für ökologische und gesundheitliche Konsequenzen dienen (Ritthof et al. 2002).

Auch wenn MIPS ein einfach zu handhabendes und leicht verständliches Konzept zugrunde liegt, ist die Verlässlichkeit dieser Methode umstritten. Ein großer Kritikpunkt liegt beispielsweise darin, dass Materialverbräuche zwar angezeigt, jedoch keine Aussagen über die Verfügbarkeit der eingesetzten Rohstoffe getroffen werden. Ein Kilogramm Gold wird somit genauso behandelt wie ein Kilogramm Sand. Diese Kritik kann jedoch relativiert werden, da die in den MIPS enthaltenen Materialbewegungen für den Abbau von Gold entschieden höher sind als die von Sand. Der ökologische Rucksack (TMR) von Gold (540.000 kg/kg) ist somit viel größer als der von Sand (1,42 kg/kg) (Wuppertal Institut 2003). Es wird also indirekt, über die Vorketten, häufig auch die Verfügbarkeit der Rohstoffe abgebildet. Ein weiterer Nachteil besteht darin, dass die Materialbewegungen kaum differenziert werden. Es macht jedoch einen großen Unterschied, ob eine Tonne Gestein in einer Wüste oder in einem Naturschutzgebiet bewegt wird. In einem weiteren Kritikpunkt wird bemängelt, dass die Materialintensitäten nicht zwangsläufig auf die aus Emissionen und Abfällen resultierenden gesundheitlichen und ökologischen Folgen schließen lassen. So liegen die ökologischen Rucksäcke (TMR) für die Erzeugung von einem Gigajoule Energie aus Erdgas und Eröl bei jeweils etwa 29 kg (Wuppertal Institut 2003). Dennoch entstehen bei der Verbrennung von Erdgas weniger schädliche Emissionen als bei der von Erdöl. Unter Berücksichtigung dieser Kritiken und der in Kapitel 1.4. gestellten Anforderungen, erscheint das MIPS-Konzept für eine Bewertung der Ressourceneffizienz als eher ungeeignet. Eine Methode, die auf einem ähnlichen Prinzip beruht, jedoch einige der genannten Defizite überwinden kann, wird im Folgenden Kapitel vorgestellt.

2.2. Environmentally weighted Material Consumption – EMC

Der ökologisch gewichtete Materialverbrauch – Environmentally weighted Material Consumption – wurde für die Bewertung der Ressourceneffizienz auf makroökonomischer Ebene entwickelt. Mit seiner Hilfe soll eine wünschenswerte Entkopplung von Wirtschaftswachstum und Umweltbelastung einer Volkswirtschaft gemessen werden. Als Grundlage dient dabei der direkte Materialverbrauch eines Landes – Direct Material Consumption (DMC).

Der direkte Materiaverbrauch stellt hierbei eine Teilmenge des dem MIPS-Konzept zugrunde liegenden Globalen Materialaufwandes dar. Er beinhaltet lediglich die wirtschaftlich genutzten abiotischen und biotischen Rohstoffe zuzüglich aller Im- und abzüglich aller Exporte.

Unter Berücksichtigung der ökologischen Folgen, die aus dem gesamten Materiallebenszyklus resultieren, werden Faktoren abgeleitet, die den Beitrag jedes Materials zu 13 umweltrelevanten Problemfeldern – Treibhauseffekt, Versauerung, usw. – darstellen. Werden nun die direkten Materialverbräuche eines Landes mit ihren jeweils 13 ökologischen Faktoren multipliziert, wird der Beitrag einer Volkswirtschaft zu den verschiedenen Umweltproblemen deutlich. Um nicht 13 verschiedene Umweltwirkungen beurteilen zu müssen, werden die ökologischen Faktoren zusammengefasst, indem sie mit nationalen jährlichen Referenzwerten normalisiert und zu einem einzigen Umweltfaktor aggregiert werden. Multipliziert man die Rohstoffströme einer Volkswirtschaft mit ihrem jeweiligen Umweltfaktor, erhält man den ökologisch gewichteten Materialverbrauch. Dieser beinhaltet somit den eigentlichen Materialverbrauch eines Landes, wie auch die ökologische Relevanz der einzelnen Stoffströme. Um eine internationale Vergleichbarkeit zu gewährleisten, muss der ökologisch gewichtete Materialverbrauch auf eine pro Kopf-, pro Quadratkilometer- oder pro Euro Bruttosozialprodukt-Einheit normalisiert werden. Insbesondere der Bezug auf das Bruttosozialprodukt eines Landes ist hier von entscheidender Bedeutung, da es Aussagen über die Ökoeffizienz einer Volkswirtschaft ermöglicht (van der Voet et al. 2005).

Im Gegensatz zum MIPS-Konzept, werden beim EMC nicht die gesamten Materialbewegungen (TMR), sondern nur die wirtschaftlich genutzten Rohstoffflüsse (DMC) betrachtet. Mithilfe der ökologischen Faktoren wird die vielschichtige Umweltrelevanz dieser Materialverbräuche deutlich, so dass eine genauere Differenzierung als beim MIPS-Prinzip möglich ist. Die Verfügbarkeit der Rohstoffe wird in einer der 13 Umweltkategorien explizit beurteilt. Das zugrunde liegende Prinzip wird in Kapitel 2.4.1. erläutert.

Größtes Problem des EMC-Konzeptes ist jedoch die Übertragung der Methode vom makroökonomischen Level auf die Produkt- und Prozessebene. So lässt sich der Produktlebenszyklus nur ungenau abbilden, da lediglich die Rohstoffinputs erfasst werden. Ein Recycling kann aus diesem Grund nur über geringere Materialverbräuche abgebildet werden. Umgekehrt könnten Emissionsreduzierungen bei der Verbrennung fossiler Rohstoffe lediglich durch neue, kleinere ökologische Faktoren für die Brennstoffe erfasst werden. Des Weiteren sind zwar die Umweltrelevanz ausdrückende Faktoren für gängige Werkstoffgruppen vorhanden, jedoch fehlt es bislang an spezifischen Indikatoren für einzelne Werkstoffe. Für den Einsatz der Methode auf volkswirtschaftlicher Ebene mögen geringe Unterschiede, wie sie bei verschiedenen Kunststoff- oder Stahlsorten auftreten, nicht relevant sein. Bei der Anwendung auf Produktebene, insbesondere bei Variantenvergleichen, können solche Abweichungen hingegen entscheidend sein. Aus diesem und den oben genannten Gründen scheint die Methode für den Einsatz auf der Produkt- und Prozessebene ebenfalls nicht geeignet zu sein.

2.3. Kumulierter Energieaufwand – KEA

Beim Kumulierten Energieaufwand handelt es sich um eine standardisierte Bewertungsmethode (VDI 4600 1997), mit deren Hilfe die über den gesamten Lebensweg eines Produktes eingesetzte Primärenergie ermittelt wird. Da meist in allen Lebenswegphasen Energie benötigt wird und die aus ihrer Erzeugung resultierenden Emissionen zu vielfältigen ökologischen Konsequenzen führen, gilt der KEA als *Screening Indikator* für komplexe umweltliche Fragestellungen. Dieser weithin akzeptierte Zusammenhang soll an dieser Stelle um einen neuen Aspekt erweitert werden: Da für die Bereitstellung von stofflichen und energetischen Rohstoffen ebenfalls Energie benötigt wird und die Energiemenge proportional zur Verfügbarkeit der Rohstoffe ist, könnte der KEA auch als Indikator für die Messung der Ressourceneffizienz dienen.

Grundsätzlich setzt sich der Kumulierte Energieaufwand aus einem tatsächlich energetisch genutzten (KPA) und einem stofflich gebundenen Energieanteil (KNA) zusammen, die wie folgt berechnet werden:

$$KEA = KPA + KNA = \underbrace{\sum_{i=1}^{l} \left(\frac{EE_i}{g_i} \right)}_{KPA} + \underbrace{\sum_{j=1}^{m} \left(\frac{NEV_j}{g_j} \right) + \sum_{k=1}^{n} \left(\frac{SEI_k}{g_k} \right)}_{KNA} \quad [MJ] \qquad (4)$$

$$g = \frac{H_u}{KEA_{Be}} \qquad (5)$$

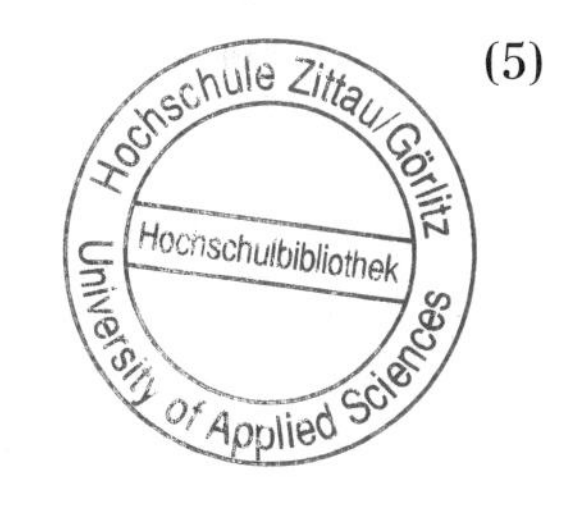

KPA: Kumulierter Prozessenergieaufwand [MJ]
KNA: Kumulierter nicht-energetischer Energieaufwand [MJ]
EE: genutzte Endenergie [MJ]
NEV: nicht-energetischer Verbrauch von Brennstoffen (z.B. Öl) [MJ]
SEI: stoffgebundener Energieinhalt von Nicht-Brennstoffen (z.B. Chlor) [MJ]
g: Bereitstellungsnutzungsgrad [MJ_{End}/MJ]
H_u: unterer Heizwert des Energieträgers [MJ]
KEA_{Be}: Kumulierter Energieaufwand für die Bereitstellung des Energieträgers [MJ]

Während der KPA-Anteil real eingesetzte Prozessenergien – z.B. thermische oder elektrische – beinhaltet, werden mithilfe des KNA die im Produkt gespeicherten Energien – z.B. Erdöl in Kunststoffen – erfasst. Letztere können im Falle eines Recyclings teilweise gutgeschrieben werden (Pick und Wagner 1998). Um diese Vermischung von Stoff- und Energieströmen zu vermeiden, wird von einigen Autoren, wie Fritsche et. al (1999), ein KEA gefordert, der lediglich den KPA-Anteil beinhaltet.

Die jeweiligen Energiebeträge werden in der Praxis durch Prozessketten-Analysen, daraus abgeleitete Materialbilanzen oder Input-Output-Analysen ermittelt. Mithilfe der Division durch die Bereitstellungsnutzungsgrade, welche als Wirkungsgrade kompletter Energieketten verstanden werden können, werden die jeweiligen Energiebeträge in die ursprünglich eingesetzten Primärenergien umgerechnet (Pick und Wagner 1998). Obwohl der KEA meist in aggregierter Form angegeben wird, besteht die Möglichkeit der Unterteilung in die einzelnen Energieträger – Erdöl, Uran, Windenergie, usw. –, welche stark variierende ökologische Konsequenzen hervorrufen (Fritsche et al. 1999).

Ein großer Vorteil der Methode liegt darin, dass lediglich Energie- und wenige relevante Stoffströme benötigt werden, die im Vergleich zu teilweise schwer messbaren Emissionen einfach zu ermitteln sind. Der KEA wird sowohl durch den Rohstoffverbrauch als auch die -verfügbarkeit beeinflusst und gilt weiterhin als

Indikator für die aus der Energieerzeugung resultierenden umweltschädlichen Emissionen. Auch wenn Ausnahmen denkbar sind, scheint die Methode die in Kapitel 1.4. gestellten Anforderungen weitgehend zu erfüllen und zumindest für eine überschlägige Messung der Ressourceneffizienz geeignet zu sein.

2.4. Ökobilanz

Die Ökobilanz ist eine international standardisierte Methode – ISO 14040 2006 und ISO 14044 2006 – mit deren Hilfe die ökologischen und gesundheitlichen Konsequenzen von Produkten entlang ihres gesamten Lebensweges untersucht werden können.

Bei der Durchführung einer Ökobilanz werden zunächst das Ziel und der Untersuchungsrahmen festgelegt. Neben der Erläuterung des Untersuchungszwecks werden dabei die funktionelle Einheit, Systemgrenzen, Abschneidekriterien, Allokationsverfahren, Wirkungskategorien, etc. definiert.

Im Folgenden wird ein Modell erstellt, das alle relevanten Stoff- und Energieflüsse in und zwischen den einzelnen Lebenszyklusphasen erfasst und bezogen auf die funktionelle Einheit quantifiziert. Ziel ist es dabei, die Vorketten sämtlicher Inputs bis zur Rohstoffentnahme aus der Natur zurückzuverfolgen und neben den Produkten alle Abfälle sowie Emissionen in Luft, Wasser und Boden zu erfassen. Nachdem alle Stoffströme in der so genannten Sachbilanz tabellarisiert wurden, werden die durch sie hervorgerufenen ökologischen Konsequenzen in der sich anschließenden Wirkungsabschätzung betrachtet. Die verschiedenen umweltlichen Aspekte, wie Klimaerwärmung, Eutrophierung, Versauerung, etc., werden hierbei als Wirkungskategorien bezeichnet.

Die Verbindung zwischen einem Stofffluss und dem daraus resultierenden ökologischen Problem (z.B. SO_2 —> Versauerung) wird mit Hilfe von Charakterisierungsmodellen beschrieben. Diese beinhalten einen für den Umweltwirkungsmechanismus verantwortlichen Wirkungsindikator – z.B. H^+-Freisetzung für Versauerung –, auf dessen Grundlage für alle Stoffe individuelle Charakterisierungsfaktoren ermittelt werden. Anhand dieser Faktoren wird der Einfluss der Stoffe auf die jeweilige Wirkungskategorie quantifiziert und relativ zu einer Referenzgröße angegeben. Die sich daraus ergebenden identischen Einheiten – z.B. SO_2-Äquivalente – ermöglichen die Aggregation der Beiträge verschiedener Stoffe innerhalb einer Wirkungskategorie. Neben den bis hierher obligatorischen Schritten können die Ergebnisse im Verhältnis zu Referenzgrößen – z.B. jährliche Pro-Kopf SO_2-Emissionen in Europa – normalisiert und danach in Gruppen zusammengefasst und gewichtet werden.

In der darauf folgenden Auswertung werden die Ergebnisse diskutiert und ökologisch kritische Lebenszyklusphasen untersucht, um lohnende Ansätze für ökologische Optimierungen aufzuzeigen. Mit Hilfe von Signifikanzanalysen lassen sich dabei besonders wichtige Parameter im Produktlebenszyklus identifizieren, die auch zur Simulation von Szenarien herangezogen werden können. Neben der umweltlichen Produktoptimierung können Ökobilanzen auch für den Vergleich verschiedener Erzeugnisse und Verfahren genutzt werden (ISO 14040 2006).

Größte Stärke der Ökobilanz, die für eine Untersuchung auf Produkt- und Prozessebene entwickelt wurde, ist die Vielseitigkeit der Bewertungsperspektiven. Mithilfe eines breiten Spektrums an Wirkungskategorien lassen sich die verschiedensten, aus den Stoffströmen resultierenden ökologischen und gesundheitlichen Konsequenzen untersuchen. Somit können neben den eigentlichen Rohstoffinputs auch die aus Emissionen und Abfällen resultierenden negativen Folgen bewertet werden. Eine so vielschichtige Bewertung setzt jedoch ein sehr detailliertes Stoffstrommodell voraus, weshalb die Ökobilanz als eine der aufwendigsten Methoden gilt. Neben der Erfüllung der drei eingangs formulierten Anforderungen bietet die Ökobilanz eine Reihe weiterer Vorteile. So sind beispielsweise verschiedene Computerprogramme erhältlich, welche die Erstellung und Auswertung von Ökobilanzen erleichtern. Des Weiteren sind Datenbanken vorhanden, in denen die Stoffstrommodelle inklusive aller Vorketten für viele Produkte und Prozesse bereits hinterlegt sind. Auch weil die Ökobilanz sehr dynamisch ist und sich in ständiger Weiterentwicklung befindet, erscheint die Methode für die Messung der Ressourceneffizienz, unter Berücksichtigung ökologischer und gesundheitlicher Aspekte, als gut geeignet.

Im Folgenden sollen zwei Wirkungskategorien vorgestellt werden, mit denen der Rohstoffverbrauch bewertet werden kann. Des Weiteren werden zwei Gesamtbewertungsverfahren beschrieben, mit denen Ökobilanzen zusätzlich unter ökologischen und gesundheitlichen Gesichtspunkten ausgewertet werden können. Einigen, aber nicht allen, dieser Gesamtbewertungsverfahren liegen verschiedene Wirkungskategorien zugrunde, deren Ergebnisse normalisiert, gewichtet und zu einem einzigen Indikator zusammengefasst werden.

2.4.1. Wirkungskategorien

Bei der ersten untersuchten Wirkungskategorie handelt es sich um den *Abiotischen Ressourcenverbrauch*, der an der Leiden Universität, Niederlande (CML) entwickelt wurde. Mit seiner Hilfe kann die Aufzehrung abiotischer Rohstoffe entlang des Produktlebensweges untersucht werden.

Die Verbindung zwischen einem Stoffstrom und einem ökologischen Problem wird in der Ökobilanz, wie im vorherigen Kapitel erwähnt, mithilfe von Charakterisierungsmodellen beschrieben. Entsprechend der Definition dieses Problems, also der Rohstoffaufzehrung, sind im vorliegenden Fall mehrere solcher Modelle denkbar: Förderraten und verbleibende Reserven, Exergiegehalt, Energiemehraufwand zur Förderung der verbleibenden Rohstoffe, usw. Da die Entwickler der Auffassung sind, dass lediglich der Verbrauch der Ressource an sich im Mittelpunkt stehen sollte, beschreibt das Charakterisierungsmodell das Verhältnis aus jährlicher Fördermenge einer Ressource und dem verbleibenden Rohstoffvorrat. Diese Relation wird anschließend auf die gleichmäßig in der Erdkruste vorkommende Referenzressource Antimon normiert.

$$ADP = \sum ADP_i \cdot m_i \qquad (6)$$ mit

$$ADP_i = \frac{\text{Jahresverbrauch Ressource}_i}{(\text{Rohstoffvorrat Ressource}_i)^2} \cdot \frac{(\text{Rohstoffvorrat Antimon})^2}{\text{Jahresverbrauch Antimon}} \qquad (7)$$

Der Verbrauch eines Rohstoffes wird durch die Normierung in der Einheit Kilogramm Antimonäquivalent angegeben, was die Aufsummierung verschiedener Rohstoffverbräuche ermöglicht. Die vorhandenen Rohstoffvorkommen umfassen dabei alle, auch die nicht förderbaren oder nicht förderwürdigen, Rohstoffe in dem jeweiligen Medium (z.B. Erdkruste). Mit Hilfe dieses Charakterisierungsmodells lässt sich die Aufzehrung endlicher abiotischer Ressourcen, wie sedimentäre und mineralische Ressourcen oder fossile Energieträger, präzise beschreiben. Entsprechend der Definition gehören aber auch sich regenerierende und scheinbar unerschöpfliche Ressourcen, wie Flusswasser oder Windenergie, zu den abiotischen Ressourcen. Da diese jedoch nicht verbraucht oder in Materialkreisläufen gebunden, sondern allenfalls konkurrierend genutzt werden, erfasst die Wirkungskategorie mit dem gewählten Charakterisierungsmodell nur einen Teil der abiotischen Ressourcen (Guinee et al. 2001).

Als zweite Möglichkeit wird die Wirkungskategorie *Ressourcenverbrauch* untersucht, die im Rahmen des Environmental Design of Industrial Products (EDIP)-Programms entwickelt wurde.

Unter dem Begriff Ressourcen werden hierbei alle direkt aus der Natur entnommenen erneuerbaren und nicht-erneuerbaren Rohstoffe verstanden. Die Mengen der einzelnen, entlang des Produktlebensweges verbrauchten Rohstoffe werden zunächst auf die im gleichen Zeitraum global geförderte Pro-Kopf-Rohstoffmengen normalisiert.

$$\text{normalisierter Rohstoffverbrauch}_i = \frac{\text{Verbrauch Rohstoff}_i \text{ über Produktlebensweg}}{\text{globale jährl. Pro-Kopf-Rohstoffförderung}_{i,1990} \cdot \text{Produktlebenszeit}} \quad (8)$$

Da diese relative Aussage noch keine Angaben über die mögliche Knappheit einer Ressource enthält, folgt anschließend eine Gewichtung, indem der normalisierte Rohstoffverbrauch durch den zeitlichen Verfügbarkeitshorizont der jeweiligen Ressource dividiert wird. Früher zur Neige gehende Rohstoffe werden somit höher gewichtet als Ressourcen, die noch über längere Zeit zur Verfügung stehen.

$$\text{Verfügbarkeitshorizont}_{\text{nicht-erneuerbar},i} = \frac{\text{Pro-Kopf-Rohstoffreserven}_{i,1990}}{\text{globale jährl. Pro-Kopf-Rohstoffförderung}_{i,1990}} \quad (9)$$

$$\text{Verfügbarkeitshorizont}_{\text{erneuerbar},i} = \frac{\text{bekannte regionale Rohstoffreserven}_i}{\text{jährl. regionaler Verbrauch}_i - \text{jährl. regionale Regeneration}_i} \quad (10)$$

Das gewichtete Ergebnis drückt somit den Anteil eines Produktrohstoffverbrauchs zu den Pro-Kopf-Rohstoffreserven des Referenzjahres 1990 aus. Falls erwünscht, können jetzt weitere subjektive technische und politische Gewichtungen folgen, die beispielsweise den Veredelungsgrad (Torf —> Kohle —> Diamant) oder die

Bedeutung (Trinkwasser) einer Ressource beurteilen. Die einzelnen rohstoffspezifischen Ergebnisse werden in dieser Wirkungskategorie nicht wie allgemein üblich bei der Charakterisierung, sondern erst jetzt nach der Normalisierung bzw. Gewichtung aggregiert (Hauschild und Wenzel 1998).

Während im zuvor beschriebenen Abiotischen Ressourcenverbrauch (CML) lediglich unbelebte, nicht-regenerierbare Rohstoffe erfasst werden, können mithilfe der zweiten Wirkungskategorie sämtliche biotischen und abiotischen sowie regenerativen und nicht-regenerativen Rohstoffverbräuche bewertet werden. Des Weiteren beziehen sich alle Rohstoffvorräte auf die tatsächlich technisch und wirtschaftlich nutzbaren Vorkommen und nicht auf die dem Abiotischen Ressourcenverbrauch zugrunde gelegten gesamt vorhandenen Ressourcen. Beide Wirkungskategorien sind allerdings nicht in der Lage, sich bereits in Stoffkreisläufen befindende Rohstoffmengen zu berücksichtigen. Wie der Vergleich zeigt, ist die Wirkungskategorie Ressourcenverbrauch (EDIP) jedoch etwas besser geeignet, den Rohstoffverbrauch unter Berücksichtigung der Verfügbarkeit zu bewerten.

Um bei einer Ressourceneffizienz-Analyse auch die ökologischen und gesundheitlichen Konsequenzen nicht zu vernachlässigen, müssten in beiden Fällen zusätzliche Wirkungskategorien – Öko- und Humantoxizität, usw. – ausgewertet werden. Auch wenn hierfür zahlreiche Wirkungskategorien-Sets – CML, EDIP, TRACI, usw. – zur Verfügung stehen, verkompliziert sich die Untersuchung mit zunehmender Kategorienanzahl erheblich. Eine Alternative zu dieser mehrdimensionalen Betrachtung ist die Auswertung einer Ökobilanz mithilfe eines Gesamtbewertungsverfahrens. Solche Verfahren werten das Stoffstrommodell einer Ökobilanz unter Berücksichtigung weiterer Aspekte aus. So werden neben den Rohstoffentnahmen auch aus Emissionen und Abfällen resultierende ökologische, gesundheitliche oder soziale Konsequenzen berücksichtigt. Zwei dieser Methoden, deren vielschichtige Ergebnisse normalisiert, gewichtet und schließlich mithilfe eines Single-Score Indikators angegeben werden, werden im folgenden Kapitel vorgestellt.

2.4.2. Gesamtbewertungsverfahren

Die Methode der ökologischen Knappheit ist eines dieser Wirkungskategorie übergreifenden Bewertungsverfahren für Ökobilanzen. Kern der Methode sind die Umweltrelevanz eines Stoffes widerspiegelnde Ökofaktoren, mit denen die auftretenden Stoffströme multipliziert werden.

Die stoffspezifischen Ökofaktoren werden in Anlehnung an ISO 14040 (2006) in den Schritten Charakterisierung, Normierung und einer die ökologische Knappheit widerspiegelnden Gewichtung wie folgt berechnet:

$$\text{Ökofaktor}\left[\frac{\text{Umweltbelastungspunkte (UBP)}}{\text{Einheit}}\right] = \underbrace{K}_{\substack{\text{Charakterisierung}\\ \text{(optional)}}} \cdot \underbrace{\frac{1 \cdot \text{UBP}}{F_n}}_{\text{Normierung}} \cdot \underbrace{\left(\frac{F}{F_k}\right)^2}_{\text{Gewichtung}} \cdot \underbrace{c}_{\text{konst. Faktor}} \quad (11)$$

Das zentrale Element der Ökofaktoren ist hierbei die Gewichtung. Sie drückt das Verhältnis aus dem aktuellen jährlichen Stofffluss (F) im Untersuchungsgebiet und dem kritischen Fluss dieses Stoffes (F_k) aus. Der kritische, also maximal zulässige, Fluss im Untersuchungsgebiet kann entweder anhand bestehender Gesetze oder durch wissenschaftliche Empfehlungen bestimmt werden. Durch die Quadrierung des Quotienten werden starke Überschreitungen des kritischen Flusses überproportional hoch gewichtet. Mithilfe des Charakterisierungs-Faktors können Ökofaktoren für Stoffe ermittelt werden, die zur gleichen Umweltwirkung beitragen wie die dem ursprünglichen Ökofaktor zugrunde liegende Referenzsubstanz. Unter der Normierung kann der Blickwinkel verstanden werden, unter dem das Ergebnis betrachtet wird. Da die Methode in der Schweiz entwickelt wurde, wird hier ein Umweltbelastungspunkt dem gesamtschweizerischen jährlichen Fluss eines Stoffes (F_n) zugewiesen. Die abschließende Multiplikation mit der Konstanten c (10^{12}/a) führt zu einer besser handhabbaren Größenordnung des Ergebnisses. Die in der Sachbilanz zusammengetragenen Stoffströme werden nun mit den zugehörigen Ökofaktoren multipliziert, woraufhin die so berechneten Umweltbelastungspunkte (UBP) der einzelnen Stoffströme aggregiert werden.

Es sind bereits zahlreiche Ökofaktoren für Emissionen in Luft, Oberflächengewässer, Grundwasser und Böden aber auch für Ressourcenverbräuche und Abfallströme berechnet worden. Ein großer Vorteil der Methode liegt in der ermöglichten Regionalisierung. Durch die Wahl lokaler kritischer Flüsse können beispielsweise spezifische Ökofaktoren für Nährstoffeinträge in einzelne Seen oder Flüsse berechnet werden. Des Weiteren wird in der Methode erstmals der Süßwasserverbrauch betrachtet. Hierbei wird mithilfe der Regionalisierung die sich stark unterscheidende Wasserknappheit verschiedener Ländern berücksichtigt. Durch die Wahl des Normierungsflusses kann nun beispielsweise ein Süßwasserverbrauch in Afrika unter schweizerischem Blickwinkel betrachtet werden (Frischknecht et al. 2006).

Ein etwas anderer Weg zur Auswertung von Ökobilanzen mithilfe eines Single-Score Indikators wird vom Eco-indicator 99 eingeschlagen. Mithilfe zahlreicher Modelle werden hier die aus den Stoffströmen resultierenden Konsequenzen am Ende der Ursache-Wirkungskette für die Schadenskategorien Gesundheit, Ökosystemqualität und Ressourcen beschrieben.

Die Kategorie Gesundheit umfasst dabei die Auswirkungen von Krebs- und Atemwegserkrankungen sowie die aus Treibhauseffekt, stratosphärischem Ozonabbau und radioaktiver Strahlung resultierenden Belastungen. Hierfür sind Modelle nötig, die den Verbleib stofflicher Emissionen in der Natur und die daraus folgenden gesundheitlichen Effekte abbilden (Emission —> Konzentrationen in Luft, Wasser, Boden —> Dosis —> Erkrankung). So wird beispielsweise aus der Emission einer bestimmten FCKW-Menge die Abnahme der Ozonkonzentration in der Stratosphäre berechnet. Nachdem die daraus resultierende erhöhte UV-Strahlung an der Erdoberfläche ermittelt wurde, wird mithilfe klinischer Daten die Zunahme charakteristischer Krankheiten, wie Hautkrebs oder dem Grünen Star, abgeschätzt. Schließlich werden die gesundheitlichen Konsequenzen aller Stoffströme in der gemeinsamen Einheit DALY (*disability adjusted life years*) zusammengefasst.

Schäden hinsichtlich der Qualität von Ökosystemen werden anhand der Artenvielfalt quantifiziert und beinhalten die Folgen von Ökotoxizität, Versauerung und Eutrophierung sowie Flächennutzung. Auch hier sind Modelle nötig, die den Fluss relevanter Stoffe durch die Ökosysteme sowie veränderte Biotopflächen beschreiben und deren Auswirkungen auf die Artenvielfalt analysieren.

In der Kategorie Ressourcen werden die aus dem Rohstoffabbau resultierenden abnehmenden Konzentrationen mineralischer Ressourcen in der Erdkruste sowie die sich verringernde Verfügbarkeit fossiler Rohstoffe modelliert. Der hierdurch entstandene Schaden wird mittels des energetischen Mehraufwands beschrieben (MJ surplus energy), der für die Förderung der noch verbleibenden Rohstoffreserven nötig ist.

Um die Ergebnisse der drei Schadenskategorien für den Nutzer verständlich darzustellen, werden sie im Verhältnis zu einer Referenzgröße – Schäden, die von einem Europäer innerhalb eines Jahres verursacht werden – normalisiert. Die nun einheitslosen Ergebnisse können anschließend mit von einer Expertengruppe festgelegten Gewichtungsfaktoren multipliziert und schließlich zu einem einzigen Eco-indicator Wert aggregiert werden.

Die in allen drei Schadenskategorien angewendeten Modelle sowie die Gewichtung der normalisierten Ergebnisse werden stets von subjektiven Ansichten und Entscheidungen beeinflusst. Um die Bandbreite dieser persönlichen Auffassungen nicht zu vernachlässigen, wird das Konzept der kulturellen Perspektiven eingeführt mit dessen Hilfe sich subjektive Standpunkte in drei Bereiche – egalitär, individualistisch, hierarchisch – einordnen lassen. Der Anwender hat somit die Möglichkeit, jeweils eine kulturelle Perspektive für Modellierung und Gewichtung zu wählen, die seinen persönlichen Ansichten oder dem Zweck der Untersuchung am ehesten entspricht (Goedkopp und Spriensma 2001).

Das Prinzip der so genannten Endpoint-Modellierung, welches die durch Stoffströme hervorgerufenen Schäden am Ende der Ursache-Wirkungskette beschreibt, kommt neben dem Eco-indicator auch in anderen Methoden zur Anwendung.

So werden beispielsweise in den in Schweden entwickelten Environmental Priority Strategies (EPS) fünf Schutzobjekte definiert, deren Schäden mithilfe sie beschreibender Wirkungskategorien abgeschätzt werden. Die Ergebnisse dieser Wirkungskategorien werden dabei unter Verwendung des willingness to pay (WTP) Prinzips gewichtet und zusammengefasst. Die ökologische Gewichtung entspricht also dem Geldbetrag, den die Gesellschaft zu zahlen bereit ist, um ein bestimmtes Ereignis zu verhindern. Im Gegensatz zum Eco-indicator ermöglicht EPS eine Unsicherheitsbetrachtung der Ergebnisse. Bei Variantenvergleichen ist es somit möglich Wahrscheinlichkeiten auszudrücken, bei denen eine Variante einer anderen überlegen ist (Steen et al. 1999).

Ein ähnlicher Weg wird von der japanischen LIME-Methode (Life cycle Impact assessment Method based on Endpoint modeling) eingeschlagen. Hierin werden vier Schutzobjekte und elf sie beschreibende Wirkungskategorien definiert und die Ergebnisse ebenfalls mithilfe einer Gewichtung zu einem Single-Score Indikator zusammengefasst. Die Gewichtungsfaktoren werden dabei erstmals mithilfe der Conjoint-Analyse ermittelt, die eine Kombination aus dem willingness to pay-Prinzip und einer Expertenbefragung darstellt (Itsubo et al. 2003). In einem Update der Methode (LIME 2) wird die Anzahl der betrachteten Wirkungskategorien erhöht und ebenfalls eine Unsicherheitsbetrachtung ermöglicht (Nakano et al. 2007).

Im Gegensatz zu den drei Endpoint-Methoden modelliert die Methode der ökologischen Knappheit nicht den Weg einer Emission durch die Natur bis hin zur Schadwirkung an den Schutzobjekten – menschliche Gesundheit, Ökosystem, usw. Sie beschränkt sich hingegen auf den Vergleich eines Stoffstromes mit dem gesetzlichen oder wissenschaftlich empfohlenen Grenzwert. Auf diese Weise umgeht die Methode der ökologischen Knappheit geschickt die enormen Unsicherheiten, die eine Endpoint-Modellierung mit sich bringt. Auch die Regionalisierung mithilfe der Wahl des kritischen Flusses ermöglicht eine sehr genaue Berücksichtigung lokaler Besonderheiten. Jedoch stellt die Methode der ökologischen Knappheit zurzeit keine Ökofaktoren für mineralische oder metallische Ressourcen bereit, was ihre Anwendbarkeit für eine Ressourceneffizienz-Betrachtung natürlich stark einschränkt.

Alle hier vorgestellten Gesamtbewertungsverfahren müssen sich zudem den Vorwurf der Subjektivität gefallen lassen. Wann immer vielschichtige ökologische oder gesundheitliche Aspekte zu einem Single-Score Indikator zusammengefasst werden, ist eine Gewichtung der Stoffströme und der Wirkungskategorien oder der Schutzobjekte nötig. So wird die Gewichtung in der Methode der ökologischen Knappheit mit gesetzlichen oder wissenschaftlich empfohlenen Grenzwerten vorgenommen, die politisch geprägt sind. Auch die, auf die Anzahl der Schutzobjekte reduzierte, Gewichtung in den Endpoint-Methoden mithilfe eines Expertenforums oder des willingness to pay-Prinzips ist von persönlichen Ansichten oder momentaner gesellschaftlicher Wertschätzung geprägt. Aufgrund dieser fehlenden Objektivität werden Gewichtungen entsprechend ISO 14044 (2006) bei *zur Veröffentlichung vorgesehenen vergleichenden Aussagen* untersagt. Somit können die Gesamtbewertungsverfahren bei Produkt- und Variantenvergleichen nur in internen Studien angewendet werden, da ansonsten die ISO-Konformität der Ökobilanz verloren geht.

Ein oftmals angeführter Kritikpunkt ist die fehlende Transparenz einer zu einem Single-Score Ergebnis aggregierten Untersuchung. Diesem Argument ist allerdings entgegenzusetzen, dass moderne Endpoint-Methoden, wie LIME, sehr wohl eine Darstellung der Ergebnisse an einem beliebigen Punkt der Ursache-Wirkungskette ermöglichen. So können Resultate neben der aggregierten Single-Score Darstellung sowohl auf Wirkungskategorie-Ebene, als auch auf Ebene der Schutzobjekte eingesehen werden.

Die Ökobilanz ist als gut geeignete Methode zur Messung der Ressourceneffizienz auf Produkt- und Prozessebene identifiziert worden. Es stellt sich nun jedoch die grundsätzliche Frage, ob die Wirkungsabschätzung mithilfe eines Sets an Wirkungskategorien oder mithilfe eines Gesamtbewertungsverfahrens durchgeführt werden sollte. Die meist auf Endpoint-Modellierungen beruhenden Gesamtbewertungsverfahren bieten den Vorteil eines Single-Score Indikators, der in einer sich anschließenden Effizienzbetrachtung wesentlich einfacher zu handhaben ist. Eine Auswertung mithilfe eines Sets an Wirkungskategorien reduziert hingegen die Modellierungsunsicherheit und erhöht die Transparenz der in Wirklichkeit vielschichtigen Ergebnisse. Da diese Frage nur situationsabhängig beantwortet werden kann und selbst in der wissenschaftlichen Gemeinschaft umstritten ist, kann an dieser Stelle keine eindeutige Empfehlung ausgesprochen werden. Dennoch erscheint eine Auswertung mithilfe eines breit gefächerten Wirkungskategorien-Sets als die günstigere Variante.

3. Fallbeispiel

Nachdem im vorherigen Kapitel die theoretischen Grundlagen verschiedener Modelle zur Messung der Ressourceneffizienz erläutert wurden, werden nun einige dieser Methoden anhand eines praktischen Beispiels angewendet. Damit soll untersucht werden, ob verschiedene Methoden unter bestimmten Bedingungen zu einem ähnlichen Ergebnis kommen oder nicht. Folgende Methoden wurden für die Untersuchung ausgewählt:

- Material Input pro Serviceeinheit – MIPS
- Kumulierter Energieaufwand – KEA
- Ökobilanz
  - Abiotischer Ressourcenverbrauch (Wirkungskategorie)
  - Methode der ökologischen Knappheit (Gesamtbewertungsverfahren)
  - Eco-indicator 99, egalitarian approach (Gesamtbewertungsverfahren)

Um das Beispiel leicht verständlich zu gestalten, wurden lediglich verschiedene Werkstoffe und keine komplexen Produkte betrachtet. Der Untersuchungsrahmen beinhaltet sämtliche Vorketten der ausgewählten Materialien, von der Rohstoffentnahme, über Transporte bis hin zu den verschiedenen Herstellungsschritten. Die Nutzung und Entsorgung der Werkstoffe wurde aus Gründen der Vereinfachung ebenfalls nicht betrachtet.

Alle Bewertungsmethoden analysieren das Stoff- und Energiestrommodell der Werkstoffe innerhalb des Untersuchungsrahmens. Da zu vermuten ist, dass ähnliche Stoffstrommodelle auch zu ähnlichen Untersuchungsergebnissen führen, wurde das Fallbeispiel in zwei Teile gegliedert.

Zum einen wurden vier Kunststoffe gewählt, denen ein ähnliches Stoff- und Energiestrommodell zugrunde liegt. Zum anderen wurden vier verschiedenartige Werkstoffe untersucht, bei denen von sich stark unterscheidenden Stoff- und Energieströmen ausgegangen werden kann. Von diesen im Folgenden aufgelisteten Werkstoffen wurde jeweils ein Kilogramm Material untersucht.

- Kunststoffe: Acrylnitril-Butadien-Styrol Granulat (ABS)
  Polycarbonat Granulat (PC)
  Polyethylen high density Granulat (PE-HD)
  Polyvinylchlorid Granulat (PVC)

- Werkstoffmix: Glas (grün; Verpackung)
  Papier holzhaltig ungestrichen
  Polyethylenterephthalat
  Stahl Kaltband (mit 14 % Sekundärmaterial)

Die in zwei Kategorien eingeteilten Werkstoffe wurden mithilfe der zuvor genannten Bewertungsmethoden untersucht. Die Werte für den Materialinput pro Serviceeinheit (MIPS) sind hierbei den vom Wuppertal Institut (2003) bereitgestellten Tabellen entnommen worden. Alle anderen, in Tabelle 1 dargestellten, Ergebnisse wurden mithilfe der Ökobilanz-Software GaBi 4.2 berechnet. Die Werte für den Kumulierten Energieaufwand (KEA) entsprechen hierbei denen der Wirkungskategorie Primärenergiebedarf aus Ressourcen (unterer Heizwert).

Tabelle 1: Ergebnisse der fünf betrachteten Bewertungsmethoden für jeweils ein Kilogramm der verschiedenen Materialien in den Kategorien Kunststoffe und Werkstoffmix

Kunststoffe	Einheit	Acrylnitril-Butadien-Styrol	Poly-carbonat	Polyethylen high density	Polyvinyl-chlorid
Materialinput pro Serviceeinheit – MIPS	kg	4,0	6,9	2,5	3,5
Kumulierter Energieaufwand – KEA	MJ	86,1	136,2	72,4	60,3
Abiotischer Ressourcenverbrauch	g Sb-Äqv.	39,6	58,2	33,6	25,3
Methode der ökologischen Knappheit	UBP	1.707,1	2.848,8	843,0	1.128,3
Eco-indicator 99, EE	Millipunkte	268,3	394,7	213,7	169,5
Werkstoffmix	**Einheit**	**Glas (grün; Verpackung)**	**Papier**	**Polyethylen-terephthalat**	**Stahl Kaltband**
Materialinput pro Serviceeinheit – MIPS	kg	3,0	8,9	6,5	8,5
Kumulierter Energieaufwand – KEA	MJ	10,1	21,3	80,3	24,9
Abiotischer Ressourchenverbrauch	g Sb-Äqv.	4,0	2,8	37,3	11,7
Methode der ökologischen Knappheit	UBP	553,9	621,0	1.387,3	861,5
Eco-indicator 99, EE	Millipunkte	43,9	28,5	244,1	89,4

In dieser Untersuchung sind die absoluten Ergebnisse der Materialien weniger von Interesse, als die Verhältnisse der Ergebnisse verschiedener Werkstoffe und Bewertungsmethoden zueinander. Aus diesem Grund wurden in den beiden Kategorien Kunststoffe und Werkstoffmix die Ergebnisse jeder Bewertungsmethode für das erste Material (ABS und Glas) auf den Wert eins gesetzt. Die Ergebnisse jeder Bewertungsmethode für die drei weiteren Materialien sind nun relativ zum Wert des ersten Materials (ABS bzw. Glas) angegeben.

In Bild 1 sind die auf den Wert des ABS normierten Ergebnisse aller Bewertungsmethoden graphisch dargestellt. Um die Verläufe und die Streuung der Graphen mit denen der Kategorie Werkstoffmix vergleichen zu können, wurde die Skalierung der y-Achse nicht angepasst sondern auf ein konstantes Intervall von 0 bis 10 voreingestellt.

Tabelle 2: Relative Ergebnisse der fünf betrachteten Bewertungsmethoden für jeweils ein Kilogramm der verschiedenen Materialien in den Kategorien Kunststoffe und Werkstoffmix

Kunststoffe	Acrylnitril-Butadien-Styrol	Poly-carbonat	Polyethylen high density	Polyvinyl-chlorid
Materialinput pro Serviceeinheit – MIPS	1,00	1,75	0,63	0,87
Kumulierter Energieaufwand – KEA	1,00	1,58	0,84	0,70
Abiotischer Ressourcenverbrauch	1,00	1,47	0,85	0,64
Methode der ökologischen Knappheit	1,00	1,67	0,49	0,66
Eco-indicator 99, EE	1,00	1,47	0,80	0,63
Werkstoffmix	**Glas (grün; Verpackung)**	**Papier**	**Polyethylen-terephthalat**	**Stahl Kaltband**
Materialinput pro Serviceeinheit – MIPS	1,00	2,94	2,12	2,80
Kumulierter Energieaufwand – KEA	1,00	2,11	7,96	2,46
Abiotischer Ressourchenverbrauch	1,00	0,70	9,32	2,92
Methode der ökologischen Knappheit	1,00	1,12	2,50	1,56
Eco-indicator 99,EE	1,00	0,65	5,56	2,04

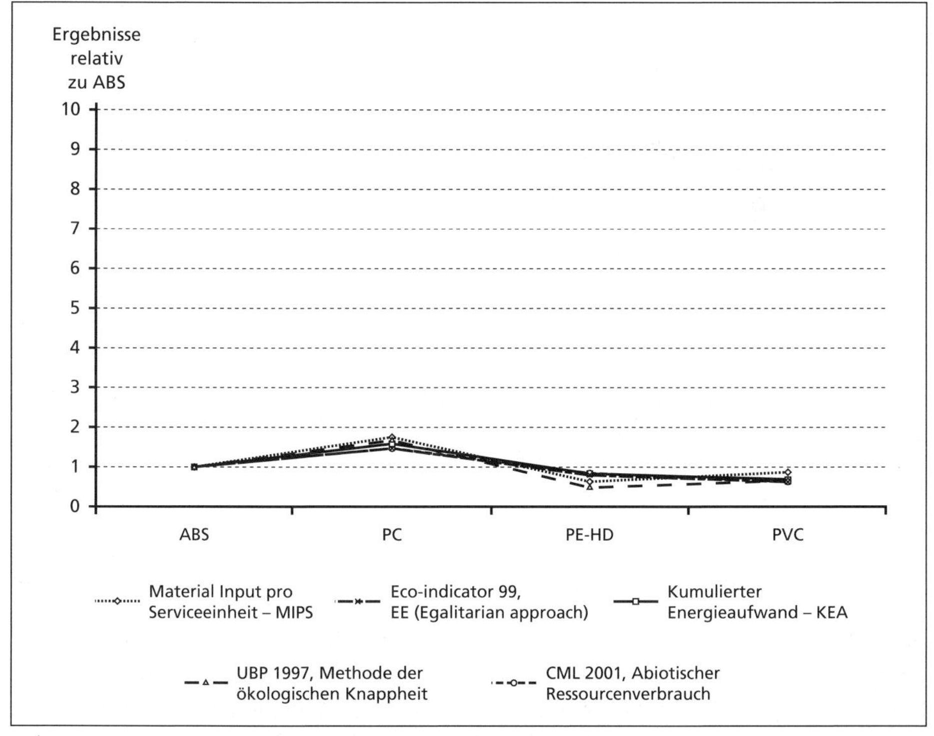

Bild 1: Darstellung der auf den Werkstoff ABS normierten Ergebnisse verschiedener Bewertungsmethoden in der Kategorie Kunststoffe

Das Diagramm zeigt zum einen, dass alle Methoden zu einer qualitativ gleichen Aussage kommen: So deuten alle Modelle darauf hin, dass der Werkstoff Polycarbonat ökologisch ungünstiger als das Referenzmaterial ABS ist. Im Gegensatz dazu scheinen die Materialien Polyethylen und PVC ressourcenschonender bzw. ökologisch günstiger zu sein. Des Weiteren fällt auf, dass alle Punkte sehr eng zusammen liegen. So bewertet der Eco-indicator 99 das Polycarbonat etwa 1,5 mal schlechter als ABS, während das MIPS-Modell das Polycarbonat etwa 1,8 mal ungünstiger sieht. Alle Bewertungsmethoden kommen also auch quantitativ zu recht ähnlichen Ergebnissen.

Wie eingangs bereits erwähnt, ist ein solches Ergebnis jedoch zu vermuten, da sich die Stoff- und Energiestrommodelle der vier Kunststoffe ähneln. Wird hingegen der aus vier verschiedenen Materialien bestehende Werkstoffmix betrachtet, so zeigt sich aufgrund der unterschiedlichen Stoff- und Energieströme ein anderes Bild.

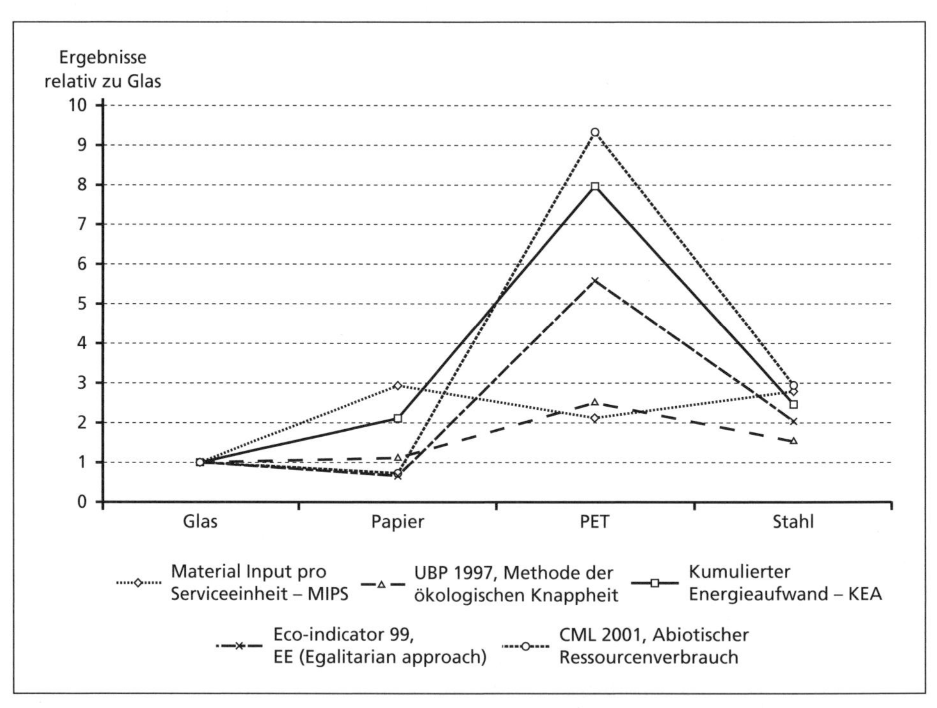

Bild 2: Darstellung der auf den Werkstoff Glas normierten Ergebnisse verschiedener Bewertungsmethoden in der Kategorie Werkstoffmix

Wie die Darstellung zeigt, kommen nun verschiedene Methoden zu teilweise unterschiedlichen Ergebnissen. So beurteilen der Eco-indicator 99 und der Abiotische Ressourcenverbrauch das Papier leicht schlechter als das Referenzmaterial Glas. Die Methode der ökologischen Knappheit sieht beide Materialien hingegen gleich auf, während der Kumulierte Energieaufwand und MIPS das Papier zwei bis drei Mal schlechter bewerten. Noch deutlich größer werden die Unterschiede beim Vergleich zwischen Glas und PET. Während das MIPS-Modell und die Methode der ökologischen Knappheit das PET etwa 2,5-mal negativer sehen, beurteilt der Abiotische Ressourcenverbrauch das PET als fast 10-mal ressourcenintensiver als Glas. Im Vergleich zwischen Glas und Stahl liegen die Ergebnisse hingegen wieder dichter beieinander.

Es sei an dieser Stelle darauf hingewiesen, dass eine Auswertung mit nur jeweils vier Werkstoffen noch keine verallgemeinerungsfähigen Schlussfolgerungen zulässt. Dennoch zeigt sich der Trend, dass unter der Bedingung ähnlicher Stoff- und Energiestrommodelle, verschiedene ökologische und ressourcenorientierte Bewertungsmethoden zu sich stark ähnelnden Resultaten kommen. Im Gegensatz dazu können sich unterscheidende Stoff- und Energieströme auch zu unterschiedlichen Ergebnissen führen.

Auch wenn die in Bild 2 dargestellten Graphen keine so offensichtliche Korrelation erkennen lassen wie in Bild 1, so zeichnen sich zwischen einigen Methoden, trotz der unterschiedlichen Stoffstrommodelle, ähnliche Tendenzen ab. So scheinen beispielsweise der Kumulierte Energieaufwand und der Eco-indicator 99 unabhängig von den Stoff- und Energiestrommodellen zu recht ähnlichen Ergebnissen zu kommen. Im Folgenden soll deshalb die Korrelation zwischen beiden Methoden ermittelt werden.

Um die ohnehin geringe Koordinatenanzahl zu erhöhen, werden nun die Ergebnisse der Kategorien Kunststoffe und Werkstoffmix in einem Diagramm abgebildet. Wie in Bild 3 dargestellt, zeigt sich dabei eine äußerst starke Korrelation (R^2=0,98) zwischen beiden Bewertungsmethoden. Insbesondere die vier Materialien aus der Kategorie Kunststoffe sowie das PET aus der Kategorie Werkstoffmix liegen fast genau auf der Trendlinie. Wenn auch nicht so eindeutig, lässt sich dieser Trend ebenfalls für die Materialien Glas, Stahl und Papier erkennen.

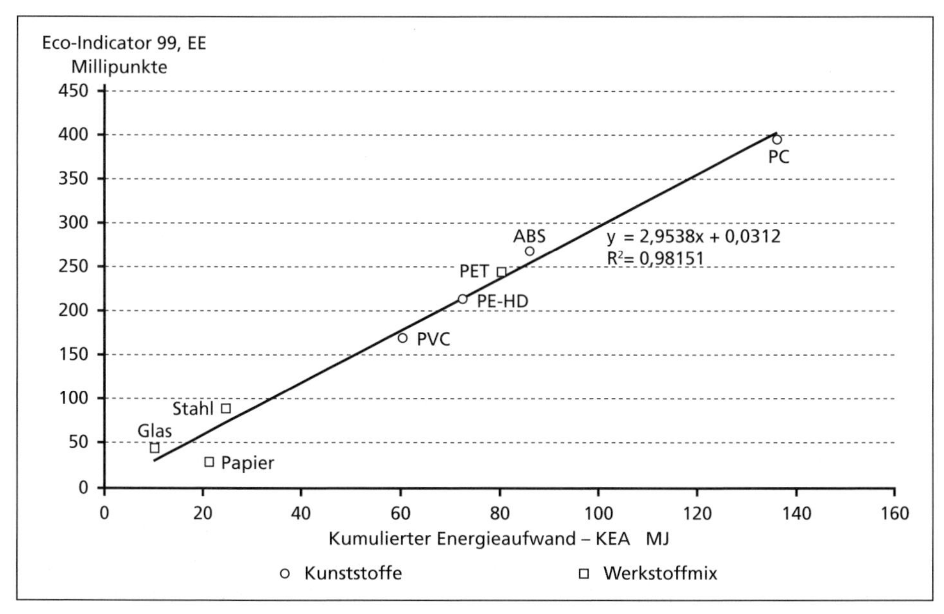

Bild 3: Darstellung der Korrelation des Kumulierten Energieaufwands mit dem Eco-indicator 99

Es zeigt sich also, dass bestimmte Methoden miteinander zu korrelieren scheinen, obwohl ihnen teilweise grundverschiedene Berechnungsmodelle zugrunde liegen. Eine Erklärung für diesen Trend kann in diesem Beitrag noch nicht gegeben werden und ist Gegenstand kommender Untersuchungen.

4. Zusammenfassung und Ausblick

Aufgrund der zunehmenden Verknappung der Rohstoffe sind Maßnahmen zur Steigerung der Ressourceneffizienz unumgänglich. Ebenso wichtig wie die Maßnahmen selbst sind Methoden mit denen die Ressourceneffizienz, auch auf der Produkt- und Prozessebene, verlässlich gemessen werden kann. Neben den hier vorgestellten Modellen zur Messung der Ressourcen- und Ökoeffizienz, werden derzeit weitere geeignete Methoden, wie IMPACT 2002+ (Jolliet et al. 2003) oder der Water Footprint (Water Footprint Network 2008), untersucht.

Die Frage, ob eine Methode für die Messung der Ressourceneffizienz geeignet ist oder nicht, hängt von den an sie gestellten Ansprüchen ab. Grundsätzlich sollten die Methoden lebenswegorientiert sein, die Verfügbarkeit der Rohstoffe berücksichtigen sowie die aus der Ressourcennutzung resultierenden ökologischen und gesundheitlichen Konsequenzen einbeziehen. Es gibt jedoch eine Reihe weiterer Anforderungen, die von Wissenschaft und Industrie an die Methoden gestellt werden. Da sich diese je nach Standpunkt unterscheiden können, erarbeitet die TU Berlin in Kooperation mit der Daimler AG zurzeit einen gemeinsamen Kriterienkatalog. Mit dessen Hilfe kann die Eignung von Methoden und Indikatoren aus wissenschaftlicher und praktischer Sicht untersucht werden.

In dem durchgeführten Fallbeispiel sollten einige der zuvor theoretisch diskutierten Methoden praktisch angewendet werden. Dabei hat sich gezeigt, dass unter der Bedingung ähnlicher Stoff- und Energiestrommodelle alle Bewertungsmethoden zu einem ähnlichen Ergebnis kommen. Bemerkenswert ist hierbei, dass auch einfache Modelle, wie das MIPS-Konzept, zu ähnlichen Aussagen kommen können wie die als anspruchsvoller geltenden Methoden. Werden Werkstoffe mit unterschiedlichen Stoff- und Energiestrommodellen untersucht, können verschiedene Methoden zu durchaus verschiedenen Ergebnissen führen. Dennoch scheinen einige Bewertungsmodelle einen ähnlichen Trend anzuzeigen. So konnte beispielsweise eine starke Korrelation zwischen dem Kumulierten Energieaufwand und dem Eco-indicator 99 festgestellt werden.

Da sich auf der Basis von lediglich acht Datensätzen noch keine allgemein gültigen Schlussfolgerungen ziehen lassen, werden die sich abzeichnenden Trends an der TU Berlin näher untersucht. Die entscheidende Frage ist hierbei, unter welchen Bedingungen Methoden zu gleichen Aussagen kommen und worin die Gründe hierfür liegen.

Danksagung

Die Autoren bedanken sich bei der Daimler AG für die freundliche Unterstützung und die gute Zusammenarbeit im Rahmen dieses gemeinsamen Forschungsprojektes.

5. Literatur

Europäische Union (2005). Thematische Strategie für eine nachhaltige Nutzung natürlicher Ressourcen. KOM(2005) 670. Brüssel, Kommission der Europäischen Gemeinschaften.

Frischknecht, R., Steiner, R. and Jungbluth, N. (2006). Ökobilanzen: Methode der ökologischen Knappheit – Ökofaktoren 2006 – Methode für die Wirkungsabschätzung in Ökobilanzen, Öbu – Netzwerk für nachhaltiges Wirtschaften.

Fritsche, U. R., Jenseit, W. and Hochfeld, C. (1999). Methodikfragen bei der Berechnung des Kumulierten Energieaufwands (KEA). Darmstadt, Institut für angewandte Ökologie e.V.

Goedkopp, M. und Spriensma, R. (2001). The Eco-indicator 99 – A damage oriented method for Life Cycle Impact Assessment, product ecology consultants (PRe).

Guinee, J. B., de Bruijn, H., van Duin, R., Gorree, M., Heijungs, R., Huijbregts, M. A. J., Huppes, G., Kleijn, R., de Koning, A., van Oers, L., Sleeswijk, A. W., Suh, S. and Udo de Haes, H. A. (2001). Life cycle assessment – An operational guide to the ISO standards. J. B. Guinee. Leiden, Centre of Environmental Science – Leiden University (CML).

Hauschild, M. und Wenzel, H. (1998). Environmental Assessment of Products, Chapman & Hall, Thomson Science.

ISO 14040 (2006). Umweltmanagement – Ökobilanz – Grundsätze und Rahmenbedingungen (ISO 14040:2006), Europäisches Komitee für Normung.

ISO 14044 (2006). Umweltmanagement – Ökobilanz – Anforderungen und Anleitungen (ISO 14044:2006), Europäisches Komitee für Normung.

Itsubo, N., Sakagami, M., Washida, T., Kokubu, K. and Inaba, A. (2003). Weighting Across Safeguard Subjects for LCIA through the Application of Conjoint Analysis. Int J LCA (OnlineFirst).

Jolliet, O., Margni, M., Charls, R., Humbert, S., Payet, J., Rebitzer, G. and Rosenbaum, R. (2003). IMPACT 2002+: A New Life Cycle Impact Assessment Methodology. Int J LCA 8(6): 324-330.

Lindeijer, E., Müller-Wenk, R. and Steen, B. (2002). Impact Assessment on Ressource and Land Use. Live cycle impact assessment: Striving towards best practice. H.A. Udo de Haes, G. Finnveden and M. Goedkoop. Pensacola, Florida, SETAC.

Nakano, K., Nakaniwa, C., Kabeya, T., Iguchi, T. and Aoki, R. (2007). Current Activities of the Life Cycle Assessment Society of Japan. Int J LCA 12(7): 546.

Pick, E. und Wagner, H.-J. (1998). Beitrag zum kumulierten Energieaufwand ausgewählter Windenergiekonverter, Universität GH Essen.

Rebitzer, G. und Hunkeler, D. (2003). Life Cycle Costing in LCM: Ambitions, Opportunities, and Limitations – Discussing a Framework. Int J LCA 8(5): 253-256.

Reuscher, G., Ploetz, C., Grimm, V. and Zweck, A. (2008). Innovationen gegen Rohstoffknappheit. Düsseldorf, Zukünftige Technologien Consulting der VDI Technologiezentrum GmbH.

Ritthof, M., Rohn, H., Liedtke, C. and Merten, T. (2002). MIPS berechnen – Ressourcenproduktivität von Produkten und Dienstleistungen. Wuppertal Spezial 27, Wuppertal Institut für Klima, Umwelt, Energie GmbH.

Schaltegger, S. (2007). http://www.leuphana.de/csm/news/?p=8. Datum 02.09.2008.

Schaltegger, S., Herzig, C., Kleiber, O. and Müller, L. (2002). Nachhaltigkeitsmanagement in Unternehmen – Konzepte und Instrumente zur nachhaltigen Unternehmensentwicklung, Center for Sustainability Management (CSM) e.V. im Auftrag des Bundesministeriums für Umwelt, Naturschutz und Reaktorsicherheit und des Bundesverbandes der Deutschen Industrie (BDI) e.V.

Steen, B., Arvidsson, P., Borg, G., Hallberg, K., Höjding, P., Karlson, L., Louis, S., Rydberg, T., Swan, G. and Weiner, D. (1999). A systematic approach to environmental priority strategies in product development (EPS). Version 2000 – General system characteristics, Centre for Environmental Assessment of Products and Material Systems.

van der Voet, E., van Oers, L., Moll, S., Schütz, H., Bringezu, S., de Bruyn, S., Sevenster, M. and Warringa, G. (2005). Policy Review on Decoupling: Development of indicators to assess decoupling of economic development and environmental pressure in the EU-25 and AC-3 countries. CML report 166, Department Industrial Ecology, Institute of Environmental Sciences (CML), Leiden University, Wuppertal Institute for Climate, Environment and Energy, CE Solutions for Environment, Economy and Technology.

VDI 4600 (1997). Kumulierter Energieaufwand – Begriffe, Definitionen, Berechnungsmethoden. Ausgabe: 1997 Ersatz für: VDI 4600 (1995-05); Nachdruck in: VDI-Handbuch Energietechnik; VDI-Handbuch Betriebstechnik Teil 1; VDI-Handbuch Technische Gebäudeausrüstung Band 4; VDI-Handbuch Umwelttechnik. V. D. Ingenieure, Beuth Verlag GmbH.

Water Footprint Network. (2008). http://www.waterfootprint.org/?page=files/home. Datum: 22.09.2008.

Wuppertal Institut (2003). material intensity of materials, fuels, transport services, Wuppertal Institut für Klima, Umwelt, Energie GmbH – http://www.wupperinst.org/de/info/entwd/uploads/tx_wibeitrag/MIT_v2.pdf Datum: 22.08.2008.

Schlacken

Rückgewinnung von Metallen aus metallurgischen Schlacken

Lars Weitkämper und Hermann Wotruba

1. Einleitung

Bei der Herstellung von Eisen, Stahl und Nichteisenmetallen verbleibt ein Teil der Metalle in der mineralischen Schlacke. Dieser Anteil liegt als reines Metall, Agglomerate diverser Legierungen oder in oxidischer Form vor. Der Metallgehalt in den Schlacken variiert in Abhängigkeit vom metallurgischen Verfahren und den eingesetzten Rohstoffen.

In Deutschland fallen jährlich etwa 15 Millionen Tonnen metallurgische Schlacken an. Hierunter fallen auch etwa 620.000 Tonnen Edelstahlschlacke. Die bedeutendsten Verwertungswege grobkörniger Schlacken aus der Edelstahlproduktion sind Erd-, Platz-, Wegebau und Deponieabdichtungen. Für die feinkörnigen Bestandteile der Schlacken gibt es nur wenige Vermarktungsmöglichkeiten, daher müssen sie meist deponiert werden.

Da für die Gewinnung von mit mineralischen Anteilen verwachsenem Metall ein weitreichender Aufschluss der Schlacke erforderlich ist, resultiert aus dieser Behandlung ein großer zusätzlich zu deponierender Anteil. Daher wird auf diesen Aufschluss verzichtet. Hier liegt einer der Hauptgründe für die oft unzureichende Gewinnung insbesondere der feinen Metallanteile aus Edelstahlschlacken [1].

Dieser Beitrag zeigt neue Wege der Metallgewinnung aus metallurgischen Schlacken. Der Fokus liegt hierbei in der Aufbereitung von Edelstahlschlacken mit dem Ziel, ein hohes Ausbringen an Metall mit möglichst geringem Anteil an zu deponierendem Feinkorn zu realisieren.

2. Aufkommen an metallurgischen Schlacken in Deutschland

In der folgenden Tabelle ist das Aufkommen an metallurgischen Schlacken in Deutschland aus dem Jahr 2004 aufgeführt.

Tabelle 1: Aufkommen an metallurgischen Schlacken in Deutschland 2004

Schlackentyp	Aufkommen Mio. t
Hochofenschlacke	7,44
LD-Schlacke	3,46
Elektroofenschlacke	1,6
sekundärmetallurgische Schlacke	0,55
Edelstahlschlacke	0,62
Metallhüttenschlacke	1,44

Quelle: Dehoust, G.; Küppers, P.: Aufkommen, Qualität und Verbleib mineralischer Abfälle. Publikation des Umweltbundesumweltamts, 2007

Die Hochofenschlacken finden nahezu vollständige Verwendung im Bauwesen und der Zementindustrie. Die groben Stahlwerkschlacken, inklusive der Edelstahlschlacken, kommen größtenteils in der Baustoffindustrie zum Einsatz. Die feinen Körnungen, deren Anteil am gesamten Aufkommen zwischen fünfzehn und zwanzig Prozent beträgt, müssen deponiert werden. Für den Einsatz in der Zementindustrie sind sie ungeeignet. Schlacken aus der Metallverhüttung werden in der Baustoffindustrie oder als Strahlmittel verwertet. Die zu deponierenden Anteile sind gering.

Hochofenschlacken und Schlacken aus der Metallverhüttung sind im Unterschied zu Schlacken aus der Stahlerzeugung nahezu vollständig verwertbar. Bei Schlacken aus der Stahlerzeugung ist die Deponierung der feinen Anteile meist unvermeidlich. Hier liegt ein Hauptgrund für die oft unzureichende Metallgewinnung aus Edelstahlschlacken. Der Metallgehalt liegt in den verwerteten und deponierten Produkten bei Werten von 3 bis 15 %.

3. Stand der mechanischen Verfahrenstechnik zur Metallgewinnung aus Edelstahlschlacken

Die Verfahren zur Gewinnung des Metalls aus Schlacken der Edelstahlproduktion sind unterschiedlich und reichen von der Handklaubung großer Partikel > 200 mm bis hin zum vollständigen Aufschluss der gesamten Fraktion mit anschließender Klassierung. Die mineralischen Schlackenanteile sind nach Mahlung in der Kugelmühle wesentlich feiner als das Metall. Lediglich durch Handklaubung behandelte Schlacken enthalten Anteile an Metall von bis zu 15 % in den Abgängen. Auch die Abgänge der Klassierung nach der selektiven Zerkleinerung bis hin zum vollständigen Aufschluss enthalten noch nennenswerte Metallanteile. Eine Dichtesortierung der feinen Abgänge reduziert diese Metallverluste.

Die folgenden schematischen Darstellungen zeigen exemplarisch zwei Aufbereitungsverfahren von Anlagen zur Edelstahlschlackenaufbereitung mit dem Ziel der Metallgewinnung. Selbstverständlich kommen diverse Variationen der Verfahren zur Anwendung, jedoch basieren diese immer auf den im Folgenden dargestellten.

In Bild 1 ist ein beispielhaftes trockenes Verfahren für die Aufbereitung von Edelstahlschlacken dargestellt. Die aufgegebene Schlacke gelangt auf ein Vorsieb und Überkorn > 250 mm wird nachzerkleinert. Der Siebunterlauf wird in die Fraktionen Grobgut, Mittelgut und Feingut klassiert. Die in der Darstellung angegebenen Trennschnitte variieren in unterschiedlichen Anlagen. Das Grobgut gelangt zur Handsortierung, um große Metallstücke – *Bären* – zu gewinnen. Die Abgänge der Handsortierung gelangen zusammen mit dem Mittelgut der Klassierung in eine zweistufige Zerkleinerung durch Prall- und Hammermühle. Das zerkleinerte Gut wird in drei Trennschnitte klassiert. Die Grobfraktion gelangt

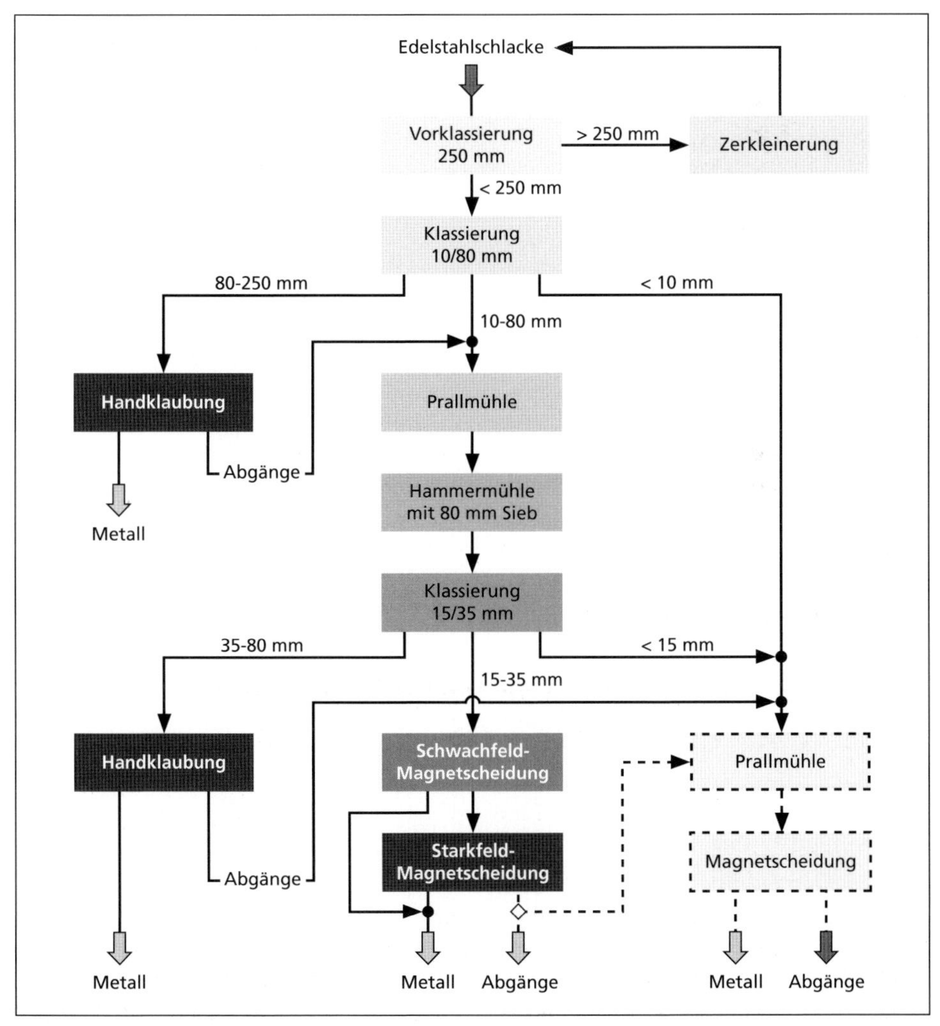

Bild 1: Schematische Darstellung einer trockenen Aufbereitung für Edelstahlschlacken

zur Handklaubung und die feineren Fraktionen werden mit Schwachfeld- und Starkfeldmagnetscheidung getrennt behandelt. Das abgetrennte Metall der Magnetscheidung ist nur zum Teil sortenrein. Die Abscheidung von Verwachsenem ist unvermeidlich. Die Behandlung der Feinfraktion ist im Bild gestrichelt dargestellt, da dies eine Option ist, die nicht in allen Anlagen zur Anwendung kommt. Für den weiteren Aufschluss ist eine erneute Zerkleinerung erforderlich. Diese produziert Feinkorn, welches nicht zur Verwertung zur Verfügung steht und somit Deponiekosten verursacht. Die Abgänge einer Aufbereitung ohne Behandlung von Feinkorn haben Metallgehalte von bis zu 15 %.

In trockenen Anlagen kann die optionale Behandlung des Feinkorns aus weiterer Zerkleinerung mit nachgeschalteter Magnetscheidung bestehen. Auch sind einige Anlagen mit einer Nassmahlung und anschließender Klassierung ausgestattet. Das Metall gelangt in den Überlauf eines Siebs oder eines Schraubenklassierers. Der Trennschnitt liegt im Bereich von 0,5 bis 1 mm. Auch diese Verfahrensweise verursacht, trotz der erheblichen zu deponierenden Stoffströme, Verluste an Wertstoff. Der Metallgehalt der Abgänge liegt bei 3 bis 5 %.

Aus diesem Grund beinhalten neue oder in der Planung befindliche Anlagen zum Teil eine nasse Dichtesortierung der Abgänge mit Wendelscheidern. Diese gewinnen Metall mit einem Ausbringen von > 90 %. Eine Nachreinigung der Produkte führt zu einem Metallgehalt in Größenordnungen von 90 %.

In Bild 2 ist eine Kombination von trockenem und nassem Verfahren zur Aufbereitung von Edelstahlschlacken dargestellt.

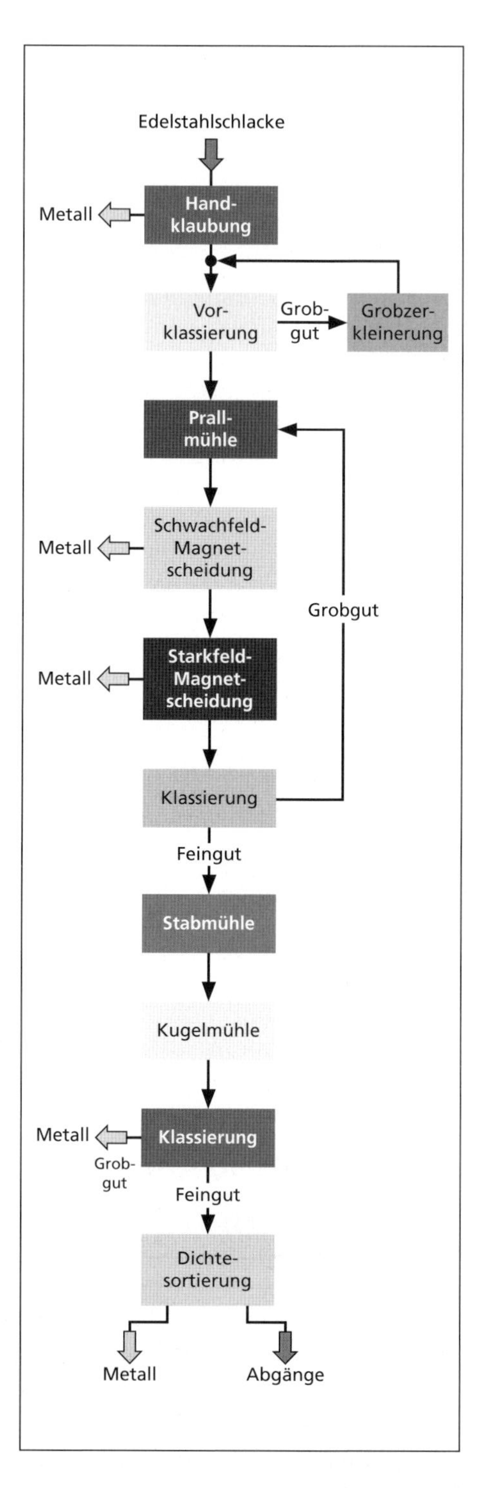

Bild 2: Kombination von trockener und nasser Aufbereitung von Edelstahlschlacke

Aus der aufgegebenen Schlacke wird durch Handsortierung freies Metall – *Bären* – aussortiert. Nach einer Vorklassierung folgt der weitere Aufschluss durch Prallzerkleinerung. Grobgut gelangt in einen Backbrecher. Magnetscheider trennen Metall aus dem Produkt der Prallmühle. Die Abgänge der Magnetscheidung sind die Aufgabe in die nasse Aufbereitung. Nach der Zerkleinerung in Stab- und Kugelmühle wird Metall im Überlauf der Klassierung gewonnen. Das Feingut der Klassierung wird auf Wendelscheidern in verschiedenen Reinigungsstufen nach der Dichte sortiert. Die Abgänge der Dichtesortierung gelangen zur Deponie.

4. Bewertung der mechanischen Aufbereitung von Edelstahlschlacken

Die Verfahren zur Aufbereitung von Edelstahlschlacken haben immer einen entscheidenden Nachteil. Entweder ist das Ausbringen gering, da durch die unzureichende Behandlung der Feinfraktion darin enthaltenes Metall verloren geht, oder es entsteht durch Feinmahlung der gesamten Aufgabe ein hoher zu deponierender Feinanteil.

Weitere Nachteile sind eine personalintensive Handklaubung mit wechselnder Sortiereffizienz durch die Abhängigkeit von der Leistungsbereitschaft der Mitarbeiter, ein hoher Energieeintrag, insbesondere bei implizierter Feinmahlung der gesamten Aufgabe sowie die Erzeugung unreiner Produkte bei der Magnetscheidung. Hier ist eine klare Trennung von verwachsenem und reinem Metall nicht immer realisierbar. Auch kann die Magnetscheidung nicht universell zum Einsatz kommen. Manche Legierungen sind unmagnetisierbar und in einigen Schlacken sind auch die mineralischen Anteile aufgrund feinst verteilter eisenhaltiger Einschlüsse magnetisierbar.

Keines der gezeigten Verfahren separiert metallfreie oder geringhaltige Berge aus dem Produktstrom oder reichert Metalle in weiter zu verarbeitenden Fraktionen an. Nach der Gewinnung des freien oder teilweise verwachsenen Metalls gelangt die Bergefraktion unabhängig vom verbleibenden Wertstoffgehalt entweder in die Abgänge oder nach weiterer Zerkleinerung in die nächste Sortierstufe.

5. Neue Alternativen zur Gewinnung von Metallen aus Edelstahlschlacken

Eine Möglichkeit, mit mechanischer Verfahrenstechnik ein hohes Ausbringen an Metall, verbunden mit möglichst wenig produziertem Feinkornanteil, zu erzielen, ist die Abtrennung von metallfreien oder geringhaltigen mineralischen Anteilen aus dem Stoffstrom. Dies verhindert ein unnötiges Mahlen unwerter Anteile und reduziert neben dem Energieverbrauch auch die Einsatzmenge weiterer Recourcen wie Wasser oder Reagenzien.

Einige Verfahren zur Realisierung dieser Aufgabenstellung wurden am Lehr- und Forschungsgebiet Aufbereitung mineralischer Rohstoffe der Rheinisch-Westfälischen Technischen Hochschule Aachen untersucht.

Einsatz von Nasssetzmaschinen zur Abtrennung freien Metalls und Anreicherung verwachsener Fraktionen

Zielsetzung der Versuche war zu überprüfen, ob eine Edelstahlschlacke, zusammengesetzt aus metallfreien und mit Metall verwachsenen mineralischen Anteilen, effektiv durch Setzsortierung trennbar ist. In der Aufgabe enthaltenes, frei aufgeschlossenes Metall sollte zusätzlich separat gewonnen werden. Hierzu ist eine zweistufige Setzsortierung erforderlich. Die Versuche wurden auf einer Pilotsetzmaschine Typ Alljig der Firma Allmineral durchgeführt.

Die seitengepulste Setzmaschine verfügt über eine Austragsregelung mit speicherprogrammierbarer Steuerung (SPS) und hat eine Sortierleistung von 1,5 bis 2 t/h. Die Aufgabe gelangt durch einen Bunker inklusive Abzug mit Vibrorinne auf den Setzgutträger. Die Schwergutschicht des Setzprozesses kann wahlweise durch ein Zellenrad oder durch einen Bodenschieber ausgetragen werden. Bei der Abtrennung von freiem Metall aus dem Stoffstrom wurde ein modifizierter Bodenaustrag genutzt, da nur geringe Mengen an Metall in der Aufgabe enthalten waren und sich somit nur eine dünne Schwergutschicht ausbilden konnte. Bei der Trennung von metallfreier und mit Metall verwachsener mineralischer Schlacke war der Abzug des Schwerguts mit einem Zellenrad vorteilhaft. Bild 3 zeigt die Siebdurchgangskurve der Aufgabe auf die Setzmaschine und die des frei vorliegenden Metalls.

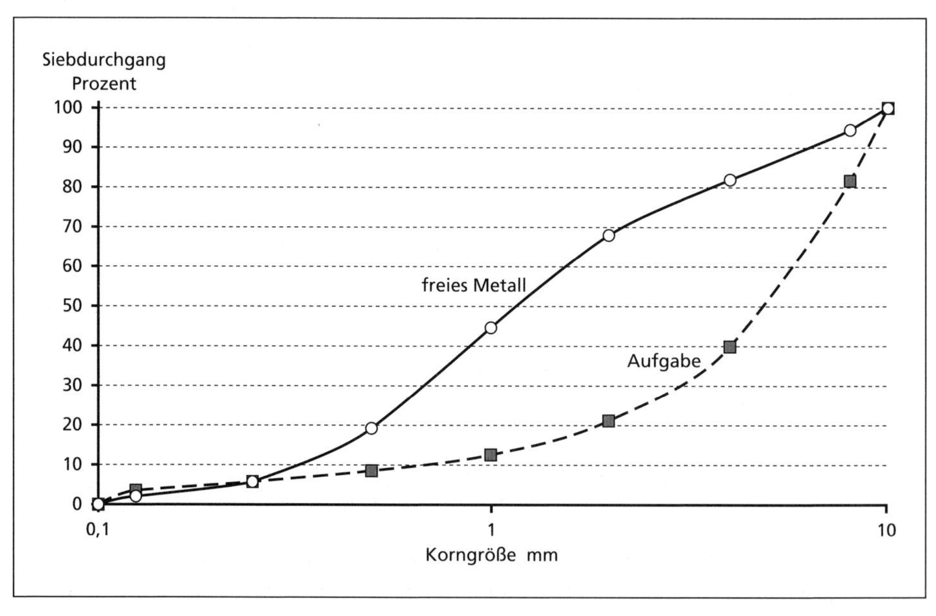

Bild 3: Siebdurchgangskurve der Aufgabe auf die Setzmaschine

Die Aufgabe auf die Setzmaschine ist wesentlich gröber als das frei vorliegende Metall, dies ist eine typische Zusammensetzung in Produktionsanlagen zur Edelstahlaufbereitung. Die Gewinnung des Metalls aus der Körnung < 10 mm verursacht die größten Schwierigkeiten. Nach Aufschluss des verwachsenen

Metalls ist dies zwar gewinnbar, jedoch stehen die Abgänge für keine Verwertung zur Verfügung und es bleibt lediglich die Deponierung. Durch den Verzicht auf die Behandlung dieser Fraktion resultieren große Metallverluste in Produktionsanlagen.

Die Ergebnisse der Versuche zur Setzsortierung zeigen, dass die freien Metalle in einem einstufigen Prozess effektiv gewinnbar sind. Das Ausbringen an reinem Metall beträgt 95 % bei einem Metallgehalt von > 90 %. Diese Ergebnisse sind bei einer Dichte des freien Metalls von > 7 g/cm³ und Dichten der Aufgabe von 2,8 bis 3,0 g/cm³ erwartungsgemäß ausgefallen. Die Modifikation des Bodenaustrags ermöglicht den kontrollierten Abzug einer nur sehr dünnen Schwergutschicht.

Der Metallgehalt der Aufgabe auf die Setzmaschine beträgt nach vollständiger Abtrennung des freien Metalls 5,0 %. In der zweiten Versuchsreihe wurde nun untersucht, ob mit Metall verwachsene Schlackepartikel von metallfreien abtrennbar sind. Die Ergebnisse der Untersuchungen zeigen, dass eine effektive Trennung möglich ist.

Der durch das Zellenrad ausgetragene Schwergutanteil beträgt 22,6 % bei einem Metallgehalt von 15,4 %. Hieraus resultiert eine Anreicherung um den Faktor 3,1 bei einem Metallausbringen von 70 %. Weitere Versuche mit erhöhtem Massenausbringen ins Schwergut verbessern das Ausbringen an Metall nur geringfügig.

Der Metallgehalt im Leichtgut beträgt 1,9 %. In Anlagen zur Edelstahlaufbereitung, die nach ähnlichen Verfahren arbeiten wie in Bild 2 dargestellt, beträgt der Metallgehalt der Abgänge der Dichtesortierung nach vollständigem Aufschluss noch etwa 0,8 bis 1,2 %. Das Ausbringen liegt dann zwischen 70 und 85 %.

Im hier vorliegenden Fall wäre es ausreichend, weniger als ein Viertel der Fraktion 0 bis 10 mm vollständig aufzumahlen, um das enthaltene Metall zu 70 % auszubringen. Der Einsatz der Setzsortierung bei der Aufbereitung von Edelstahlschlacken kann somit einen wertvollen Beitrag zur Reduzierung von Deponiekosten und Einsparung von Recourcen bei geringfügig niedrigerem Ausbringen leisten.

Einsatz von Sensorsortierung zur Abtrennung freien Metalls und Anreicherung verwachsener Fraktionen

Sensorgestützte Sortierer mit Detektion der Aufgabe durch Metallsensoren können eine Alternative zur Handklaubung bei der Aufbereitung von Edelstahlschlacken sein. Andere Sensoren sind bislang nicht hinreichend untersucht und kommen auch nicht zum Einsatz.

Durch die geringe Auflösung der bislang verfügbaren Metallsensoren eignen sich diese nicht zur Aufbereitung der Feinfraktion < 10 mm. Derzeit werden Untersuchungen mit Metallsensoren zur Aufbereitung von Edelstahlschlacken durchgeführt.

Einsatz von trockener Dichtesortierung zur Abtrennung freien Metalls und Anreicherung verwachsener Fraktionen

Eine effektive Metallgewinnung aus Edelstahlschlacken ist bis hin zu Körnungen von 5 bis 10 mm mit trockenen Verfahren möglich. Um das Metall aus den feineren Fraktionen zu gewinnen ist nach derzeitigem Stand der Technik ein nasser Prozess erforderlich. In vielen Anlagen besteht keine Möglichkeit zum Einsatz von Wasser, oder die Kosten für den Wasserkreislauf und die Behandlung der Schlämme übersteigen die potenziellen Erlöse. Dies ist neben dem Problem der Deponierung von Feinanteilen ein weiterer Grund für Metallverluste in diesem Bereich.

Aus diesen Gründen kann der Einsatz trockener Sortiertechnologien bei der Behandlung feiner Edelstahlschlacken von großem Vorteil sein.

Die vorliegenden Ergebnisse resultieren aus Versuchen, die auf einer Luftsetzmaschine Typ Allair der Firma Allmineral durchgeführt wurden.

Das Versuchsmaterial entstammt einer anderen Aufbereitungsanlage für Edelstahlschlacke als das für die Nasssetzversuche herangezogene. Auch ist der Anteil an freiem Metall mit < 1 % geringer. Die Kornverteilung der Aufgabe ist ähnlich wie in Bild 3 dargestellt.

In der Luftsetzmaschine wird die aufgegebene Edelstahlschlacke ähnlich wie auf einer Nasssetzmaschine nach der Dichte geschichtet. Dazu gelangt das zu sortierende Haufwerk auf einen porösen Boden, der von unten mit einer Kombination aus gepulstem und konstantem Luftstrom durchströmt wird. Der konstante Luftstrom erzeugt mit Unterstützung der Vibrationsbewegung des Setzgutträgers eine homogene Wirbelschicht und der gepulste Luftstrom führt die Schichtung herbei. Am Ende des Setzgutträgers wird die Schwergutschicht mit einem in der Geschwindigkeit regelbaren Zellenrad abgezogen [3].

Die auf die Setzmaschine aufgegebene Edelstahlschlacke hat einen Metallgehalt von 4,5 %. Das Massenausbringen in die Schwergutfraktion beträgt 30 % bei einem Metallausbringen von etwa 70 %. Der Metallgehalt der Leichtfraktion liegt bei 2,0 %.

Diese Ergebnisse zeigen, dass auch mit trockener Dichtesortierung der Anteil an zu deponierendem Feinanteil erheblich reduzierbar ist. Die Ergebnisse hinsichtlich des Metallausbringens sind vergleichbar mit den auf Nasssetzmaschinen erreichbaren. Allerdings ist das Massenausbringen in die Schwergutfraktion etwas höher und somit auch die Anreicherung etwas geringer.

6. Schlussfolgerungen

Der Einsatz von Dichtesortierung zur Abtrennung metallfreier oder geringhaltiger mineralischer Anteile bei der Aufbereitung von Edelstahlschlacken führt, in den untersuchten Fällen, zu einem besseren Gesamtergebnis. In Anlagen, bei denen die Behandlung der Feinfraktion Bestandteil des Verfahrens ist, kann die hier vorgestellte Technologie den Anteil an zu mahlender Schlacke erheblich reduzieren. In Anlagen, in denen keine Behandlung des Feinanteils vorgesehen ist, kann das Ausbringen an Metall gesteigert werden ohne den zu deponierenden Anteil unnötig zu steigern. Da diese Verfahrensweise auch mit trockener Dichtesortierung funktioniert, eignet sich dieses Verfahren auch für Anlagen, in denen noch kein Wasserkreislauf existiert oder die Verwendung von Wasser problematisch ist.

7. Literatur

[1] El Gammal, A.: Beitrag zur Aufbereitung und Veredelung von Edelstahlschlacken. Dissertation, 2002

[2] Dehoust, G.; Küppers, P.: Aufkommen, Qualität und Verbleib mineralischer Abfälle. Publikation des Umweltbundesumweltamts, 2007

[3] Weitkämper, L.: Entwicklung eines Verfahrens zur trockenen Aufbereitung von Steinkohle. Schriftenreihe zur Aufbereitung und Veredelung, 2006

Verwertung von Edelstahlschlacken
– Gewinnung von Chrom aus Schlacken als Rohstoffbasis –

Burkart Adamczyk, Rudolf Brenneis, Michael Kühn und Dirk Mudersbach

1. Einleitung

Im Laufe der Zeit haben sich metallurgische Schlacken aus der Eisen- und Stahlerzeugung von einem Abfallstoff zu einem echten Produkt entwickelt [1]. So werden die bei der Roheisenerzeugung produzierten Schlacken nahezu vollständig genutzt und stellen inzwischen neben dem erzeugten Eisen einen Wertstoff dar, der größtenteils im Bausektor verwendet wird. Kristallin erstarrte Hochofenstückschlacke wird z.B. als Schotter oder Split im Gleis- und Wegebau verwendet, während glasig erstarrter Hüttensand als Rohstoff für die Zementherstellung eingesetzt wird. Nur in begrenztem Maße genutzt werden dagegen Schlacken, die bei der Herstellung hochlegierter Stähle im Elektrolichtbogenofen und nachgeschalteten Aggregaten, wie dem AOD[1]-Konverter, erzeugt werden. Grund dafür ist hauptsächlich die Neigung dieser Schlacken zum Zerfall, mit dem nicht nur eine erhebliche Staubentwicklung während der Handhabung, sondern auch der Verlust einiger wichtiger Eigenschaften verbunden ist.

Der mineralogische Hauptbestandteil dieser Schlacken ist Dicalciumsilicat – Ca_2SiO_4, oft auch als C_2S bezeichnet. Als Mineral *Belit* gehört es zu den wichtigsten Bestandteilen des Zementklinkers. Die Schlacke neigt allerdings während

[1] Argon Oxygen Decarburization – Argon-Sauerstoff-Entkohlung

ihrer Abkühlung zu einem Modifikationswechsels vom α'- über das metastabile β-Ca_2SiO_4 zum γ-Ca_2SiO_4. Die irreversible Umwandlung ist mit einer starken Volumenzunahme um etwa zehn Prozent verbunden, die zur Zerstörung des Gefüges und in der Folge zum Zerrieseln des Schlackekorns führt. Grund dafür ist die wesentlich geringere Dichte des γ-Ca_2SiO_4 gegenüber dem β-Ca_2SiO_4. Das gebildete feinkörnige γ-Ca_2SiO_4 weist das für einen Zement erforderliche Abbindeverhalten nicht mehr auf und lässt sich daher nicht als Zuschlagstoff in der Zementindustrie nutzen. Eine Anwendung ist nur auf einem niedrigen Verwertungsniveau auf qualitativ untergeordneten Gebieten der Bauindustrie, wie etwa der Grubenverfüllung, möglich. Darüber hinaus enthalten die Schlacken produktionsbedingt mineralisch als Cr_2O_3 gebundenes Chrom, das überwiegend in dreiwertiger Form in sehr stabilen Spinellphasen [2] vorliegt. Neben den mineralischen Bestandteilen können auch Reste an chromhaltigem Stahl in wechselnden Anteilen in der Schlacke vorhanden sein, die entweder in Form von metallischen Tröpfchen in der mineralischen Schlackefraktion eingeschlossen sind oder als lose Fragmente vorkommen. Vor allem der Gehalt an Chrom – in seiner metallischen Form einer der wichtigsten und wertvollsten Legierungsbestandteile in Edelstählen – wirkt sich zusätzlich erschwerend auf eine Nutzung der Schlacken aus, da in vielen Anwendungen der Chromgehalt streng limitiert ist. Gleichzeitig besteht ein steigender Bedarf an metallischem Chrom für die Edelstahlerzeugung, der nur zum Teil aus Schrott gedeckt werden kann. Erhebliche Mengen des benötigten Metalls werden aus Primärrohstoffen in energetisch und ökonomisch aufwendigen Verfahren gewonnen. Gleiches gilt für hydraulisch aktive Zementkomponenten, für die in großem Umfang bereits andere, geeignete Schlacken – insbesondere Hochofenschlacken – verwendet werden.

Durch eine Schlackenzerkleinerung und eine anschließende mechanische Separation lässt sich ein großer Anteil des enthaltenen Metalls zurückgewinnen [3, 4, 5]. Sehr kleine Metallpartikel und das gesamte mineralisch gebundene Chrom können durch eine solche Schlackenaufbereitung jedoch nicht abgetrennt werden. Darüber hinaus kann die durch die Neigung zum Zerfall eingeschränkte Qualität der Schlacke durch eine mechanische Behandlung nicht verbessert werden. Bei Anwendung nasser Separationsverfahren wird die Schlacke sogar in einen Schlamm umgewandelt, der nicht weiter verwendet werden kann und deponiert werden muss.

Im Unterschied zu den mechanischen Verfahren der Metallrückgewinnung aus der erkalteten Schlacke ermöglicht eine thermochemische Behandlung der flüssigen Schlacke im elektrischen Lichtbogenofen sowohl die vollständige Rückgewinnung aller chromhaltigen Komponenten als metallischen, chromreichen Wertstoff als auch die Optimierung der quasi chromfreien Restschlacke hinsichtlich der chemischen und mineralogischen Zusammensetzung entsprechend einer späteren Nutzung.

Durch diesen Prozess können alle in den Schlacken enthaltenen Wertstoffe zurückgewonnen und einer Nutzung entsprechend den Vorgaben des Kreislaufwirtschafts- und Abfallgesetzes zugeführt werden.

2. Prinzip der Behandlung

Die vorgesehene Schlackeverwertung basiert auf einer thermochemischen Behandlung in einem Lichtbogenofen. Untersucht wurden Reduktionsschlacken mit bis zu vier Prozent Cr_2O_3 aus einem AOD-Konverter [6, 7].

Nach dem Aufschmelzen der Schlacke entmischen sich die metallische und mineralische Fraktion gemäß ihres Dichteunterschiedes: die schwerere metallische Schmelze sinkt auf den Boden des Reaktionsgefäßes, wo sie die so genannte *Ofensau* bildet, während die spezifisch leichtere kalksilicatische Schmelze auf dem sich bildenden Metallbad aufschwimmt.

Das in der Schlacke in Spinellen als Cr_2O_3 vorkommende Chrom ist im Unterschied zu dem in der Metalllegierung auftretenden Chrom chemisch gebunden und kann nicht über die Dichte abgetrennt werden. Um es aus der kalksilicatischen Schmelze separieren zu können, muss es daher zuerst aus seiner dreiwertigen Form zum Metall reduziert werden. Das gebildete Chrommetall scheidet sich anschließend zusammen mit der ursprünglichen Metallphase ab und kann anschließend durch Abgießen der mineralischen Fraktion separiert werden. Die Prozessbedingungen müssen so angepasst werden, dass zum einen eine optimale Entmischung der metallischen Phase von der kalksilicatischen Schmelze stattfinden kann und zum anderen das in der Schmelze als Cr_2O_3 vorliegende Chrom durch den Elektrodenkohlenstoff oder andere geeignete Reduktionsmittel zum Element reduziert und vollständig in die metallische Fraktion transferiert wird. Ziel ist es, durch eine solche thermochemische Behandlung im elektrischen Lichtbogenofen den Chromgehalt des kalksilicatischen Schmelzproduktes auf 2.000 ppm oder darunter zu senken und es gleichzeitig durch geeignete Abkühlbedingungen und/oder Zusätze so umzuwandeln, dass es für eine höherwertige Nutzung in der Baustoffindustrie eingesetzt werden kann. Der Prozess beruht auf dem *Redmelt*-Verfahren, das v.a. zur Behandlung von Filterstäuben und Rostaschen aus Abfallverbrennungsanlagen entwickelt wurde [8].

3. Experimentelle Untersuchungen

Die Untersuchungen wurden in einem kleintechnischen geschlossenen Wechselstromlichtbogenofen mit einer Leistung von 300 kVA durchgeführt. Eine schematische Darstellung der Anlage zeigt Bild 1.

Das Ofengefäß hat einen Innendurchmesser von 950 mm und eine Höhe von 600 mm und ist mit einer geschlossenen Gießrinne aus Stahl versehen. Das Ofensystem – Ofengefäß, Elektroden, Elektrodenarme und -ständer – ist so gelagert, dass es zur Entleerung bis maximal 35° gekippt werden kann. Zum Energieeintrag auf Schmelzgut bzw. Schmelzbad dienen drei Graphitelektroden von je 60 mm Durchmesser, die auf einem Teilkreis von etwa 240 mm Durchmesser durch den Ofendeckel geführt werden. Der Abstand der Elektroden vom Schmelzbad wird durch eine hydraulische Hebevorrichtung reguliert. Durch zwei verschließbare Öffnungen kann der Ofen von oben beschickt werden. Die Abgase werden über ein zusätzliches Abzugsrohr abgeführt und der Abgasreinigung zugeführt. Ofengefäß und Ofendeckel sind wassergekühlt.

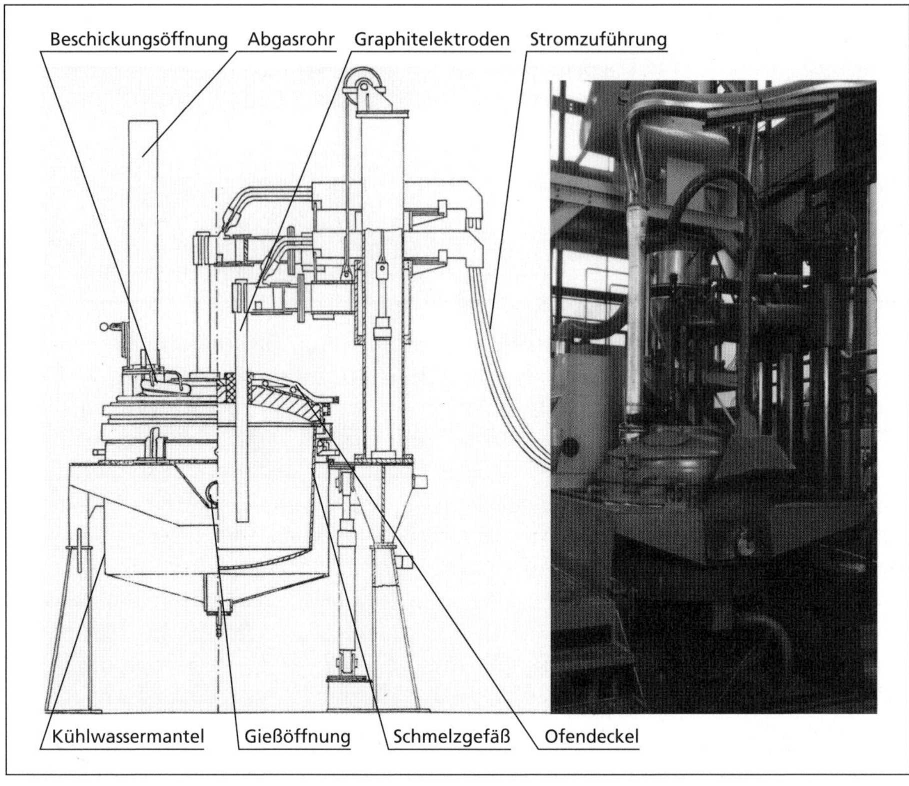

Bild 1: Kleintechnische Lichtbogenofenanlage, wie sie für die reduzierende Behandlung von AOD-Konverterschlacken eingesetzt wurde

Bei den thermochemischen Experimenten wurden Reduktionsschlacken eingesetzt, die bei der Herstellung von hochlegiertem Stahl in AOD-Konvertern erzeugt werden. Die mittlere chemische Zusammensetzung des Ausgangsmaterials ist in Tabelle 1 wiedergegeben.

Tabelle 1: Mittlere chemische Zusammensetzung der untersuchten Reduktionsschlacken aus dem AOD-Konverter, Ausgangsmaterial (mittels Röntgenfluoreszenzanalyse bestimmt)

Hauptkomponenten Masse-%							
CaO	SiO_2	Al_2O_3	MnO	MgO	Cr_2O_3	TiO_2	$Fe_{ges.}$
55,9	31,7	1,0	1,9	3,0	3,1	0,2	0,83

Die Schlacken waren bei Anlieferung z.T. zerrieselt. Vor der Behandlung im Lichtbogenofen wurden sie an der Luft getrocknet.

Das Aufschmelzen der Schlacke im Lichtbogenofen erfolgte im arteigenen Material. Dabei wird auf eine feuerfeste Zustellung des Ofenraumes verzichtet. Stattdessen dient die unaufgeschmolzene oder erstarrte Schlacke im Randbereich gleichzeitig zum Schutz und zur Isolation des wassergekühlten Schmelzgefäßes.

Der Ofen wird *quasi kontinuierlich* betrieben, das heißt, es wird kontinuierlich geschmolzen und das Schmelzgut wird in Chargen von 15 bis 25 kg durch die Einfüllöffnungen im Deckel des Ofens eingebracht. Der Durchsatz beträgt etwa 30 bis 50 kg/h. Pro Kilogramm Schlacke werden pauschal 2 bis 3 kWh an einzutragender Energie vorgegeben.

Sind die thermochemischen Umsetzungen abgelaufen, wird der Ofen gekippt und die Chargenmenge an Schmelze entweder aus dem Gießstrahl granuliert oder in bereitstehende Graphitformen abgegossen. Sobald sich in den Formen eine feste Außenhaut gebildet hat, werden die Formteile entfernt und die Gussstücke an Luft abgekühlt. Die Metallphase verbleibt beim Abguss im Ofen und wird nach Beendigung einer Schmelzversuchsserie, die jeweils mehrere Schmelzchargen und Abgüsse umfasst, nach der Abkühlung des Ofens manuell geborgen.

Die Temperatur der Schmelze wird beim Abguss am Gießstrahl mit einem Pyrometer bestimmt.

Die beim Prozess entstehenden gasförmigen Reaktionsprodukte werden abgesaugt und in einem Schlauchfilter von festen Verbindungen – Kondensate, Sublimate und/oder Verstaubung – gereinigt. Durch Sonden kann im Abgasstrom der Gehalt an CO, CO_2, NO_x, SO_2 und O_2 überwacht werden. Der Staubfilter wird in regelmäßigen Abständen – einmal pro Minute – mit Luftdruck-Pulsen von anhaftendem Material – *Kondensat* – befreit, das in einem Sammelbehälter aufgefangen wird.

Die Gusskörper und zusätzlich aus dem Ofen und dem Schmelzstrahl entnommene Proben werden nach vollständiger Abkühlung zu Analysezwecken aufgearbeitet. Dabei werden aus den Gusskörpern Proben aus verschiedenen Bereichen – außen und innen – entnommen. Von jeder der präparierten Proben wird eine speziell auf Chrom kalibrierte Röntgenfluoreszenzanalyse durchgeführt. Für repräsentative oder ausgewählte Proben wird darüber hinaus auch eine Totalanalyse mittels Röntgenfluoreszenzanalyse durchgeführt. Ausgewählte Proben werden für weitere Charakterisierungsmethoden herangezogen, wobei die Auswahl in der Regel so getroffen wird, dass eine Verallgemeinerung der Ergebnisse möglich ist. Proben, die in ihrer chemischen Zusammensetzung den Anforderungen der angestrebten Schlackeverwertung genügen, werden darüber hinaus auch hinsichtlich ihrer hydraulischen Eigenschaften, insbesondere des Glasgehaltes, und ihres Eluatverhaltens gemäß dem deutschen Einheitsverfahren DIN 38414 und dem europäischen Standard EN 1744 untersucht.

4. Ergebnisse

4.1. Chromrückgewinnung

Eine hochwertige Verwertung der Schlacke in Form des kalksilicatischen Schmelzproduktes ist selbst bei ansonsten geeignet erscheinenden Eigenschaften nicht möglich, solange der Chromgehalt die für die jeweilige Anwendung geltenden zulässigen Grenzwerte übersteigt. Erst bei deutlicher Verringerung des

Chromgehaltes kann die Schlacke vielseitig verwendet werden. In den Versuchen wurde daher primär die Rückgewinnung der chromhaltigen Metallanteile und des mineralisch gebundenen Chroms als metallische Legierung angestrebt. Ziel war die Abreicherung des Chromgehaltes im mineralischen Schmelzprodukt auf 2.000 ppm oder darunter. Darüber hinaus bestimmt die chromreiche Metallphase durch ihren hohen Wert maßgeblich die Wirtschaftlichkeit des Verfahrens. Je höher die Ausbeute des in der Schlacke enthaltenen Chroms ist, desto lohnender wird die Behandlung aus ökonomischer Sicht.

Um das in der mineralischen Phase gebundene Cr_2O_3 zum elementaren Chrom zu reduzieren, muss das Schmelzen der Schlacke unter reduzierenden Bedingungen stattfinden. Der elektrische Lichtbogenofen ist dafür prädestiniert, da der von den Graphitelektroden emittierte Kohlenstoff unter bestimmten Bedingungen bereits als ein ausgezeichnetes Reduktionsmittel wirkt. Die Effektivität der Cr_2O_3-Reduktion hängt dabei wesentlich von der Art der Energieübertragung auf das Schmelzgut ab, die durch die Fahrweise des Lichtbogenofens bestimmt wird. Diese kann unterschieden werden in *Lichtbogenschmelzen* oder *Widerstandsschmelzen*, je nachdem ob die Energie über die Strahlungsenergie des Lichtbogens oder über die Widerstandserwärmung des eingesetzten Materials eingetragen wird. Praktisch treten diese Extremfälle aber kaum auf; vielmehr herrscht mehr oder weniger eine der beiden Arten vor.

4.1.1. Lichtbogenbetrieb

Befinden sich die Elektroden nicht in direktem Kontakt mit der Schmelze, entsteht ein Lichtbogen, der zwischen den Elektroden und der vom Strom durchflossenen Schmelze brennt und Strahlungswärme an diese abgibt. Die auf die Badoberfläche wirkende elektromagnetische Kraft des Lichtbogens bewirkt eine starke Durchwirbelung des Schmelzbades. Dadurch wird einerseits der Wärmeübergang begünstigt, so dass ein großer Teil der Leistung des Lichtbogens ins Bad abgeführt wird. Andererseits sorgen die durch den Lichtbogenschub hervorgerufenen Konvektionen für einen Abtransport der zugeführten Energie an Wände und Boden des Ofens, was zu einer stärkeren Erhitzung der Schmelzbadumgebung führt. In Bild 2 ist schematisch der Lichtbogenofen im Bogenbetrieb dargestellt.

Je nach der Größe des Abstands der Elektroden zur Schmelzbadoberfläche wird zwischen langem und kurzem Lichtbogen unterschieden. In beiden (Extrem-) Fällen findet an den *heißen Brennflecken* der Graphitelektroden eine heftige Verdampfung von Kohlenstoff statt, da die Temperaturen an diesen Stellen über der Verdampfungstemperatur des Kohlenstoffs – etwa 3.550 °C – liegen. Der emittierte atomare Kohlenstoff ist sehr energiereich – *in statu nascendi* – und daher ein hocheffektives Reduktionsmittel.

Wird mit *langem Lichtbogen* geschmolzen, so wird der überwiegende Teil der emittierten Kohlenstoffatome und der abrieselnden Graphitteilchen auf dem verhältnismäßig langen Weg zur Schmelzbadoberfläche bereits durch den Luftsauerstoff zu Kohlenmonoxid oxidiert und mit dem Abgas entfernt. Infolge des damit verbundenen Mangels an Reduktionsmittel liegen im Schmelzbad daher

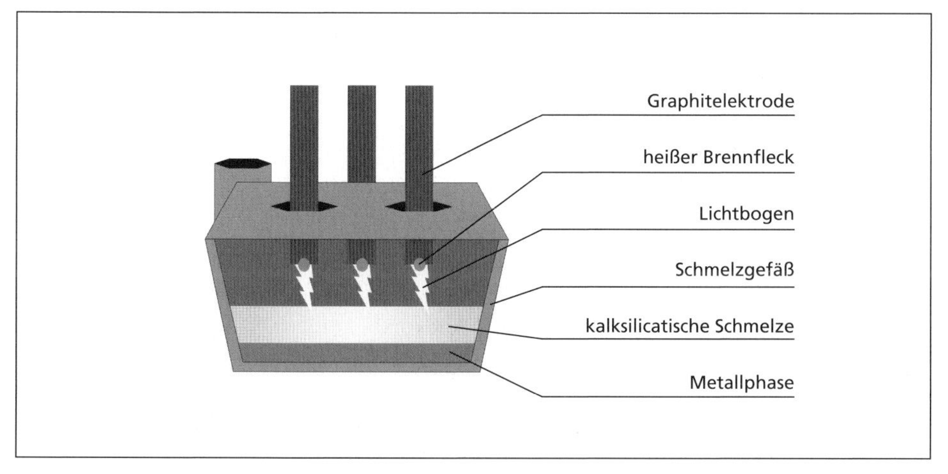

Bild 2: Schematische Darstellung des Bogenbetriebes im kleintechnischen Wechselstrom-Lichtbogenofen – Die Elektroden befinden sich oberhalb des Schmelzbades, ohne mit diesem Kontakt zu haben. Zwischen Elektrodenspitzen und dem stromdurchflossenen Schmelzbad bilden sich frei brennende Lichtbögen aus, in denen Elektronen und Ionen als Ladungsträger die Stromleitung über die Gasstrecke übernehmen. Je nach Abstand wird von kurzem oder langem Lichtbogen gesprochen. Am *heißen Brennfleck* ist die Temperatur hoch genug, um Kohlenstoff zu verdampfen.

praktisch keine oder nur sehr schwach reduzierende Bedingungen vor, so dass der Gehalt des in der kalksilicatischen Schmelze als Cr_2O_3 vorliegenden Chroms nicht verringert wird (Bild 3). Infolge der starken Konvektion der Schmelze werden in der Schlacke enthaltene Metalltröpfchen sogar immer wieder an die Oberfläche transportiert und dort durch Luftkontakt zum Cr_2O_3 oxidiert. Dadurch wird nicht nur die Ausbeute an abgeschiedener Metallphase verringert sondern auch der Chromgehalt im mineralischen Schmelzprodukt erhöht. Erst durch die Zugabe eines zusätzlichen Reduktionsmittels – z.B. Petrolkoks – wird eine Verringerung des Cr_2O_3-Gehaltes erreicht (Bild 3). Die starke Schmelzbadkonvektion führt allerdings praktisch sofort zur Reoxidation der gebildeten mikroskopischen Metalltröpfchen, so dass im Produkt der Gehalt an Cr_2O_3 gegenüber der Ausgangsschlacke nur geringfügig verringert ist.

Die Verringerung des Abstandes der Elektroden zum Schmelzbad und damit die Verkürzung des Lichtbogens erhöht die reduzierende Wirkung, da der vom heißen Brennfleck emittierte Kohlenstoff in die oberen Schichten des Schmelzbades eindringen kann. Die verhältnismäßig hohe Viskosität der Schmelze begrenzt aber dessen Eindringtiefe. Zusätzlich führt die starke Durchwirbelung, hervorgerufen durch den Lichtbogenschub, auch hier zur raschen Bildung von CO durch den Kontakt mit der Atmosphäre. Wie in Bild 3 erkannt werden kann, ist dadurch die Menge des effektiv auf die Schmelze wirkenden Kohlenstoffs insgesamt viel zu gering, um eine signifikant bessere Abreicherung des enthaltenen Chromoxids gegenüber dem Betrieb mit längerem Bogen zu bewirken. Die Zugabe von Petrolkoks als Reduktionsmittel erhöht zwar die Effektivität der Reduktion, jedoch

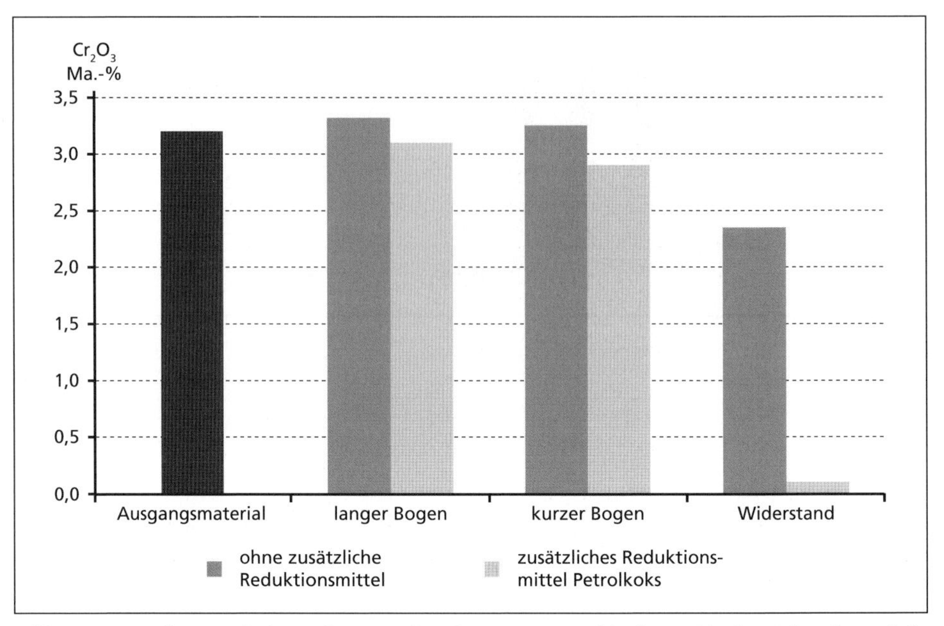

Bild 3: Mittlerer Gehalt an Chromoxid in der Ausgangsschlacke und in den Schmelzprodukten nach der thermochemischen Behandlung mit langem und kurzem Lichtbogen sowie im Widerstand jeweils mit und ohne zusätzliches Reduktionsmittel (Petrolkoks)

laufen wie schon beim langen Lichtbogen durch die Schmelzbadkonvektion verstärkt Reoxidationsprozesse der Metalltröpfchen an der Schmelzbadoberfläche ab, die zur Rückreaktion eines beträchtlichen Teils des bereits gebildeten metallischen Chroms zu Cr_2O_3 führen.

4.1.2. Widerstandsbetrieb

Eine signifikante Verringerung des Cr_2O_3-Gehaltes wird erst erreicht, wenn vom Bogen- in den Widerstandsbetrieb gewechselt wird, bei dem die Elektroden in die Schmelze eintauchen (Bild 3). Die zugeführte Energie wird hier in Abhängigkeit vom aktuellen spezifischen Widerstand des Schmelzgutes in thermische Energie umgesetzt – Joul´sche Wärme –, ohne dass sich ein Lichtbogen ausbildet. Bild 4 zeigt schematisch den Lichtbogenofen im Widerstandsbetrieb.

Über die Phasengrenze zwischen Elektrode und Schmelze kann der Kohlenstoff der Graphitelektroden direkt mit den oxidischen Bestandteilen der Schmelze reagieren. Die Menge des auf die Schmelze wirkenden Kohlenstoffes ist im Vergleich zum Lichtbogenbetrieb größer, obgleich dieser wesentlich energieärmer ist als bei den anderen Betriebsarten. Gleichzeitig entfällt die vom Lichtbogen hervorgerufene Kraftwirkung völlig, so dass im Schmelzbad nur eine geringe thermische Konvektion auftritt. Zwar kommt es auch im Widerstandsbetrieb infolge der Reaktion zwischen Kohlenstoff und Luftsauerstoff zur Bildung von Kohlenmonoxid, jedoch verringert diese oberhalb des Schmelzbades ablaufende Reaktion die auf die Schmelze wirkende Kohlenstoffmenge praktisch nicht.

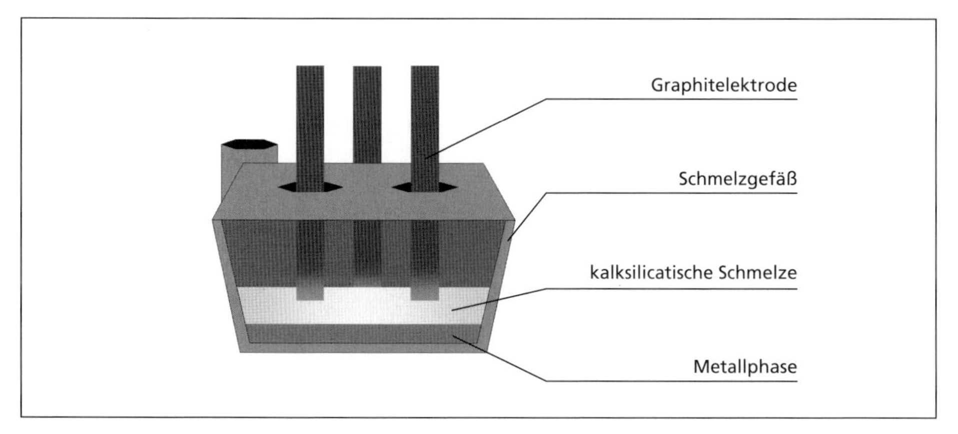

Bild 4: Schematische Darstellung des Schmelzbetriebes mit in die Schmelze tauchenden Elektroden – Da die Energie als Joul´sche Wärme in Abhängigkeit vom Widerstand der Schmelze eingetragen wird und sich kein Lichtbogen ausbildet, wird diese Betriebsart auch als *Widerstandsschmelzen* bezeichnet. Durch den direkten Kontakt der Elektroden mit dem Schmelzbad kann eine beträchtliche Kohlenstoffmenge mit der Schmelze wechselwirken.

Gleichzeitig ermöglicht die geringe Konvektion ein schnelleres Absinken der vorhandenen und durch Reduktion gebildeten Metallpartikel auf den Boden des Schmelzbades. Insgesamt ist die Kohlenstoffmenge für eine nahezu quantitative Umsetzung der Chromverbindungen zum Element jedoch noch nicht ausreichend, da die Wechselwirkung zwischen Kohlenstoff und Schmelze nur über die eingetauchte Oberfläche der Elektroden stattfinden kann. Erst durch die Zugabe von zusätzlichen Reduktionsmitteln – in Bild 3: Petrolkoks – gelingt die Verringerung des Cr_2O_3-Gehaltes in der kalksilicatischen Schmelze um über 97 %.

4.1.3. Verwendung zusätzlicher Reduktionsmittel

Es wurde bereits darauf hingewiesen, dass die Menge des Kohlenstoffs, der von den Elektroden emittiert wird und als Reduktionsmittel mit der Schmelze wechselwirkt, begrenzt ist. Im Lichtbogenbetrieb reagiert ein großer Teil des sehr energiereichen Kohlenstoffes mit dem Sauerstoff der im Ofenraum vorhandenen Luft. Bei getauchten Elektroden dagegen ist aufgrund der schwachen Schmelzbadbewegung die Beweglichkeit des von den Elektroden emittierten Kohlenstoffes eingeschränkt, wodurch seine Wirksamkeit auf die unmittelbare Umgebung der Elektroden begrenzt bleibt. So werden entferntere Bereiche des Schmelzbades nur unzureichend mit Reduktionsmittel versorgt und eine nahezu quantitative Umsetzung des Cr_2O_3 ist nicht gewährleistet.

Aus diesem Grunde ist es notwendig, zusätzliche Reduktionsmittel hinzuzufügen, um die Effektivität der Reduktion zu erhöhen. Das Reduktionsmittel muss dabei *stark* genug sein, um Chrom aus seinen Verbindungen in der Schmelze quantitativ zum Element zu reduzieren. Die Hauptkomponenten wie SiO_2 sollten möglichst nicht oder nur wenig angegriffen werden. Darüber hinaus sollte es gut handhabbar und dosierbar sein.

Die Abhängigkeit der Effektivität des Reduktionsmittels von der Fahrweise des Lichtbogenofens wird aus Bild 3 ersichtlich. Wie schon erwähnt wurde, wird eine ausreichend hohe Reduktion nur im Widerstandsbetrieb erreicht. Die Untersuchungen zum Einfluss des Reduktionsmittels auf die Effektivität der Cr_2O_3-Reduktion beschränkten sich daher auf diese Betriebsart.

Als Referenz-Reduktionsmittel kam Kohlenstoff in Form von Petrolkoks, einer porösen und daher besonders reaktiven Form des Kokses, zur Anwendung. Daneben wurden Ferrosilicium (FeSi mit 75 % Si), Aluminium (Al) und Siliciumcarbid (SiC) hinsichtlich ihrer reduzierenden Wirkung untersucht. Beim Ferrosilicium ist die eigentliche reduzierende Komponente das Silicium, beim Siliciumcarbid wirken sowohl Silicium als auch Kohlenstoff reduzierend. Die Reduktion des chemisch gebundenen Chroms läuft beispielhaft nach den Gleichungen 1 bis 3 ab

$$Cr_2O_3 + 3\,C \longrightarrow 2\,Cr + 3\,CO \uparrow \quad \text{Gl. 1}$$

$$Cr_2O_3 + 3\,Si \longrightarrow 2\,Cr + 3\,SiO \uparrow \quad \text{Gl. 2}$$

$$Cr_2O_3 + 2\,Al \longrightarrow 2\,Cr + Al_2O_3 \quad \text{Gl. 3}$$

$$SiO_2 + Si \longrightarrow 2\,SiO \uparrow \quad \text{Gl. 4}$$

wobei bei der Reduktion mit Kohlenstoff auch Chromcarbide gebildet werden können.

In Bild 5 ist das Ellingham-Diagramm für verschiedene in der Schlacke vorkommende Metalloxide sowie die verwendeten Reduktionsmittel Kohlenstoff, Aluminium und Silicium dargestellt. Demnach wirkt Aluminium bei jeder Temperatur gegenüber SiO_2 und Cr_2O_3 reduzierend. In der Praxis findet jedoch aufgrund der erforderlichen Aktivierungsenergie keine merkliche Reduktion sowohl der Cr_2O_3- als auch der SiO_2-Gehalte unterhalb von 1.700 °C statt. Die Reduktion von Cr_2O_3 durch Kohlenstoff beginnt bei Temperaturen > 1.250 °C, von SiO_2 sogar erst > 1.650 °C. Bei Verwendung von Silicium als Reduktionsmittel wird das Cr_2O_3 erst oberhalb von 1.350 °C reduziert, während die Konproportionierung von Si mit dem SiO_2 der Schlacke gemäß Gleichung 4 Temperaturen oberhalb 1.800 °C benötigt. Thermodynamische Berechnungen haben ergeben, dass für die nahezu vollständige Reduktion des Cr_2O_3 nach Gleichung 1 und Gleichung 2 jedoch deutlich höhere Temperaturen erforderlich sind, da die Gleichgewichte bei 1.250 °C bzw. 1.350 °C noch stark auf der Seite der Ausgangsstoffe liegen. Für Ausbeuten über 95 % sind demnach beim Einsatz von Kohlenstoff als Reduktionsmittel Temperaturen zwischen 1.700 und 1.800 °C, beim Einsatz von Silicium > 1.800 °C erforderlich.

Kohlenstoff

Kohlenstoff hat gegenüber anderen Reduktionsmitteln den Vorteil, dass seine Reaktionsprodukte in jedem Fall gasförmig sind und dadurch die Zusammensetzung und Qualität der mineralischen Schmelze nicht beeinflussen. Allerdings kann ein Teil des Kohlenstoffes mit dem gebildeten elementaren Chrom aufgrund der hohen Temperaturen zu Carbiden reagieren. Dieser Vorgang findet jedoch auch statt, wenn nicht-kohlenstoffhaltige Reduktionsmittel verwendet werden,

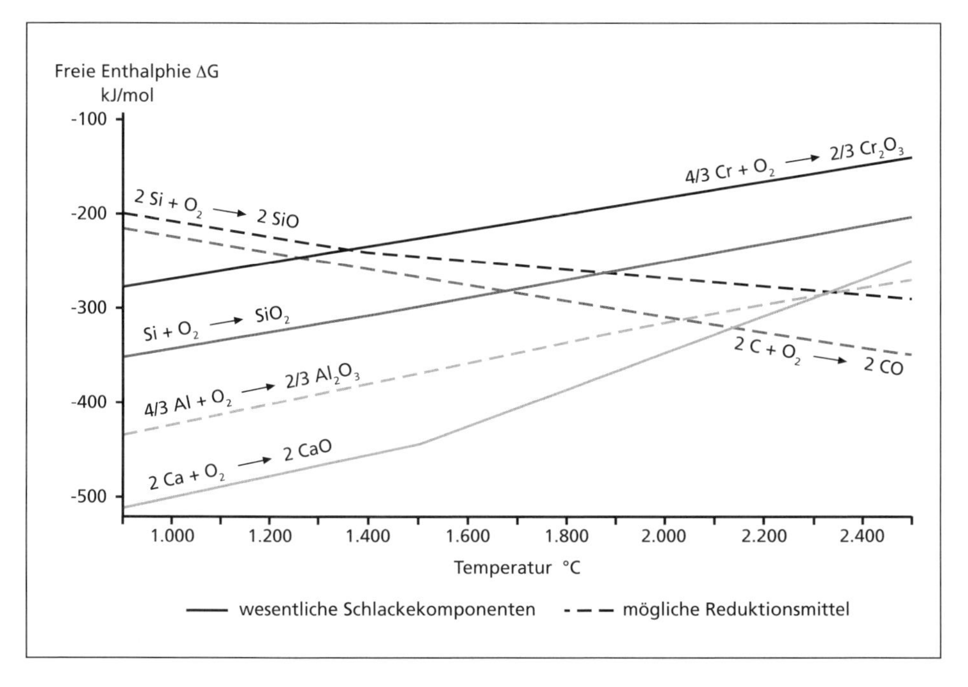

Bild 5: Ellingham-Diagramm für wesentliche Komponenten der Schlacke (durchgehende Linien) und mögliche Reduktionsmittel (unterbrochene Linien). Ein Reduktionsmittel kann die Metalloxide reduzieren, deren Kurvenverlauf der Freien Enthalpie oberhalb der eigenen Kurve liegt.

da durch die Graphitelektroden in jedem Falle Kohlenstoff in die Schmelze eingetragen wird. Die Carbide können teilweise durch Folgereaktionen mit Chromoxid zerstört werden. Aufgrund ihrer hohen Dichte sinken auch sie zu Boden, wo sie aufgrund ihrer metallischen Eigenschaften mit der Metallphase kohlenstoffreiche Legierungen bilden. Da Kohlenstoff auch in der Edelstahlherstellung von großer Wichtigkeit ist, beeinflusst eine Carbidbildung daher insgesamt weder die Abscheidung des Metalls noch die Wiederverwertbarkeit der Metallphase bei der Edelstahlproduktion.

Wie aus Bild 6 zu ersehen ist, ist Petrolkoks bei der Reduktion der Chromverbindungen ausgesprochen effektiv. Bei hohen Temperaturen von > 1.800 °C und im Widerstandsbetrieb gelingt es, allein durch die portionsweise Zugabe von Petrolkoks beim Schmelzen einer typischen AOD-Schlacke den Gehalt an chemisch gebundenem Chrom im kalksilicatischen Schmelzprodukt um über 97 % auf 0,1 % und darunter zu senken. Bei diesen Temperaturen findet allerdings auch bereits merklich die Reduktion des SiO_2 gemäß Gleichung 5 statt, wobei das sich bildende SiO gasförmig entweicht:

$$SiO_2 + C \quad \longrightarrow \quad SiO\uparrow + CO \qquad \text{Gl. 5}$$

Nach Reaktion mit dem Luftsauerstoff in der Abgasstrecke wird es als SiO_2 im Kondensat aufgefangen.

Ferrosilicium

Die eigentlich reduzierende Komponente im Ferrosilicium ist das Silicium, das in seinem Verhalten dem Kohlenstoff ähnelt. Gemäß Bild 5 beginnt die Reduktion des Chromoxids durch Si nach Gleichung 2 bei Temperaturen oberhalb 1.300 °C. Jedoch wird eine effektive Reduktion wie bei Kohlenstoff erst bei wesentlich höheren Temperaturen von etwa 1.800 °C erreicht. Bei diesen Temperaturen findet bereits die Konproportionierung des Siliciums mit dem SiO_2 der Schmelze nach Gleichung 4 statt. Das gebildete gasförmige SiO reagiert bei Luftkontakt schnell zum SiO_2, welches als weißer Nebel mit dem Abgas entweicht. Dadurch wird auch hier ein Teil des Reduktionsmittels für eine unerwünschte Konkurrenzreaktion verbraucht.

Wie in Bild 6 zu erkennen ist, wird die Effektivität von Petrolkoks mit FeSi nicht ganz erreicht, was auf den Einsatz des Siliciums in Form einer Ferrolegierung zurückzuführen ist. Um das Silicium aus der Legierung freizusetzen, wird Energie benötigt. Aufgrund seiner verhältnismäßig hohen Dichte sinkt das Eisen aus dem FeSi zusammen mit noch nicht freigesetztem Silicium jedoch an den Boden des Schmelzbades und legiert dort mit der Metallphase. Dadurch wird die Menge des als Reduktionsmittel wirkenden Siliciums zusätzlich verringert. Bei Verwendung reinen Siliciums als Reduktionsmittel wird eine Effektivität erwartet, die der von Kohlenstoff durchaus vergleichbar sein sollte.

Aluminium

Die Herstellung von Aluminium gehört mit zu den energieaufwendigsten metallurgischen Verfahren. Dementsprechend ist Aluminium ein kostenintensives Reduktionsmittel. Gleichwohl es auch in der Praxis aufgrund seines unbestritten hohen Potentials als Reduktionsmittel eingesetzt wird, ist seine Verwendung aufgrund der damit verbundenen hohen Kosten limitiert, solange kostengünstige Alternativen mit ähnlicher Wirkung zur Verfügung stehen.

Beim Einsatz von Aluminium als Reduktionsmittel entsteht gemäß Gleichung 3 Al_2O_3, das sich in der kalksilicatischen Schmelze löst und mit dieser Alumosilicate bildet. Entsprechend dem Phasendiagramm CaO-SiO_2-Al_2O_3 ist der Schmelzpunkt bei gleich bleibendem CaO-SiO_2-Verhältnis umso tiefer, je höher der Gehalt an Al_2O_3 ist. Die spezifische Schmelztemperatur der Schlacke wird daher in gleichem Maße herabgesetzt, wie Aluminium der Schmelze zugefügt wird. Aufgrund der hohen Schmelzbadtemperaturen bilden sich leicht überhitzte Schmelzen, deren Temperatur erheblich höher als der spezifische Schmelzpunkt ist und die daher eine niedrigere Viskosität als höherschmelzende Phasengemische aufweisen. Zudem hat Al_2O_3 einen positiven Einfluss auf die Hydraulizität der Schlacke. Um vorzeitige Reaktion mit dem Luftsauerstoff zu verhindern, bietet es sich an, das Aluminium mit einem Inertgas direkt in die Schmelze einzublasen.

Wie beim Kohlenstoff ist auch bei Verwendung von Aluminium die Reduktion von SiO_2 aus der Schlacke gemäß

$$3\ SiO_2 + 4\ Al \longrightarrow 3\ Si + 2\ Al_2O_3 \qquad \text{Gl. 6}$$

eine unerwünschte Konkurrenzreaktion zu Gleichung 3. Aluminium ist gegenüber Kohlenstoff jedoch insgesamt ein stärkeres Reduktionsmittel (vergleiche auch Bild 5) und weit weniger selektiv, so dass es mit SiO_2 und Cr_2O_3 gleichermaßen gut

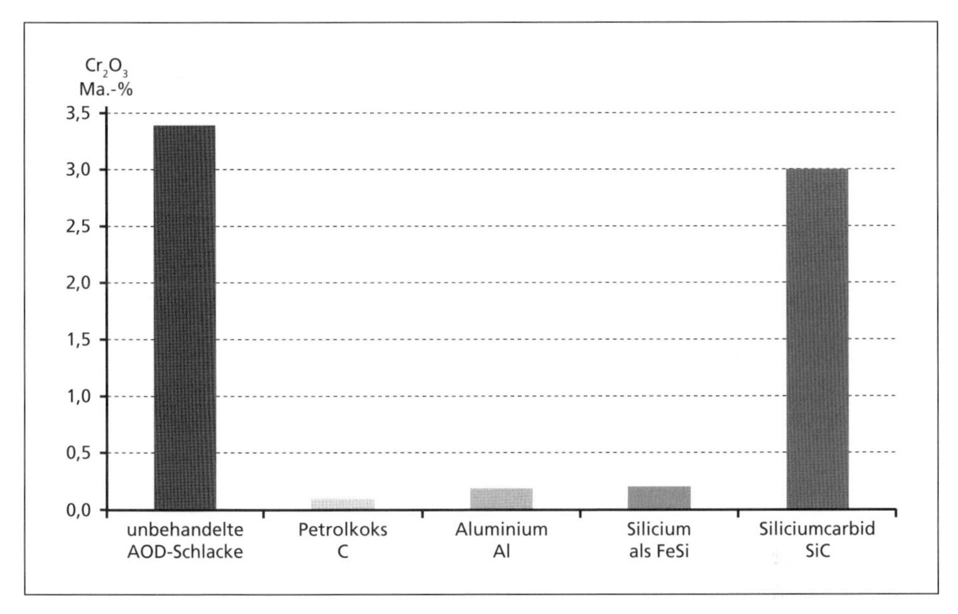

Bild 6: Chromoxidgehalte einer im Lichtbogenofen im Widerstandsbetrieb behandelten AOD-Schlacke bei Verwendung unterschiedlicher Reduktionsmittel. Gegenübergestellt ist der Cr_2O_3-Gehalt der unbehandelten Schlacke.

reagiert. Aufgrund der weitaus größeren Menge an SiO_2 in der Schmelze (30 bis 33 % SiO_2 gegenüber 3 bis 4 % Cr_2O_3) wird der überwiegende Teil des zugesetzten Aluminiums verbraucht, noch bevor es mit dem Cr_2O_3 reagieren kann. Im Unterschied zum Kohlenstoff wird durch die Reaktion mit Aluminium jedoch elementares Silicium gebildet, das ebenfalls ein gutes Reduktionsmittel ist und mit Cr_2O_3 gemäß Gleichung 2 reagiert (vergleiche auch unter *Ferrosilicium*). Infolge dieser Sekundärreaktion ist die absolute Effektivität von Aluminium bezogen auf die Chromreduktion vergleichbar mit Ferrosilicium: der Gehalt an gebundenem Chrom wird um etwa 93 % auf < 0,2 % gesenkt (Bild 6). Wesentlich trägt dazu offenbar das primär gebildete Silicium bei, das in einem hochreaktiven Zustand – *in statu nascendi* – vorliegt und dadurch reaktionsfreudiger als das Silicium im FeSi ist. Da die Reaktionen nach Gleichung 3 und Gleichung 6 eine Schmelzbadtemperatur von mindestens 1.700 °C erfordern, findet jedoch auch hier die bereits erwähnte Konproportionierung gemäß Gleichung 4 statt. Infolgedessen ist die Abreicherung des SiO_2-Gehaltes in der kalksilicatischen Schmelze beim Einsatz von Aluminium am größten, was die nachträgliche Optimierung hinsichtlich der Einstellung auf ein bestimmtes CaO/SiO_2-Verhältnis erschwert.

Siliciumcarbid

Siliciumcarbid, SiC, enthält sowohl Kohlenstoff als auch Silicium, die beide reduzierend wirken. Theoretisch sollte es daher im Lichtbogenofen ein effektives Reduktionsmittel darstellen. Allerdings besitzt SiC eine außerordentlich hohe thermische Stabilität, die seine Reaktionsfähigkeit selbst bei den im Lichtbogenofen herrschenden hohen Temperaturen erheblich einschränkt. Aufgrund seiner gegenüber der flüssigen Schlacke höheren Dichte sinkt das SiC praktisch unverändert an den Boden des Schmelzgefäßes, wo es mit der abgeschiedenen Metallphase legiert. Aus diesem Grunde wird bei Verwendung von SiC als Reduktionsmittel nur ein geringfügiger Rückgang des Cr_2O_3-Gehaltes im Schmelzprodukt festgestellt (Bild 6). Somit ist SiC als Reduktionsmittel für die Überführung des dreiwertigen Chroms in seine elementare Form nicht geeignet.

4.2. Zusammensetzung der abgeschiedenen Metallphase

Die aus der Schlacke durch Dichtetrennung separierte Metallphase stellt mit ihrem hohen Chromgehalt einen wertvollen Rohstoff in der Metallurgie dar, wo sie primäre Rohstoffe ersetzen soll. Wert und Verwendbarkeit werden unmittelbar durch ihre Zusammensetzung bestimmt.

Tabelle 2: Beispielhafte Zusammensetzung der Hauptkomponenten für die abgeschiedene Metallphase in Abhängigkeit vom verwendeten Reduktionsmittel, bestimmt mit Röntgenfluoreszenzanalyse. Je nach Anteil an Originalmetall in der unbehandelten Schlacke kann die Zusammensetzung von den hier wiedergegebenen Werten etwas abweichen.

	Gehalt Masse-%							
	Fe	**Cr**	Si	C	Mn	V	Ni	Ti
Edelstahlgranalien (Originalmetall – AOD-Schlacke)	66,2	**16,0**	2,8	1,7	0,8	0,1	7,9	0,02
Metallphase, Behandlung mit C als Reduktionsmittel	24,6	**45,2**	12,7	3,0	10,4	0,94	1,3	0,94
Metallphase, Behandlung mit Al als Reduktionsmittel	14,5	**42,8**	18,0	2,5	17,3	0,74	1,2	1,59
Metallphase, Behandlung mit Si (FeSi) als Reduktionsmittel	21,0	**35,4**	21,3	3,9	13,0	0,66	0,7	1,54

In Tabelle 2 sind die Zusammensetzungen der abgeschiedenen Metallphasen aufgeführt. Zum Vergleich ist auch die Zusammensetzung einer mechanisch aus unbehandelter AOD-Schlacke abgetrennten originalen Stahlphase mit aufgenommen. Die thermochemische Behandlung im elektrischen Lichtbogenofen wurde jeweils im Widerstandsbetrieb unter optimalen Reduktionsbedingungen, jedoch mit unterschiedlichen Reduktionsmitteln durchgeführt. In allen abgeschiedenen Metallphasen wird eine deutliche Anreicherung des Chromgehaltes erzielt, die durch die Reduktion des im Ausgangsmaterial mineralisch gebundenen dreiwertigen Chroms und dessen Separation zustande kommt. Auffällig ist weiterhin der verhältnismäßig hohe Gehalt an Silicium, das bei effektiven Reduktionsbedingungen aus SiO_2 gebildet wird. Die Menge des gebildeten Siliciums ist bei Kohlenstoff als Reduktionsmittel am niedrigsten, da Kohlenstoff gegenüber SiO_2 ein schwächeres Reduktionsmittel als Aluminium ist. Am höchsten ist der Siliciumgehalt bei Verwendung von FeSi, da hier ein Teil des zugeführten Ferrosiliciums direkt mit der Metallphase legiert.

Neben Chromoxid werden auch andere Schwermetalloxide der Schlacke reduziert. Vor allem Mangan und Vanadium werden in der Metallphase angereichert. Nickel, das in der Schlacke praktisch nicht mineralisch gebunden vorliegt, wird nicht angereichert. Da durch die Anreicherung der Metallphase mit Chrom und Mangan die Gesamtmenge der Metallphase stark zunimmt, wird die Absolutmenge des Nickels infolge der *Verdünnung* sogar verringert.

4.3. Optimierung der Schlackequalität

Nach der Reduktion der Chromverbindungen und der Abscheidung der Metallpartikel liegt der Chromgehalt der kalksilicatischen Schmelze unterhalb der für Zementrohstoffe vorgeschriebenen Grenzwerte. Für die Verwertung auf einem hohen Qualitätsniveau ist aber noch eine Optimierung der mineralischen Fraktion erforderlich. Sie findet im Anschluss an die Cr_2O_3-Reduktion im Lichtbogenofen durch die Zugabe von Zuschlägen in die schmelzflüssige Phase oder unmittelbar beim Abguss statt. Auch eine Kombination beider Varianten ist möglich.

Wie bereits beschrieben, neigen AOD-Schlacken beim Abkühlen aufgrund des Phasenübergangs von der α'- zur γ-Modifikation des Dicalciumsilikates zum feinkörnigen Zerfall, wobei die Umwandlung $\alpha' \longrightarrow \gamma$ nur über die metastabile β-Phase vor sich geht. Das beim Zerfall entstehende Pulver weist praktisch keine nutzbaren Gebrauchseigenschaften auf. Soll die chemische Zusammensetzung nicht wesentlich verändert werden, muss der Modifikationswechsel daher verhindert werden, indem die metastabile β-Modifikation stabilisiert, d.h. die Phasenumwandlung kinetisch gehemmt wird. Aus früheren Untersuchungen ist bekannt, dass bereits geringe Zugaben von B_2O_3 oder P_2O_5 zur vollständigen Stabilisierung der Schlacke führen [9]. Neben dieser chemischen Stabilisierung, die auf der Bildung von Mischkristallen beruht, besteht auch die Möglichkeit einer *physikalischen* Stabilisierung, indem die Schlacken besonders rasch abgekühlt werden. Dies ist z.B. durch eine Granulation der schmelzflüssigen Schlacke mit Luft und/oder Wasser beim Abgießen möglich.

Neben der Stabilisierung der hydraulisch aktiven Modifikationen des Dicalciumsilicates kann auch die chemische Zusammensetzung durch Zugabe von z.B. Quarz oder Tonerde noch während der Schmelzbehandlung im Lichtbogenofen praktisch beliebig beeinflusst werden. SiO_2 bzw. Al_2O_3 lösen sich dabei vollständig in der Schmelze auf. Allerdings erfordert eine solche Änderung der chemischen Zusammensetzung die Zufuhr zusätzlicher externer Energie, die umso größer ist, je höher die Menge an Zuschlägen ist. Aus wirtschaftlichen Gründen ist es daher günstiger, Produkte anzustreben, deren Zusammensetzung sich nur wenig von der des Ausgangsmaterials unterscheidet. So kann durch eine vergleichsweise geringfügige Erhöhung des SiO_2-Gehaltes der Schmelze ihre Zusammensetzung an die einer Hochofenschlacke angepasst werden. Die Basizität wird dabei auf ein CaO/SiO_2-Verhältnis von etwa 1 gesenkt und damit der Ausscheidungsbereich des Dicalciumsilicates verlassen. Ein solcherart *konditioniertes* Produkt weist praktisch keinerlei Neigung zum Zerfall auf und kann vielseitig verwertet werden. Soll ein dem Tonerdezement ähnliches Produkt erzeugt werden, kann statt des SiO_2 auch der Gehalt an Al_2O_3 erhöht werden. Ein wesentlicher Punkt der

Konditionierung ist auch darin zu sehen, die teilweise schwankende Zusammensetzung der eingesetzten AOD-Schlacken auszugleichen und ein gut reproduzierbares Produkt mit gleichbleibender Zusammensetzung anzubieten.

Soll das konditionierte Produkt nur als Material für den Straßenbau eingesetzt werden, genügt es in der Regel, die kalksilicatische Schmelze nach dem Abguss an der Luft abkühlen zu lassen. Dabei wird eine kristallin erstarrende gesteinsartige Masse gebildet, deren Eigenschaften denen natürlicher Mineralstoffe in nichts nachstehen und die diese aufgrund ihres nun geringen Chromgehaltes ersetzen kann.

Ein dem Hüttensand vergleichbares Produkt, das bei der Herstellung von Zement eingesetzt werden kann, muss dagegen einen möglichst hohen Glasanteil enthalten, da dieser die Aktivität der Schlacke als Bindemittel erhöht. Wird die behandelte Schlacke beim Abguss mit Wasser granuliert, so lassen sich je nach Konditionierung Glasgehalte von über 99 % im Produkt erreichen. Wie aus Tabelle 3 hervorgeht, nimmt der Glasgehalt jedoch bei granulierten Produkten mit steigender Basizität ab, da diese ein höheres Kristallisationsvermögen besitzen. Für eine Verwendung im Zement ist daher die Konditionierung mit Quarz auf Basizitäten zwischen 1,0 und 1,1 erforderlich. Aus solcherart konditionierten und granulierten Produkten mit Glasgehalten > 99 % hergestellte Mörtelprismen zeigen gute zementtechnische Eigenschaften, die mit denen von Hüttensand-basierten Mörtelprismen vergleichbar sind. Aufgrund der starken reduzierenden Bedingungen, die für die Reduktion des Cr_2O_3 erforderlich sind und immer zu einer Mitreduktion des SiO_2 führen, ist eine solch genaue Einstellung des CaO/SiO_2-Verhältnisses nur schwer realisierbar. Die Anwendung von *in situ*-Analysetechniken, die die Ermittlung der Zusammensetzung des Schmelzbades oder wenigstens von schnell erkaltenden Schmelzbadproben ermöglichen, wäre hier von großem Vorteil. In der Bundesanstalt für Materialforschung und -prüfung (BAM) laufen gegenwärtig Versuche zur *in-situ* Prozessanalytik im Lichtbogenofen durch Online-LIBS[2] an.

Tabelle 3: Glasgehalte in Abhängigkeit vom CaO-SiO_2-Verhältnis für granulierte Produkte. Die ursprüngliche Zusammensetzung wurde durch Zugabe von SiO_2 zur Schmelze verändert.

Zusammensetzung der Produkte, Hauptkomponenten Masse-%			**Glasgehalt** %	**Cr_2O_3-Gehalt** Masse-%
CaO	**SiO_2**	**Verhältnis**		
59,2	35,1	1,69	< 50	0,31
49,8	39,7	1,25	80,0	< 0,10
48,2	41,4	1,16	99,3	0,12
44,5	44,3	1,00	99,6	0,14

[2] Laser Induced Breakdown Spectroscopy

5. Zusammenfassung und Schlussfolgerungen

Wie die Untersuchungen gezeigt haben, wird durch die externe reduzierende Schmelzbehandlung einer AOD-Reduktionsschlacke im kleintechnischen elektrischen Lichtbogenofen eine fast vollständige Rückgewinnung des in der Schlacke metallisch und oxidisch enthaltenen Chroms ermöglicht. Bei geeigneter Prozessführung, ausreichend hoher Schmelzbadtemperatur von > 1.750 °C und unter Verwendung zusätzlicher Reduktionsmittel lassen sich über 97 % des in der Schlacke enthaltenen Chroms als Metall zurückgewinnen, was einer Abreicherung im kalksilicatischen Schmelzprodukt auf deutlich unter 2.000 ppm entspricht. Zum Erreichen der dazu erforderlichen Reduktionsbedingungen sollte der Lichtbogenofen im Widerstandsbetrieb gefahren werden. Beim Schmelzen mit langem und kurzem Lichtbogen findet dagegen keine nennenswerte Reduktion statt, da der von den Elektroden emittierte, als Reduktionsmittel wirkende Kohlenstoff bereits durch den Kontakt mit der Luft oxidiert wird, bevor er mit dem in der Schlacke enthaltenen Chromoxid wechselwirken kann.

Für eine ausreichende Reduktion ist der Einsatz von zusätzlichen Reduktionsmitteln zwingend erforderlich. Besonders bewährt haben sich Petrolkoks und mit Einschränkungen Ferrosilicium. In beiden Fällen findet bei den für die Chromreduktion erforderlichen hohen Schmelzbadtemperaturen allerdings auch bereits die Reduktion des in der Schmelze enthaltenen SiO_2 statt, wodurch die Basizität im Laufe des Prozesses leicht zunimmt. Aluminium hat als Reduktionsmittel gegenüber Petrolkoks oder FeSi keine Vorteile, da es zu unspezifisch wirkt und verstärkt SiO_2 zu elementarem Si reduziert. Darüber hinaus ist es deutlich teurer als Petrolkoks. Siliciumcarbid dagegen eignet sich aufgrund seiner hohen thermischen Beständigkeit praktisch nicht als Reduktionsmittel für die Cr_2O_3-Reduktion.

Die gewonnene Metallphase enthält neben Chrom als Hauptkomponente noch Eisen, Silicium, Mangan und Reste von Kohlenstoff, Vanadium, Nickel und Titan. Sie ist als Legierungsmittelergänzung bei der Herstellung hochlegierter Stahlsorten einsetzbar und ersetzt somit wertvolle primäre Rohstoffe.

Die Konditionierung der kalksilicatischen Schmelze mittels bestimmter Zuschläge ermöglicht eine ausgesprochen effektive Änderung ihrer Zusammensetzung auf sehr einfache Weise. Dadurch können die Eigenschaften des Produktes gezielt verändert und wechselnde Schlackezusammensetzungen ausgeglichen werden. Die Anpassung der Zusammensetzung an die der Hochofenschlacke durch Zugabe von Quarz hat sich als günstigste Verwertungsmöglichkeit ergeben. Die Neigung zum Zerfall kann dabei durch das geänderte CaO/SiO_2-Verhältnis vollständig vermieden werden. Dadurch ist die Verwendung als Stückschlacke z.B. im Straßen- und Gleisbau möglich. Die höchste Wertsteigerung wird erzielt, wenn die konditionierte Schmelze beim Abguss zu einem glasigen Produkt ähnlich dem Hüttensand granuliert wird. Mit den so erreichten Glasgehalten von über 99 % ist das Produkt im Zement einsetzbar.

Somit bietet die Behandlung von AOD-Konverterschlacken in einem im Lichtbogenofen geführten reduzierenden Schmelzprozess die Möglichkeit einer vollständigen stofflichen Verwertung. Gegenüber mechanischen Verfahren ist die

Effektivität der Chromrückgewinnung wesentlich erhöht, da auch chemisch in der Schlacke als Cr_2O_3 gebunden vorliegendes Chrom durch die Reduktion als Metall separiert und somit eine hohe Ausbeute erreicht wird. Für den Prozess ist jedoch ein hoher Energieaufwand erforderlich, der nur bei weiter steigenden Rohstoffkosten gerechtfertigt scheint. Da die Wirtschaftlichkeit des Verfahrens im Wesentlichen durch die Ausbeute an Metallphase und deren Chromgehalt bestimmt wird, ist für eine industrielle Umsetzung der Ergebnisse auch der Einsatz anderer metallurgischer Reststoffe mit z.T. höheren Chromgehalten in Erwägung zu ziehen. Auf diese Art kann der Prozess zukünftig ökologisch und ökonomisch optimiert werden.

Danksagung

Wir danken der Europäischen Union für die Förderung der Arbeiten im Rahmen des Projektes RecArc im EU-LIFE-Programm.

6. Quellen

[1] Versteyl, L.-A.; Jacobi, H.: Gutachten über den rechtlichen Status von Schlacken aus der Eisen- und Stahlherstellung, Schriftenreihe des FEhS – Instituts für Baustoff-Forschung e.V. Heft 12, 2005

[2] Geisler, J.; Baum, R.; Heinke, R.: Schlacken bei der Herstellung von Edelstählen. In: Schlacken in der Metallurgie. S. 221, hrsg. v. K. Koch u. D. Janke, Verlag Stahleisen mbH, Düsseldorf (1984) u. (1992)

[3] Mashanyare, H. P.; Guest, R. N.: The recovery of Ferrochrome from slag at Zimasco, Minerals Engineering 10(11) (1997) 1253-1258

[4] Shen, H.; Forssberg, E.: An overview of recovery of metals from slags, Waste Management 23 (2003) 933-949

[5] Sripriya, R.; Murty, Ch. V.G.K.: Recovery of metal from slag/mixed metal generated in ferroalloy plants – a case study, Int. J. Miner. Process. 75 (2005) 123-134

[6] Adamczyk, B.; Kley, G.; Simon, F.G.: Thermochemical treatment of waste materials, REWAS '04 Global Symposium on Recycling, Waste Treatment and Clean Technology, (2004), Madrid, Gaballah, I., Mishra, B., Solozabal, R. and Tanaka, M. (Ed.), TMS, INASMET, 2245-2252

[7] www.recarc.bam.de

[8] Faulstich, M.; Freudenberg, A.; Köcher, P.; Kley, G.: RedMelt-Verfahren zur Wertstoffgewinnung aus Rückständen der Abfallverbrennung. In: K. J. Thomé-Kozmiensky (Hrsg.): Rückstände aus der Müllverbrennung. EF-Verlag für Energie- und Umwelttechnik, Berlin 1992

[9] Mudersbach, D.; Kühn, M.: Stabilisierung von zerfallsverdächtigen Edelstahlschlacken, Report des FEhS-Institutes 2 (2006) 4-5

Bedarfsgerechte Herstellung von Produkten aus Eisenhüttenschlacken

Michael Joost

1. Einleitung

Bei der Roheisen- und Stahlherstellung entstehen als Nebenprodukte in Deutschland jährlich rund 14 Millionen Tonnen Eisenhüttenschlacken.

Hochofenschlacken, die bei der Erzeugung von Roheisen aus Erzen im Hochofen entstehen, gliedern sich je nach Herstellungsweg in die kristallin erstarrte Hochofenstückschlacke und den in Granulationsanlagen am Hochofen erzeugten amorphen Hüttensand.

In der Familie der Stahlwerksschlacken spielen in Deutschland anders als bei den Hochofenschlacken nur kristalline Schlacken eine Rolle. Stahlwerksschlacken werden nach dem Erzeugungsverfahren unterschieden. In Deutschland sind dies die LD[1]- oder Konverter-Schlacke, die bei der Stahlherstellung aus Roheisen und Schrott im LD-Konverter integrierter Hüttenwerke produziert wird, sowie die im Elektroofen bei der Herstellung von Qualitätsstählen aus Schrott erzeugte Elektroofenschlacke.

Hüttensand wird überwiegend in Anlagen der Zementindustrie feingemahlen, klassiert und als wichtiger Zuschlag dem Portlandzementklinker zur Herstellung von Hochofenzementen beigegeben. Produkte aus Hochofenstückschlacke werden insbesondere als Baustoffgemische für z.B. Schottertrag- und Frostschutzschichten im Straßenbau verwendet.

[1] Das Linz-Donawitz-Verfahren (LD-Verfahren) ist ein Sauerstoffblasverfahren zur Stahlerzeugung durch Umwandlung von kohlenstoffreichem Roheisen in kohlenstoffarmen Stahl.

Stahlwerksschlacken finden sowohl als vielfältig nutzbarer Baustoff im Straßen-, Erd- und Wasserbau als auch als Düngemittel Anwendung.

Die Absatzmärkte für Stückschlacken sind – wie bei anderen Gesteinskörnungen auch und anders als beim Hüttensand – vorwiegend regionaler Art.

Bei Schlacken können in Abhängigkeit von Produkterfordernissen durch Auswahl geeigneter Prozessschritte und Produktionstechniken unterschiedliche stoffliche Zusammensetzungen und physikalische Eigenschaften gezielt eingestellt werden. Die *Bedarfsgerechte Herstellung von Produkten aus Eisenhüttenschlacken* beschäftigt sich mit der Darstellung des Einflusses beispielhaft ausgewählter Produktionsschritte auf die Gebrauchseigenschaften unterschiedlicher Produkte aus Eisenhüttenschlacken.

2. Produktionsschritte bei der Erzeugung von Produkten aus Eisenhüttenschlacken

Anders als bei natürlichen Rohstoffen können bei den industriellen Rohstoffen die Hersteller die Zusammensetzung und Eigenschaften ihrer Rohstoffe – wirtschaftlich und technisch sinnvoll in einem gewissen Rahmen – beeinflussen. Erst am gezielt hergestellten Rohstoff setzt dann die klassische Aufbereitungstechnik mit ihren bekannten Zerkleinerungs-, Sortier- und Klassierverfahren an.

1. Die Herstellung von Eisenhüttenschlacken beginnt mit der Auswahl der Rohstoffe für den Hüttenprozess und das Erschmelzen des Rohstoffes.
2. Die flüssige Schmelze kann in separaten Prozessen außerhalb der metallurgischen Hauptaggregate noch weiter modifiziert werden.
3. Im nächsten Produktionsschritt bieten sich Beeinflussungsmöglichkeiten beim Erstarren der Schmelze zu einem Gestein.
4. Durch die Gestaltung der Lagerhaltung lassen sich weitere Produkteigenschaften einstellen.
5. Schlussendlich hat die ausgewählte Aufbereitungstechnik Auswirkungen auf die Qualitäten der erzeugten Produkte.

3. Beeinflussung in der Flüssigphase

Die Produktherstellung beginnt bei Eisenhüttenschlacke bereits in der flüssigen Phase. Durch Auswahl werksspezifisch geeigneter Rohstoffe und Betriebsparameter in der Metallurgie werden die Eigenschaften der späteren Gesteine entscheidend geprägt:

- Im Hochofen werden Tonerdeträger zugesetzt, um mit dem erhöhten Tonerdegehalt des Hüttensandes den Anforderungen der Zementindustrie Rechnung zu tragen.
- Im Stahlwerk wird auf die Zugabe von Flussspat als Flussmittel verzichtet, um die Fluorid-Fracht in der Schlacke zu reduzieren.

- Im Stahlwerk wird auf die Nutzung von Dolomit-Splitten als Kühlmittel verzichtet, wenn diese die Raumbeständigkeit der Schlacke beeinträchtigen können.
- Andererseits wird in anderen Werken beim *Slag Splashing* im Konverter gezielt Dolomit zugesetzt, um die Feuerfesthaltbarkeit zu verbessern und einen hochwertigen besonders magnesiumhaltigen Düngemittel-Rohstoff zu erhalten.

4. Nachgeschaltete Behandlungsstufe

ThyssenKrupp-Prozess

Stahlwerksschlacken weisen werks- und produktionsspezifisch einen mehr oder weniger hohen Anteil freien Kalks und teilweise auch Periklas – freien Magnesiums – auf. Beide mineralische Phasen setzen sich im Laufe der Zeit unter Volumenänderung in ihre hydroxidische und dann in ihre carbonatische Form um.

Schlacken mit hohem Gehalt an freiem Kalk und Magnesium werden bevorzugt zu Düngemitteln für die Land- und Forstwirtschaft verarbeitet. Schlacken mit niedrigen Gehalten kommen als Baustoffe, wie Edelsplitte für den Asphaltstraßenbau, zum Einsatz.

ThyssenKrupp Steel nutzt in Duisburg in einem dem Konverter nachgeschalteten Verfahrensschritt die Möglichkeit, eine LD-Schlacke mit hohem Freikalkgehalt in eine Schlacke mit sehr niedrigem Freikalkgehalt umzuwandeln. Damit bietet sich die Möglichkeit in einem Stahlwerk bedarfsgesteuert freikalkreiche Rohstoffe für die Düngemittelherstellung oder freikalkarmes Vormaterial zur Erzeugung hochwertiger Edelsplitte bereitzustellen.

Die LD-Schlacke wird zunächst im Konverter erschmolzen. In der separaten Stabilisierungsanlage werden dann getrockneter Sand oder andere SiO_2-Träger zusammen mit Sauerstoff durch eine Lanze in die abgestochene noch flüssige Schlacke eingeblasen, um die freien Kalkanteile zu binden (Bild 1).

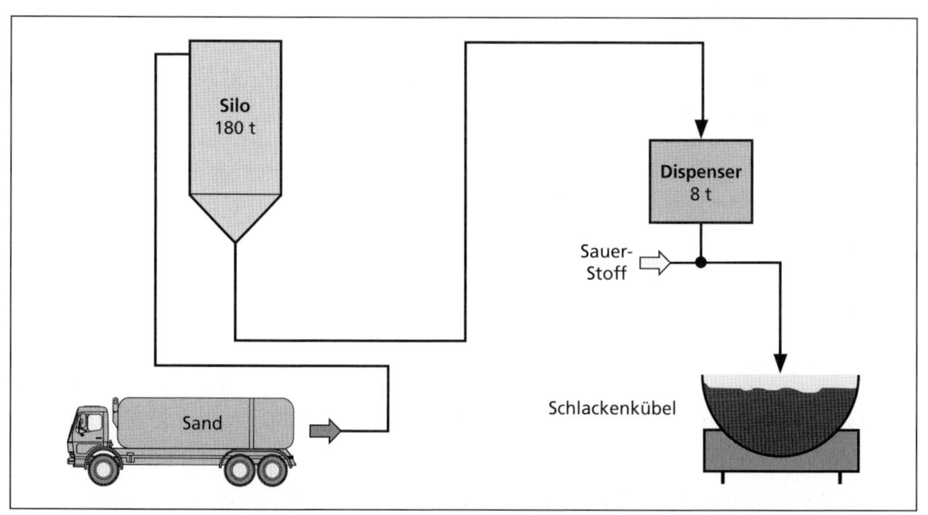

Bild 1: Schematische Darstellung der ThyssenKrupp-Stabilisierungsanlage

- Der Sauerstoff oxidiert das in der Schlacke enthaltene Eisenoxid in exothermer Reaktion von der zwei- in die dreiwertige Form. Calciumferrite können sich bilden.
- Der Sand wird aufgeschmolzen und verbindet sich mit dem Calciumoxid zu raumbeständigen Calciumsilikatphasen.

5. Beeinflussung während der Erstarrung

Granulierung und Erstarrung im Beet

Bei der Erzeugung von Roheisen im Hochofen entstehen als Nebenprodukt etwa 250 Kilogramm Hochofenschlacke pro Tonne Roheisen. Diese wird heute in Deutschland zu etwa drei Viertel direkt an den Hochöfen mit Wasser zu amorphem Hüttensand granuliert. Die verbleibende Menge Hochofenschlacke wird ebenso wie die gesamte Stahlwerksschlacke in Kübeln von gleis- oder flurgebundenen Spezialfahrzeugen aus dem Hochofen- oder dem Stahlwerk zu den vorbereiteten Schlackenbeeten transportiert (Bild 2). Dort werden die Schlacken gekippt, mit Wasser gekühlt und als kristallin erstarrte Gesteine von Hydraulikbaggern oder Radladern aufgerissen, verladen und mit Schwerlastkraftwagen zu den Lagerplätzen der Aufbereitungsanlagen transportiert.

Bild 2: Transport und Kippen flüssiger Schlacke

Durch Beeinflussung der Herstellparameter, wie Kipptemperatur und Schichtdicke im Schlackenbeet, lassen sich Produkteigenschaften gestalten. In einem konkreten Beispiel aus einem Elektrostahlwerk konnte durch eine verbesserte Prozessführung beim Transport der Flüssigschlacke und anschließendes heißeres, d.h. auch dünnflüssigeres Kippen in das Beet ein kompakterer und festerer Rohstoff hergestellt werden (Bild 3; Verfahrensweise Beet A <—> Beet B). Die höchste Anforderungsklasse für die Festigkeit von Straßenbaustoffen, die Kategorie SZ_{18}, angegeben als Schlagzertrümmerungswert gemäß den Technischen Lieferbedingungen für Gesteinskörnungen im Straßenbau, kann durch die modifizierte Verfahrensweise eingehalten werden [1].

6. Einfluss der Lagerhaltung

Die Lagerhaltung in Vormaterial- und Produktlagern dient primär zur Entkoppelung der metallurgischen und der aufbereitungstechnischen Prozesse von den saisonalen Absatzschwankungen der Produkte.

Darüber hinaus bietet sich die Lagerhaltung gerade bei LD-Schlacken an, um alternativ zu dem oben beschriebenen ThyssenKrupp-Stabiliserungsprozess den für einige baustoffliche Anwendungen notwendigen Freikalkabbau sicherzustellen.

Bei dem als Bewitterung bekannten Schritt geht der Freikalk unter Einwirkung des natürlichen oder künstlichen Niederschlages und der Luft in die beständigen Calcium-Hydroxidphasen und -Carbonatphasen über.

Für die Umwandlung von freiem Magnesium in seine volumenbeständigen Mineralphasen ist dieses Verfahren aufgrund der sehr geringen Reaktionsgeschwindigkeit des Minerals über einen Zeitraum von mehreren Jahren jedoch nicht geeignet.

7. Auswirkungen der Aufbereitung auf die Produkte

Die kristallin erstarrten Eisenhüttenschlacken werden im Allgemeinen in trockenen Prozessen aufbereitet, und die Aufbereitung gliedert sich ähnlich wie die Aufbereitung natürlicher Gesteine für gleiche Anwendungen vor allem in Zerkleinerungs- und Klassierprozesse. Zusätzlich spielt bei den Hochofen- und Stahlwerksschlacken die Sortierung durch Magnetscheidung eine wichtige Rolle, da immer auch magnetische Eisen-Anteile in der Rohschlacke enthalten sind, die in den Schlackeprodukten unerwünscht sind und in den metallurgischen Kreislauf zurückgegeben werden.

Es existieren sowohl stationäre als auch semi-mobile und mobile Anlagentypen.

Die Gestaltung der Aufbereitungsanlage und insbesondere auch die Auswahl der Zerkleinerungsmaschinen richtet sich immer nach dem Aufgabematerial und den zu erzeugenden Produkten. Wichtige Parameter für die Auslegung einer Anlage zur Schlackenaufbereitung sind neben der angestrebten Durchsatzleistung und den zur Verfügung stehenden Platzverhältnissen

- der Schlackentyp mit der zu erwartenden Festigkeit und Abrasivität,
- die separierbaren Metallanteile,
- die Kornverteilung der Rohschlacke und deren Feuchte,
- die Korngröße und die Verteilung sowie
- die Kornform der Produkte.

Stahlwerksschlacken sind im Vergleich mit Hochofenstückschlacken die festeren und abrasiveren Gesteine und enthalten einen höheren gewinnbaren Metallanteil.

Zerkleinerung

Die Rohschlacken haben typischerweise ein Kornband bis etwa 300 mm. Die Stückschlacken werden in der Regel in ein- bis dreistufigen Brechvorgängen zerkleinert. Mühlen spielen bei ihrer Produktion keine wesentliche Rolle.

Als Primärbrecher kommen für die Herstellung von Produkten aus Hochofenstückschlacken und Stahlwerksschlacken sowohl Backenbrecher als auch Prallbrecher zum Einsatz. Kegelbrecher, Prallbrecher und Vertikalprallbrecher zerkleinern die feineren Körnungen in zweiter und dritter Stufe. Die mehrstufige

Gestaltung des Brechens bietet sich beispielsweise an, wenn aus einem Rohstoff in ihrer Korngröße unterschiedliche Produkte, wie gröbere Wasserbausteine, Schotter und feine Splitte erzeugt werden sollen. In der Regel mit Prallbrechern ausgestattete einstufige Anlagen erzeugen hingegen oft nur ein Produkt, z.B. Baustoffgemische für Schottertrag- und Frostschutzschichten.

Die Auswirkung des Brechaggregates auf die Produkteigenschaften machen Untersuchungen an der bereits oben im Rahmen der Erstarrung angesprochenen Elektroofenschlacke deutlich. Im ersten Schritt konnte durch eine geänderte Prozessführung in der Flüssigphase und während des Erstarrens die Gesteinsfestigkeit auf das Niveau der höchsten Qualitätsstufe für Straßenbaustoffe angehoben werden. Weiterführende Untersuchungen zeigten den Einfluss des Sekundärbrechers auf die Kornform und damit auch auf die Festigkeit der Baustoffe (Bild 3; Brecher 1 <—> Brecher 2). Generell brechen Eisenhüttenschlacken kubisch, das heißt ihr Längen- zu Dickenverhältnis ist kleiner drei, und genügen hinsichtlich ihrer Kornform grundsätzlich den Anforderungen an die höchste Klasse der Gesteinskörnungen für den Straßenbau. Dies ist in Deutschland die Kornformkennzahl (Shape Index) mit der Kategorie SI_{15} [1].

Des Weiteren können Stahlwerksschlacken hinsichtlich ihrer Festigkeit – Widerstand gegen Zertrümmerung (Schlagzertrümmerungswert) –, zumeist der besten Kategorie SZ_{18} zugeordnet werden.

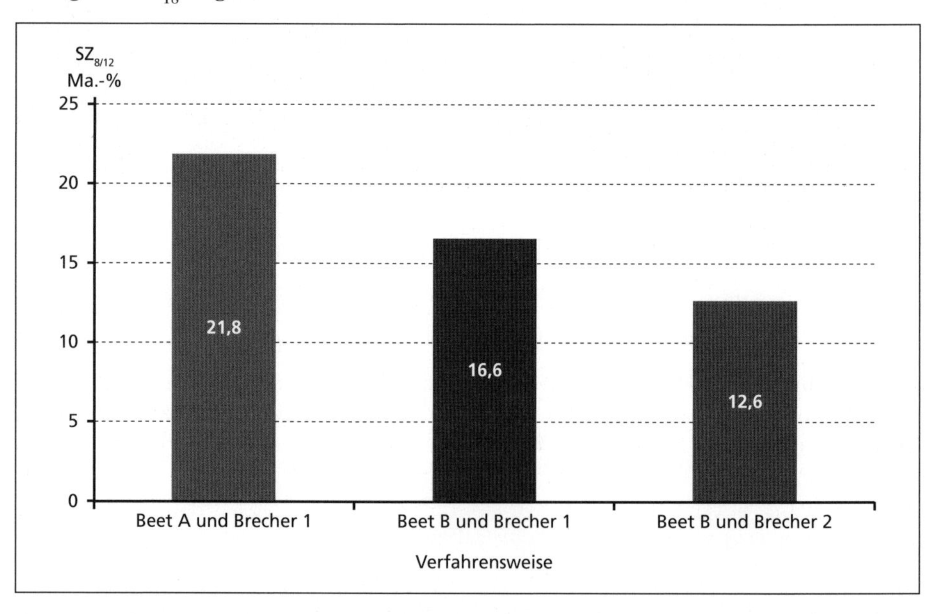

Bild 3: Einfluss verschiedener Prozessparameter auf die Produktqualität

Die Produktion von besonders kubischem und festem Korn wird etwa für Gesteinskörnungen gefordert, die in den immer populärer werdenden offenporigen Asphalten für Autobahnen und andere stark befahrene Straßen eingesetzt werden. Ein Einsatz von (Vertikal-)Prallbrechern (Brecher 2) kann hier Vorteile gegenüber Kegelbrechern (Brecher 1) bringen. Im konkreten Bespiel verbesserte sich die Kornform von 8 % plattigen Korns auf nur noch 3 % plattiges Korn. Dieser Vorteil im Produkt wird allerdings in der Regel mit höheren Verschleißkosten im Brecher erkauft.

Klassierung und Sortierung

Die Klassierung der Stückschlacken findet fast ausschließlich in Form der Siebklassierung statt. Während bei den ersten, groben Siebschnitten starre Roste und gelegentlich Trommelroste und Schwerlastsiebe genutzt werden, arbeiten bei mittleren Siebschnitten Kreis- und Linearschwingsiebmaschinen. Bei feineren Absiebungen ab etwa 5 mm Maschenweite kommen zusätzlich Siebmaschinen mit flexiblen Siebbelägen, z.B. Liwell-Siebmaschinen, zur Anwendung (Bild 4). Sie verhindern durch die deutlich größere Beschleunigung des Siebgutes trotz Feuchte und Feinkorn im Aufgabematerial ein Zusetzen der Siebmaschen und gewährleisten eine qualitativ hochwertige Absiebung.

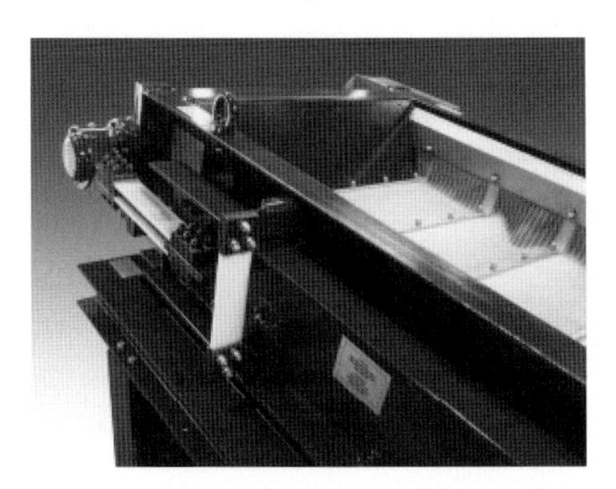

Bild 4: Klassierung siebschwierigen Materials

Beispielsweise kommen solche Maschinen für die Herstellung von Düngemittel aus Stahlwerksschlacken, dem Konverterkalk, zum Einsatz.

Entsprechend der Düngemittelverordnung [2] werden Konverterkalke ausschließlich durch das Absieben zerfallener, kalkreicher Schlacke mit einem Trennschnitt von 97 % kleiner 3,15 mm hergestellt. Gleichzeitig wird mit einem Mindestdurchgang von 40 % bei 0,315 mm auch ein feines Produkt gefordert, welches deshalb typischerweise auch recht hohe Feuchtigkeitswerte von etwa zehn Massenprozent aufweist.

Die Sortierung beschränkt sich bei der Herstellung von Produkten aus Eisenhüttenschlacken in der Regel auf die Trennung von mineralischer Schlacke und den Fe-Trägern Eisen oder Stahl. Diese werden an mehreren Stellen im Aufbereitungsprozess abgetrennt, da

- sie im Prozess selber, vor allem bei der Zerkleinerung, erheblich stören,
- sie in den Schlackenprodukten unerwünscht sind und
- das Separationseisen ein weiteres Wirtschaftsgut darstellt.

Die metallischen Komponenten verfügen über gute magnetische Eigenschaften. Deshalb bietet sich für diese Aufgabenstellung die magnetische Sortierung an. Genutzt werden sowohl aushebende Überbandmagnetscheider als auch ablenkende Trommelmagnetscheider.

In den nachstehenden, vereinfachten Fließschemata von zwei mittelgroßen Anlagen – Durchsatzleistung etwa 250 t/h – zur Herstellung von Bauprodukten aus Stahlwerksschlacke wird der typische Prozess deutlich.

Im ersten Beispiel (Bild 5) enthält die Anlage zwei geschlossene Zerkleinerungskreisläufe.

Das in die Anlage aufgegebene Rohmaterial gelangt zur ersten Siebstufe. Das Grobkorn läuft zum Backenbrecher und gelangt dann wieder zurück zum ersten Sieb.

Das Feinkorn der ersten Absiebung wird dem zweiten Sieb zugeführt. Dessen Grobkorn wird in einem Kegelbrecher zerkleinert und ebenfalls wieder dem ersten Sieb zugeführt.

Alternativ zur Zerkleinerung kann in dieser Anlage das Grobkorn der beiden ersten Siebstufen auch vor den Brechern als Produkt ausgeschleust werden.

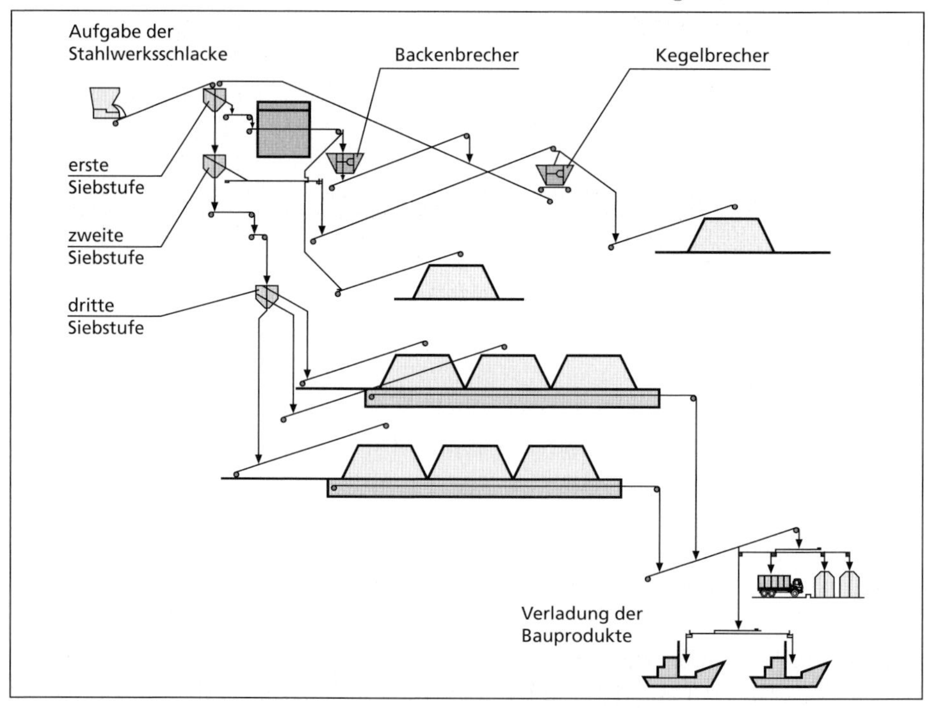

Bild 5: Vereinfachtes Fließschema einer Aufbereitungsanlage

Das Feinkorn des zweiten Siebes gelangt als Produktkörnung zur letzten Siebmaschine, wo es in Einzelfraktionen wie 0 bis 8 mm, 8 bis 16 mm und 16 bis 32 mm aufgetrennt und anschließend über Doseure und Abzugsbänder wieder gezielt zusammengesetzt wird.

Im hier dargestellten Fall ist es möglich, direkt aus der Anlage Lastkraftwagen, Schiffe und Eisenbahnwaggons zu beladen.

Auch bei der zweiten Anlage (Bild 6) folgt nach der Materialaufgabe wieder zunächst eine Siebung, um die einzelnen Fraktionen den unterschiedlichen Brechern zuzuführen. Das Grobkorn größer 70 mm wird im Durchlauf in einem Backenbrecher zerkleinert und dann auf einem weiteren Sieb nochmals bei 70 mm getrennt. Alle feineren Körnungen werden entsprechend den Erfordernissen in die unterschiedlichen Produktfraktionen 0 bis 5 mm, 5 bis 20 mm, 20 bis 40 mm und 40 bis 70 mm abgesiebt. Das Überkorn größer 70 mm gelangt zu einem im Kreislauf arbeitenden Kegelbrecher.

Dieses Schema verdeutlicht zudem die mehrstufige Sortierung mit Überband- und Trommelmagneten. Allen Brechaggregaten sind Magnetscheider vor- und nachgeschaltet, um sie im Vorfeld vor nicht zerkleinerbaren Metallanteilen im Zulauf zu schützen und im Nachgang durch die Zerkleinerung frei gelegtes Metall abzutrennen. Generell wird bei den feineren Fraktionen aufgrund möglicherweise auftretender Haftkornprobleme eher auf Aushebemagnete zurückgegriffen.

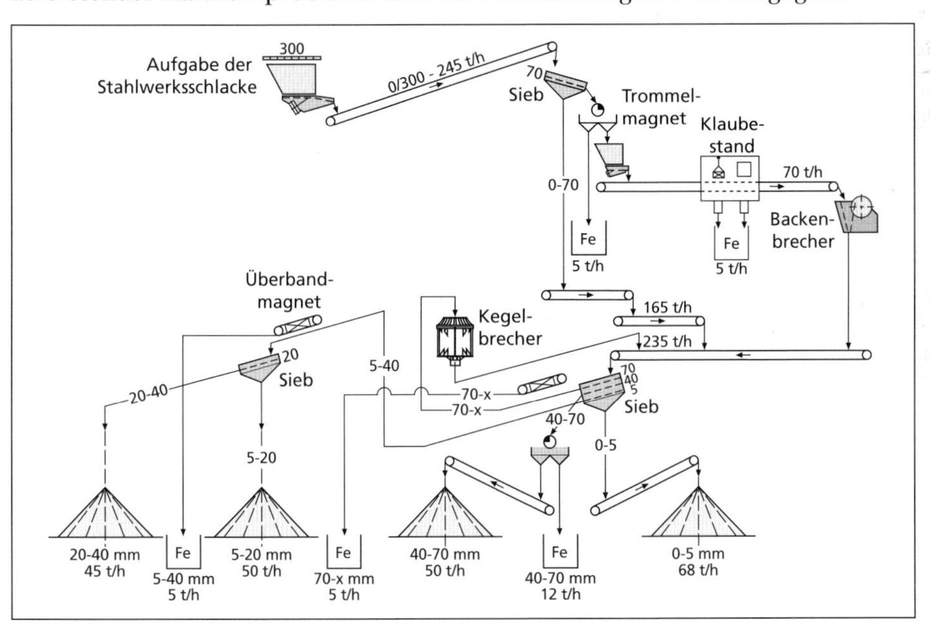

Bild 6: Fließschema einer Schlackenaufbereitungsanlage

Eine besondere Stellung innerhalb der Aufbereitung von Eisenhüttenschlacken nimmt Hüttensand ein. Dieser wird zumeist gemeinsam mit Portlandzementklinker als Hochofenzement vermarktet und muss daher ganz anderen Produktanforderungen genügen als die kristallinen Schlackenprodukte. Hüttensande werden auf eine massebezogene Oberfläche von über 3.500 bis über 6.000 cm²/g nach Blaine, dies entspricht einer mittleren Korngröße von rund 25 µm bis 10 µm, zerkleinert. Die hierfür benötigte Energie liegt mit rund 40 kWh/t auch etwa vierzigmal höher als bei der Stückschlackenaufbereitung.

Bild 7: Walzenschüsselmühle zur Mahlung von Hüttensand

Der im Vergleich zu kristallinen Schlacken feinkörnig vorliegende Rohstoff kann in nur *einem* Aufbereitungsaggregat getrocknet, gemahlen und klassiert werden. Beispielhaft sei hier in einem vereinfachten Fließschema die Funktionsweise einer solchen Anlage mit Walzenschüsselmühle, wie sie von ThyssenKrupp Polysius (Bilder 7 und 8) gebaut wird, beschrieben.

Der Hüttensand mit einer Feuchte von etwa zehn Prozent gelangt von den Aufgabebunkern mit Gurtförderern zur Aufgabeschurre der Mühle.

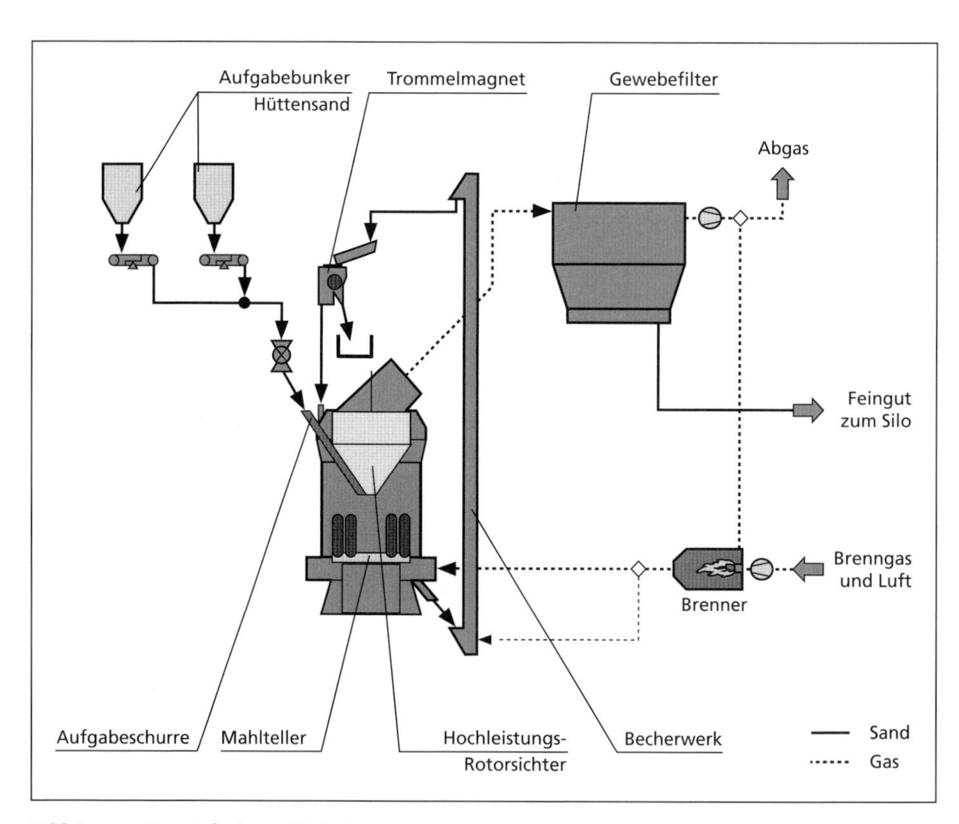

Bild 8: Vereinfachtes Fließschema einer Hüttensandaufbereitungsanlage

Das Material wird mit einer rotierenden Schotterschleuse aufgegeben, die die Mühle gegen unerwünschten Falschlufteinbruch abdichtet. Von dort fällt die Schlacke direkt auf den Mahlteller, wird dort von den Walzen erfasst und zerkleinert.

Das Mahlgut fällt vom Mahlteller in den Düsenring. Der größte Teil wird vom Heißgasstrom erfasst und zum Sichter transportiert. Der Hochleistungs-Rotorsichter trennt Feingut (Produkt) von noch zu grobem Mahlgut.

Das Feingut verlässt mit einer Restfeuchte von unter 0,5 % den Mühlenkreislauf nach Abscheidung in einem Gewebefilter in Richtung Produktsilo, während das Grobgut zur weiteren Zerkleinerung wieder auf den Mahlteller geleitet wird. Der Düsenringdurchfall hingegen wird mit einem umlaufenden Kratzer aus der Mühle ausgetragen und gelangt über Becherwerk und Schwingförderrinne zu einem Trommelmagneten, der in der Schlacke enthaltene und durch die Mahlung freigesetzte Eisenpartikel abtrennt. Der eisenfreie, grobe Hüttensand wird wieder in die Mühle aufgegeben.

8. Zusammenfassung

Eisenhüttenschlacken sind seit Jahrzehnten bewährte Produkte für verschiedene baustoffliche und stoffliche Anwendungen in unterschiedlichen Absatzmärkten.

Entsprechend ihrer Anwendung können bereits im schmelzflüssigen Rohstoff gezielt erste Eigenschaften eingestellt werden. In allen weiteren Prozessstufen werden die Eigenschaften der Endprodukte zielgerichtet eingestellt. Die Herstellung der Produkte beginnt daher nicht erst in den Aufbereitungsanlagen.

Die Produktpalette und die lokalen Erfordernisse sind vielschichtig, so dass es eine große Anzahl an jeweils technisch und wirtschaftlich sinnvollen Prozesswegen für die Herstellung von Produkten aus Eisenhüttenschlacken gibt.

9. Quellen

[1] Forschungsgesellschaft für Straßen- und Verkehrswesen: Technische Lieferbedingungen für Gesteinskörnungen im Straßenbau (TL Gestein-StB); Ausgabe 2004/Fassung 2007

[2] Verordnung über das Inverkehrbringen von Düngemitteln, Bodenhilfsstoffen, Kultursubstraten und Pflanzenhilfsmitteln (Düngemittelverordnung – DüMV); Ausgabe 2003

Aufkommen und Entsorgungswege mineralischer Abfälle
– am Beispiel der Aschen/Schlacken aus der Abfallverbrennung –

Karl J. Thomé-Kozmiensky und Margit Löschau

Die Abfallverbrennung in Deutschland weist emissionsseitig dank der strengen gesetzlichen Normen hohe Standards auf; die geforderten Grenzwerte werden zumeist deutlich unterschritten. Die Sekundärabfälle aus der Abfallverbrennung wie Aschen/Schlacken, Flugstäube und Filterkuchen hingegen werden zwar gesetzeskonform entsorgt, jedoch wird dabei nicht annähernd das hohe Umweltschutzniveau der Abgasseite erreicht.

In den achtziger und während der ersten Hälfte der neunziger Jahre wurden zahlreiche Verfahren zur Behandlung der Sekundärabfälle aus Abfallverbrennungsanlagen mit den Zielen verbesserte Verwertbarkeit der Asche/Schlacke und erhöhtes Metallausbringen entwickelt und in Technikums- und Pilotanlagen, aber auch mit großtechnische Anlagen realisiert. In den meisten Fällen wurden großtechnische Anlagen jedoch nicht errichtet, weil die Sekundärabfälle billiger und ohne großen Aufwand deponiert werden konnten.

Die Notwendigkeit an diese Forschungen und Entwicklungen anzuknüpfen, um die Entsorgung – Verwertung und Beseitigung – der Sekundärabfälle aus der Abfallverbrennung auf ein qualitativ höheres Niveau zu bringen, wurde mit den *Eckpunkten für die Zukunft der Entsorgung von Siedlungsabfällen* des Bundesministeriums für Umwelt, Naturschutz und Reaktorsicherheit im August 1999 politisch formuliert. Hier heißt es: *Bis spätestens 2020 sollen die Behandlungstechniken so weiterentwickelt und ausgebaut werden, dass alle Siedlungsabfälle in Deutschland vollständig und umweltverträglich verwertet werden.* Die Umsetzung dieser politischen Vorgaben nimmt mit den derzeitigen Entwicklungen in der Abfallgesetzgebung der Europäischen Union und der Bundesrepublik Deutschland Gestalt an. Die diskutierten Gesetze und Verordnungen werden erhebliche Auswirkungen auch auf die Entsorgung der Sekundärabfälle aus der Abfallverbrennung haben. Die im Merkblatt M20 der Länderarbeitsgemeinschaft Abfall (LAGA) dargestellten Werte werden durch schärfere Grenzwerte ersetzt werden. Die LAGA-Werte werden hier dennoch zur Orientierung angeführt.

Mit 67 Anlagen mit einer Gesamtkapazität von gut achtzehn Millionen Tonnen pro Jahr ist die Abfallverbrennung die tragende Säule für die Rest-Siedlungsabfallentsorgung. Der größte Teil der Aschen/Schlacken aus der Abfallverbrennung wird bereits verwertet. Flugstäube und Filterkuchen werden in Deutschland noch nicht mit dem Ziel der Wertstoffgewinnung verwertet, sondern über und unter Tage deponiert oder als Versatz im Bergbau verwertet.

Nur geringe Massenströme werden nach einer Untersuchung des ifeu Instituts [1] deponiert. Allerdings spielt der als Verwertung anerkannte Versatz im Bergbau eine bedeutende Rolle. Aus den Aschen/Schlacken wird in der Regel vor ihrer Deponierung ein Teil des darin enthaltenen Metallschrotts entnommen. Für Filterstäube und Stoffgemische aus der Abfallbehandlung ist bisher trotz des hohen Metallgehalts noch kein ökonomisch tragbares Verfahren zur Metallrückgewinnung erkennbar.

Von der Asche/Schlacke wird etwa die Hälfte als Baumaterial verwertet. Als Behandlungsverfahren vor der Verwertung wird meist eine Kombination von mechanischer Aufbereitung und dreimonatiger Zwischenlagerung, gelegentlich auch Schlackenwäsche, eingesetzt.

In gut der Hälfte der Abfallverbrennungsanlagen werden die Abgase aus der Verbrennung nass behandelt. Aus den Abfällen dieser Anlagen können Gips, Salzsäure und industriell nutzbare Salze erzeugt werden. Allerdings ist der Betrieb dieser Anlagen nicht kostendeckend und wird daher auch nur selten praktiziert.

Zukünftig muss sichergestellt werden, dass die Entsorgung den strengeren Vorgaben der zurzeit vorbereiteten Rechtsnormen entspricht. Dementsprechend konzentrieren sich die Entwicklungen des Anlagenbaus und der Betreiber von Abfallverbrennungsanlagen auf die Erreichung der Zielvorgabe 2020, insbesondere auf die Weiterentwicklung von Verfahren, mit denen die stoffliche Zusammensetzung der Verbrennungsrückstände gezielt beeinflusst werden kann, so dass die Rückgewinnung von Metallen verbessert wird und die nach ihrer Aufbereitung verbleibenden Tertiärabfälle – insbesondere die Asche/Schlacken – Produktqualität aufweisen.

Literatur

[1] ifeu: Umweltforschungsplan des Bundesministeriums für Umwelt, Naturschutz und Reaktorsicherheit. Im Auftrag des Umweltbundesamtes, Oktober 2007

1. Quantitäten und Qualitäten

Bei der Verbrennung von *Primärabfällen* – das sind unbehandelte Abfälle – entstehen feste, flüssige und gasförmige Reaktionsprodukte. Die festen Abfälle aus Abfallverbrennungsanlagen werden als *Sekundärabfälle* bezeichnet. Zum besseren Verständnis werden diejenigen Abfälle, die bei der Behandlung von Sekundärabfällen entstehen, *Tertiärabfälle* genannt (Bild 1).

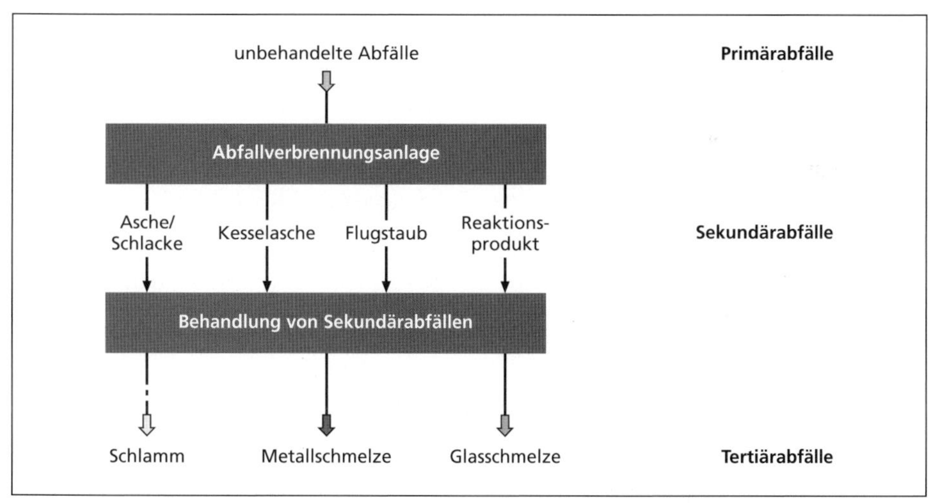

Bild 1: Definition von Primär-, Sekundär- und Tertiärabfall am Beispiel einer Abfallverbrennungsanlage mit nachgeschalteter Behandlung der Sekundärabfälle

Die Sekundärabfälle aus Abfallverbrennungsanlagen (Bild 2) werden in der Fachliteratur uneinheitlich definiert. Daher werden die Begriffe wie folgt verwendet:

- **Asche/Schlacke** ist der bei der Verbrennung zurückbleibende feste Rückstand, der nicht durch den Abgasweg ausgetragen wird; Asche /Schlacke fällt bei Rostöfen als Rostabwurf am Rostende an und wird in den Nassentschlacker abgeworfen; bei Wirbelschichtöfen wird die Asche zum größten Teil trocken aus dem Zyklon ausgetragen. Aus Drehrohröfen fließt die Schlacke vom Ende des Drehrohrs durch die Nachbrennkammer schmelzflüssig in den Nassentschlacker, in dem sie granuliert.

- **Rostdurchfall** ist das Material, das zwischen den Roststäben durchfällt. Es wird entweder zum Bunker rückgeführt und dem Ofen erneut aufgegeben oder mit der Asche/Schlacke durch den Nassentschlacker ausgetragen.
- **Kesselasche** setzt sich aus den Stäuben zusammen, die beim Passieren des Dampferzeugers durch Schwerkraft in die Austragstrichter fallen, und aus an den Heizflächen der Dampferzeuger angelagertem Material, das bei der Reinigung der Dampferzeugerflächen in die Trichter unter den Dampferzeugerzügen fällt und von dort durch Schleusen ausgetragen wird.
- **Filterstaub oder Filterasche** ist der bei der Entstaubung der Rohgase anfallende feste Rückstand; er fällt in die Trichter unter den Elektro- oder Gewebefiltern.
- Als **Flugstaub oder Flugasche** wird auch die Summe aus Kesselasche und Filterstaub vor der chemischen Abgasreinigung bezeichnet. In der Literatur werden die Begriffe Filterstaub und -asche sowie Flugstaub und -asche gelegentlich synonym verwendet. Kesselasche macht nur etwa zehn bis dreißig Prozent des Staubs aus.

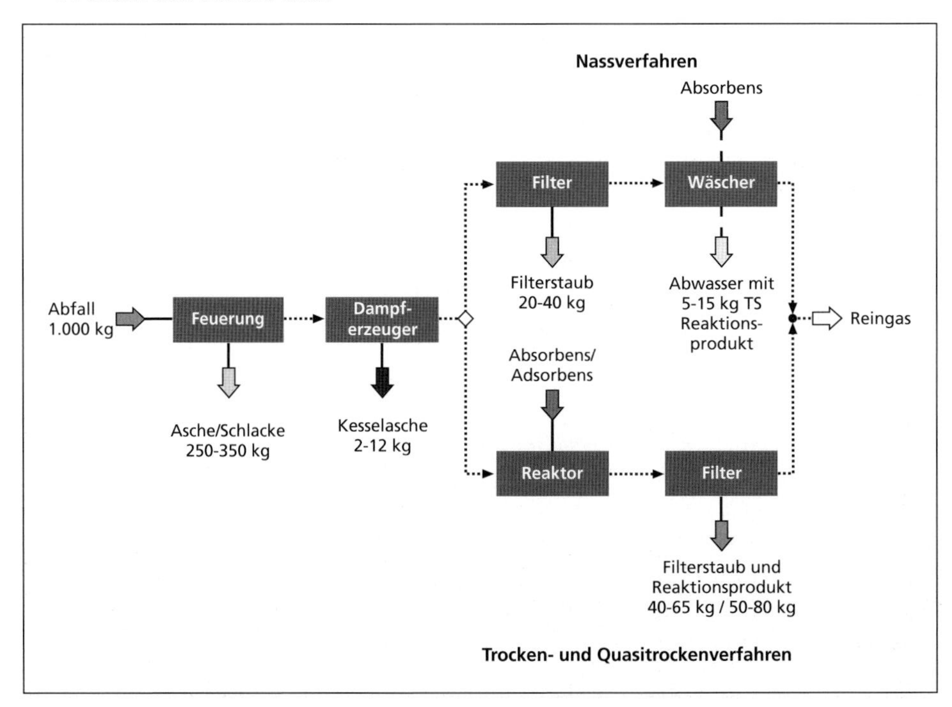

Bild 2: Stoffströme und spezifische Mengen der Sekundärabfälle aus Abfallverbrennungsanlagen (die Differenz zu 1.000 kg wird als Abgas emittiert)

- **Reaktionsprodukt** ist der feste Rückstand aus einer trockenen oder quasitrockenen Abgasbehandlung, der aus Trocken- oder Quasitrockenreaktoren bei der Nachentstaubung anfällt. Auch der Eindampfrückstand aus der nassen Abgasbehandlung wird als Reaktionsprodukt bezeichnet.

  Das Reaktionsprodukt fällt im Sprühtrockner und in der direkt nachgeschalteten Entstaubung an. Der feste Rückstand aus der trockenen oder quasitrockenen Abgasbehandlung ohne Vorentstaubung wird auch als Filterstaub-Reaktionsprodukt-Gemisch bezeichnet.

  In der Literatur werden für das Gemisch vielfach die Begriffe Reaktionsprodukt, Trocken- oder Quasitrockenrückstand verwendet, aus denen nicht hervorgeht, ob der Filterstaub darin enthalten ist.

Die Quantität und Qualität der Sekundärabfälle aus der Abfallverbrennung hängen von der Quantität und Qualität des Verfahrensinput – das sind die Abfälle und Reaktionsmittel – den Reaktoren für die Verbrennung und Abgasreinigung sowie von den dort herrschenden Betriebsbedingungen ab. Betriebsbedingungen sind z.B. Temperatur, Druck, Aufenthaltszeiten, Feuerungsführung, Verteilung von Primär- und Sekundärluft im Verbrennungsreaktor. Sie beeinflussen Quantität und Qualität der Sekundärabfälle aus dem Ofen. Ähnliches gilt für die Sekundärabfälle aus der Abgasbehandlung in Abhängigkeit vom gewählten Verfahren. Tabelle 1 zeigt Schwankungsbereiche der Zusammensetzung für Asche/Schlacke, Filterstaub und Staub-Salz-Gemische aus der Abfallverbrennung.

Tabelle 1: Chemische Zusammensetzung der festen Rückstände aus der Verbrennung von Restabfällen

Rückstand Element	Einheit	Asche/Schlacke	Filterstaub	Staub-Salz-Gemisch
Aluminium	g/kg	80 – 180	60 – 120	17 – 48
Blei	g/kg	1 – 17	6 – 12	1 – 7
Cadmium	g/kg	0,01 – 0,03	0,2 – 0,6	0,09 – 0,3
Calcium	g/kg	25 – 100	30 – 90	230 – 390
Carbonat (als C)	g/kg	7 – 15	1 – 5	3 – 17
Chlorid	g/kg	3 – 6	40 – 78	100 – 200
Chrom	g/kg	1 – 10	0,5 – 1,7	0,03 – 0,2
Eisen	g/kg	40 – 230	28 – 40	4 – 12
Kalium	g/kg	5 – 20	12 – 74	12 – 32
Kohlenstoff	g/kg	15 – 40	14 – 36	9 – 27
Kupfer	g/kg	1 – 4	0,7 – 2	0,2 – 0,8
Magnesium	g/kg	6 –18	28 – 40	6 – 11
Natrium	g/kg	10 – 60	20 – 80	4 – 20
Nickel	g/kg	0,1 – 0,3	0,2 – 0,3	0,02 – 0,2
Phosphat (als P)	g/kg	7 – 14	1 – 12	0,5 – 3
Quecksilber	g/kg	0,0001 – 0,007	0,002 – 0,025	0,002 – 0,03
Silicium	g/kg	10 – 215	105 – 150	30 – 50
Sulfat (als S)	g/kg	2 – 4	20 – 40	14 – 37
Zink	g/kg	4 – 15	13 – 39	6 – 17

Quelle: Löschau, M.; Thomé-Kozmiensky, K. J.: Möglichkeiten und Grenzen der Verwertung von Sekundärabfällen aus der Abfallverbrennung. In: Thomé-Kozmiensky, K. J.; Beckmann, M. (Hrsg.): Optimierung der Abfallverbrennung 2. Neuruppin: TK Verlag Karl Thomé-Kozmiensky, 2005, S. 408

Die Zusammensetzungen dieser Sekundärabfälle sind als Elementgehalte angegeben. Die Stoffe in den Sekundärabfällen liegen in der Regel nicht in elementarer Form, sondern in unterschiedlichen Bindungsformen, zum Beispiel als Oxide, Chloride, Sulfate usw. vor. Diese können mit elementspezifischen analytischen Methoden wie Atomabsorptionsspektrometrie und Ionenchromatographie nicht bestimmt werden; daher wurde diese Form der Darstellung gewählt. Bei Vernachlässigung weiterer Elemente, deren Menge zusammen aber weniger als ein Masseprozent beträgt, besteht der Rest zwangsläufig aus Sauerstoff, da alle relevanten nicht oxidischen Bindungsformen – Chlorid, Fluorid, Phosphat, Sulfat, Sulfit usw. – schon berücksichtigt sind.

In Deutschland fallen jährlich mehr als drei Millionen Tonnen Asche/Schlacke und etwa eine halbe Million Tonnen Sekundärabfälle aus der Abgasbehandlung an. Daraus ergeben sich erhebliche Jahresfrachten an Schwermetallen und Salzbildnern (Tabelle 2), die mit den Sekundärabfällen aus den Verbrennungsanlagen ausgetragen und nur zum Teil verwertet werden.

Tabelle 2: Jahresfrachten an Schwermetallen und Salzbildnern durch die festen Sekundärabfälle aus der Abfallverbrennung in Deutschland

Rückstand	**Einheit**	**Asche/Schlacke**		**Filterstaub**		**Reaktionsprodukte**	
Deutschland	t/a	3.200.000		350.000		150.000	
		von	bis	von	bis	von	bis
Aluminium	t/a	256.000	576.000	21.000	42.000	2.550	7.200
Blei	t/a	3.200	54.400	2.100	4.200	150	1.050
Cadmium	t/a	32	96	70	210	14	45
Calcium	t/a	80.000	320.000	10.500	31.500	34.500	58.500
Carbonat (als C)	t/a	22.400	48.000	350	1.750	450	2.550
Chlorid	t/a	9.600	19.200	14.000	27.300	15.000	30.000
Chrom	t/a	3.200	32.000	175	595	5	30
Eisen	t/a	128.000	736.000	9.800	14.000	600	1.800
Kalium	t/a	16.000	64.000	4.200	25.900	1.800	4.800
Kohlenstoff	t/a	48.000	128.000	4.900	12.600	1.350	4.050
Kupfer	t/a	3.200	12.800	245	700	30	120
Magnesium	t/a	19.200	57.600	9.800	14.000	900	1.650
Natrium	t/a	32.000	192.000	7.000	28.000	600	3.000
Nickel	t/a	320	960	70	105	3	30
Phosphat (als P)	t/a	22.400	44.800	350	4.200	75	450
Quecksilber	t/a	0,3	22	0,7	8,8	0,3	5
Silicium	t/a	32.000	688.000	36.750	52.500	4.500	7.500
Sulfat (als S)	t/a	6.400	12.800	7.000	14.000	2.100	5.550
Zink	t/a	12.800	48.000	4.550	13.650	900	2.550

Quelle: Löschau, M.; Thomé-Kozmiensky, K. J.: Möglichkeiten und Grenzen der Verwertung von Sekundärabfällen aus der Abfallverbrennung. In: Thomé-Kozmiensky, K. J.; Beckmann, M. (Hrsg.): Optimierung der Abfallverbrennung 2. Neuruppin: TK Verlag Karl Thomé-Kozmiensky, 2005, S. 408

Nach Aussagen der Confederation of European Waste-to-Energy Plants e.V. (CEWEP) werden in den Mitgliedsländern der Europäischen Union über fünfzig Millionen Tonnen Abfälle thermisch behandelt (Stand 2002). Daraus entstehen in grober Abschätzung jährlich etwa dreizehn Millionen Tonnen Asche/Schlacke und 1,5 Millionen Tonnen Sekundärabfälle aus der Abgasbehandlung. Das Gesamtpotential in Europa an Metallen und Salzbildnern in den Sekundärabfällen aus der Abfallverbrennung beträgt dementsprechend etwa das Drei- bis Vierfache von den in Tabelle 2 aufgeführten Frachten.

2. Anforderungen an die Entsorgung

Für die Beurteilung der Verfahren zur Behandlung der Sekundärabfälle aus Abfallverbrennungsanlagen müssen zunächst die in Gesetzen, Verordnungen, Richtlinien und Normen festgelegten Anforderungen an die Entsorgung derartiger Stoffe erfüllt werden, die zusätzlich auf den Grad der Zielerreichung der Vorgaben des vorbeugenden Umweltschutzes und der potentiellen Verwerter überprüft werden müssen.

Die grundsätzlichen Anforderungen sind in den Immissionsschutz-, Abfall-, Wasser- und Berggesetzen dargestellt, in denen Vorsorgeprinzipien, Besorgnisgrundsätze usw. formuliert sind. Die Behandlungskriterien, Grenzwerte usw. werden in Verordnungen und Verwaltungsvorschriften konkretisiert.

In Deutschland sind dies u.a. noch die Technischen Anleitungen Abfall und Siedlungsabfall und die Verordnung über Verbrennungsanlagen für Abfälle und ähnliche brennbare Stoffe – 17. BImSchV. Zusätzlich liegen Merkblätter und Richtlinien vor, die beachtet werden müssen, auch wenn diese nicht die rechtsverbindliche Wirkung von Gesetzen und Verordnungen entfalten. Die wichtigsten sind noch die Merkblätter zur Verwertung von Schlacken von der Länderarbeitsgemeinschaft Abfall, der Forschungsgesellschaft für Straßen- und Verkehrswesen sowie der Hessischen Landesanstalt für Umwelt und der ministerielle Runderlass in Nordrhein-Westfalen. Die rechtlichen Grundlagen werden zurzeit überarbeitet. Der Vollzug wird voraussichtlich bundeseinheitlich, die einzelnen Bestimmungen werden strenger werden.

Das Bundes-Immissionsschutzgesetz, das Kreislaufwirtschaft- und Abfallgesetz des Bundes und die Abfallgesetze der Länder verlangen die Rangfolge Vermeiden vor Verwerten vor Beseitigen. Bei den Sekundärabfällen aus der Abfallverbrennung kann die Prioritätenfolge nur Verwertung vor Beseitigung lauten. Diese Sekundärabfälle müssen also so behandelt werden, dass der überwiegende Teil in den Stoff- und Güterkreislauf schadlos rückgeführt werden kann. Dafür müssen umweltschädliche Elemente und Verbindungen entweder definitiv in der Matrix des erzeugten Produkts eingebunden oder als Tertiärabfälle ausgeschleust und in eine nicht mit der Biosphäre in Verbindung stehende Senke verbracht werden.

Ist die Behandlung und Ablagerung von Sekundärabfällen aus der Abfallverbrennung mit Wasserbelastungen durch Ab- oder Sickerwasser verbunden, ist zusätzlich die einschlägige Wassergesetzgebung zu beachten. In Deutschland sind dies das Wasserhaushaltsgesetz und die Landeswassergesetze.

Das Bergrecht hat abfallwirtschaftliche Relevanz, wenn Sekundärabfälle aus Abfallverbrennungsanlagen als Versatz zur Verwertung oder als Abfall zur Beseitigung in Bergwerke verbracht werden. Nach den Bestimmungen des Berggesetzes muss das Einbringen von Abfällen in unmittelbarem betrieblichen Zusammenhang mit der Mineralgewinnung stehen, es unterliegt damit auch der Betriebsplanpflicht. Diese Vorhaben bedürfen der Umweltverträglichkeitsprüfung.

Sekundärabfälle aus der Abfallverbrennung sind getrennt zu erfassen und zu halten, es sei denn, sie werden anschließend gemeinsam verwertet, behandelt oder abgelagert.

Weisen Aschen/Schlacken einen Glühverlust von mehr als 5 % auf, sind sie getrennt zu erfassen und ggf. nach vorheriger Aufbereitung erneut thermisch zu behandeln.

Für die Ablagerung nicht verwertbarer Sekundärabfälle sind Zuordnungswerte der Deponieklasse I anzustreben, mindestens jedoch die für die Deponieklasse II. Andernfalls sind sie nach unter Tage zu verbringen.

Trotz aufwendiger Aufbereitung wird der Einsatz von Aschen/Schlacken aus der Abfallverbrennung im Straßen- und Wegebau – selbst bei Einhaltung der Vorschriften und Merkblätter – unter Hinweis auf ökologische Langzeitfolgen und Qualitätsmängel weiterhin kritisiert. Von den in der Bundesrepublik Deutschland jährlich anfallenden rund drei Millionen Tonnen Aschen/Schlacken werden nur etwa die Hälfte verwertet. Ein Großteil wird also nach wie vor deponiert.

Ein Grund für diese Kritik ist nicht zuletzt in der mangelhaften Grundlage für die Beurteilung möglicher Umweltbeeinträchtigungen zu sehen. Die Abschätzung der Gefährdung, die durch den Kontakt der Asche/Schlacke mit Wasser – Regen-, Oberflächen- und Grundwasser – ausgelöst wird, stützt sich hauptsächlich auf Ergebnisse von Auslaugtests mit einem standardisierten Verfahren. Anhand der Schadstoffkonzentrationen im Eluat werden Entscheidungen über die Abfallbehandlung getroffen. Das bislang noch angewandte Deutsche Einheitsverfahren S4 (DEV S4) ist zur Beurteilung der von Abfällen ausgehenden Umweltgefährdung – insbesondere von Sekundärabfällen aus der Abfallverbrennung – ungeeignet. Die Freisetzungen sind bei einigen Schwermetallen um das Tausend- bis Zweitausendfache niedriger als beim Schweizer Auslaugtest. Mit dem DEV S4 werden für viele Parameter Werte nachgewiesen, die die Sekundärabfälle als unbedenklich erscheinen lassen und eine Behandlung nahelegen, die dem tatsächlichen Gefährdungspotential nicht entspricht.

Wegen der Tragweite der Ergebnisse von Auslauguntersuchungen für die Beurteilung von Behandlungsverfahren für Sekundärabfälle ist ein hoher Aufwand bei der Durchführung dieser Untersuchungen gerechtfertigt, zumal wenn die Kosten dafür ins Verhältnis zu den Kosten falscher Entscheidungen gesetzt werden. Zusätzlich müssen die Tertiärabfälle aus den Abfallbehandlungsverfahren untersucht werden, weil stets die Gefahr besteht, dass durch ein Verfahren die Schadstoffe nur verschleppt werden. Nur so können die Erfolge der Sekundärabfallbehandlungsverfahren hinsichtlich der ausgeschleusten oder fixierten Schadstoffe und des möglicherweise neuen Gefährdungspotentials abgeschätzt werden.

Die Beschaffenheit der Sekundärabfälle und damit ihre Umweltverträglichkeit können bei Beachtung folgender Anforderungen an die Behandlung grundlegend verbessert werden:

- möglichst vollständige Zerstörung der noch in den Sekundärabfällen enthaltenen organischen Stoffe,
- Verringerung des stoffspezifischen Gefährdungspotentials,
- keine Umweltbelastung durch das Behandlungsverfahren selbst und durch die Verwertung oder Ablagerung der in Verbindung mit der Biosphäre verbleibenden Tertiärabfälle,
- das Abwasser aus der Behandlung und das Sickerwasser aus der Ablagerung (Endlager) oder Verwertung müssen immissionsneutral sein, also Trinkwasserqualität aufweisen,
- aus den Sekundärabfällen ausgeschleuste Schadstoffe müssen in Tertiärabfällen möglichst geringer Quantität konzentriert werden und – soweit sie darin nicht zuverlässig fixiert sind – sicher von der Biosphäre abgeschlossen werden, z.B. in Untertagedeponien in Salzbergwerken.

Das Eidgenössische Departement des Innern hat eine Technische Verordnung über Abfälle (TVA) erlassen, in der Anforderungen an die Qualität von Inertstoffen und endlagerfähigen Reststoffen für die Schweiz festgelegt sind und in der die Kritik an den Auslaugtests berücksichtigt wird. Eine Besonderheit im Vergleich mit Regelungen anderer Länder ist die zusätzliche Festlegung von maximalen Gehalten an Schwermetallen in Inertstoffen neben der Festlegung von erlaubten Eluatkonzentrationen.

Quellen

[1] Brunner, P. H.: Die Herstellung von umweltverträglichen Reststoffen als neues Ziel der Müllverbrennung. In: Müll und Abfall 21 (1989) Nr. 4, S. 166-180

[2] Der Bundesminister für Forschung und Technologie (Hrsg.): Umweltforschung und Umwelttechnologie, Programm 1989 bis 1994. Bonn, August 1989

[3] Faulstich, M.; Schenkel, W.: Versorgung – Entsorgung. Stand und Perspektiven der Abfallwirtschaft. In: Universitas 46 (1991) Nr. 2, S. 105-117

[4] Faulstich, M.; Tidden, F.: Auslaugverfahren für Rückstände. In: AbfallwirtschaftsJournal 2 (1990) Nr. 10, S. 645-657

[5] Forschungsgesellschaft für Straßen- und Verkehrswesen (Hrsg.): Merkblatt über Verwendung von industriellen Nebenprodukten im Straßenbau, Teil: Müllverbrennungsasche (MV-Asche). In: Hösel, G.; Kumpf, W. (Hrsg.): Technische Vorschriften zur Abfallbeseitigung. Berlin: Erich Schmidt Verlag, Kap. 40018, 22. Lfg. V/87

[6] Gassner, E.: Einführung in die TA Abfall. In: Gesamtfassung der Zweiten allgemeinen Verwaltungsvorschrift zum Abfallgesetz (TA Abfall), Teil 1. München: Verlag Franz Rehm, 1991

[7] Hahn, J.: Anforderungen an zukünftige Abfallbehandlung und Lagerung. In: Institut für wassergefährdende Stoffe (Hrsg.): Die Deponie – Ein Bauwerk, IWS-Schriftenreihe 1/1987, Berlin, 1987

[8] Hessische Landesanstalt für Umwelt: Merkblatt über die Verwertung von Schlacken aus Müllverbrennungsanlagen. Wiesbaden, Mai 1988

[9] Länder-Arbeitsgemeinschaft Abfall (LAGA) (Hrsg.): Merkblatt der Landesarbeitsgemeinschaft Abfall für die Entsorgung von Abfällen aus Verbrennungsanlagen für Siedlungsabfälle, beschlossen am 1./2. März 1994, GABl. Nr. 1/1995, S. 66

[10] Ministerialblatt für das Land Nordrhein-Westfalen Nr. 45, Düsseldorf, 18. Juli 1991

[11] Schnurer, H.: Entsorgung von Reststoffen aus der Müllverbrennung. In: VGB Vereinigung der Großkraftwerksbetreiber (Hrsg.): Rückstände aus der Müllverbrennung. Tagungsbericht 221, Beitrag V1. VGB Kraftwerkstechnik, Essen, 1991

[12] Umweltbundesamt im Auftrag des Bundesministers für Forschung und Technologie (Hrsg.): Abfallwirtschaft und Altlasten. Ein Förderkonzept für Forschung und Technologie im Rahmen des Programms Umweltforschung und Umwelttechnologie. Umweltbundesamt, Berlin, 1990

3. Überblick über Verfahren

Behandlungsverfahren für Sekundärabfälle aus Abfallverbrennung und Abgasreinigung können nach unterschiedlichen Kriterien eingeteilt werden, z.B.:

- nach der Art des Sekundärabfalls, z.B. Asche/Schlacke, Flugstaub, Reaktionsprodukt oder Mischungen davon,
- nach der Art der Behandlung: z.B. mechanisches Aufbereiten, Waschen, Sintern oder Schmelzen,
- in den Verbrennungsprozess integrierte oder nachgeschaltete Sekundärabfallbehandlung, z.B. das Syncom- und das Syncom-Plusverfahren der Firma Martin.

Im Folgenden wird in erster Linie nach der Art der Behandlung vorgegangen. Dies kann jedoch nicht konsequent durchgehalten werden. Zwar fallen Aschen/Schlacken, Flugstaub und Reaktionsprodukte getrennt an und werden schon wegen ihrer unterschiedlichen Qualitäten auch getrennt behandelt. Einige Verfahrensprinzipien wie Waschen oder Schmelzen sind jedoch für alle Sekundärabfallgruppen anwendbar, bedingen sich zum Teil auch gegenseitig.

Mit den **Aufbereitungsverfahren** sollen aus der Schlacke Metallschrott und Unverbranntes aussortiert und die Restschlacke für die Verwertung klassiert werden.

Mit **Verfestigungsverfahren** sollen meist nur die Schadstoffe im Flugstaub und im Reaktionsprodukt mit Bindemitteln festgelegt werden, wodurch zwar keine dauerhafte Immobilisierung der Schadstoffe bei der Ablagerung, aber eine Verzögerung erreicht werden kann. In Einzelfällen – z.B. auf der Deponie Rautenweg in Wien – werden Schlacken und Flugstaub (in Wien Flugstaub aus der Klärschlammverbrennung) mit Zement gemischt, um daraus Randwälle herzustellen.

Waschverfahren sollen die Schlacke von leicht löslichen Salzen und Schwermetallen entfrachten, um die Umweltverträglichkeit der Ablagerung oder Verwertung zu verbessern. Auch bei der Behandlung von Flugstaub und Reaktionsprodukt mit Waschverfahren werden leicht lösliche Salze entfernt. Damit können die Immobilisierung verbessert und bei einer anschließenden Verfestigung die benötigte Bindemittelmenge verringert werden. Allerdings entsteht bei diesem Verfahren ein behandlungsbedürftiges Abwasser.

Mit **Verfahren zur Baustoffherstellung** sollen aus Flugstaub und Reaktionsprodukt verwertbare Baustoffe produziert werden. Diese Verfahren können nur angewendet werden, wenn die Baustoffe auch tatsächlich verwertet werden.

Als **Sintern** wird eine thermische Behandlung bezeichnet, bei der mehr oder minder feinkörnige Güter agglomeriert und stückig gemacht werden. Die Temperatur muss so hoch sein, dass die Körner durch Grenzflächenreaktion miteinander verschweißt werden. Dieses Verfahren kann sowohl in den Verbrennungsprozess integriert als auch diesem nachgeschaltet werden. Mit dem Sintern kann die Auslaugfähigkeit der Sekundärabfälle verringert werden.

Mit **Schmelzverfahren** sollen Sekundärabfälle aus Verbrennungsprozessen in auslaugfeste und verwertbare Produkte überführt werden. Der Energieverbrauch dieser Verfahren ist also hoch. Daher werden die zur Anwendungsreife entwickelten Verfahren derzeit nicht eingesetzt.

Quellen

[1] Baccini, P.; Brunner, P. H.: Behandlung und Endlagerung von Reststoffen aus Kehrrichtverbrennungsanlagen. In: Gas-Wasser-Abwasser 65 (1985) Nr. 7, S. 408-409

[2] Berghof, R.: Möglichkeiten zur Verwertung von Salzen/Gips. In: Reimann, D. O.; Demmich, J. (Hrsg.): Reststoffe aus der Rauchgasreinigung. In: Beiheft 29 zu Müll und Abfall. Berlin: Erich Schmidt Verlag, 1990, S. 40-41

[3] Kautz, K.: Verfahren zur Behandlung von Rückständen aus Verbrennung und Rauchgasreinigung. In: Thomé-Kozmiensky, K. J. (Hrsg.): Müllverbrennung und Umwelt 4. Berlin: EF-Verlag für Energie- und Umwelttechnik, 1990, S. 315-322

[4] Kautz, K.; Eickelmann, O. J.: Bewertung der Aufbereitungsverfahren für Filterstäube und Reststoffe aus der weitergehenden Rauchgasreinigung nach der Abfallverbrennung. In: Thomé-Kozmiensky, K.J. (Hrsg.): Müllverbrennung und Umwelt 3. Berlin: EF-Verlag, 1989, S. 561-679

[5] Pietrzeniuk, H. J.: Reststoffe aus der Abfallverbrennung – Verwertung, Behandlung und Beseitigung. In: Thomé-Kozmiensky, K. J. (Hrsg.): Müllverbrennung und Umwelt 2. Berlin: EF-Verlag für Energie- und Umwelttechnik, 1987, S. 714-726

[6] Reimann, D. O.: Auslaugverhalten von Reststoffen aus MVA-Rauchgasreinigungsanlagen bei unterschiedlichen pH-Werten. In: Reimann, D. O.; Demmich, J. (Hrsg.): Reststoffe aus der Rauchgasreinigung. In: Beiheft 29 zu Müll und Abfall. Berlin: Erich Schmidt Verlag, 1990, S. 52-55

[7] Reimann, D. O.: Beurteilung der Rückstände aus Müllverbrennungsanlagen. In: Thomé-Kozmiensky, K. J. (Hrsg.): Müllverbrennung und Umwelt. Berlin: EF-Verlag für Energie- und Umwelttechnik, 1985, S. 200-212

[8] Reimann, D. O.: Reststoffe und Reststoffbehandlung aus Rauchgasreinigungsanlagen. In: VGB Kraftwerkstechnik 69 (1989) Nr. 2, S. 212-220

[9] Reimann, D. O.: Übersicht zu den verschiedenen Methoden. In: Reimann, D. O.; Demmich, J. (Hrsg.): Reststoffe aus der Rauchgasreinigung. Beiheft 29 zu Müll und Abfall. Berlin: Erich Schmidt Verlag, 1990, S. 28-31

[10] Tabasaran, O.: Ein Gesamtkonzept zur umweltgerechten Rauchgasreinigung mit optimierter Rückstandsbehandlung nach dem Stand der Technik. In: Thomé-Kozmiensky, K. J. (Hrsg.): Müllverbrennung und Umwelt 2. Berlin: EF-Verlag für Energie- und Umwelttechnik, 1987, S. 727-731

[11] Tobler, H. P.: Situation in der Schweiz. In: Reimann, D. O.; Demmich, J. (Hrsg.): Reststoffe aus der Rauchgasreinigung. Beiheft 29 zu Müll und Abfall. Berlin: Erich Schmidt Verlag, 1990, S. 23-27

[12] zu Münster, L.: Verwertung von Flugaschen aus Müllverbrennungsanlagen und ihre Problematik. In: Thomé-Kozmiensky, K. J. (Hrsg.): Müllverbrennung und Umwelt. Berlin: EF-Verlag für Energie- und Umwelttechnik, 1985, S. 277-283

4. Aufbereitung

Aschen/Schlacken sind die festen Rückstände, die bei der Verbrennung von Abfällen entstehen und aus dem Ofen ausgetragen werden. Ihre Entstehung und damit auch ihre Qualität ist von der Art des Reaktors – Rost-, Wirbelschicht- oder Drehrohrofen –, den darin herrschenden Betriebsbedingungen und der Art des Abfalls abhängig.

Abfallverbrennungsanlagen für Siedlungsabfälle verfügen meist über steuerbare Regeleinrichtungen, mit denen die brennbaren Bestandteile des Abfalls annähernd vollständig bei mehr als 850 °C verbrannt werden. Das Inputgewicht wird um 65 bis 75 Massenprozent vermindert, d.h. bei der Verbrennung von einer Tonne Haus- und Gewerbeabfall fallen in Abhängigkeit von der Zusammensetzung des Siedlungsabfalls etwa 250 bis 350 kg Asche/Schlacke, Kesselasche sowie Sekundärabfälle aus der Abgasbehandlung an.

Die Asche/Schlacke hat nach einer Aufenthaltszeit im Rostofen von bis zu neunzig Minuten bei Temperaturen von 500 bis 600 °C [1, 7]. Sie wird daher vor der Aufbereitung – meist gemeinsam mit dem Rostdurchfall – im Nassentschlacker abgekühlt. Dieses Material wird auch als Abfallverbrennungs-Rohschlacke bezeichnet.

Der Bettaustrag aus Wirbelschichtöfen wird nicht als Schlacke, sondern als Bettasche bezeichnet.

Schlacke aus Drehrohröfen, in denen meist Sonderabfälle verbrannt werden, durchläuft wegen der hohen Verbrennungstemperaturen eine schmelzflüssige Phase und granuliert im Nassentschlacker. Sie weist keine Aschebeimischungen auf.

4.1. Charakterisierung der Aschen/Schlacken

Asche/Schlacke aus Rostöfen ist ein inhomogenes, partikelförmiges Stoffgemisch, dessen Beschaffenheit und Zusammensetzung von der Abfallzusammensetzung, der Behandlung des Abfalls vor der Aufgabe in den Verbrennungsreaktor, der Bauart des Reaktors und von den Prozessbedingungen – Verbrennungtemperatur, Verweilzeit, Luftzuführung – bestimmt wird.

Die in Deutschland weitgehend flächendeckende Getrenntsammlung von Verpackungsabfällen, Glas, Papier und biogenen Abfällen hat die Qualität des

Restabfalls verändert. Technik und Betriebsführung von Abfallverbrennungsanlagen haben sich dadurch nur wenig geändert, da der Heizwert des Abfalls weitgehend gleich blieb. Julius [2] weist jedoch darauf hin, dass sich die Menge des aussortierbaren Eisenschrotts in der Asche/Schlacke in etwa halbiert hat.

In Tabelle 3 ist die durchschnittliche chemische Zusammensetzung von Asche/Schlacke aus der Abfallverbrennung dargestellt.

Tabelle 3: Chemische Zusammensetzung der Asche/Schlacke aus Abfallverbrennungsanlagen

	Asche/Schlacke (frisch)			Asche/Schlacke (drei Monate gelagert)		
Einheit	Ma.-%					
Parameter	Arithm. Mittel	Min.-Wert	Max.-Wert	Arithm. Mittel	Min.-Wert	Max.-Wert
SiO_2	49,2	42,91	64,84	49,2	39,66	60,39
Fe_2O_3	12	9,74	13,71	12,7	8,41	17,81
CaO	15,3	10,45	21,77	15,1	10,42	23,27
K_2O	1,05	0,83	1,36	0,91	0,84	1,42
TiO_2	1,03	0,65	1,33	0,88	0,65	1,12
MnO	0,14	0,06	0,22	0,17	0,1	0,26
Al_2O_3	8,5	6,58	10,79	8,83	7,43	10,45
P_2O_5	0,91	0,55	1,49	1,04	0,5	2,61
MgO	2,69	1,79	3,4	2,59	1,84	3,51
Na_2O	4,3	1,86	5,81	4,15	2,05	7,49
CO_2	5,91	2,56	10,96	5,83	3,59	7,62
Sulfat	15,3	2,5	28,3	12,5	5,8	22,5
Chlorid	3,01	1,3	7	2,71	1,5	4,6
Einheit	ppm					
Chrom	648	174	1.035	655	295	1.617
Nickel	215	55	316	165	90	260,2
Kupfer	2.151	935	6.240	2.510	1.245	5.823
Zink	2.383	1.200	4.001	3.132	1.795	5.255
Blei	1.655	497	3.245	2.025	1.108	3.900

Quelle: Pfrang-Stotz zitiert in: Lück, T.: Verfahren der Scherer + Kohl GmbH zur weitergehenden Schlackeaufbereitung. In: Thomé-Kozmiensky, K. J. (Hrsg.): Optimierung der Abfallverbrennung 1. Neuruppin: TK Verlag Karl Thomé-Kozmiensky, 2004, S. 623

Aschen/Schlacken werden in erster Annäherung mit den Ausbrandparametern Glühverlust und TOC-Gehalt (Total Organic Carbon) charakterisiert, mit denen die Vollständigkeit der Verbrennung und indirekt auch der Grad der Inertisierung des Abfalls und die Zerstörung von organischen Schadstoffen im Abfall beschrieben werden.

Die Rohaschen/-schlacken werden nach dem Austrag aus dem Nassentschlacker und vor der Aufbereitung bis zu drei Monate gelagert. Während ihrer Lagerung unterliegen sie komplexen Alterungsreaktionen, dies sind im Wesentlichen Mineralneu- und -umbildungen, bei denen noch lösliche Inhaltsstoffe teilweise inertisiert werden und die spezifische Oberfläche zunimmt.

Die Massenanteile der Inhaltsstoffe in den Aschen/Schlacken variieren in Abhängigkeit vom Input, der Ofenbauart und der Betriebsbedingungen. Pretz [6] gibt Bandbreiten für die Zusammensetzungen an:

- mineralische Fraktion 85 bis 90 Massenprozent,
- Unverbranntes 1 bis 5 Massenprozent,
- Metallschrott 7 bis 10 Massenprozent.

Die *mineralische Fraktion* besteht aus Schlackestücken und Asche, aus Beton, Ziegeln, Steinen und Glas. Nach Klein et al. [3] und Knorr et al. [4] sind etwa vierzig Massenprozent der mineralischen Schlackenanteile amorph – Gläser, Keramik, Aschen – und sechzig Massenprozent kristallin, also neu gebildete Minerale.

Nicht oder nur teilweise verbranntes Material wird als *Unverbranntes* bezeichnet, dies sind Papier-, Holz-, Kunststoff-, Gummi- und Textilreste.

Metallschrott – 7 bis 10 Massenprozent – besteht aus Gegenständen aus NE- und Eisenmetallen, die den Verbrennungsprozess durchlaufen haben, z.B. Weißblech – Dosenschrott –, Aluminium und seine Legierungen, Kupfer, Messing, Ölfilter, Wasserhähne usw. Während des Verbrennungsprozesses werden diese Güter oxidiert und teilweise auch geschmolzen. Durch den Kontakt angeschmolzener Schrottbestandteile mit anderen Bestandteilen entstehen durch Sintern Agglomerate mit überwiegend oberflächlichen Verwachsungen mit mineralischen Komponenten. Diese Agglomerate können mit moderater mechanischer Beanspruchung meist wieder aufgelöst werden.

Außerdem enthalten die Aschen/Schlacken Alkali- und Erdalkalimetallverbindungen, Chloride (> 1 g/kg), Fluoride (> 1 g/kg) und Sulfate.

In Abhängigkeit von den Verbrennungsbedingungen und dem Dampfdruck der Schwermetalle reichern sich diese in der Asche/Schlacke in unterschiedlichen Konzentrationen an.

Die Belastung mit Dioxinen und Furanen fällt bei Aschen/Schlacken im Vergleich zu den übrigen Sekundärabfällen aus der Abfallverbrennung – Filterstäuben – gering aus.

Die Aschen und Schmelzprodukte unterscheiden sich morphologisch und in der Korngröße:

- Die Aschen werden aus Glasabrieb, anorganischen und organischen Rückständen sowie Ruß- und Staubpartikeln mit Korngrößen von kleiner 0,002 mm bis 2 mm gebildet.
- Schmelzprodukte sind stark poröse, unregelmäßig geformte Mineralkörner mit einer Partikelgröße von größer 2 mm, die aus einer silikatischen Matrix (Glas) mit kristallinen Neubildungen – Silikate und Oxide – bestehen. Ausführlich werden die Schlacken von Pfrang-Stotz et al. [5], Schneider et al. [8] und Speiser [9] beschrieben. Amorphe Glasphasen entstehen als Erstarrungsprodukte während des Abschreckens der Verbrennungsrückstände im Nassentschlacker. Sie weisen ein Fließgefüge – Einregelung der Kristalle, lagige Pigmentierung, Glasbläschen – auf, das aus zähen Schmelzen resultiert.

Aus mineralogischer Sicht stellen Aschen/Schlacken ein mit Eisen durchsetztes Calcium-Aluminium-Silikat dar, dessen Hauptbestandteile natürlichen Gesteinen der Erdkruste wie Basalten oder Andesiten ähneln. Allerdings liegen die Schwermetall-, Chlor- und Schwefelgehalte über denen der natürlichen Gesteine, so dass die Bezeichnung *erdkrustenähnlich* für Asche/Schlacke aus der Abfallverbrennung verfehlt wäre. Sie kann daher nicht ohne Sicherungsmaßnahmen abgelagert und ohne entfrachtende Aufbereitung verwertet werden.

Literatur

[1] Bayerisches Landesamt für Umweltschutz, BayLfU: Verwertung von MV-Rostschlacke in Bauvorhaben, Abschlußbericht, 2002

[2] Julius, J.: Mechanische Schlackenaufbereitungstechniken und maschinelle Ausrüstung nach dem System KHD Humbold Wedag AG. In: Beiheft 31 zu Müll und Abfall, S. 112

[3] Klein, R.; Speiser, C.; Baumann, T.; Niessner, R.: Exothermer Stoffumsatz in MVA-Schlackedeponien. Abschlussbericht, Lehrstuhl für Hydrochemie, Hydrogeologie und Umweltanalytik, TU München, 1999

[4] Knorr, W.; Hentschel, B.; Marb, C.; Schädel, S.; Swerev, M.; Vierle, O.; Lay, J.-P.: Rückstände aus der Müllverbrennung – Chancen für eine stoffliche Verwertung von Aschen und Schlacken. Initiativen zum Umweltschutz 13. Hrsg.: Deutsche Bundesstiftung Umwelt. Berlin: Erich Schmidt Verlag, 1999

[5] Pfrang-Stotz, G.; Schneider, J.: Comparative studies of waste incineration bottom ashes from various grate and firing systems, conducted with respect to mineralogical and geochemical methods of examination. In: Waste Management & Research 13 (1995), S. 273-292

[6] Pretz, Th.; Meier-Kortwig, J.: Aufbereitung von Müllschlacken unter besonderer Berücksichtigung der Metallrückgewinnung, 1998

[7] Puch, K.-H.: Produkte aus der thermischen Abfallbehandlung – ein Beitrag zur Ressourcenschonung; Informationsveranstaltung Schlacke 05.06.2003, Technische Werke Ludwigshafen und GML Abfallwirtschaftsgesellschaft mbH

[8] Schneider, J.; Pfrang-Stotz, G.; Kössel, H.: Charakterisierung von MV-Schlacken. In: Beiheft zu Müll und Abfall 31 (1994), S. 38-43

[9] Speiser, C.: Exothermer Stoffumsatz in MVA-Schlackedeponien: Mineralogische und Geochemische Charakterisierung von Müllverbrennungsschlacken, Stoff- und Wärmebilanz. Dissertation, Lehrstuhl für Hydrochemie, Hydrogeologie und Umweltanalytik, TU München, 2001

4.2. Anforderungen an die Aufbereitung

Ziel der Aufbereitung der Aschen/Schlacken sind die Rückgewinnung metallischer Stoffe und die Herstellung von Baustoffen bei möglichst geringen Tertiärabfallmengen und weitgehender Kostendeckung.

Die Asche/Schlacke wird nach dem Rostabwurf im Nassentschlacker abgeschreckt und in Abhängigkeit von der Entschlackerkonstruktion bei Wassertemperaturen um 60 °C etwa fünfzehn Minuten gewaschen, bevor sie ausgetragen wird. Durch den Waschvorgang stellt sich ein Wassergehalt von zwanzig bis dreißig Prozent ein, der durch natürliche Entwässerung im anschließenden Schlackebunker auf etwa fünfzehn bis fünfundzwanzig Prozent reduziert wird. Zur Verbesserung der Schadstoffbindung wird die Asche/Schlacke meist drei Monate gelagert, bevor sie aufbereitet wird. Fällt dabei Sickerwasser an, muss es aufgefangen und behandelt werden.

Schlacken können in unmittelbarer Anbindung an die Abfallverbrennungsanlage oder unabhängig, z.B. in zentralen Anlagen, behandelt werden. Wird die Aufbereitungsanlage auf dem Gelände der Verbrennungsanlage errichtet, müssen beim Aufbau und bei der Auslegung der Schlackeaufbereitung die engen Verknüpfungen mit der Verbrennungsanlage berücksichtigt werden. Betriebsunterbrechungen der Aufbereitung dürfen keine Auswirkungen auf die Hauptanlage haben. So ist ein ausreichend dimensionierter Zwischenbunker und für längere Betriebsunterbrechungen der Abtransport der unaufbereiteten Asche/Schlacke vorzusehen.

Die Aufbereitungsaggregate sind möglichst so anzuordnen, dass die Asche/Schlacke nur zu Beginn des Aufbereitungsprozesses gegen das Schwerefeld der Erde transportiert werden muss. Zwischen den einzelnen Aufbereitungsstufen sollte das Material durch Schwerkraft transportiert werden.

Der in der Asche/Schlacke enthaltene Schrott liegt in allen Kornklassen vor und kann bei ausreichender Reinheit den Hauptwertstoff darstellen. Schon seit langem ist es Stand der Technik, Schrott aus der Asche/Schlacke abzutrennen. Der Aufwand hierfür wird von der angestrebten Vollständigkeit der Abtrennung in allen Kornklassen und der erzielten Reinheit der Produkte – z.B. Trennung in Eisen- und Nichteisenmetallschrott – bestimmt.

Anforderungen an die Aufbereitung, Verwertung, Prüfung und Überwachung sind in einschlägigen Merkblättern festgelegt. Beispielhaft sei das von der Hessischen Landesanstalt für Umwelt erstellte *Merkblatt über die Verwertung von Schlacken aus Müllverbrennungsanlagen* genannt, in dem Anforderungen an aufbereitete Schlacke in wesentlichen Punkten verschärft wurden:

- Der Anteil an Unverbranntem darf zwei Prozent des Trockengewichts nicht überschreiten.
- Der Anteil an Wasserlöslichem darf nicht über ein Prozent des Trockengewichts liegen, bestimmt nach DEV S4.
- Der Wassergehalt soll aus wasserwirtschaftlichen und bautechnischen Gründen so gering wie möglich sein.
- Der Eisengehalt muss weitestgehend reduziert werden.
- Die Asche/Schlacke muss alle zwei Jahre, besonders aber nach Änderungen in der Feuerungsführung der Verbrennungsanlage, auf polychlorierte Dibenzodioxine und -furane untersucht werden.
- Die Maximalgehalte an Ammonium, Chlorid, Sulfat, Fluorid, Blei, Cadmium, Chrom, Kupfer, Nickel, Zink und Quecksilber im Eluat (DEV S4) müssen untersucht werden. Die Untersuchungen sollen alle sechs Monate durchgeführt werden.

Der Einsatz von Asche/Schlacke in Wasserschutz- und Wassergewinnungsgebieten ist grundsätzlich ausgeschlossen. Auch außerhalb solcher Gebiete darf Schlacke nur in einem Mindestabstand von einem Meter über dem höchsten Grundwasserstand eingebaut werden.

Als Einsatzgebiete der so aufbereiteten Schlacken kommen in Betracht:

- Schüttmaterial für Dämme und Lärmschutzwälle,
- Untergrundverbesserung,
- Tragschichten unter Platten- und Pflasterbelägen,
- land- und forstwirtschaftliche Wege,
- Tragschichten von Parkplätzen und Baustraßen,
- Frostschutzschichten im Straßenbau.

Prüf- und Erfahrungsberichte über die Eignung und Umweltverträglichkeit von Aschen/Schlacken aus der Abfallverbrennung im Straßen- und Wegebau, als Dammschüttmaterial und für Lärmschutzwände liegen vielfach vor und kommen fast ausnahmslos zu positiven Ergebnissen.

Das mag zum Teil von der Interessenslage und den angewandten Prüfmethoden bestimmt sein. Auf die mangelnde Eignung des Deutschen Einheitsverfahrens S4 wurde schon hingewiesen. Es ist daher nicht erstaunlich, dass Vertreter von Schutzgütern zu anderen Ergebnissen gelangen.

So hat der Deutsche Verein des Gas- und Wasserfaches (DVGW) 1985 von seiner Forschungsstelle eine Untersuchung durchführen lassen, nach deren Ergebnissen die Verwertung von Asche/Schlacke aus Abfallverbrennungsanlagen im Straßenbau gänzlich ausgeschlossen wird. Wörtlich heißt es: *Für den Einsatz als Verfüllmaterial in Rohrgräben ist Müllschlacke – auch in aufbereitetem Zustand – sowie Flugasche ungeeignet, da metallische Rohrleitungen, Rohrleitungsteile und auch Kabel einer erhöhten Korrosionsgefahr ausgesetzt sind.*

Aufgrund

- *der Bewertungsziffern des DVGW-Arbeitsblattes GW9 „Beurteilung von Böden hinsichtlich ihres Korrosionsverhaltens auf erdverlegte Rohrleitungen und Behälter aus unlegierten und niedriglegierten Eisenwerkstoffen“, sowie*
- *DIN 30675 Teil 1 „Äußerer Korrosionsschutz von erdverlegten Rohrleitungen – Einsatzbereiche bei Rohrleitungen aus Stahl“ und*
- *DIN 30675 Teil 2 „Äußerer Korrosionsschutz von erdverlegten Rohrleitungen – Einsatzbereiche bei Rohrleitungen aus duktilem Gußeisen“*

ist jede Müllschlacke, trotz des vorhandenen alkalisierten gebrannten Kalks, immer als „stark aggressiv“ einzustufen.

Verantwortlich dafür sind im wesentlichen

- *die vorhandenen Mengen an Kohlenstoff,*
- *die löslichen Salze und der dadurch verursachte geringe Bodenwiderstand,*

- *die in unterschiedlichem Umfang auftretenden Sulfide bzw. die entsprechenden Anteile an Schwefelwasserstoff.*

Zum Einsatz in der Nachbarschaft von Rohrleitungen – z. B. im Straßenbau – ist Müllschlacke ebenfalls nicht geeignet, da eine Gefährdung der Leitungen durch Diffusions- und Fließvorgänge im Untergrund oder durch mechanischen Versatz bei Baumaßnahmen auftritt.

Quellen

[1] Ballmann, P.: Einsatz von Müllverbrennungsaschen im Straßenbau – Überlegungen zur Salzfracht. In: VGB Vereinigung der Großkraftwerksbetreiber (Hrsg.): Rückstände aus der Müllverbrennung. Tagungsbericht 221, Beitrag V8. VGB Kraftwerkstechnik, Essen, 1991

[2] Bayerisches Landesamt für Umweltschutz (Hrsg.): Versuchsprojekt Lärmschutzwall aus Müllschlacke bei Unterhaching. Projektbericht 3A/2-4257-3, München, 1987

[3] Comfère, W.; Schug, H.: Möglichkeiten zur Beeinflussung der Rückstände aus der Müllverbrennung. In: VGB Vereinigung der Großkraftwerksbetreiber (Hrsg.): Rückstände aus der Müllverbrennung. Tagungsbericht 221, Beitrag V4. VGB Kraftwerkstechnik, Essen, 1991

[4] Forschungsgesellschaft für Straßen- und Verkehrswesen (Hrsg.): Merkblatt über Verwendung von industriellen Nebenprodukten im Straßenbau, Teil: Müllverbrennungsasche (MV-Asche). In: Hösel, G.; Kumpf, W. (Hrsg.): Technische Vorschriften zur Abfallbeseitigung, Erich Schmidt Verlag, Berlin, Kap. 40018, 22. Lfg. V/87

[5] Geißdörfer, G.: Müllverbrennungsrückstände für den Straßenbau. In: VGB Vereinigung der Großkraftwerksbetreiber (Hrsg.): Rückstände aus der Müllverbrennung. Tagungsbericht 221, Beitrag V3. VGB Kraftwerkstechnik, Essen, 1991

[6] Grabner, E.; Hirt, R.; Ackermann, R.; Braun, R.: Müllschlacke – Eigenschaften, Deponieverhalten, Verwertung. Schweizerische Vereinigung für Gewässerschutz und Lufthygiene, Zürich, 1979

[7] Kluge, G.: Feststellung von Kennwerten an Müllverbrennungsschlacken, BMI-Forschungsbericht 103 01 311, UBA-FB 82-110 (Umweltbundesamt Texte 82/21), Berlin, 1982

[8] Kluge, G.; Saalfeld, H.; Dannecker, W.: Untersuchungen des Langzeitverhaltens von Müllverbrennungsschlacken beim Einsatz im Straßenbau, BMI-Forschungsbericht 103 03 006, UBA-FB 80-064 (Umweltbundesamt Texte 81/8), Berlin, 1981

[9] Länder-Arbeitsgemeinschaft Abfall (LAGA) (Hrsg.): Merkblatt der Landesarbeitsgemeinschaft Abfall für die Entsorgung von Abfällen aus Verbrennungsanlagen für Siedlungsabfälle, beschlossen am 1./2. März 1994, GABl. Nr. 1/1995, S. 66

[10] Leenders, P.: Entsorgung der Müllverbrennungsschlacke in den Niederlanden. In: Thomé-Kozmiensky, K. J. (Hrsg.): Müllverbrennung und Umwelt 3. Berlin: EF-Verlag für Energie- und Umwelttechnik, 1989, S. 597-632

[11] Leschber, R.; Hollederer, G.: Elutionen von Müllverbrennungsschlacken im Hinblick auf ihre Eignung im Straßen- und Wegebau, WaBoLu Heft 4/1985 des Instituts für Wasser-, Boden- und Lufthygiene des Bundesgesundheitsamtes, Berlin, 1985

[12] Loch, W.: Anforderungen an Müllverbrennungsasche für den Straßenbau – Anmerkungen zur Überarbeitung des Merkblattes „Müllverbrennungsasche" der Forschungsgesellschaft für Straßen- und Verkehrswesen. In: VGB Vereinigung der Großkraftwerksbetreiber (Hrsg.): Rückstände aus der Müllverbrennung. Tagungsbericht 221, Beitrag V6. VGB Kraftwerkstechnik, Essen, 1991

[13] Murr, K.: Baustoff-Recycling. In: Umwelt 19 (1989) Nr. 4, S. 179-181

[14] Schoppmeier, W.: Erfahrungen mit der Entsorgung, Aufbereitung und Verwertung fester Verbrennungsrückstände aus der Hausmüllverbrennung. In: Müll und Abfall 20 (1988) Nr. 3, S. 104-112

[15] Schröder, H.: Die Umsetzung von Abfallwirtschaftskonzepten und die Verwendung von Müllverbrennungsasche. In: VGB Vereinigung der Großkraftwerksbetreiber (Hrsg.): Rückstände aus der Müllverbrennung. Tagungsbericht 221, Beitrag V5. VGB Kraftwerkstechnik, Essen, 1991

[16] Schubenz, D.: Müllverbrennungsaschen als Baustoff für Tragschichten mit hydraulischen Bindemitteln. In: VGB Vereinigung der Großkraftwerksbetreiber (Hrsg.): Rückstände aus der Müllverbrennung. Tagungsbericht 221, Beitrag V7. VGB Kraftwerkstechnik, Essen, 1991

[17] Wagner, I.: Rückstände aus Müllverbrennungsanlagen – ein ungeeigneter Stoff für die Verfüllung von Rohrgräben. DVGW-Schriftenreihe Wasser Nr. 47, S. 117-133, Eschborn, 1985

4.3. Stand der Technik

Die einfachste Form der Aufbereitung von Asche/Schlacke ist die Sortierung nach dem Nassentschlacker mit Überbandmagnetscheidern. Der Eisengehalt des aussortierten Schrottgemischs beträgt fünfzig bis sechzig Massenprozent. Die Verunreinigungen bestehen aus an den Metallteilen fest angebackenen Schlacke- und Flugstaubbestandteilen. Dieser Rohschrott muss vor der Verwertung durch Zerkleinern und Sieben zu einem stahlwerksfähigen Endprodukt mit einem Eisengehalt von etwa 95 Massenprozent und einer Schüttdichte von etwa einer Tonne pro Kubikmeter weiter aufbereitet werden.

Die Mindestausstattung der heutigen Aufbereitungsanlagen für Asche/Schlacke besteht aus einer zweiwöchigen bis dreimonatigen Lagerung und anschließender Trockenklassierung und -sortierung.

Alterung der Asche/Schlacke

Die Komponenten in der Asche/Schlacke aus der Rostfeuerung sind unter den üblichen Lagerungsbedingungen nicht stabil.

Während der Zwischenlagerung laufen komplexe chemische Prozesse ab, die als *Alterung* bezeichnet werden. Dies sind vorwiegend Verfestigungsreaktionen – Carbonatisierung, Metallkorrosionen, Oxidation und/oder Hydratation – sowie Lösungs- und Fällungsreaktionen.

Die glasigen Neubildungen reagieren in Anwesenheit von Wasser nach Gelbildung mit dem in der Schlacke vorkommenden Calciumhydroxid (Portlandit) zu Calciumaluminatsilikat-Hydraten. Dies wird durch die Zunahme der spezifischen Oberfläche während der Alterung begünstigt. Die neugebildeten Calciumaluminatsilikathydrate können als *Speicherminerale* Schwermetalle binden und so deren Mobilität herabsetzen. Diese Vorgänge werden ausführlich von Bambauer et al. [1], Kersten [6] sowie von Lichtensteiger und Zeltner [11] beschrieben.

Die Mineralstabilität reicht für eine langfristige Immobilisierung der Schwermetalle allerdings unter veränderten Milieubedingungen bei längerfristiger Lagerung oder Verwertung (pH-Wert, Redoxpotential, Temperatur usw.) nicht aus, worauf u.a. im Bericht des Bayerischen Landesamts für Umweltschutz [2] von 2002 hingewiesen wird.

Mechanische Aufbereitung von Aschen/Schlacken

Die Anlagen zur mechanischen Aufbereitung bestehen meist aus drei oder vier Sieben, zwei Magnetscheidern sowie Förderbändern.

In der meist mehrstufigen Klassierung werden Kornklassen für unterschiedliche Einsatzzwecke im Tiefbau erzeugt.

Unverbranntes und Nichteisenmetalle werden in einigen Anlagen von Hand abgetrennt. Dabei können nur gröbere Bestandteile erfasst werden, wodurch das Ausbringen sehr niedrig ist. Die nicht erfassten Bestandteile beeinträchtigen das Produkt visuell und hinsichtlich seiner chemisch-physikalischen Eigenschaften, so dass die möglichen Einsatzgebiete begrenzt sind. Auch sind die erzielbaren Erlöse gering.

Einen höheren Mechanisierungsgrad weist z.B. die Schlackenaufbereitung der Müllverbrennungsanlage der AVR-Rotterdam auf, die von König [7] beschrieben wird; die Stufen sind

- Zerkleinerung des Überlaufs aus der Vorabsiebung bei 40 mm,
- Erzeugung eines verdichteten und gereinigten Eisenprodukts,
- Windsichtung zur Aussortierung von Unverbranntem,
- Wirbelstromscheidung zur Aussortierung von NE-Metallschrott aus dem Gutstrom > 40 mm.

Im *mineralischen Endprodukt* wurden trotz der Windsichtung noch erhebliche Mengen Unverbranntes und NE-Metallschrott gefunden, wodurch die Verwertungsmöglichkeiten eingeschränkt sind.

Der gesamte Siebunterlauf kleiner vierzig Millimeter wird nur mit einem Magnetscheider vom Eisenschrott befreit und nicht weiter behandelt.

Buijtenhek et al. [3] berichteten 1989 über die Entwicklung eines Waschverfahrens zur Abscheidung wasserlöslicher Schwermetallverbindungen wie Chloride und Sulfate. Die Schadstoffabreicherungen waren beträchtlich, doch scheiterte die industrielle Anwendung am Aufwand und den Kosten für die Abwasserbehandlung.

Verwertung mechanisch aufbereiteter Aschen/Schlacken

Asche/Schlacke aus der Abfallverbrennung kann wegen ihrer Neigung zu Auswaschungen von Salzen und Schwermetallen nicht als Baustoff im Tiefbau verwertet werden, weil im Unterschied zur Deponie das Sickerwasser nicht gesammelt und behandelt wird; es gelangt vielmehr diffus in den Boden und damit ins Grundwasser. Soll die Asche/Schlacke außerhalb von Deponien verwertet werden, müssen ihre eluierbaren Bestandteile in Abhängigkeit von der gewünschten Verwertung mehr oder minder vermindert werden.

Ziel der Schlackenaufbereitung muss insbesondere unter dem Aspekt der Vermeidung der Ablagerung die Herstellung absatzfähiger und umweltverträglicher Produkte sein. Soll die Asche/Schlacke als Baustoff verwertet werden, müssen mit der Aufbereitung die Qualitätsanforderungen des Gesetzgebers, der Aufsichtsbehörden und der Abnehmer erreicht werden.

Im Merkblatt der Länderarbeitsgemeinschaft Abfall (LAGA) vom 6.11.2003 *Anforderungen an die stoffliche Verwertung von mineralischen Abfällen – Technische Regeln* [9] werden Methoden zur Untersuchung, Bewertung und Verwertung von Aschen/Schlacken aus Abfallverbrennungsanlagen vorgeschrieben. Anforderungen an Stoffparameter, an Güteüberwachungskriterien und an den Einsatz von Asche/Schlacke im Straßenbau usw. werden definiert. Zumindest müssen unverbrannte Sekundärabfälle und die Eisenfraktion abgetrennt und die Aschen/Schlacken klassiert werden.

Frische Aschen/Schlacken sind sehr reaktionsfreudig; bereits im Nassentschlacker finden durch den Kontakt mit Wasser und Sauerstoff exotherme Umwandlungsprozesse statt. Die LAGA schreibt eine dreimonatige Zwischenlagerung mit Bewässerung und Luftzufuhr vor. Mit der Alterung der Aschen/Schlacken wird die Schadstoffmobilität deutlich verringert, worauf u.a. Lahl [10] hinweist.

In den *Technischen Regeln* der LAGA werden Vorgabewerte und Verwertungsbedingungen für den umweltverträglichen Einbau der Schlacke im Straßen- und Wegebau geregelt.

Die wesentlichen Einbaubedingungen für die Verwertung von Aschen/Schlacken sind:

- *Das Material muss mit einem Oberbau aus Asphalt oder Beton abgedeckt werden.*
- *Der Abstand zwischen Schüttkörperbasis und dem höchsten zu erwartenden Grundwasserstand soll mindestens einen Meter betragen.*
- *In festgesetzten und geplanten Trinkwasserschutzgebieten sowie in Wasservorranggebieten darf Asche/Schlacke aus der Abfallverbrennung nicht eingesetzt werden.*
- *Das Gleiche gilt für Gebiete mit häufigen Überschwemmungen, für hydrogeologisch ungünstige Standorte, für Flächen mit sensibler Nutzung, z.B. für Kinderspielplätze, Sportanlagen, Dränschichten usw.*
- *Bei Gefahr des Kontakts mit korrosionsanfälligen Einbauten ist ein Mindestabstand von 50 cm einzuhalten.*

In Tabelle 4 sind die von Reimann [13] zusammengestellten in Deutschland gebräuchlichen Richtwerte für das Eluat aufbereiteter Aschen/Schlacken zusammengestellt.

Die Zuordnungswerte der LAGA sind Orientierungswerte. Abweichungen können zugelassen werden, wenn im Einzelfall mit Analysenergebnissen nachgewiesen wird, dass ggf. weitere gleichfalls umweltverträgliche Verwertungsmöglichkeiten der jeweiligen Abfälle bestehen und hierbei das Wohl der Allgemeinheit nicht beeinträchtigt wird.

Tabelle 4: Zusammenfassung der relevanten Richtwerte für das Eluat aufbereiteter Aschen/Schlacken aus Abfallverbrennungsanlagen zur Beurteilung von Verwertungsmaßnahmen

Parameter	Einheit	LAGA-Merkblatt[1]	Oberste Baubehörde im Bay. Staatsministerium des Inneren[2]		NRW-Ministerialblatt[3]	TASi[4]	
			Richtwert 1	Richtwert 2		DK 1	DK2
pH-Wert		7–13			7–13	5,5–13	5,5–13
Leitfähigkeit	µS/cm	6.000	2.000 ± 100	8.000 ± 400	5.000	≤ 10.000	≤ 50.000
TOC[5]	mg/l		5 ± 1	20 ± 4		≤ 20	≤ 100
Phenole	mg/l					≤ 0,2	≤ 50
Arsen (As)[6]	mg/l					≤ 0,2	≤ 0,5
Blei (Pb)	mg/l	0,05	0,04 ± 0,004	0,16 ± 0,016	0,05	≤ 0,2	≤ 1
Cadmium (Cd)	mg/l	0,005	0,005 ± 0,001	0,02 ± 0,004	0,05	≤ 0,05	≤ 0,1
Chrom-VI (Cr)	mg/l				0,05		
Chrom gesamt (Cr)	mg/l	0,2	0,05 ± 0,005	0,2 ± 0,02			
Kupfer (Cu)	mg/l	0,3	0,05 ± 0,005	0,2 ± 0,02	0,3	≤ 1	≤ 5
Nickel (Ni)	mg/l	0,04	0,05 ± 0,005	0,2 ± 0,02		≤ 0,2	≤ 1
Quecksilber (Hg)	mg/l	0,001				≤ 0,005	≤ 0,02
Zink (Zn)	mg/l	0,3	0,2 ± 0,02	0,8 ± 0,08	0,3	≤ 2	≤ 5
Fluorid (F^-)	mg/l		1,5 ± 0,15	6 ± 0,6		≤ 5	≤ 25
Ammonium-N (NH_4^+)	mg/l		0,5 ± 0,05	2 ± 0,2		≤ 4	≤ 200
Cyanide leicht freisetzbar	mg/l	0,02				≤ 0,1	≤ 0,5
AOX[7]	mg/l					≤ 0,3	≤ 1,5
Filtrattrocken-rückstand	mg/l		2.000 ± 200	8.000 ± 800			
Chlorid (Cl^-)	mg/l	250	125 ± 12,5	500 ± 50	250		
Sulfat (SO_4^{2-})	mg/l	600	250 ± 25	1.000 ± 100	600		
Nitrat (NO_3^-)	mg/l		25 ± 2,5	50 ± 5			
DOC[8, 6]	mg/l						

[1] Angaben aus LAGA-Merkblatt 19
[2] Oberste Baubehörde im Bayerischen Staatsministerium des Inneren, Stand Februar 1993. Die bei den Werten angegebenen Abweichungen berücksichtigen die Messungenauigkeit.
[3] Im Nordrhein-Westfalen-Ministerialblatt-Nr. 43 vom 04.07.1991 wird der Eluatwert in der Einheit mg/kg angegeben. In dieser Tabelle wurden diese Massenkonzentrationswerte auf mg/l umgerechnet, um vergleichbare Werte zu erhalten. Dabei ist wissenswert, dass zur Eluatbestimmung in einem Liter Lösung eine Feststoffprobe von 100 g verwendet wird.
[4] TA Siedlungsabfall:
DK 1 = Deponieklasse 1
DK 2 = Deponieklasse 2
[5] Organischer Kohlenstoff, gesamt
[6] Arsen ist zur Erfahrungssammlung zu bestimmen
[7] Absorbierbare Halogenkohlenwasserstoffe
[8] Gelöster organischer Kohlenstoff

Quelle: Reimann, O.: Verwertungsmöglichkeiten von Müllverbrennungsschlacke – Gesamtübersicht. In: Müll und Abfall 1992, Nr. 9

Auch im Merkblatt *Verwendung von industriellen Nebenprodukten im Straßenbau, Teil: Müllverbrennungsasche (MV-Asche)* werden Einbaubedingungen beschrieben. Anwendungen sind Tragschichten ohne Bindemittel und mit bituminösen

Bindemitteln, Befestigung ländlicher Wege und Nebenflächen, Bodenverfestigung, Unterbau und Lärmschutzwälle. Weitere Anforderungen wurden von der Forschungsgesellschaft für Straßen- und Verkehrswesen in den *zusätzlichen technischen Vertragsbedingungen für Tragschichten im Straßenbau* [4] zusammengestellt.

Nach Pretz und Meier-Kortwig [12] wurden Ende der neunziger Jahre etwa zwei Drittel der in Deutschland anfallenden Aschen/Schlacken aus der Abfallverbrennung aufbereitet und überwiegend im Bausektor verwertet. Seit einigen Jahren werden wegen der konjunkturellen Entwicklungen der Baubranche und auch der steigenden Qualitätsansprüche der Abnehmer nur noch fünfzig bis sechzig Prozent verwertet.

Im Tiefbau werden aufbereitete Aschen/Schlacken eingesetzt

- als Frostschutzschicht,
- als ungebundene zweite Tragschicht im Straßen- und Wegebau,
- als Füll- und Tragschicht im Industrie- und Gewerbebereich,
- für den Bau von Lärmschutzwällen,
- für die Rekultivierung von Deponien,
- als Ausgleichsmaterial für das Feinplanum.

Aufbereitete Aschen/Schlacken werden auch zur Bodenverfestigung mit Zement oder als hydraulisch gebundene Tragschicht eingesetzt.

In Tabelle 5 sind die Verwertungswege von Wirbelschichtaschen in Deutschland von Krass und Pitschak [8] zusammengestellt. Diese werden hauptsächlich als Verfüllmaterial (22 %), Frostschutzschicht (27 %) und Schottertragschicht (11 %) verwertet.

Tabelle 5: Verwertungswege von Aschen aus Wirbelschichtöfen

Verwertungsart	Wert %
Landschaftsbau	1
Wegebau als Verfüllmaterial	22
Lärmschutzwall	3
Bodenverbesserung	9
Bodenverfestigung/hydraulisch gebundene Tragschicht	5
Frostschutzschicht	27
Schottertragschicht	11
ungebundene Verkehrsflächen/Wegebau	1
Sonstiges	16
Unterbau/Dammbau	5

Quelle: Krass, K.; Pitschak, S.: Stoffliche und bautechnische Charakterisierung von Wirbelschichtaschen für den Einsatz in hydraulisch gebundenen Schichten im Straßenbau. In: VGB Kraftwerkstechnik 77 (1997), S. 230-235

Thermische Behandlung von Aschen/Schlacken

Ansätze zur thermischen Behandlung mit dem Ziel der Inertisierung sind ebenso alt wie zahlreich. Die Verfahren gehen vom Sintern bis zum Schmelzen bei Temperaturen von 1.300 bis 1.500 °C. Es gibt Verfahren, bei denen die Sinterung – Martin – und das Schmelzen – Andco Torrax, Purox, Thermoselect, SVZ – in den thermischen Abfallbehandlungsprozess integriert sind und solche, bei denen der Schmelzprozess nachgeschaltet ist. Weiterhin sind Verfahren zu unterscheiden, bei denen nur die Asche/Schlacke, nur der Flugstaub und bei denen beide gemeinsam gesintert oder geschmolzen werden. Bei nahezu allen Schmelzverfahren wird die schmelzflüssige Schlacke rasch abgekühlt; aus der Schmelze wird ein glasartiges, schwarzes Schlackengranulat erzeugt, das keine brennbaren, organischen Komponenten mehr enthält und in dem Salze und Schwermetalle fixiert und zumindest kurzfristig nicht mobilisierbar sind. Die Schlackengranulate sollen fast immer bautechnisch verwertet werden.

Für die Verglasung wird viel Energie benötigt. Die CO_2-Emissionen aus Schlackeschmelzprozessen sind wegen ihres geringen Kohlenstoffgehalts gering, die NO_x-Emissionen allerdings hoch. Schwermetalle und Chlor gehen in Abhängigkeit von ihrem Dampfdruck ins Abgas, für dessen Reinigung viel Aufwand erforderlich ist. Daher war auch für nicht in den Verbrennungsprozess integrierte Schmelzvorgänge, also für die nachgeschalteten Schlackenschmelzprozesse, die Integration in das System der Abfallverbrennung vorgesehen.

Etwa siebzig bis achtzig Prozent der in der thermischen Abfallbehandlung freigesetzten Energie würden nach Schätzungen allein für das Schmelzen der Aschen/Schlacken benötigt, wie Göttlicher und Anton [5] und auch Reimann [13] vermuten.

Literatur

[1] Bambauer, H. U.; Gebhard, G.; Holzapfel, Th.; Krause, Ch.; Willner, G.: Schadstoffimmobilisierung in Stabilisaten aus Braunkohleaschen und REA-Produkten, I.: Mineralreaktionen und Gefügeentwicklung; Chlorid-Fixierung. In: Fortschr. Miner. 66 (1988), S. 253-279

[2] Bayerisches Landesamt für Umweltschutz, BayLfU: Verwertung von MV-Rostschlacke in Bauvorhaben, Abschlußbericht, 2002

[3] Buijtenhek, H. S.; Zeeu, J. H.; Steketee, J. J.: Aufbereitung von MV-Schlacken durch Waschprozesse, IRC Berlin, 1989

[4] Forschungsgesellschaft für Straßen und Verkehrswesen, Arbeitsgruppe Sonderaufgaben: ZTVT-StB 95, Zusätzliche technische Vertragsbedingungen und Richtlinien für Tragschichten im Straßenbau. FGSV Verlag, Köln, FGSV-Nr: 999, 1998

[5] Göttlicher R.; Anton P.: Reststoffe aus Müllverbrennung. In: Abfallwirtschafts-Journal (1990), Nr. 2

[6] Kersten, M.: Emissionspotential einer Schlackenmonodeponie/Schwermetalle im Sickerwasser von Müllverbrennungsschlacken – ein langfristiges Umweltgefährdungspotential. In: Geowissenschaften 14 (1996), S. 180-185

[7] König, T.: Untersuchungen zur Sortierung von Schlacken aus Hausmüllverbrennungsanlagen, Dissertation RWTH Aachen: Verlag Shaker, 1993

[8] Krass, K.; Pitschak, S.: Stoffliche und bautechnische Charakterisierung von Wirbelschichtaschen für den Einsatz in hydraulisch gebundenen Schichten im Straßenbau. In: VGB Kraftwerkstechnik 77 (1997), S. 230-235

[9] LAGA: Mitteilung 20 der Länderarbeitsgemeinschaft Abfall: Anforderungen an die stoffliche Verwertung von mineralischen Abfällen – Technische Regeln vom 6. November 2003

[10] Lahl, U.: Verwertung von MVA-Schlacken durch Optimierung konventioneller Aufbereitung, Teil II. In: Müll und Abfall 9 (1992), S. 619-633

[11] Lichtensteiger, T.; Zeltner, C.: Petrographische Eigenschaften/Langzeitverhalten von MV-Schlacken; Emissionsabschätzung für Kehrichtschlacke (Projekt EKESA). Amt für Gewässerschutz und Wasserbau des Kt. Zürich, Zürich, 1992, S. 27-41 u. S. 94-102

[12] Pretz, Th.; Meier-Kortwig, J.: Aufbereitung von Müllschlacken unter besonderer Berücksichtigung der Metallrückgewinnung, 1998

[13] Reimann, O.: Verwertungsmöglichkeiten von Müllverbrennungsschlacke – Gesamtübersicht. In: Müll und Abfall 1992, Nr. 9

4.4. Weitergehende Aufbereitung

In den neunziger Jahren des vorigen Jahrhunderts wurden einige Verfahren zur weitergehenden Aufbereitung entwickelt, mit denen Sekundärbaustoffe, Eisenschrott unterschiedlicher Körnung und NE-Metallschrott-Gemische hergestellt werden. Unverbranntes, nichtmetallische und nichtmineralische Komponenten werden weitgehend aussortiert und in den Ofen der Verbrennungsanlage rückgeführt.

Derartige Aufbereitungsanlagen werden im industriellen Maßstab betrieben. Gewonnen werden Sekundärbaustoffe und Metallfraktionen, die im Tiefbau und der Hüttenindustrie verwertet werden [2].

4.4.1. Kriterien für die weitergehende Aufbereitung

Die konventionelle Aufbereitung von Aschen/Schlacken aus der Abfallverbrennung basiert auf der Kombination von trockenen Verfahren – Siebung, Zerkleinerung, manuelle Sortierung und Magnetscheidung. Damit können die Vorgaben der LAGA in der Regel eingehalten werden. Doch enthalten diese Produkte häufig noch identifizierbare Störstoffe – Unverbranntes und NE-Metalle – und werden daher von der Bauwirtschaft als Sekundärbaustoff nicht akzeptiert. Sie werden daher meist als Verfüllmaterial oder im Deponiebau verwertet. Der Aufbereitungsprozess kann aus den Erlösen nicht finanziert werden.

Sollte der Absatz bei Erzielung zumindest kostendeckender Erlöse gesichert werden, müssen alle Umweltauflagen erfüllt und Verfahren nach dem Stand der Technik zur Erzielung optimaler Produktqualität angewandt werden. Daraus resultieren Forderungen an den Aufbereitungsprozess:

- Produkte mit definierten Kornverteilungen und geringen Unter- und Überkornanteilen müssen hergestellt werden.
- Die Kornfestigkeiten müssen hoch sein, Kornoberflächen müssen scharfkantig sein, die Schlackekörner müssen rund sein, die Porosität gering.
- Das Material muss frei von Unverbranntem sein.

- Das Material muss von Schadstoffen entfrachtet sein, lösliche Salze müssen abgeschieden werden.
- Eisen- und NE-Metallschrott müssen auch in den unteren Korngrößenbereichen in getrennten Fraktionen abgeschieden werden.
- Die Reinheit des Metallschrotts muss hoch sein.

Aus den Aschen/Schlacken müssen mineralische Produkte erzeugt werden, die anderen Sekundärbaustoffen hinsichtlich ihrer chemischen und physikalischen Eigenschaften mindestens ebenbürtig sind [2].

4.4.2. Verfahrensprinzip

Ein Verfahren zur weitergehenden Aschen-/Schlackenaufbereitung ist in Bild 3 dargestellt.

Die angelieferte Asche/Schlacke wird in Betonboxen zwischengelagert. Die gealterte Ache/Schlacke wird mit trockenen Aufbereitungsverfahren in Kornklassen getrennt, grobe unverbrannte Bestandteile und Metallschrott werden aussortiert.

Die Fraktion kleiner 22 mm wird mit Magnetscheidern und nassmechanischen Verfahren zu feinkörnigem Eisenschrott, schwimmfähigem Unverbranntem und zur Mineralfraktion sortiert, die in definierte Fraktionen klassiert wird. In der letzten Verfahrensstufe werden mit Wirbelstromscheidern aus den einzelnen Fraktionen die darin noch verbliebenen NE-Metalle aussortiert.

Das Verfahren gliedert sich in folgende Subsysteme:

- Schlackenalterung,
- trockene Aufbereitung,
- nasse Aufbereitung,
- NE-Metallsortierung.

Schlackenalterung und trockene Aufbereitung

Bild 4 zeigt schematisch die Zwischenlagerung und die trockene Aufbereitung der Asche/Schlacke.

Nach Verwiegung und Eingangskontrolle wird das Material in nach oben offenen Lagerboxen für mindestens drei Monate zwischengelagert. Das Nutzvolumen der Boxen soll so dimensioniert werden, dass die von einer Abfallverbrennungsanlage während eines Monats angelieferte Menge gelagert werden kann. Die Oberfläche der Mieten wird mit Sprinkleranlagen kontinuierlich angefeuchtet, damit Staubverwehungen vermieden werden und in den Mieten ausreichend Feuchtigkeit für die Beschleunigung der Alterungsprozesse vorhanden ist.

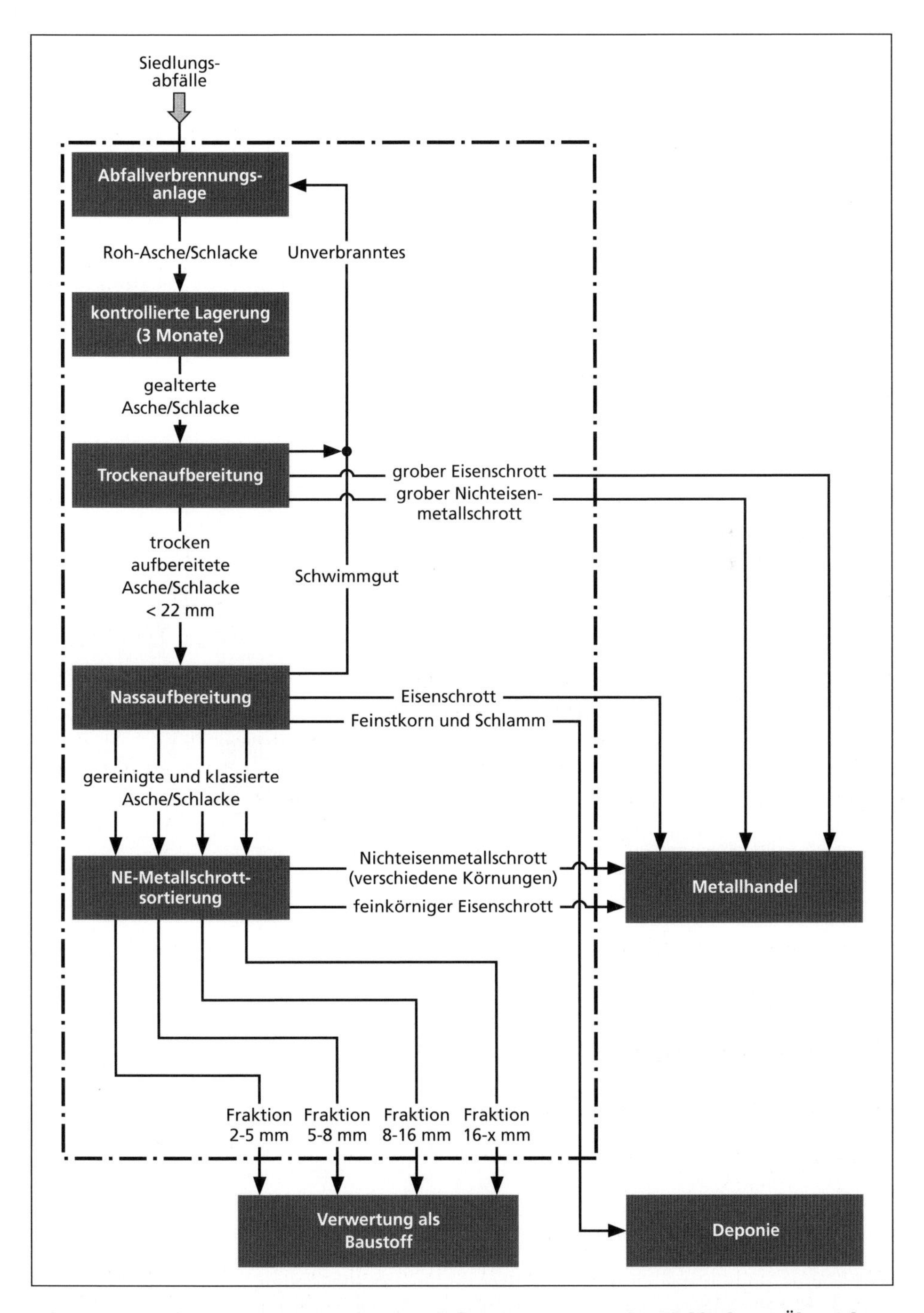

Bild 3: Verfahren zur weitergehenden Aufbereitung von Aschen/Schlacken – Übersicht

Quelle: Lück, T.: Verfahren der Scherer + Kohl GmbH zur weitergehenden Schlackeaufbereitung. In: Thomé-Kozmiensky, K. J. (Hrsg.): Optimierung der Abfallverbrennung 1. Neuruppin: TK Verlag Karl Thomé-Kozmiensky, 2004, S. 632, bearbeitet

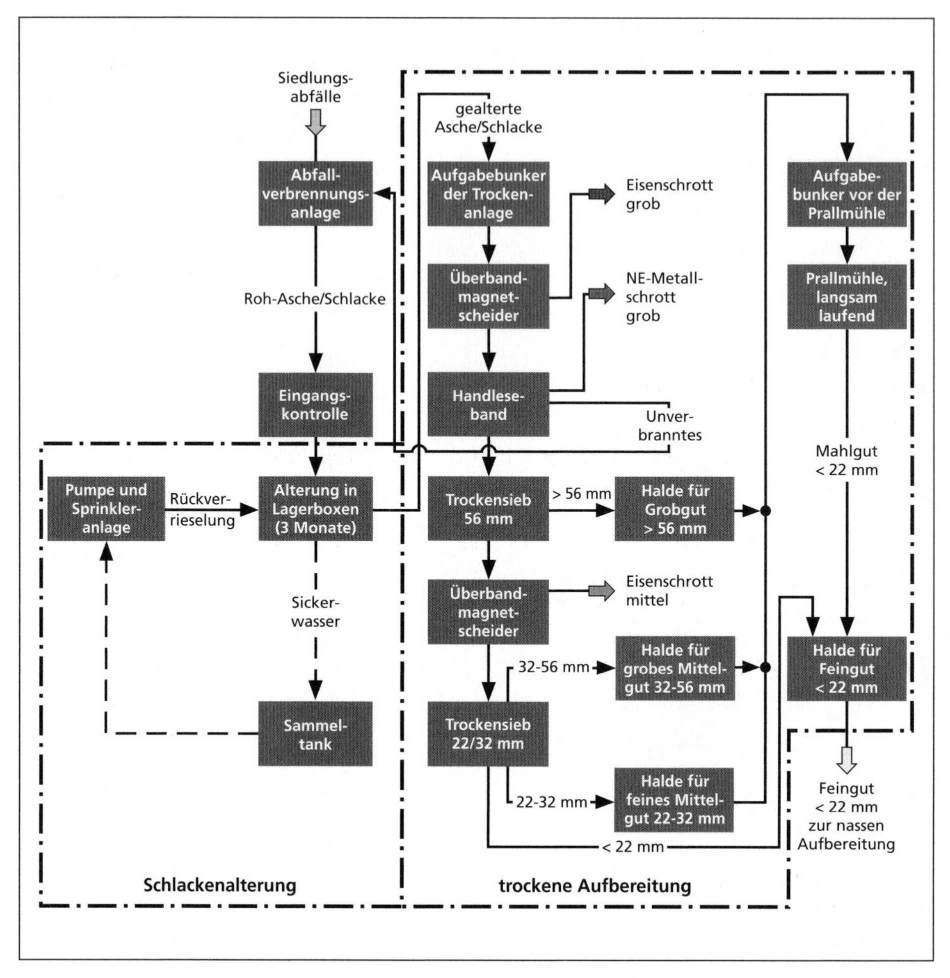

Bild 4: Subsysteme und Aggregate zur weitergehenden Aufbereitung von Aschen/Schlacken aus der Abfallverbrennung

Quelle: Lück, T.: Verfahren der Scherer + Kohl GmbH zur weitergehenden Schlackeaufbereitung. In: Thomé-Kozmiensky, K. J. (Hrsg.): Optimierung der Abfallverbrennung 1. Neuruppin: TK Verlag Karl Thomé-Kozmiensky, 2004, S. 633, bearbeitet

Der Boden der Lagerboxen zur Alterung ist betoniert und weist geringes Gefälle zur vorgelagerten, offenen Sammelrinne auf. Ablaufendes Beregnungswasser wird in unterirdischen Zisternen gesammelt und von dort erneut mit Pumpen zur Befeuchtung der Mieten verwendet.

Das in den Zisternen gesammelte Abwasser muss nicht entsorgt werden; vielmehr wird zur Beregnung mehr Wasser benötigt als Abwasser anfällt; insbesondere während der Sommermonate muss regelmäßig Frischwasser zugegeben werden.

Aus der gealterten Asche/Schlacke werden in der trockenen Aufbereitungsstufe zunächst grober Eisenschrott, grobes Unverbranntes und grober NE-Metallschrott aussortiert. Der Gutstrom wird bei 56 mm abgesiebt und zu einem Aufgabebunker und von dort zu einem Überband-Magnetscheider gefördert. Es folgt nach einer Handauslese für grobes Unverbranntes eine zweistufige Siebung bei 22 und 32 mm. Das Feingut < 22 mm wird zur nassen Aufbereitung bereitgestellt. Die drei Kornklassen größer 22 mm werden mit einer Prallmühle auf kleiner 22 mm so zerkleinert, dass möglichst wenig Feinkorn erzeugt wird und durch Sinterung verbackene Agglomerate kornschonend aufgelöst werden.

Nach der trockenen Aufbereitung liegt das gesamte, von grobem Unverbranntem und Schrott befreite Material < 22 mm für die nasse Aufbereitung vor.

Nasse Verfahrensstufe

In der nassen Aufbereitung (Bild 5) wird das Feingut < 22 mm nach einer erneuten Magnetscheidung auf einem Schwingsieb unter starker Bebrausung mit Wasser bei 2 mm abgesiebt.

Beide Materialströme werden getrennt in Hydrobandscheidern (Bild 6) von schwimmfähigen Störstoffen befreit. Das zu reinigende Gut wird mit Wasser versetzt dem Transportband entgegen der Bandlaufrichtung aufgegeben. Die Trennströmung wird mit Einstromdüsen erzeugt. Die Verunreinigungen werden mit der Trennströmung entfernt; das gereinigte Gut wird mit dem Band über die höher liegende Antriebstrommel ausgetragen, wobei es entwässert wird. Die mit dem Hydrobandscheider aussortierten Verunreinigungen werden entwässert und, da sie im Wesentlichen aus Unverbranntem bestehen, zum Bunker der Verbrennungsanlage rückgeführt.

Die Asche/Schlacke kleiner 2 mm wird mit einem Sandabscheider in zwei Sandqualitäten getrennt und auf Spaltsieben entwässert. Sie soll als Sekundärbaustoff verwertet werden.

Die Asche/Schlacke der Korngröße 2 bis 22 mm wird nach dem Hydrobandscheider mit Schwingsieben in mehrere Fraktionen klassiert. Das Überkorn größer 16 mm im Aufgabegut wird zur Prallmühle der Trockenaufbereitung rückgeführt.

NE-Metallschrottsortierung

Nach der nassen Aufbereitung enthalten alle Fraktionen der einzelnen Kornklassen NE-Metalle. Sie werden mit einem Wirbelstromscheider sortiert (Bild 7).

Dieses auf dem Induktionsprinzip basierende Sortiergerät besteht aus einer kurzen Bandstrecke, die aufgabeseitig angetrieben wird. In der Kopftrommel befindet sich ein schnell rotierendes Permanentmagnetsystem, ein Polsystem, das hochfrequente, magnetische Wechselfelder erzeugt. Diese induzieren starke elektrische Wirbelströme in den NE-Metallteilen, die nun ihrerseits eigene, dem äußeren Feld entgegenwirkende Magnetfelder aufbauen. Nichteisenmetalle werden entsprechend der Lenzschen Regel vom induzierenden Magnetfeld abgestoßen und aus dem Materialstrom abgelenkt.

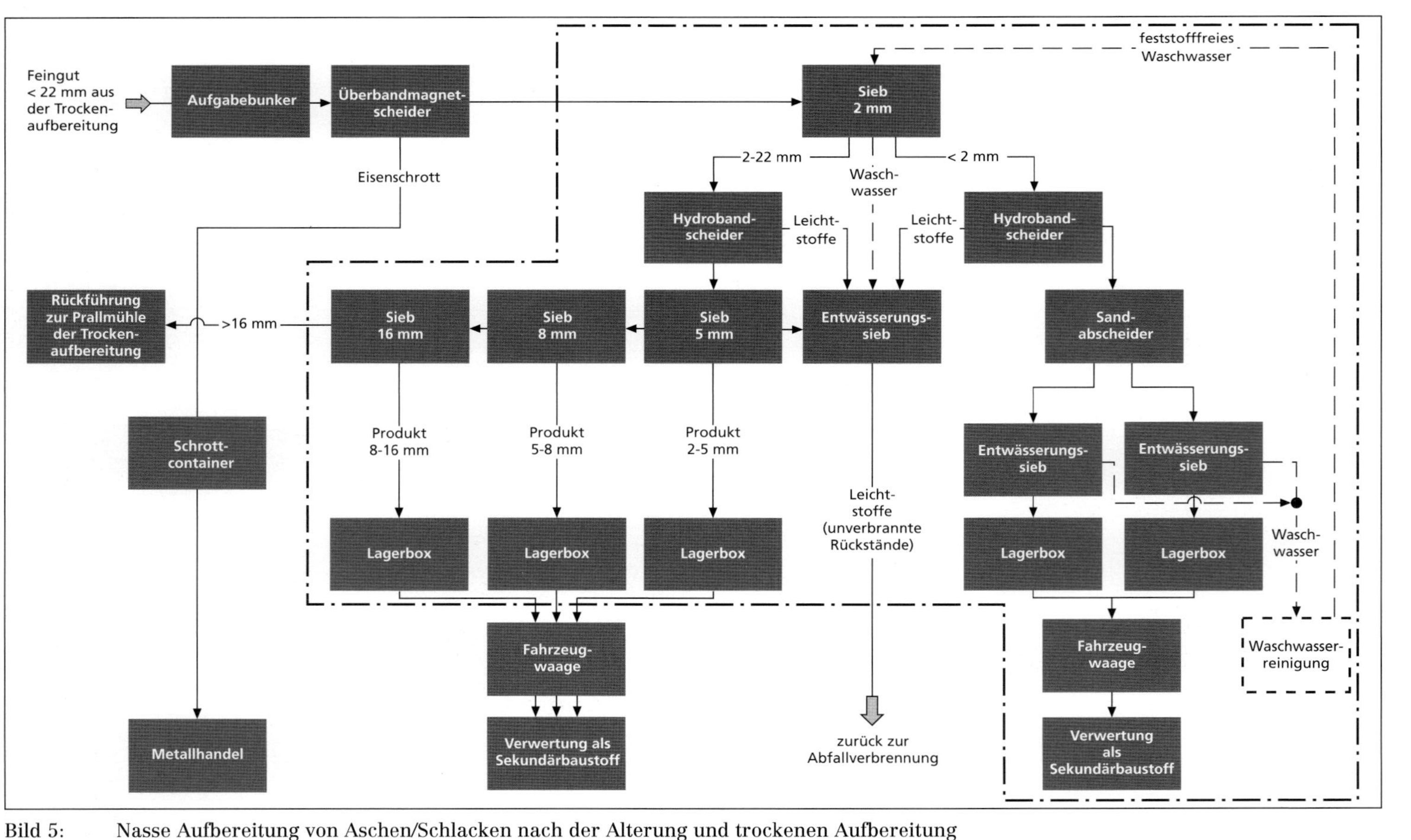

Bild 5: Nasse Aufbereitung von Aschen/Schlacken nach der Alterung und trockenen Aufbereitung

Quelle: Lück, T.: Verfahren der Scherer + Kohl GmbH zur weitergehenden Schlackeaufbereitung. In: Thomé-Kozmiensky, K. J. (Hrsg.): Optimierung der Abfallverbrennung 1. Neuruppin: TK Verlag Karl Thomé-Kozmiensky, 2004, S. 636, bearbeitet

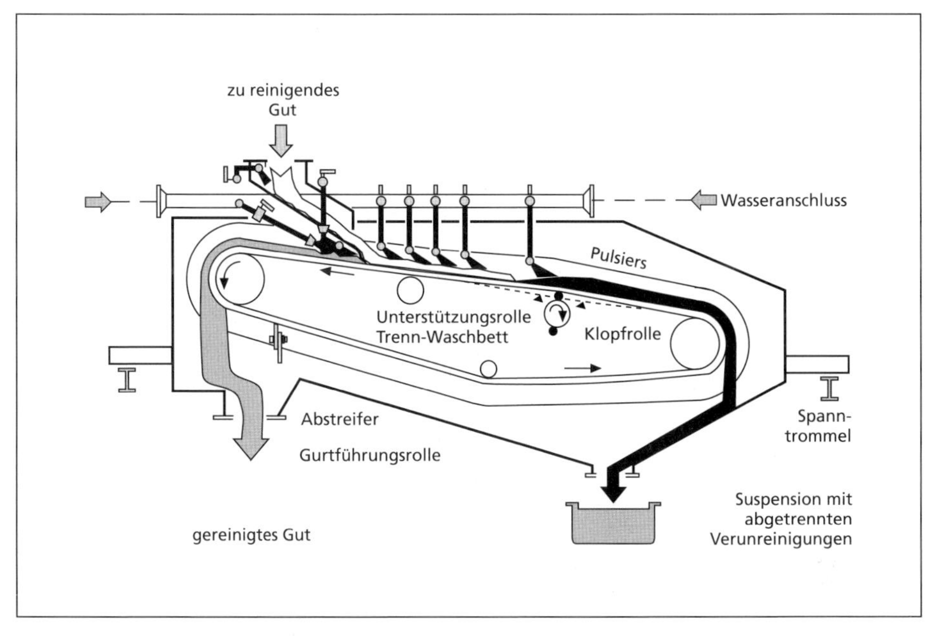

Bild 6: Hydrobandscheider

Quelle: Lück, T.: Verfahren der Scherer + Kohl GmbH zur weitergehenden Schlackeaufbereitung. In: Thomé-Kozmiensky, K. J. (Hrsg.): Optimierung der Abfallverbrennung 1. Neuruppin: TK Verlag Karl Thomé-Kozmiensky, 2004, S. 635

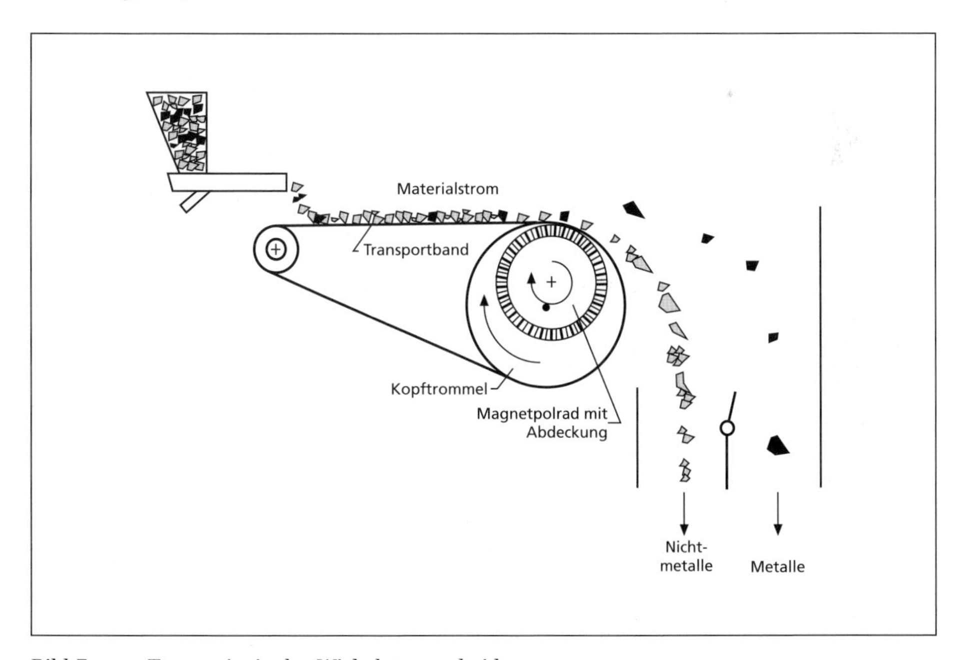

Bild 7: Trennprinzip des Wirbelstromscheiders

Quelle: Kellerwessel: Aufbereitung disperser Feststoffe. VDI Verlag, S. 129, bearbeitet

4.4.3. Massenbilanz und Qualität der Produkte

Die vereinfachte Massenbilanz des Verfahrens ist in Bild 8 dargestellt.

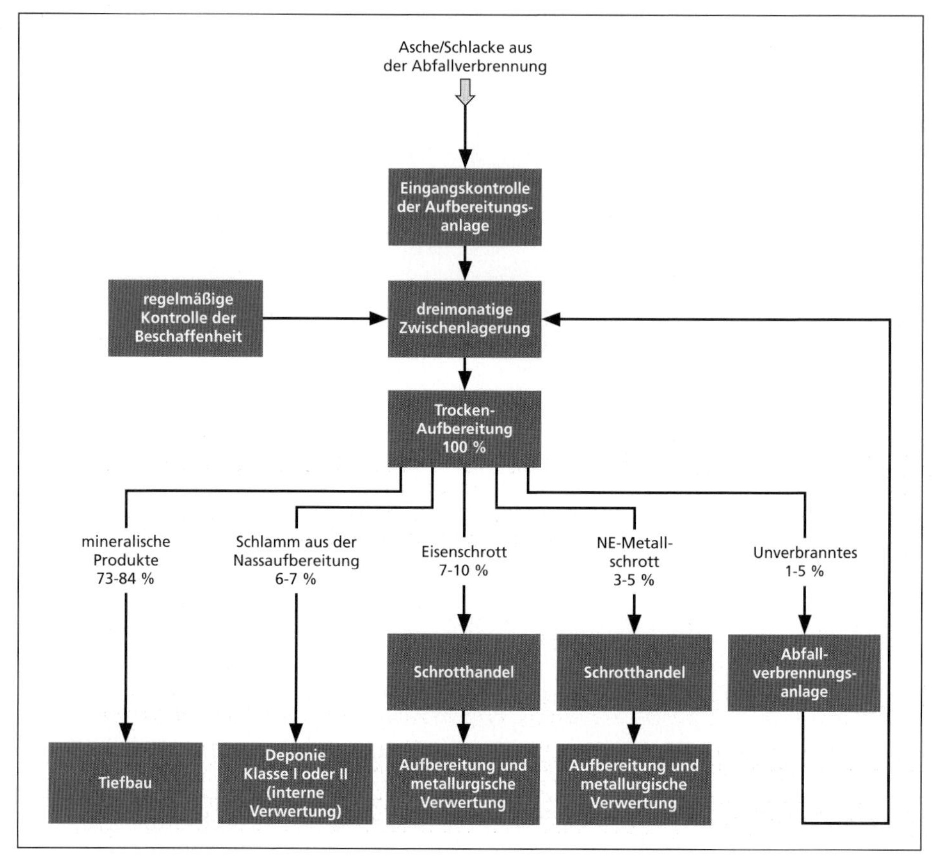

Bild 8: Massenbilanz einer weitergehenden Aufbereitung von Asche/Schlacke aus der Abfallverbrennung

Quelle: Lück, T.: Verfahren der Scherer + Kohl GmbH zur weitergehenden Schlackeaufbereitung. In: Thomé-Kozmiensky, K. J. (Hrsg.): Optimierung der Abfallverbrennung 1. Neuruppin: TK Verlag Karl Thomé-Kozmiensky, 2004, S. 638, bearbeitet

In den Tabellen 6 und 7 sind die von der LAGA für die Verwertung von Aschen/Schlacken aus einer Abfallverbrennungsanlage und Bodenaushub aufgestellten, nicht mehr gültigen Zuordnungswerte mit den Werten verglichen, die in

- roher Asche/Schlacke,
- drei Monate gelagerter Asche/Schlacke und
- weitergehend aufbereiteter Asche/Schlacke

ermittelt wurden. In Tabelle 6 sind die Schwermetallkonzentrationen im Feststoff, in Tabelle 7 die zugehörigen Eluatkonzentrationen gegenübergestellt.

Tabelle 6: Vergleich von Feststoffparametern von Asche/Schlacke mit LAGA-Richtwerten

Parameter	Einheit	*frische* Asche/ Schlacke	gealterte Asche/ Schlacke	weitergehend aufbereitete Asche/ Schlacke	LAGA-Zuordnungswerte (Boden) Z 0	Z 1.1	Z 1.2	Z 2	LAGA Asche/ Schlacke
Werte im Feststoff									
Arsen	mg/kg	7,5	3,0	n.n.	20	30	50	150	–
Blei	mg/kg	2.900	1.000	190	100	200	300	1.000	6.000
Cadmium	mg/kg	9,2	2,5	0,8	0,6	1	3	10	20
Chrom (ges.)	mg/kg	86	110	67	50	100	200	600	2.000
Kupfer	mg/kg	860	710	150	40	100	200	600	7.000
Nickel	mg/kg	46	74	23	40	100	200	600	500
Quecksilber	mg/kg	n.n.	n.n.	n.n.	0,3	1	3	10	–
Thallium	mg/kg	n.n.	n.n.	n.n.	0,5	1	3	10	–
Zink	mg/kg	1.200	1.700	470	120	300	500	1.500	10.000

n.n. nicht nachweisbar

Quelle: Lück, T.: Verfahren der Scherer + Kohl GmbH zur weitergehenden Schlackeaufbereitung. In: Thomé-Kozmiensky, K. J. (Hrsg.): Optimierung der Abfallverbrennung 1. Neuruppin: TK Verlag Karl Thomé-Kozmiensky, 2004, S. 639

Tabelle 7: Vergleich von Eluatparametern von Asche/Schlacke mit LAGA-Richtwerten

Parameter	Einheit	*frische* Asche/ Schlacke	gealterte Asche/ Schlacke	weitergehend aufbereitete Asche/ Schlacke	LAGA-Zuordnungswerte (Boden) Z 0	Z 1.1	Z 1.2	Z 2	LAGA Asche/ Schlacke
Werte im Eluat									
Chlorid	mg/l	220	120	29	10	10	20	30	250
Sulfat	mg/l	110	230	43	50	50	100	150	600
Cyanide (ges.)	µg/l	6	6	n.n.	< 10	10	50	100	20
Arsen	µg/l	n.n.	2,0	1,3	10	10	40	60	–
Blei	µg/l	510	n.n.	n.n.	20	40	100	200	50
Cadmium	µg/l	n.n.	n.n.	n.n.	2	2	5	10	5
Chrom (ges.)	µg/l	19	57	n.n.	15	30	75	150	200
Kupfer	µg/l	250	270	n.n.	50	50	150	300	300
Nickel	µg/l	n.n.	n.n.	n.n.	40	50	150	200	40
Quecksilber	µg/l	n.n.	n.n.	n.n.	0,2	0,2	1	2	1
Thallium	µg/l	n.n.	n.n.	2	< 1	1	3	5	–
Zink	µg/l	35	13	n.n.	100	100	300	600	300
Phenol-Index	µg/l	40	40	n.n.	< 10	10	50	100	–

n.n. nicht nachweisbar

Quelle: Lück, T.: Verfahren der Scherer + Kohl GmbH zur weitergehenden Schlackeaufbereitung. In: Thomé-Kozmiensky, K. J. (Hrsg.): Optimierung der Abfallverbrennung 1. Neuruppin: TK Verlag Karl Thomé-Kozmiensky, 2004, S. 639

Nach der dreimonatigen Lagerung liegen alle untersuchten Schwermetalle bereits unter den LAGA-Zuordnungswerten für Asche/Schlacke. Dieses Material könnte bei ausschließlicher Berücksichtigung der Schwermetallkonzentrationen verwertet werden. Die Werte für Kupfer und Zink liegen jedoch deutlich über den Zuordnungswerten (Boden) Z 2.

Nach der weitergehenden Aufbereitung liegen die Werte für Kupfer und Zink bei Z 1.2 und für Blei, Cadmium und Chrom bei Z 1.1 sowie für Arsen, Nickel, Quecksilber und Thallium bei Z 0.

Der Vergleich der Eluatkonzentrationen zeigt, dass nach der weitergehenden Aufbereitung, abgesehen von Chlorid, alle Vorgabewerte für die uneingeschränkte Verwertung von Boden (Z 0) unterschritten werden. Der Wert für Chlorid entspricht Z 1.2.

4.4.4. Fazit

Mit den Verfahren zur weitergehenden Aufbereitung von Asche/Schlacke können Produkte erzeugt werden, die in fast allen Parametern den Anforderungen Z 1.1 (Boden) der LAGA entsprechen. Das Verfahren wird in Ludwigshafen seit mehreren Jahren großtechnisch betrieben.

Literatur

[1] Kellerwessel: Aufbereitung disperser Feststoffe. VDI Verlag, S. 129

[2] Lück, T.: Verfahren der Scherer + Kohl GmbH zur weitergehenden Schlackeaufbereitung. In: Thomé-Kozmiensky, K. J. (Hrsg.): Optimierung der Abfallverbrennung 1. Neuruppin: TK Verlag Karl Thomé-Kozmiensky, 2004, S. 621-641

5. Weitere Behandlungsverfahren

Seit den achtziger Jahren des vergangenen Jahrhunderts wurde untersucht, inwieweit Asche/Schlacke und Flugstaub mit unterschiedlichen Verfahren umweltverträglich und zum Teil mit weitgehender Gewinnung von Metallen behandelt werden können, dies sind z.B. Wasch-, Verfestigungs-, Sinterungs- und Schmelzverfahren, jeweils mit zahlreichen Varianten.

Einige dieser Verfahren, insbesondere solche für die Behandlung von Asche/Schlacke aus dem Feuerraum, sind großtechnisch erprobt. Andere, z.B. solche mit denen Metalle aus Flugstäuben und aus den Sekundärabfällen der Abgasbehandlung gewonnen werden können, haben sich zum Zeitpunkt ihrer Untersuchung als wenig rentabel herausgestellt, da die möglichen Erlöse den Aufwand auch nicht annähernd zu decken verprachen. Dies mag sich in Zukunft ändern, da der Anstieg der Metallpreise zumindest einige Verfahren möglicherweise rentabel machen kann.

Ein neuer, vielversprechender Ansatz könnte die Trockenentaschung sein, wie sie zurzeit in zwei Abfallverbrennungsanlagen in der Schweiz realisiert wird. Die

Trockenentaschung erleichert die Sortierung, mit der sowohl Unverbranntes als auch Nichteisenmetalle besser abgetrennt werden können. Bisher vorliegende Ergebnisse zeigen, dass mit diesen Verfahren sowohl die Verwertbarkeit der Schlacke und ihre Ablagerungsfähigkeit als auch das Metallausbringen verbessert werden.

Der vertretbare Aufwand für die Behandlung der Sekundärabfälle wird wesentlich von den Bestimmungen der derzeit vorbereiteten Gesetze und Rechtsverordnungen und der Preisentwicklung der Metalle abhängen.

[1] Böni, D.: Trockener Schlackenaustrag – ungenutzte Potentiale in der Abfallverwertung. In: Thomé-Kozmiensky, K. J.; Beckmann, M. (Hrsg.): Energie aus Abfall, Band 6. Neuruppin: TK Verlag Karl Thomé-Kozmiensky, erscheint am 28. Januar 2009

[2] Löschau, M.; Thomé-Kozmiensky, K. J.: Möglichkeiten und Grenzen der Verwertung von Sekundärabfällen aus der Abfallverbrennung. In: Thomé-Kozmiensky, K. J.; Beckmann, M. (Hrsg.): Optimierung der Abfallverbrennung 2. Neuruppin: TK Verlag Karl Thomé-Kozmiensky, 2005, S. 403-515

[3] Martin, J. E.: Konzept für eine Trockenentschlackung mit integrierter Klassierung. In: Thomé-Kozmiensky, K. J.; Beckmann, M. (Hrsg.): Energie aus Abfall, Band 6. Neuruppin: TK Verlag Karl Thomé-Kozmiensky, erscheint am 28. Januar 2009

[4] Thomé-Kozmiensky, K. J.; Löschau, M.; Kley, G.; Köcher, P.; Thiel, S.: Entsorgung von Sekundärabfällen aus der Abfallverbrennung. In: Kossina, I. (Hrsg.): Abfallwirtschaft für Wien. Neuruppin: TK Verlag Karl Thomé-Kozmiensky, 2004, S. 497-742

6. Sekundärabfallverwertung als Versatz im Steinkohlenbergbau

Seit mehr als hundertfünfzig Jahren wird im Ruhrgebiet intensiver Bergbau betrieben. Mit der Gewinnung der Kohle wurden viele Millionen Kubikmeter Hohlräume geschaffen. Im Unterschied zu anderen geologischen Formationen – z.B. zum Salzgestein – ist das Gebirge über den Kohleflözen brüchig. Die Hohlräume brechen nach dem Abbau der Kohle zusammen. Dadurch wird das gesamte Gebirge aufgelockert, wodurch Wasserwegsamkeiten zwischen den verschiedenen Grundwasserhorizonten entstehen. Das Grundwasser fließt daher nicht nur horizontal; es werden zusätzliche vertikale Wasserverbindungen möglich.

Zur Verminderung dieser sich bis zur Tagesoberfläche fortsetzenden Schäden werden Berge – das ist aus dem eigenen Bergbau stammendes, nicht mineralhaltiges Material – in die durch die Kohlegewinnung geschaffenen Hohlräume eingebracht. Die Bezeichnung hierfür ist *Versatz*. Seit einigen Jahren wird nicht nur aus dem eigenen Bergbau stammender Versatz – Eigenversatz –, sondern auch Fremdversatz in die Hohlräume eingebaut. Besonders gerne nehmen die sich in ständigen wirtschaftlichen Schwierigkeiten befindlichen Bergbauunternehmen Abfälle an, die sie nach Konditionierung als Versatz verwenden. Hierfür erzielen sie Erlöse, während der Abbau der eigenen, reichlich vorhandenen Bergehalden Kosten verursacht. Damit wurde der Bergbaubetrieb vom Rohstoffproduktionsunternehmen zum Dienstleister für Abfallentsorgung.

Unter den Bedingungen des Ruhrkarbons können Schadstoffe aus den als Versatz abgelagerten Abfällen trotz aller Vorsorgemaßnahmen auf dem Wasserweg in die Biosphäre transportiert werden. Eluate der Abfälle können durch zirkulierendes Tiefenwasser auf überwiegend vertikalen Wasserwegsamkeiten bis in die oberflächennahen Grundwasserhorizonte gelangen. Der oberste Grundwasserhorizont wird schon in geringer Teufe angetroffen.

Würde das Wasser nicht ständig aus dem Bergwerk abgepumpt, wäre der Kohlenabbau nicht möglich. Dieser komplexe, die Sicherheit der Steinkohlenbergwerke garantierende, hohe Kosten verursachende Vorgang des Erfassens und Wegleiten des Grubenwassers wird *Wasserhaltung* genannt. Nach Einstellung des Kohlebergbaus wird die Wasserhaltung schrittweise eingestellt; *die Grube säuft ab*. Damit werden die natürlichen hydrologischen Gegebenheiten weitgehend wiederhergestellt. Allerdings wurde die natürliche Struktur des Gebirges zerstört. Nach Einstellung der Grubenwasserhaltungen bilden sich überwiegend horizontale Wasserwegsamkeiten bis in den Ausbissbereich des Karbongebirges im Süden des Ruhrgebiets.

Nach Untersuchungen von Abfällen, die für die Untertageverbringung als Versatz im Steinkohlenbergbau in Frage kommen, können Schadstoffe – im Wesentlichen Schwermetalle – aus dem unbehandelten Material eluieren.

Nach Auswertung der geologisch-hydrologischen Gegebenheiten des rechtsrheinischen Ruhrkarbons können großräumige Wasserwegsamkeiten durch Verbindungen zwischen den Tiefenwässern und den oberflächennahen Grundwasserstockwerken nicht ausgeschlossen werden. Wasserwegsamkeiten werden einerseits von den geologischen Bedingungen – Störungen des Gebirges über den Grubenbauen – und andererseits von den Einwirkungen des Bergbaus selbst – Bohrungen, Schächte, Strecken usw. – verursacht.

Nach der endgültigen Einstellung des Bergbaus wird auch die Wasserhaltung eingestellt werden. Dann wird der durch die Wasserhaltungen künstlich abgesenkte Grundwasserspiegel über die aufgelassenen Grubenbaue steigen und die den natürlichen Gegebenheiten entsprechenden Strömungsverhältnisse werden sich einstellen; auch werden Tiefenwässer bis in den Bereich der oberflächennahen Grundwasserhorizonte zirkulieren können. Darüber hinaus ist mit großräumig von Nord nach Süd gerichteten natürlichen Fließen des Grundwassers zu rechnen. Auf diesen Wegen können auch Schadstoffe mit den Eluaten aus den in das Steinkohlengebirge verbrachten Abfällen in oberflächennahes Grundwasser transportiert werden. Jedenfalls ist dies nicht mit Zuverlässigkeit auszuschließen, so dass die Umwelt zumindest potentiell gefährdet ist.

Andererseits haben hydrologisch-geologische Untersuchungen des Ruhrkarbons ergeben, dass – insbesondere innerhalb der mittleren Schichten der Karbon-Schichtenfolge – örtlich abgrenzbare Bereiche existieren, durch die Grundwasser unter den anzunehmenden hydraulischen Voraussetzungen nur in so geringem Ausmaß strömen kann, dass im betrachteten Zeitraum auch unter ungünstigen Bedingungen voraussichtlich keine nennenswerten Schadstoffmengen in die Biosphäre ausgetragen werden.

Die Nutzung der durch den Betrieb von Steinkohlenbergwerken entstehenden Hohlräume während oder nach der Phase der Kohlengewinnung zur Verbringung von Abfällen als Versatz ist grundsätzlich möglich, jedoch nur mit Einschränkungen und unter bestimmten Voraussetzungen.

Bei der Ablagerung von Abfällen muss sichergestellt sein, dass die darin enthaltenen Schadstoffe mit hinreichender Sicherheit über einen fiktiven Zeitraum von mindestens zehntausend Jahren von der Biosphäre ferngehalten werden. Diese Sicherheit kann angenommen werden, wenn mindestens folgende Voraussetzungen vorliegen:

- Die Abfälle müssen möglichst tief gelagert werden. Je tiefer sie abgelagert sind, umso weiter sind sie auch zeitlich von der Biosphäre entfernt, da die in jedem Fall anzunehmenden Stoffkreisläufe hier langsamer vonstatten gehen als in geringen Teufen.
- Die als Versatz abgelagerten Abfälle sollen im Wesentlichen nur das gleiche Schadstoffspektrum wie das sie umgebende natürliche Gestein aufweisen.
- Die Schadstoffe sollten in der Matrix des Versatzmaterials so fest eingebunden sein, dass der Versatz nicht durchströmt werden und schadstoffhaltiges Eluat nicht austreten kann.

Zwei Möglichkeiten für die Verbringung von Abfällen in Grubenräume des Steinkohlenbergbaus werden praktiziert:

- Ablagerung in Bereichen, in denen die Abfälle auf lange Zeit sicher von der Biosphäre abgeschlossen werden können (Prinzip des vollständigen Einschlusses),
- Ablagerung in Grubenräumen mit potentieller Wasserwegsamkeit bis hin zu den oberflächennahen Grundwasserhorizonten und Grundwasseraustrittsstellen im Bereich des Ruhrtales.

Es ist nicht möglich, die Frage nach der Umweltverträglichkeit der Untertageverbringung von Abfällen in vom Steinkohlenbergbau geschaffene Hohlräume abschließend für das gesamte Ruhrrevier zu beantworten. Vielmehr werden die Bedingungen des Einzelfalls geprüft, ob die Voraussetzungen für das Einbringen von Abfall als Versatz in Steinkohlenlagerstätten vorliegen.

Immissionsneutrale Verbringung

Immissionsneutral werden Abfällen in Gebirgsschichten eingebracht, wenn durch die eingebrachten Stoffe nachteilige Veränderungen des Einlagerungsmilieus, insbesondere des Grundwassers, nicht zu besorgen sind. Da dieses Milieu örtlich unterschiedlich ist, muss die Einhaltung dieser Bedingung in jedem Einzelfall geprüft werden.

Nur Stoffe bekannter und gleichbleibender chemischer Qualität dürfen eingebracht werden, deren austragbare Bestandteile im umgebenden Grubenwasser bereits in solcher Konzentration vorhanden sind, dass das Grundwasser nicht zusätzlich belastet wird. Gegebenenfalls sind die Eluierungsversuche unter Verwendung des vom vorgesehenen Verbringungsort stammenden Grubenwassers durchzuführen.

Sekundärabfälle aus der Abfallverbrennung wie Flugstaub, Reaktionsprodukte aus der weitergehenden Abgasbehandlung und deren Gemische erfüllen wegen der auslaugbaren Salze und Schwermetalle nicht die Voraussetzungen für eine immissionsneutrale Ablagerung. Dennoch werden sie – nach Konditionierung – als Versatz in die ausgehohlten Lagerstätten eingebracht.

Verbringung nach dem Prinzip des vollständigen Einschlusses

Die Voraussetzungen für den vollständigen Einschluss von Abfällen am Verbringungsort werden in erster Linie von den hydrologischen und geologischen Gegebenheiten bestimmt. Die Einbringtechnik beeinflusst ebenfalls – allerdings erst in zweiter Linie – die Sicherheit. Nach gegenwärtigem Erkenntnisstand müssen folgende Voraussetzungen erfüllt sein:

- Abfälle werden entweder hydraulisch in Strebhohlräume verbracht, vorzugsweise durch Verpumpen aus Schlepprohren oder durch Verbringen von Gebinden oder hydraulisches Einbringen in Abbaubegleitstrecken. Diese Strecken müssen sicher gegen das übrige Grubengebäude abgeschlossen werden, z.B. durch vollständiges Verfüllen. Ob zu einem späteren Zeitpunkt auch andere Verbringungstechniken – z.B. pneumatische Verfahren – zugelassen werden können, bleibt den Ergebnissen weiterer Untersuchungen vorbehalten.
- Der Einlagerungsbereich muss in geeigneten geologischen Formationen eingerichtet sein. Der Anteil an tonigen Bestandteilen in den unmittelbaren Dachschichten muss so hoch sein, dass unter der Wirkung des nacheilenden Zusatzdruckes und des überlagernden Gebirgsdruckes das eingebrachte Material ausreichend kompaktiert wird und das Transportwasser vollständig aufgenommen werden kann. Die Schichten des Haupthangenden müssen so beschaffen sein, dass sie sich nach Durchgang des Abbaus ohne makroskopische Bruch- oder Auflockerungserscheinungen auf den Selbstversatz bei quasi-plastischer Verformung auflegen. Diese Voraussetzungen sind in einigen Schichten des mittleren Karbons vorhanden.
- Die Hangend- und Liegendschichten müssen gegenüber den möglichen Wasserwegsamkeiten – Gesteinsstrecken auf der oberen und der unteren Sohle – so große Mächtigkeit aufweisen, dass die senkrechte Durchströmung auch im hydrologisch ungünstigen Fall mit hinreichender Sicherheit ausgeschlossen werden kann. Hierfür erscheint ein Mindestabstand zur unteren und oberen Sohle von zwanzig bis fünfundzwanzig Metern notwendig.
- Die Abfälle müssen in die tieferen Stockwerke des Gebirgskörpers eingebracht werden, damit der Überlagerungsdruck für die Verdichtung der als Versatz eingebrachten Abfälle hinreichend hoch ist und die in Abbau-Begleitstrecken eingelagerten Gebinde vollständig umschlossen werden. Hierfür werden Teufen von mehr als 800 Metern als erforderlich angesehen.
- Von allen potentiellen vertikalen Wasserwegsamkeiten – geologische Störungen, Schächte und Blindschächte – müssen Sicherheitsabstände eingehalten oder durch Abdämmen hergestellt werden, damit Wasserdurchbrüche mit Sicherheit ausgeschlossen werden können.

- Abfälle dürfen nur in Feldesteile als Versatz eingebracht werden, für die das Vorhandensein unbekannter Wasserwegsamkeiten – z.B. in Störungszonen – mit Sicherheit ausgeschlossen werden kann.
- Der für die Einlagerung vorgesehene Feldbereich soll durch Gesteinsstrecken sowie sohlenverbindende Grubenbaue weiträumig gegen die Gefahr einer Durchströmung im Falle eines Wassereinbruches in einem benachbarten Feldesteil geschützt werden. Im Niveau unter dem Einlagerungsbereich muss ausreichende Wasserhaltungskapazität vorhanden sein, die auch im Falle eines Wassereinbruchs ein Ansteigen des Wasserspiegels bis zum Einlagerungsbereich mit Sicherheit verhindert.
- Bei hydraulischem Transport der für den Versatz vorgesehenen Abfälle von über Tage aus zum Ort des Einsatzes ist für die Möglichkeit eines Störfalles eine so große Aufnahmekapazität vorzusehen, dass die Transportleitungen ohne Gefährdung der Belegschaft entleert werden können.
- Für die gefahrlose Beseitigung von durch Undichtigkeiten in das Grubengebäude ausgetretenen Abfällen muss Vorsorge getroffen werden.
- Bei Anlieferung, Eingangskontrolle und Zwischenlagerung der Abfälle sind über Tage die dem Gefährdungspotential der Abfälle angemessenen Vorsichtsmaßnahmen zu treffen.

Quellen

[1] Grabenhorst, U.: Herstellung von Baustoffen unter Verwendung trockener Reststoffe aus Abfallverbrennungsanlagen – UTR Verfahren. In: Reimann, D. O.; Demmich, J. (Hrsg.): Reststoffe aus der Rauchgasreinigung. Beiheft 29 zu Müll und Abfall. Berlin: Erich Schmidt Verlag, 1990, S. 47-48

[2] Jäger, B.; Obermann, P.; Wilke, F. L.: Studie zur Eignung von Steinkohlebergwerken im rechtsrheinischen Ruhrkohlebezirk zur Untertageverbringung von Abfall- und Reststoffen. Studie im Auftrag des Landesamtes für Wasser und Abfall Nordrhein-Westfalen, Berlin/ Bochum, 1991

[3] Jäger, B.; Obermann, P.; Wilke, F. L.: Studie zur Eignung von Steinkohlebergwerken im rechtsrheinischen Ruhrkohlebezirk zur Untertageverbringung von Abfall- und Reststoffen (Kurzfassung). Landesamt für Wasser und Abfall Nordrhein-Westfalen (Hrsg.), LWA-Materialien Nr. 2/91, Düsseldorf, 1991

[4] Reppekus, C.; Plate, M.: Neue Verwertungsmöglichkeiten für staubförmige Rückstände aus der Hausmüllverbrennung. In: VGB Vereinigung der Großkraftwerksbetreiber (Hrsg.): Rückstände aus der Müllverbrennung. Tagungsbericht 221, Beitrag V9. VGB Kraftwerkstechnik, Essen, 1991

6.1. Aufbereitung von Flugstaub zu Versatzmaterial

Flugstäube, Zemente und andere Zuschlagstoffe werden in trockenem Zustand angeliefert und in Vorratssilos gelagert, aus denen sie mit Schnecken abgezogen und in einem Chargenmischer gemischt werden. Für die Dosierung können die Geschwindigkeiten der Schnecken eingestellt werden.

Das gemischte Produkt wird über ein Vibrationssieb geleitet, damit keine groben Feststoffe, die Schwierigkeiten bei der Förderung und Verarbeitung verursachen könnten, mitgeführt werden.

Das Mischprodukt wird mit einem Becherwerk in einen Verladesilo gefördert, aus dem Silofahrzeuge befüllt oder eine Absackanlage betrieben werden können.

Für die Herstellung von Produkten der jeweils gewünschten Qualität werden Stäube aus Abfallverbrennungsanlagen nach festgelegten Rezepturen mit anderen Gütern – z.B. Zement – gemischt.

Einsatzgebiet können sofort-, früh- oder spättragender Dammbaustoff oder Verfestigungsbaustoff für den Berg- und Tunnelbau sowie für den Versatz im Bergbau sein.

6.2. Einbringen von Versatzmaterialien in Steinkohlenflöze

Das gängige Abbauverfahren im deutschen Steinkohlenbergbau ist der *Strebbau*. Bei diesem Verfahren wird die Kohle zwischen zwei Abbaubegleitstrecken, die parallel zueinander im Abstand von etwa 250 m aufgefahren werden, hereingewonnen. Die ständig durch den Kohleabbau neu entstehenden Hohlräume, werden zunächst im Bereich der Kohlenfront mit dem Strebausbau abgesichert. In diesem gesicherten Bereich finden die für die Kohlegewinnung notwendigen Aktivitäten statt. Mit fortschreitendem Kohleabbau wird das für den Strebausbau benötigte Material im hinteren Bereich des Strebs wieder ausgebaut. Wenn die künstliche Unterstützung des Gebirges entfernt ist, geht das Gebirge hinter dem Strebausbau in Abhängigkeit vom Abbaufortschritt zu Bruch.

Dieser Bruch kann durch das Einbringen von den ausgehohlten Raum füllendem Material – Versatz genannt – abgemildert werden.

Die Verfüllung – der Versatz – dieser abbaunahen Hohlräume hat gebirgsmechanische und sicherheitstechnische Vorteile. Das Absenken und Brechen der über dem Abbau liegenden Gebirgsschichten und die Entstehung von Bergschäden an der Oberfläche werden zwar nicht verhindert, jedoch vermindert. Als Bergschäden werden die großflächigen, vom Bergbau verursachten Absenkungen der Tagesoberfläche und die davon ausgelösten Schäden an Schutzgütern bezeichnet.

Der Versatz von Hohlräumen vermindert auch die Durchlässigkeit des Gebirges für Luft- und Grubengasströmungen. Damit werden vom Grubengas ausgehende Gefahren und das Grubenklima beherrscht, die Gefahr von Selbstentzündungsbränden im Bruchhohlraum wird vermindert.

Abfälle können wie andere Versatzmaterialien mit mechanischen, hydraulischen und pneumatischen Transport- und Einlagerungssystemen in die untertägigen Hohlräume gefördert werden.

Nach gegenwärtigem Erkenntnisstand sind unter den Aspekten der Umweltverträglichkeit und der Arbeitssicherheit vertretbar:

- das hydraulische Verbringen von Abfällen in die Strebhohlräume durch Verpumpen aus Schlepprohren,
- das Verbringen von Gebinden und das hydraulische Einbringen in Abbaubegleitstrecken.

Der hydraulische Transport von Materialien in Form von Wasser-Feststoff-Gemischen in Rohr- oder Schlauchleitungen ist im Bergbau ein bekanntes Verfahren, das zum Einbringen von Versatzmaterialien in Abbauhohlräume und zur Versorgung mit Dammbaustoffen angewendet wird. Räumlich getrennt liegende Verbrauchsstellen werden zentral von einer über Tage angeordneten Aufgabestation aus durch ein im Grubengebäude installiertes, mit Weichen zur Verteilung des Mengenstroms ausgerüstetes Leitungsnetz versorgt.

Der sich aus der Höhendifferenz zwischen der Tagesoberfläche und der zu bedienenden Sohle ergebende hydrostatische Druck wird für den Transportvorgang genutzt. Von Pumpen aufzubringende Drücke zur Überwindung der Reibungskräfte beim Transportvorgang werden damit vermindert.

Die Größe der Reibungswiderstände ist abhängig von

- der Wandrauhigkeit der Leitung und deren Durchmesser,
- der Zusammensetzung der Trübe – Wasser-Feststoff-Gemisch.

Diese Parameter bestimmen in erster Linie den Druckverlust entlang der Leitung und damit die ohne Zwischenpumpstationen erreichbaren Transportentfernungen. Diese liegen in ausgeführten Anlagen bei Teufen von 800 bis 1.000 m bei einigen Kilometern Horizontalweg.

Die Aufgabestation mit Mess- und Regeleinrichtungen, die Transportpumpen und das Rohrleitungsnetz in den Schächten und Hauptstrecken entsprechen bei Anwendung des hydraulischen Transports zur Verbringung von Abfällen in Grubenhohlräume den eingeführten Systemen für die üblichen Versatzmaterialien.

Für die hydraulische Förderung eignen sich feinkörnige bis staubförmige Schüttgüter. Schwierigkeiten bereiten Stoffe, die sehr schnell zum Abbinden neigen und daher bei Betriebsstillständen die Leitungen blockieren würden. Dieser Gefahr lässt sich durch Gegenmaßnahmen – Pumpen im Kreislauf, Entleerung der Leitung in Auffangbecken, Vorhalten von Reserve-Aufnahmekapazität – begegnen.

Das Wasser-Feststoff-Verhältnis der Trübe soll auf möglichst niedrigem, für das Verpumpen gerade noch sicher ausreichendem Wert gehalten werden, damit

- bei Materialien mit puzzolanischen Eigenschaften – diese liegen bei einigen Flugstäuben vor – die nach dem Einbringen ablaufenden Hydratationsvorgänge das freie Wasser aufbrauchen,
- bei Fehlen puzzolanischer Eigenschaften das freie Wasser durch das Abbinden von zugegebenen Bindemitteln aufgezehrt wird,
- das Transportwasser vom umgebenden Gestein aufgenommen und gebunden werden kann.

Diese Vorgänge können sich gegenseitig überlagern und damit unterstützen.

Die günstigsten Voraussetzungen für die Aufnahme und Bindung des Wassers durch das umgebende Gestein liegen vor, wenn der eingebrachte Abfall in möglichst engen und großflächigen Kontakt mit den Bruchstücken der hereingebrochenen Dachschichten gebracht wird. Durch den hohen Gebirgsdruck wird

– insbesondere in der Zone des nacheilenden Zusatzdrucks – das freie Wasser aus dem verpumpten Versatz gepresst und dringt in das Porensystem des Selbstversatzes ein.

Flugstäube können sowohl in Abbaubetrieben in der flachen Lagerung als auch in der mäßig und stark geneigten Lagerung hydraulisch versetzt werden. In der flachen Lagerung wird der Abfall unter Überdruck durch Schlepprohre, die über den ganzen Abbauraum hinweg gleichmäßig verteilt sind, in den Abbauhohlraum eingebracht. In mäßig bis stark geneigter Lagerung läuft der Abfallversatz drucklos aus kurzen, durch den Streckenbegleitdamm gestoßenen verrohrten Bohrlöchern in die Hohlräume. Die Bohrlöcher sind an eine in der Kopfstrecke verlegte Aufgabeleitung angeschlossen. Hier kann der hydrostatische Druck aus der Schachtleitung für den Transportvorgang ausreichen, so dass das System wegen des Wegfalls von Förderpumpen-Stationen unter Tage unkompliziert aufgebaut sein kann.

Abbauhohlräume werden während des laufenden Gewinnungsbetriebs versetzt. Liegen zwischen der Gewinnung der Kohle und dem Einbringen des Versatzes zu große zeitliche Abstände, haben sich die Hohlräume so weit selbst geschlossen, dass Volumen zur Aufnahme von Versatzmaterial nicht mehr zur Verfügung steht. Daher ist die Anwendung des Versatzes für das Auffüllen der Abbauhohlräume auf laufende Abbaubetriebe begrenzt. Abfälle können also nur als Versatz eingebracht werden, solange das Bergwerk gleichzeitig zur Kohlegewinnung genutzt wird.

Produkt – Verbleib – Umweltverträglichkeit

Unter den Aspekten der Arbeitssicherheit, der Vermeidung von Gefährdungen der im Bergwerk und insbesondere der bei der Verbringung von Abfällen Beschäftigten, und der Arbeitshygiene wird das hydraulische System zum Transportieren und Einbauen als günstig beurteilt.

Für den störungsfreien Betriebsablauf ist das gesamte System so automatisiert, dass ein unmittelbarer Kontakt mit den hier tätigen Personen vermieden wird.

Der feinkörnige und staubförmige Abfall wird trocken in Silofahrzeugen angeliefert, in Vorratsbehälter gefüllt und von diesen in einen Mischer gefördert. Die im Mischer unter Zusatz von Wasser hergestellte Wasser-Feststoff-Suspension läuft durch ein im Schacht und in den Strecken verlegtes Rohrleitungssystem bis zum Aufnahmeraum. Selbst an Vor-Ort-Pumpstationen und beim Einbringen des Abfalls durch die Schlepprohre in die Abbauhohlräume wird das System durch Überwachungs- und Steuerungseinrichtungen so gefahren, dass der direkte Kontakt des Bedienungspersonals mit dem Abfalltransportgut vermieden wird.

Auch können schädliche Stäube nicht in die Umgebungsluft gelangen und die Belegschaft gefährden. Während der Transport- und Einbringungsvorgänge kann Staub im System nicht entstehen. Nach Verbringen in die Versatzhohlräume ist der Abfall allseitig eingeschlossen und wird gegenüber dem Strebraum bei Fortschreiten des Abbaus ständig durch frisch eingebrachte, also noch transportfeuchte Massen abgedichtet.

Wird das Wasser-Feststoff-Verhältnis in der zu verpumpenden Mischung so eingestellt, dass die für den Transport erforderliche Wassermenge vollständig im Deponieraum gebunden oder dort aufgenommen werden kann, besteht auch die Gefahr der Rückführung von Überschusswasser nicht. Als zusätzliche Schutzmaßnahme kann der Versatzraum allseitig mit Dämmen aus Baustoff umschlossen werden. Dennoch können Störfälle mit absoluter Sicherheit nicht ausgeschlossen werden. Für diese Fälle ist Vorsorge zu treffen, beispielsweise durch Schaffung von Auffangraum für rückstauendes Material, durch schnelle Abschaltung des ganzen Systems usw.

Die Verbringung von Abfällen in Grubenräume des Steinkohlenbergbaus sehen die Fachbehörden als vertretbar für solche Abfälle an, bei denen die Abfälle immissionsneutral abgelagert werden können.

Für Stoffe, die diese Gewähr nicht bieten, wird in bestimmten, örtlich abzugrenzenden Bereichen die Ablagerung nach dem Prinzip des vollständigen Einschlusses als umweltverträglich angesehen; dies gilt vorzugsweise, wenn diese Abfälle hydraulisch in Abbauhohlräume in geeigneten Schichten des mittleren Karbons gepumpt werden. Dabei ist in jedem Einzelfall das Vorliegen der Bedingungen und Gegebenheiten nachzuweisen.

Entwicklungsstand

Der Einsatz von festen Abfällen aus Abfallverbrennungsanlagen wird in Nordrhein-Westfalen im Versatzbau seit einigen Jahren im großtechnischen Betrieb durchgeführt. Im Vergleich mit der Ablagerung in Untertagedeponien ist dieses Verfahren aus Sicht des Umweltschutzes weniger sicher. Es wird aus Kostengründen von einigen Abfallverbrennungsunternehmen dennoch angewandt.

Quellen

[1] Grabenhorst, U.: Herstellung von Baustoffen unter Verwendung trockener Reststoffe aus Abfallverbrennungsanlagen – UTR Verfahren. In: Reimann, D. O.; Demmich, J. (Hrsg.): Reststoffe aus der Rauchgasreinigung. Beiheft 29 zu Müll und Abfall. Erich Schmidt Verlag, Berlin, 1990, S. 47-48

[2] Jäger, B.; Obermann, P.; Wilke, F. L.: Studie zur Eignung von Steinkohlebergwerken im rechtsrheinischen Ruhrkohlebezirk zur Untertageverbringung von Abfall- und Reststoffen. Studie im Auftrag des Landesamtes für Wasser und Abfall Nordrhein-Westfalen, Berlin/ Bochum, 1991

[3] Jäger, B.; Obermann, P.; Wilke, F. L.: Studie zur Eignung von Steinkohlebergwerken im rechtsrheinischen Ruhrkohlebezirk zur Untertageverbringung von Abfall- und Reststoffen (Kurzfassung). Landesamt für Wasser und Abfall Nordrhein-Westfalen (Hrsg.), LWA-Materialien Nr. 2/91, Düsseldorf, 1991

[4] Reppekus, C.; Plate, M.: Neue Verwertungsmöglichkeiten für staubförmige Rückstände aus der Hausmüllverbrennung. In: VGB Vereinigung der Großkraftwerksbetreiber (Hrsg.): Rückstände aus der Müllverbrennung. Tagungsbericht 221, Beitrag V9. VGB Kraftwerkstechnik, Essen, 1991

[5] Plate, M.; Klee, H.: Die Verwertung von Rückständen aus der Hausmüllverbrennung im Steinkohlenbergbau. In: Faulstich, M. (Hrsg.): Rückstände aus der Müllverbrennung. Berlin: EF-Verlag für Energie- und Umwelttechnik, 1992

7. Deponierung von Filterstäuben in Steinsalzbergwerken

Die Einlagerung von Filterstäuben in Hohlräumen des Salzbergbaus wird am Beispiel des Salzbergwerks Heilbronn, im nördlichen Baden-Württemberg, etwa fünfzig Kilometer nördlich von Stuttgart, dargestellt. Das Bergwerk wurde 1885 von der damaligen Salzwerk Heilbronn AG in Betrieb genommen und mit dem benachbarten Bergwerk in Bad Friedrichshall-Kochendorf 1971 zur Südwestdeutschen Salzwerke AG fusioniert. Das Werk verfügt über einen Gleis- und einen Autobahnanschluss.

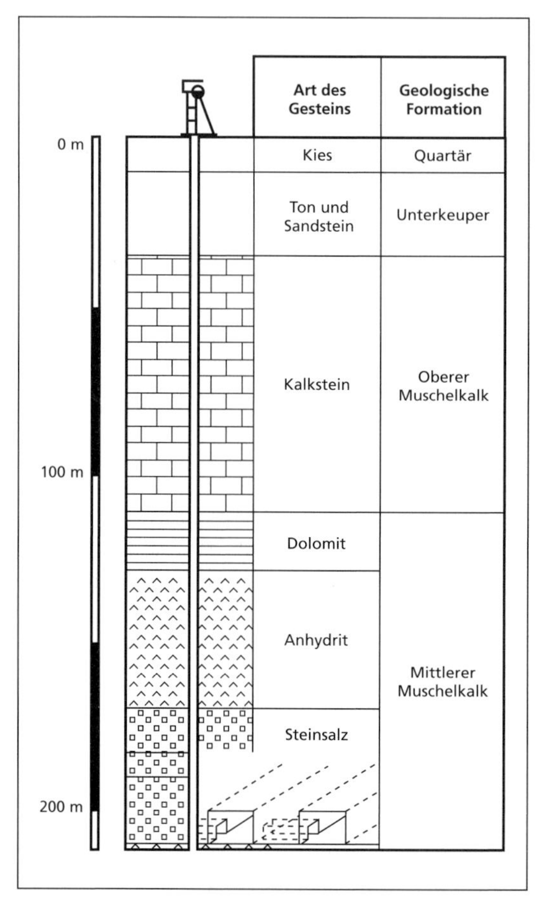

Bild 9: Geologisches Profil im Bereich des Steinsalzbergwerks Heilbronn

Geologie

Das südwestdeutsche Steinsalzvorkommen gehört der geologischen Formation des Mittleren Muschelkalks und damit einer Unterabteilung des Trias an (Bild 9). Im Raum Heilbronn ist das Steinsalzlager flach gelagert und befindet sich in einer Teufe von etwa zweihundert Metern. Es hat eine Gesamtmächtigkeit von bis zu vierzig Metern. Darüber befindet sich eine rund fünfzig Meter mächtige Anhydritschicht, die das Salzlager vor den in den höheren Horizonten anstehenden Gebirgswässern schützt. Das Salzlager besteht aus drei einzelnen Lagerstättenteilen, die unmittelbar aufeinander folgen. Aus qualitativen Gründen wird ausschließlich das untere Lager mit einer Abbauhöhe von heute etwa zehn Metern abgebaut. Bei der derzeitigen jährlichen Gewinnungsmenge von rund drei Millionen Tonnen reichen die bekannten Vorräte für weitere sechzig Jahre Abbautätigkeit aus.

Abbauverfahren

Das Steinsalzvorkommen im Heilbronner Raum weist nach bisherigem Aufschlussstand nur wenige und örtlich begrenzte geologische Anomalien auf. Daher kann der Bergbau regelmäßig geführt werden. Angewendet wird der Kammerfestenbau mit langgestreckten Festen und firstenartigem Verhieb. Zunächst wird im unteren Teil des Salzlagers eine zentrale Abbaustrecke vorgetrieben, von der rechtwinklig Einbruchstrecken angesetzt werden (Bild 10).

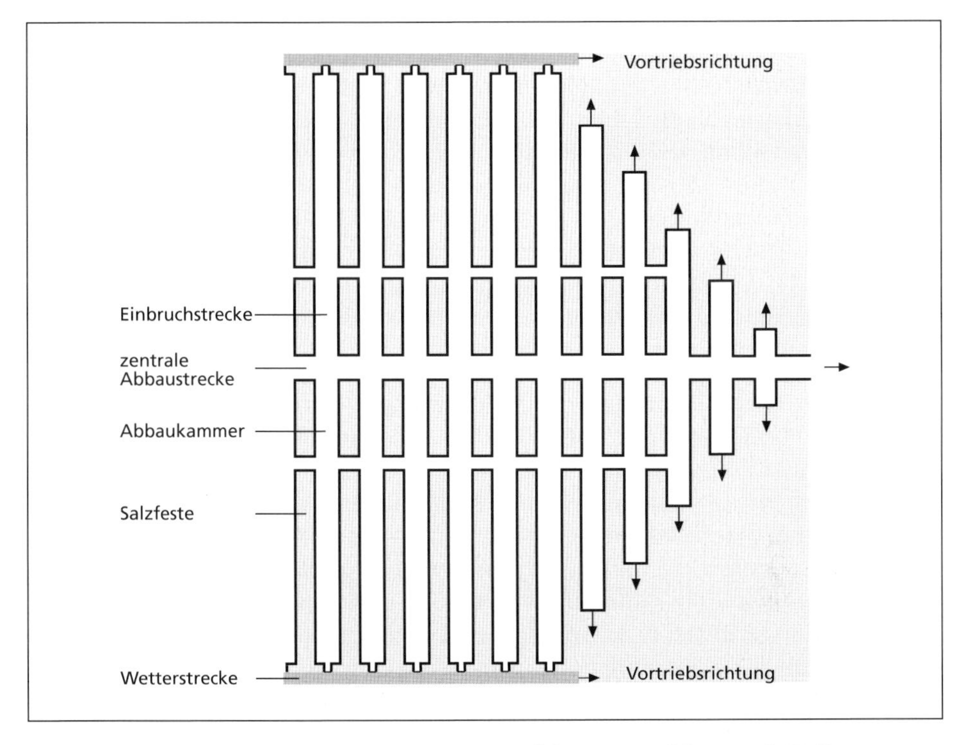

Bild 10: Grundriss des Kammerfesten-Abbauverfahrens im Salzbergwerk Heilbronn

Sind die Einbruchstrecken mit einer Breite von fünfzehn Metern und einer Höhe von fünf Metern bis auf die Endlänge von etwa zweihundert Metern aufgefahren, wird in einem zweiten Gewinnungsschritt das in der Firste noch anstehende abbauwürdige Salz mit weiteren fünf Metern Mächtigkeit im Rückbau hereingewonnen. Damit kann das Haufwerk in der endgültigen Kammer von zweihundert Metern Länge, fünfzehn Metern Breite und zehn Metern Höhe magaziniert werden (Bild 11).

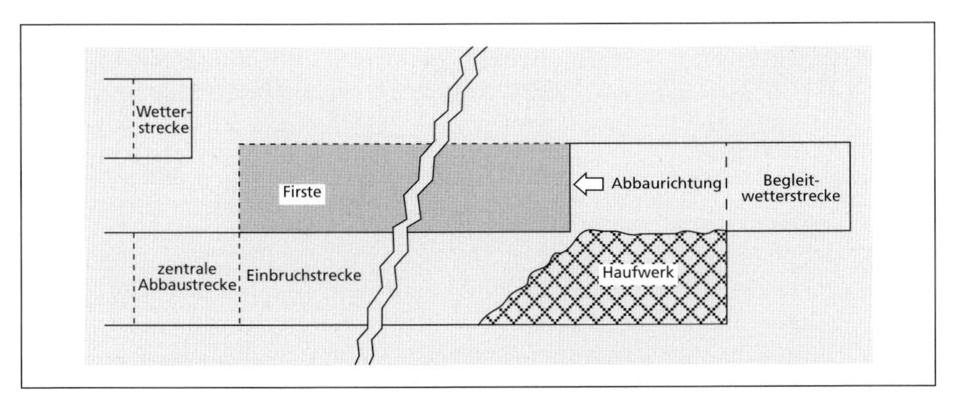

Bild 11: Schnittdarstellung des Kammerfesten-Abbauverfahrens im Salzbergwerk Heilbronn

Untertagedeponie

Bei einer jährlichen Gewinnung von etwa drei Millionen Tonnen Salz werden Hohlräume von mehr als einer Million Kubikmeter pro Jahr geschaffen. Nach 115-jährigem Abbau weist das Bergwerk derzeitig mehr als dreißig Millionen Kubikmeter Hohlräume auf. Ein Teil der Hohlräume wird mit den unter- und übertägig anfallenden Steinsalzaufbereitungsrückständen als Versatz verfüllt. Ein weiterer Teil der Grubenräume wird für die Infrastruktur des Bergwerks wie Fahrwege, Bandanlagen, Werkstätten, Materiallager und für ein Untertagearchiv genutzt. Dennoch bleibt der überwiegende Teil der ausgesalzten Kammern leer.

Zur Nutzung dieser Hohlräume als Untertagedeponie wurde 1986 ein abfallrechtliches Planfeststellungsverfahren für die Beseitigung von Abfällen aus der Abgasbehandlung von Abfallverbrennungsanlagen im Bergwerk Heilbronn durchgeführt. Seit 1987 werden diese Sekundärabfälle aus Verbrennungsanlagen in Deutschland, Österreich und weiteren europäischen Ländern in Verpackungen wie Big Bags, Containern und Fässern meist mit Güterzügen zum Werksgelände Heilbronn geliefert. Die Behälter werden mit Gabelstaplern auf Paletten durch den Schacht nach unter Tage gefördert und vom Schacht mit Lastkraftwagen in den Deponiebereich des Bergwerks transportiert. In der Deponiekammer werden die Behälter vom Kammerende beginnend fünffach übereinander bis zum Kammeranfang gestapelt (Bilder 12 und 13).

Bild 12: Stapelung von Big Bags mit gefährlichen Abfällen mit einem Kran in der Untertagedeponie Heilbronn

Quelle: Südwestdeutsche Salzwerke AG

Bild 13: Abbaukammer mit Big Bags in der Untertagedeponie Heilbronn

Quelle: Südwestdeutsche Salzwerke AG

Mit Steinsalzaufbereitungsrückständen wird am Kammeranfang eine Rampe aufgeböscht, von der aus die Behälter mit einer etwa einen Meter dicken Salzrückstandsschicht aus der Aufbereitung überdeckt werden. Auf der so geschaffenen Ebene werden die nächsten Behälterlagen gestapelt. Im letzten Schritt wird der Hohlraum durch Einschleudern von Steinsalzaufbereitungsrückständen verfüllt.

Nach mehr als zehnjährigem Betrieb der Untertagedeponie wurde 1998 die Erweiterung der Untertagedeponie nach Durchführung eines Planfeststellungsverfahrens mit Umweltverträglichkeitsprüfung und Öffentlichkeitsbeteiligung genehmigt. Genehmigt sind jetzt die Erweiterung der Stoffpalette auf etwa 240 Abfallschlüsselnummern und ein um rund neun Millionen Kubikmeter vergrößertes Einlagerungsvolumen.

Quellen

[1] Bohnenberger, G.: Erfahrungen und unternehmerische Zielvorstellungen im Versatz- und Deponiebetrieb aus der Sicht eines Steinsalzbergwerks. In: Glückauf 132 (1996), Nr. 7, S. 346-351

[2] Bohnenberger, G.: Stand der Bergtechnik im Steinsalzbergwerk Heilbronn. In: Glückauf 137 (2001), Nr. 3, S. 100-105

[3] Bohnenberger, G.; Flugmann, J.: Inhalte und Ergebnisse des Planfeststellungsverfahrens zur Erweiterung der Untertagedeponie Heilbronn. In: Erzmetall 52 (1999), Nr. 5, S. 279-288

[4] Wegener, W.: Steinsalz am Neckar – Gewinnung und Transport in den Gruben Heilbronn und Kochendorf. In: Berg- und Hüttenmännische Monatshefte 127 (1982), Nr. 10, S. 394-399

8. Ausblick

Dieser Beitrag erscheint in einer Phase des Übergangs. Die bisherigen Regelwerke – Verordnungen, Verwaltungsvorschriften und Merkblätter – werden durch neue Rechtsnormen ersetzt.

Die für die Verwertung mineralischer Abfälle wichtigste Verordnung trägt den Titel *Verordnung zur Regelung des Einbaus von mineralischen Ersatzbaustoffen in technischen Bauwerken und zur Änderung der Bundesbodenschutz- und Altlastenverordnung (Ersatzbaustoffverordnung).*

Diese Artikelverordnung ist in zwei Teile gegliedert:

- Der erste Teil ist die eigentliche *Ersatzbaustoffverordnung*, mit der die ordnungsgemäße und schadlose Verwertung mineralischer Abfälle und die Anforderungen an den Einsatz industrieller Nebenprodukte und Recyclingprodukte, insbesondere zum Schutz des Bodens und des Grundwassers sichergestellt werden soll. Die Verordnung betrifft neben den Abfällen aus der Abfallverbrennung aufbereiteten Bauschutt und Straßenaufbruch, Bodenmaterial, Hochofenschlacke, Stahlwerksschlacke, Hüttensand und Gleisschotter.
- Der zweite Teil ergänzt die *Bundes-Bodenschutzverordnung*. Hiermit werden die Anforderungen an das Auf- und Einbringen von Material unter- und außerhalb durchwurzelbarer Bodenschichten geregelt, z.B. für die Verfüllung von Abgrabungen.

Eine weitere für die Verwertung mineralischer Stoffe wesentliche Rechtsnorm wird die *Integrierte Deponieverordnung und Gewinnungsabfallverordnung* sein, deren In-Kraft-Treten für Mitte 2009 erwartet wird.

In diesem Beitrag wird auf die noch gültigen Rechtsnormen und Merkblätter Bezug genommen, wohl wissend, dass dies wenig Relevanz für den zukünftigen Vollzug haben wird. Nach In-Kraft-Treten der neuen Vorschriften wird dieser Beitrag aktualisiert werden.

Literatur

[1] Burmeier, H.: Verwertung von mineralischen Abfällen – Stellungnahme zum Entwurf der Ersatzbaustoff- und der Bodenschutzverordnung. In: Thomé-Kozmiensky, K. J. (Hrsg.): Recycling und Rohstoffe, Band 1. Neuruppin: TK Verlag Karl Thomé-Kozmiensky, 2008, S. 51-57

[2] Motz, H.: Technische, ökologische und gesetzliche Aspekte bei der Verwendung von Eisenhüttenschlacken. In: Thomé-Kozmiensky, K. J. (Hrsg.): Recycling und Rohstoffe, Band 1. Neuruppin: TK Verlag Karl Thomé-Kozmiensky, 2008, S. 59-77

[3] Versteyl, A.: Verordnung zur Vereinfachung des Deponierechts – Zusammenführung der Vorschriften über Deponien und Langzeitlager. In: Thomé-Kozmiensky, K. J. (Hrsg.): Recycling und Rohstoffe, Band 1. Neuruppin: TK Verlag Karl Thomé-Kozmiensky, 2008, S. 93-101

[4] Wagner, R.: Anforderungen an den Einbau von mineralischen Ersatzbaustoffen und an Verfüllungen. In: Thomé-Kozmiensky, K. J. (Hrsg.): Recycling und Rohstoffe, Band 1. Neuruppin: TK Verlag Karl Thomé-Kozmiensky, 2008, S. 3-9

Anmerkungen zur abfallrechtlichen, insbesondere ökotoxikologischen Einstufung von Schlacken aus Abfallverbrennungsanlagen

Jürgen Millat

1. Einführung

Im Rahmen von Genehmigungsverfahren nach Bundes-Immissionsschutzgesetz [1, 2] für Verbrennungsanlagen, insbesondere für Abfallverbrennungsanlagen, Ersatzbrennstoffkraftwerke oder -heizkraftwerke, sehen sich die Antragsteller regelmäßig vor die Frage gestellt, wie die Abfälle aus der Verbrennung und der Abgasreinigung abfallrechtlich einzustufen sind.

Darüber hinaus wird im Rahmen der Öffentlichkeitsbeteiligung vielfach angemahnt, die Anlage wegen der Menge und der angenommenen Giftigkeit insbesondere der Schlacke als *Störfallanlage* nach 12. BImSchV [3] einzustufen.

Antragsteller und Genehmigungsbehörden stehen damit vor der Aufgabe, Abfälle zu bewerten, deren Charakteristik sowohl brennstoff- als auch anlagenabhängig ist, was in aller Regel nur in eine grobe Abschätzung münden kann. Darüber hinaus sind hinsichtlich des Kriteriums Ökotoxizität (H14) bisher keine Standardverfahren festgelegt.

Hier soll der Versuch unternommen werden, die Komplexität der Fragestellung im Rahmen eines Genehmigungsverfahrens darzustellen und bisherige Erfahrungen zu erläutern.

2. Voraussetzungen

2.1. Einteilung von Aschen

Die nachstehenden Anmerkungen beziehen sich auf Rostfeuerungsanlagen. Die Bewertung von Rostschlacke, Kesselasche und Abfällen aus der Abgasreinigung geht in einem solchen Fall von nachfolgenden Voraussetzungen aus.

Bei der Verbrennung z.B. von Abfällen fallen verschiedene feste Abfälle an verschiedenen Stellen des Verbrennungsprozesses an.

Dabei ist grob zu unterscheiden zwischen Abfällen, die im Ergebnis der Verbrennung vor der Abgasreinigung und solchen, die im Ergebnis der Abgasreinigung[1] selbst aus dem System ausgeschleust werden.

Zu den Aschen der ersten Gruppe zählen:

- *Rostasche oder -schlacke* entsteht im Verbrennungsraum als Folge des Aufbrechens der Gerüste der im Abfall enthaltenen Silikate und Aluminiumoxide bei genügend hoher Verbrennungstemperatur und Teilchengröße. Die Reaktionsprodukte können zu Grobaschen versintern oder zu Schlacken bildenden Gläsern aufweichen. Schlacken aus der Rostfeuerung zeigen allerdings i.d.R. nur punktuelle Aufschmelzungen und Versinterungen durch lokal auftretende Temperaturspitzen oder lokal auftretende, den Schmelzpunkt erniedrigende Zusammensetzungen.
  Vom physikalisch-chemischen Standpunkt aus sind Schlacken daher als Grobasche einzuordnen; üblicher Weise werden aber beide Begriffe synonym verwendet. Die Verbrennungsrückstände werden am Ende des Verbrennungsraumes abgezogen und abgekühlt. Nach Abfallverzeichnisverordnung (AVV) [4] wird dieser Verbrennungsrückstand i.A. dem Abfallschlüssel (AS) 19 01 12 zugeordnet.
- Der grobere Teil der bei der Verbrennung aufgewirbelten Teilchen verschiedener Größe und Dichte setzt sich im nachfolgenden Bereich des Kessels ab und bildet die Kesselasche, die als Abfall dem Abfallschlüssel 19 01 16 oder 19 01 05* zugeordnet wird.

[1] Eine in den Kessel integrierte SNCR-Anlage zur Entstickung ist per Definition nachgeschaltetes Element der Abgasreinigung.

Der Hauptteil der in Schwebe verbleibenden Asche – Flugasche – bildet die zweite Gruppe und durchläuft je nach Anlagenkonfiguration die verschiedenen Stufen der Abgasreinigung und wird entweder vor dem jeweils nächsten Behandlungsschritt abgeschieden – z.B. in Elektrofiltern – oder die Abscheidung findet z.B. bei einer trockenen Abgasbehandlung vermischt mit den Sorbentien – unverbraucht und verbraucht – statt, z.B. in Gewebefiltern. Die dadurch anfallenden Abfälle aus der Abgasreinigung, die zum überwiegenden Teil aus wasserlöslichen Salzen der sauren Abgasbestandteile – Chloride, Sulfate usw. –, zu einem geringeren Teil aus beladener Aktivkohle und Flugstaub, bestehen, werden dem AS 19 01 13* zugeordnet.

Die nachstehenden Ausführungen beschränken sich auf Rostschlacken, die mit über neunzig Prozent den größten Anteil der bei der Abfallverbrennung abgeschiedenen festen Verbrennungsrückstände ausmachen.

Dabei ist wiederum zu unterscheiden zwischen Rohschlacken sowie aufbereiteten und gealterten Schlacken einerseits, und nach der Herkunft andererseits, das sind z.B. Schlacken aus der Hausmüllverbrennung oder aus der Verbrennung von aufbereiteten Abfällen wie Ersatzbrennstoffen.

2.2. Technische Voraussetzungen

Für moderne Anlagen muss technisch von folgenden Voraussetzungen ausgegangen werden:

- Die Anlage ist nach Stand der Technik konzipiert, wurde dementsprechend errichtet und wird genehmigungskonform betrieben. Insbesondere ist die Verbrennungsführung so gestaltet, dass ein weitestgehend vollständiger Ausbrand gesichert ist.
- Der eingesetzte Brennstoff ist in jedem Fall heterogen, bei aufbereiteten Brennstoffen – Ersatzbrennstoffen – jedoch durch Maßnahmen zur Qualitätssicherung und Überwachung hinsichtlich der Schadstoffgehalte und Korngrößen durch Annahmegrenzwerte beschränkt. Damit ist für letztere Gruppe der Brennstoff insbesondere hinsichtlich des organisch gebundenen Chlors und relevanter Schwermetalle durch eine Obergrenze der in den Verbrennungsprozess eingetragenen Konzentrationen definiert.
- Die Zusammensetzung der Schlacke ist sowohl vom Brennstoff, als auch von der detaillierten Anlagengestaltung und -fahrweise abhängig.

2.3. Aufgabenstellung im Genehmigungsverfahren

Im Rahmen eines Genehmigungsverfahrens sieht sich der Antragsteller vor folgende Fragen gestellt:

- Weist die Schlacke gefahrenrelevante Eigenschaften nach Anhang III der Richtlinie 91/689/EWG [5] auf, die eine Zuordnung als *gefährlicher Abfall* (AS 19 01 11*) erforderlich machen?

Ist die Schlacke insbesondere gesundheitsschädlich (H5), giftig (H6), krebserzeugend (H7), teratogen (fruchtschädigend, H11), mutagen (H12) oder ökotoxisch (H14) (s.u.)?

- Weist die Schlacke Eigenschaften auf, aufgrund derer die Anlage wegen der gehandhabten Mengen – ggf. in Verbindung mit weiteren störfallrelevanten Stoffen – unter den Geltungsbereich der 12. BImSchV fällt?
  In der Terminologie dieser Verordnung lautet die Frage dann, ob die Schlacke insbesondere sehr giftig (Nr. 1 der Stoffliste), giftig (Nr. 2) oder umweltgefährlich (Nr. 9 a, b) ist.
- Besteht die Möglichkeit, die Einstufung durch wirtschaftlich sinnvolle Maßnahmen zu beeinflussen, die rechtzeitig Element der Anlagenplanung sein sollten?

3. Bewertungsansätze

Zur Beantwortung der vorstehend abgeleiteten Fragen ist unter abfallrechtlichen Aspekten eine Gesamtbetrachtung hinsichtlich der gefahrenrelevanten Eigenschaften erforderlich. Davon macht die Bewertung des Kriteriums *ökotoxisch* nur einen Teil aus, der sich allerdings als zunehmend begrenzend herausstellt, da sich dieser Parameter allein über die Konzentration chemischer Spezies, hier insbesondere von Schwermetallen, nicht erschließen lässt.

Die Gesamtheit der Kriterien zur Einstufung von Abfällen – gefahrenrelevante Eigenschaften nach Anhang III der Richtlinie 91/689/EWG – ist in Tabelle 1 dargestellt. Hinsichtlich der gefahrenrelevanten Eigenschaften H3 bis H8, H10 und H11 wird dabei ausdrücklich auf das Gefahrstoffrecht verwiesen.

Auch wenn die entsprechenden Charakterisierungen nicht deckungsgleich sind, werden in Spalten 4 und 5 entsprechende Einstufungen nach Stoffliste der 12. BImSchV [3] in Auszügen gegenübergestellt. Diese Stoffliste ist, insbesondere über die Liste der gefährlichen Einzelstoffe natürlich wesentlich umfangreicher. Die Stoffliste enthält insbesondere Stoffe, die abfallrechtlich in die Kategorien H1, H3, H5, H6, H7, H10 und H11 fallen.

Für Schlacken aus Abfallverbrennungsanlagen enthält die Abfallverzeichnisverordnung (AVV) einen *Spiegeleintrag*, d.h., es ist sowohl eine Einstufung als gefährlicher als auch als nicht gefährlicher Abfall möglich:

- 19 01 11* Rost- und Kesselaschen sowie Schlacken, die gefährliche Stoffe enthalten
- 19 01 12 Rost- und Kesselaschen sowie Schlacken mit Ausnahme derjenigen, die unter 19 01 11 fallen.

Als Spiegeleinträge werden im Allgemeinen zwei aufeinander bezogene Einträge im Abfallverzeichnis verstanden, die den gleichen Abfall beschreiben und sich nur dadurch unterscheiden, dass im Falle des als gefährlich bezeichneten Eintrags die Konzentrationen eines oder mehrerer gefährlicher Inhaltsstoffe die in § 3 Abs. 2 AVV genannten Mindestkonzentrationen überschreiten oder der Abfall eine der genannten gefahrenrelevanten Eigenschaften aufweist [7].

Tabelle 1: Kriterien zur Einstufung von Abfällen nach Anhang III der Richtlinie über gefährliche Abfälle 91/689/EWG[1,2,3] und nach Stoffliste der Störfallverordnung[4] (Auswahl)

gefahrenrelevante Eigenschaften nach Anhang III der RL 91/689/EWG		Gefährlichkeits-merkmale	Einstufung nach 12. BImSchV	
Eigen-schaft	Bezeichnung		Nr.	Bezeichnung
H1	explosiv	R2, R3	4, 5	explosionsgefährlich
H2	brandfördernd	R7, R8, R9	3	brandfördernd
H3-A	leicht entzündbar	R11, R15, R17 R12	7a 7b 8	leichtentzündlich leicht entzündliche Flüssigkeiten hochentzündlich
H3-B	entzündbar	R10	6	entzündlich
H4	reizend	R36, R37, R38, R41	–	–
H5	gesundheitsschädlich	R20, R21, R22, R48+, R68+, R65	–	–
H6	giftig	R26, R27, R28, R39+ R23, R24, R25, R39+, R48+	1 2	sehr giftig giftig
H7	krebserzeugend	R45, R49, R40	–	–
H8	ätzend	R34, R35	–	–
H9	infektiös		–	–
H10	teratogen (fortpflanzungsgefährdend)	R60, R61, R62, R63	–	–
H11	mutagen (erbgutverändernd)	R46, R68	–	–
H12	(Gasentwicklung bei Berührung mit Wasser bzw. Luft ...)	R29, R31, R32	10a	eingestuft nach R14 bzw. R14/15
H13	(Freisetzung von Stoffen mit einer der vorstehenden Eigenschaften)		(10b)	eingestuft nach R29
H14	ökotoxisch	R50+, R51+, R54, R55, R56, R57, R58, R59, R52, R53	9a 9b	umweltgefährlich i. V. m. R50 oder R50/53 umweltgefährlich i. V. m. R51/53

+ einschließlich von Kombinationssätzen

[1] AVV – Abfallverzeichnis-Verordnung, Verordnung über das Europäische Abfallverzeichnis. Vom 10. Dezember 2001, (BGBl. I S. 3379; 25.4.2002 S. 1488; 24.7.2002 S. 2833, 15.7.2006 S. 1619)

[2] Richtlinie des Rates vom 12. Dezember 1991 über gefährliche Abfälle (91/689/EWG). Vom 12. Dezember 1991, (ABl. EG Nr. L 377/20, ber. ABl. EG Nr. L 23/29), zuletzt geändert am 18. Januar 2006 (ABl. EG Nr. L 33 S. 1)

[3] Hinweise zur Anwendung der Abfallverzeichnis-Verordnung. Vom 9. August 2005 (BAnz. Nr. 148a vom 9.8.2005).

[4] 12. BImSchV – Störfall-Verordnung – Zwölfte Verordnung zur Durchführung des Bundes-Immissionsschutzgesetzes. Fassung vom 8. Juni 2005, (BGBl. I S. 1598)

Die Anwendungshinweise zur Einstufung von Abfällen nach Abfallverzeichnisverordnung (AVV) [4] (s. auch [6, 7]) heben hinsichtlich der Merkmale H1, H2, H9 und H12 auf bestimmt Inhaltsstoffe ab (vgl. [10]) für H4, H5, H7, H8, H10, H11 und H14 sind für Schlacke nur Schwermetallkonzentrationen im Feststoff relevant. Für das Merkmal H14 – umweltgefährdend – wird in Frage gestellt, dass das hinreichend ist (s.u.).

4. Einstufung von Schlacken aus Abfallverbrennungsanlagen

Schlacke ist als *Zubereitung* zu behandeln, d.h., ihre Bewertung muss zunächst entsprechend der EU-Zubereitungsrichtlinie RL 1999/45/EG i. d. F. der RL 2006/8/ EG und der VO (EG) 1907/2006 erfolgen [6 bis 8].

Die Ermittlungen zur Einstufung werden für jedes Gefährlichkeitsmerkmal separat als Gesamt- oder als Einzelstoffbetrachtung vorgenommen.

4.1. Gefahrenrelevante Eigenschaften

Aufgrund der Spezifik der Anlagen als nach Stand der Technik konzipierte und umgesetzte Verbrennungsanlagen, die einen maximalen Ausbrand der Brennstoffe – hier unbehandelte oder behandelte Abfälle – sichern, lassen sich für die Schlacke einige gefahrenrelevante Eigenschaften grundsätzlich ausschließen.

Das sind die gefahrenrelevanten Merkmale

- explosionsgefährlich (H1 / 4, 5),
- brandfördernd (H2 / 3),
- leichtentzündlich/leichtentzündliche Flüssigkeiten/hochentzündlich (H3A / 7a, 7b; 8),
- entzündlich (H3-B / 6),
- ätzend (H8),
- infektiös (H9),
- Eigenschaft H12 (10a).

Ausgeschlossen werden können folgende Einstufungen nach Stoffliste der 12. BImSchV

- krebserregende Stoffe nach Nr.12 (12.1 bis 12.10),
- Einzelstoffe der Nr. 13, 14, 15, 17 bis 31,
- Einzelstoffe der Nr. 33 bis 38,
- Für PCDD/PCDF (Nr. 32) ist die Konzentrationsgrenze für die Berücksichtigung von Stoffen in Zubereitungen sicher unterschritten.
- Für Arsenverbindungen (Nr. 16.1 und 16.2) ist die Konzentrationsgrenze für die Berücksichtigung von Stoffen in Zubereitungen ebenfalls sicher unterschritten.

Vertieft zu prüfen sind regelmäßig die Gefährlichkeitsmerkmale

- sehr giftig und giftig (H6 / 1,2),
- krebserzeugend (H7),
- teratogen/fortpflanzungsgefährdend (H10),
- mutagen/erbgutverändernd (H11),
- Bildung von Auslaugprodukten (H13),
- ökotoxisch (umweltgefährlich (H14 / 9 a,9b).

Die Konzentrationsgrenzen betragen

- für die Gefährlichkeitsmerkmale sehr giftig (H6), krebserzeugend (Kat. 1, 2) (H7), erbgutverändernd (Kat. 1, 2 (R46)) (H11), umweltgefährlich (R59) (H14): ≥ 0,1 Masse-%,
- umweltgefährlich (R50/53) (H14): ≥ 0,25 Masse-%,
- fortpflanzungsgefährdend (Kat. 1, 2 (R60 oder R61) (H10) ≥ 0,5 Masse-%,
- krebserzeugend (Kat. 3) (H7), erbgutverändernd (Kat. 3 (R40)) (H11): ≥ 1 Masse-%,
- umweltgefährlich (R51/53) (H14): ≥ 2,5 Masse-%
- giftig (H6): ≥ 3 Masse-%,
- fortpflanzungsgefährdend (R46) (H10): ≥ 5 Masse-%,
- umweltgefährlich (R52/53) (H14): ≥ 25 Masse-%.

Hierbei sind gemäß § 3 Abs. 2 AVV für die gefahrenrelevanten Eigenschaften H4, H5, H6, H8 und H14 Gesamtkonzentrationen und für H7, H10 und H11 Einzelkonzentrationen zu berücksichtigen.

Wie bereits dargelegt, sind bei der Einstufung der Schlacken vor allem Schwermetalle und ihre Verbindungen maßgebend. In der Regel werden bei der Abfallanalytik Elementkonzentrationen bestimmt.

Ist ein Rückschluss auf die enthaltenen Metallverbindungen nicht sicher möglich, ist die Gefährlichkeit des Abfalls anhand des Elementgehaltes abzuschätzen.

Das Bewertungsschema ist in Tabelle 2 allgemein ausgeführt (vgl. Tabelle 8 in [7]). Grau hinterlegt sind die nach Auswertung der Stoffrichtlinie [7] für Schlacken relevanten Felder.

Bei der Bewertung des Elementgehaltes von Chrom ist zu beachten, dass lediglich Chrom (VI)-Verbindungen als gefährlich gelten. Für den Fall, dass ausschließlich Cr(III)-Verbindungen vorliegen, ist der Wert für die Abfalleinstufung nicht relevant. Andernfalls ist vorsorglich von Cr(VI)-Verbindungen auszugehen. Da in der Stoffrichtlinie die Anmerkung 1 nicht vergeben wurde, ist dabei ein Faktor von 2,3 – Umrechnung von Chrom auf Chromat – anzusetzen.

Tabelle 2: Konzentrationsgrenzen für Metallverbindungen

	H4		H5	H6		H8		H14				H7, H11		H10	
Eigenschaften	R41	R36, R37, R38		sehr giftig	giftig	R35	R34	R50 – 53	R51 – R53	R52 – R53	R59	Cat. 1/2	Cat. 3	Cat. 1/2	Cat. 3
Arsen				X			X[1]	X				X[+]			
Cadmium			X	X				X				X[1]		X[7]	
Chrom	X[1]	X	X	X		X[1]		X				X			
Kupfer	X[1]	X[1]	X					X[1]							
Quecksilber		X[1]	X[1]	X			X[1]	X							
Nickel			X	X[2]				X[1]				X[+]		X[2]	
Blei			X	X[1]				X				X[1,+]	X[+]	X	
Antimon			X		X		X[1]		X				X[3,+]		
Selen					X			X							
Zinn[4]	X[1]		X	X[1]			X[1]	X		X[5]					X[1]
Thallium		X[1]		X					X						
Zink		X	X[1]	(X[6])			X[1]	X					X[1,++]		
Konzentrationsgrenzen in %	Σ >10	Σ >20	Σ >25	Σ >0,1	Σ >3	Σ >1	Σ >5	Σ >0,25	Σ >2,5	Σ >25	Σ >0,1	E >0,1	E >1	E >0,5	E >5
Konzentrationsgrenzen in g/kg	100	200	250	1	30	10	50	2,5	25	250	1	1	10	5	50

Σ Summenwert; E Einzelwert; + nur H7; ++ nur H11
1 nur bestimmte Verbindungen, siehe Stoffrichtlinie; 2 nur Tetracarbonylnickel; 3 nur Sb_3O_3; 4 mit Ausnahme von Zinntetrachlorid nur zinnorganische Verbindungen
5 nur Zinntetrachlorid; 6 nur Trizinkdiphosphid; 7 nur Cadmiumfluorid

Quelle: Hinweise zur Anwendung der Abfallverzeichnis-Verordnung. Vom 9. August 2005 (BAnz. Nr. 148a vom 9.8.2005)

Die Zuordnung nach Gefahrenmerkmal H13 ist weniger konkret geregelt als für andere Merkmale. Sie wird in der Regel über die Eluatkriterien nach Tabelle 3 vorgenommen. Das heißt, das Merkmal H13 ist zu vergeben, wenn eine der genannten Konzentrationsgrenzen überschritten ist.

Tabelle 3: Eluatkriterien für die Einstufung nach Merkmal H13

Parameter	Bestimmungswert mg/l	Parameter	Bestimmungswert mg/l
Antimon	> 0,07	Molybdän	> 1
Arsen	> 0,2	Nickel	> 1
Barium	> 10	Quecksilber	> 0,02
Blei	> 1	Selen	> 0,05
Cadmium	> 0,1	Zink	> 5
Chrom ges.	> 1	Fluorid	> 15
Kupfer	> 5		

Quelle: Richtlinie des Rates vom 27. Juni 1967 zur Angleichung der Rechts- und Verwaltungsvorschriften für die Einstufung, Verpackung und Kennzeichnung gefährlicher Stoffe (67/548/EWG), ABl. EG 1967 Nr. 196 S. 1, zuletzt geändert durch 2006/102/EG (ABl. 2006 L363 S.241 vom 20.12.2006)

4.2. Spezifik des Gefährdungsmerkmals *ökotoxisch* oder *umweltgefährdend* (H14)

Unter Ökotoxizität werden akute oder chronische schädliche Effekte von Stoffen oder Zubereitungen auf Lebewesen, deren Populationen und deren natürliche Umgebung verstanden. Wesentliche Merkmale, die berücksichtigt werden, sind das Anreicherungspotenzial und die Persistenz der Stoffe und ihrer Abbauprodukte.

Dem Gefährdungsmerkmal *ökotoxisch* oder *umweltgefährlich* kommt bei der Bewertung der von Abfällen ausgehenden Risiken für die Umwelt eine erhebliche Bedeutung zu. Umso erstaunlicher ist es, dass bisher kein auf Abfälle speziell zugeschnittenes Verfahren zur Messung und Beurteilung von Kenngrößen für H14 abschließend festgelegt wurde.

Es ist davon auszugehen, dass nur ein Biotest den zu setzenden Anforderungen gerecht werden wird. Untersuchungsergebnisse dazu hat z.B. die Landesanstalt für Umweltschutz Baden-Württemberg in 2004 veröffentlicht [13, 14].

Der ITAD e.V. hat jüngst erste Erkenntnisse aus einem Untersuchungsprogramm veröffentlicht, mit dem die Eignung von Biotests für die Einstufung von Schlacken nach dem Kriterium H14 nachgewiesen werden sollte [15].

Bei Biotests handelt es sich um standardisierte Testverfahren, mit denen die ökotoxikologischen Einflüsse von Stoffen auf Organismen ermittelt werden. Dabei kommen spezifische Testorganismen zum Einsatz, die die Ökotoxizität über Veränderungen ihrer Vitalfunktionen anzeigen.

Wie Spohn berichtet [15], sind die eingesetzten Biotestbatterien gut geeignet, die Ökotoxizität der Schlacken sowohl hinsichtlich der Eluate – *wasserverfügbare Fraktion* – als auch der Feststoffe zu bewerten. Die Untersuchungen hätten darüber hinaus gezeigt, dass eine Bewertung der Umweltgefährlichkeit allein anhand physikalisch-chemischer Parameter nicht möglich ist.

Ein Regeleinsatz der getesteten Verfahren setzt weitere Untersuchungen auch an anderen inerten Materialien voraus, um so belastbare Grenzkonzentrationen für die Abgrenzung zwischen gefährlichen und nicht gefährlichen Abfällen zu ermöglichen.

Diese und weitere Untersuchungen verfolgen auch das Ziel, im Spannungsfeld zwischen dem wirtschaftlichen Interesse an einer geeigneten Verwertung der Schlacken und der Notwendigkeit, die Umweltkompartimente vor erheblichen Beeinträchtigungen zu schützen, zu einer Regeleinstufung von Schlacken aus der Abfallverbrennung als nicht gefährlicher Abfall zu kommen.

In der Praxis ist das in der Mehrzahl der Fälle schon heute die Regel, hinsichtlich des H14-Kriteriums allerdings offensichtlich auf einer weitgehend ungeeigneten Basis.

4.3. Mögliche Verfahrensweisen bei der Einstufung von Schlacken

Einstufung bei bestehenden Anlagen

Bei bestehenden Anlagen wird die Einstufung der Schlacken aufgrund von Analysen vorgenommen, deren Häufigkeit und Untersuchungsumfang im Genehmigungsbescheid festgelegt ist.

Einstufung im Genehmigungsverfahren

Nur wenn eine nahezu baugleiche Anlage existiert, die mit nahezu dem gleichen Brennstoff betrieben werden soll, können Analysen aus einer derartigen Anlage mehr als Hinweise für die geplante Anlage geben. Die Einstufung ist in jedem Fall vorläufig und deshalb nach Aufnahme des Regelbetriebes zu bestätigen.

Gibt es keine vergleichbare Anlage, kann hilfsweise über Transferfaktoren aus den maximalen Annahmewerten für den Abfall der Übergang der Metalle in die Schlacke modelliert werden. Eine Voraussage von Eluatwerten ist auf diesem Weg nicht möglich.

Für die Rostfeuerungen hat z.B. Reimann [12] solche Transferfaktoren mitgeteilt. Die Ergebnisse weisen größere Unsicherheiten auf, da die Brennstoffzusammensetzung naturgemäß nicht durchgehend durch die maximalen Schadstoffgehalte gekennzeichnet ist und auch die Transferfaktoren zwangsläufig mit Unsicherheiten behaftet sind. Insofern ist auch hier die Einstufung vorläufig und nach Aufnahme des Regelbetriebes zu überprüfen.

In beiden Fällen wird die vorläufige Einstufung nach den *Hinweisen zur Anwendung der Abfallverzeichnis-Verordnung* [6] oder mit Hilfe anderer geeigneter Handreichungen vorgenommen; bewährt hat sich insbesondere das Programm HAZARD-Check des Landesamtes für Natur, Umwelt und Verbraucherschutz Nordrhein-Westfalen [16].

5. Lässt sich die Ökotoxizität von Schlacken durch Behandlung beeinflussen?

Für die Behandlung von Schlacken sind verschiedene Verfahren eingeführt. Insbesondere finden folgende Verfahren einzeln oder in Kombination Anwendung.

- Alterung mit dem Ziel der Verringerung der Auslaugbarkeit,
- trockene oder nasse mechanische Aufbereitung zur Klassierung und zur Abtrennung der Eisen- und der Nichteisenmetalle,
- natürliche oder CO_2-induzierte Verwitterung verbunden mit einer Verringerung und schließlich einer Pufferung des pH. Die Auslaugbarkeit vieler Schwermetalle verringert sich dadurch oder bleibt auf einem konstant niedrigen Niveau,
- Extraktion mit dem Ziel der Entfernung von Metallverbindungen, aufgrund des Chemikalienverbrauchs ist der ökologische Nutzen nicht unumstritten,
- Verfestigung,
- Verglasung (thermisch) verbunden mit Inertisierung.

Die kurz skizzierten Wirkungen der Behandlung deuten bereits darauf hin, dass diese zu einer Verringerung der Ökotoxizität führen sollte. Die bisherigen Untersuchungen dazu – insbesondere auch die Untersuchungen der ITAD – unterstreichen das.

6. Zusammenfassung

Im Rahmen von Genehmigungsverfahren und auch nach Inbetriebnahme stehen Antragsteller und Betreiber vor der Frage, wie Schlacke aus Abfallbehandlungsanlagen abfallrechtlich einzustufen ist.

Die bisherige Praxis, die von einer Einstufung im Wesentlichen auf der Grundlage physikalisch-chemischer Parameter ausgeht, führt in der Mehrzahl der Fälle zur Einstufung als nicht gefährlicher Abfall.

Gleichzeitig lässt sich in der Regel zeigen, dass die Anlagen nicht dem Geltungsbereich der 12. BImSchV unterfallen.

Unbefriedigend geregelt war bisher die Einstufung nach dem Kriterium H14 *ökotoxisch*, das physikalisch-chemischen Untersuchungen offenbar nicht zugänglich ist. Hier deuten sich mit der Entwicklung standardisierter Biotests verbesserte Möglichkeiten an, bis zu deren Einführung allerdings noch weitere Untersuchungen an verschiedenen Materialien notwendig sind, um belastbare Grenzkonzentrationen definieren zu können.

Es ist nicht auszuschließen, dass das H14-Kriterium besondere Bedeutung hinsichtlich einer Regeleinstufung als nicht gefährlicher Abfall gewinnen wird. Da die Einstufung mit dem Überschreiten der Anlagengrenze wirksam wird, ist es sinnvoll zu prüfen, ob nicht von vornherein Schritte zur Schlackebehandlung in das Anlagenkonzept integriert werden, von denen bekannt ist, dass sie geeignet sind, die Ökotoxizität zu verringern.

7. Quellen

[1] BImSchG – Gesetz zum Schutz vor schädlichen Umwelteinwirkungen durch Luftverunreinigungen, Geräusche, Erschütterungen und ähnliche Vorgänge – Bundes-Immissionsschutzgesetz, vom 26. September 2002 (BGBl. I S. 3830), zuletzt geändert am 23.10.2007 (BGBl. I S. 2470)

[2] 9. BImSchV – Verordnung über das Genehmigungsverfahren, i. d. F. vom 29. Mai 1992 (BGBl. I S. 1001), zuletzt geändert am 23.10.2007 (BGBl. I S. 2470)

[3] 12. BImSchV – Störfall-Verordnung – Zwölfte Verordnung zur Durchführung des Bundes-Immissionsschutzgesetzes, Fassung vom 8. Juni 2005, (BGBl. I S. 1598)

[4] AVV – Abfallverzeichnis-Verordnung – Verordnung über das Europäische Abfallverzeichnis, vom 10. Dezember 2001, (BGBl. I S. 3379; 25.4.2002 S. 1488; 24.7.2002 S. 2833, 15.7.2006 S. 1619)

[5] Richtlinie des Rates vom 12. Dezember 1991 über gefährliche Abfälle (91/689/EWG), vom 12. Dezember 1991, (ABl. EG Nr. L 377/20, ber. ABl. EG Nr. L 23/29), zuletzt geändert am 18. Januar 2006 (ABl. EG Nr. L 33 S. 1)

[6] Hinweise zur Anwendung der Abfallverzeichnis-Verordnung, vom 9. August 2005 (BAnz. Nr. 148a vom 9.8.2005)

[7] Richtlinie des Rates vom 27. Juni 1967 zur Angleichung der Rechts- und Verwaltungsvorschriften für die Einstufung, Verpackung und Kennzeichnung gefährlicher Stoffe (67/548/EWG), ABl. EG 1967 Nr. 196 S. 1, zuletzt geändert durch 2006/102/EG (ABl. 2006 L363 S. 241 vom 20.12.2006)

[8] Richtlinie 1999/45/EG des Europäischen Parlaments und des Rates vom 31. Mai 1999 (EG-Amtsblatt Nr. L 200 S. 1) zur Angleichung der Rechts- und Verwaltungsvorschriften der Mitgliedstaaten für die Einstufung, Verpackung und Kennzeichnung gefährlicher Zubereitungen, zuletzt geändert durch RL 2006/8/EG (EG-Amtsblatt Nr. L 19 S.12-19) geändert durch Verordnung (EG) Nr. 1907/2006 (EG-Amtsblatt Nr. L 396 S. 1-851)

[9] Richtlinie 2006/8/EG der Kommission zur Änderung der Anhänge II, III und V der Richtlinie 1999/45/EG des Europäischen Parlaments und des Rates zur Angleichung der Rechts- und Verwaltungsvorschriften der Mitgliedstaaten für die Einstufung, Verpackung und Kennzeichnung gefährlicher Zubereitungen zwecks Anpassung an den technischen Fortschritt vom 23. Januar 2006, (ABl. 2006 L19 S.12 vom 24. Januar 2006)

[10] Verordnung (EG) Nr. 1907/2006 des Europäischen Parlaments und des Rates vom 18. Dezember 2006 zur Registrierung, Bewertung, Zulassung und Beschränkung chemischer Stoffe (REACH), zur Schaffung einer Europäischen Chemikalienagentur, zur Änderung der Richtlinie 1999/45/EG und zur Aufhebung der Verordnung (EWG) Nr. 793/93 des Rates, der Verordnung (EG) Nr. 1488/94 der Kommission, der Richtlinie 76/769/EWG des Rates sowie der Richtlinien 91/155/EWG, 93/67/EWG, 93/105/EG und 2000/21/EG der Kommission, (ABl. Nr. L 396 vom 30.12.2006 S. 1, ber. ABl. Nr. L 136 vom 29.5.2007 S. 3,VO (EG) Nr. 1354/2007 – ABl. Nr. L 304 vom 22.11.2007 S. 2, ber. ABl. Nr. L vom 31.05.2008 S. 22)

[12] Reimann, D.: Schadstofffrachten in Restabfällen – am Beispiel des MHKW Bamberg, In: Thomé-Kozmiensky, K. J.: Ersatzbrennstoffe 2 , TK Verlag Karl Thomé-Kozmiensky, Nietwerder, 2002

[13] Landesanstalt für Umweltschutz Baden-Württemberg (Hrsg.), Ökotoxikologische Charakterisierung von Abfall – Verfahrensentwicklung für die Festlegung des Gefährlichkeitskriteriums *ökotoxisch (H14)*, Karlsruhe, April 2004

[14] Landesanstalt für Umweltschutz Baden-Württemberg (Hrsg.), Ökotoxikologische Charakterisierung von Abfall – Literaturstudie, Karlsruhe, Juni 2004

[15] Spohn, C., ITAD e. V., Aktuelle Entwicklungen hinsichtlich der Verwertungsmöglichkeiten von HMV-Schlacke, VDI-Wissensforum Thermische Abfallbehandlung 2008, München, 9. und 10. Oktober 2008

[16] www.lanuv.nrw.de/abfall/bewertung/hazard.pdf

Sonstige mineralische Abfälle

Veredlung von Mineralstoffen aus Abfall
– Darstellung anhand des NMT-Verfahrens –

Kirsten Schu

Die Ziele der Abfallbehandlung haben sich in den letzten Jahren gewandelt. Während es früher um eine sichere Entsorgung der Abfälle ging, sind heute zusätzliche Anforderungen an den Ressourcen- und Umweltschutz in den Vordergrund gerückt.

Die Verwertung von mineralischen Reststoffen aus gemischten Siedlungsabfällen ist – bezogen auf die Gesamtmenge der Siedlungsabfälle – zwar unbedeutend, jedoch im politischen Fokus.

Insgesamt fallen in Deutschland etwa 240 Millionen Tonnen mineralische Abfälle an. Der Anfall von Schlacken aus der Verbrennung und Reststoffen aus Abfallverbrennungsanlagen, die weiterhin deponiert werden, beträgt nicht einmal fünf Prozent dieser Menge. Schlacken aus der Abfallverbrennung werden sowohl nass als auch trocken aufbereitet, um sie einer möglichst hochwertigen Verwertung zuzuführen.

Die Wertschöpfung liegt bei der Schlackeaufbereitung in der Vermarktung der abgetrennten Eisen- und Nichteisenmetalle. Die mineralischen Reststoffe werden weiterhin zu einem Teil deponiert und zum anderen Teil verwertet, wobei die Verwertung der mineralischen Reststoffe meist im Deponiebau durchgeführt wird. In einigen Ländern ist die Verwertung von Schlacken im Straßenbau durch die Gesetzgebung und weitere Anforderungen erschwert.

Die Technologien der Schlackeaufbereitung sind immer noch in der Entwicklungsphase und nicht zufrieden stellend. Die Schweiz ist heute Vorreiter im Recycling von Metallen aus mineralischen Reststoffen aus der Abfallverbrennung.

Der Ressourcenverlust an nicht abgeschiedenen Metallen ist hoch. In der Schweiz wurden 2007 in einer KVA-Charta (KVA = Kehrichtverbrennungsanlage) wesentliche Punkte einer nachhaltigen Abfallwirtschaft zusammengefasst, in der sich KVA-Betreiber freiwillig bereit erklären, die Ziele eines besseren Recyclings von Reststoffen aus KVA-Schlacken zu verfolgen.

In Deutschland werden bis heute nicht alle für die Verbrennung geeigneten Abfallströme in Abfallverbrennungsanlagen entsorgt, wie es ursprünglich 1993 in der TA Siedlungsabfall vorgesehen war, sondern sie werden zum Teil in mechanisch-biologischen Abfallbehandlungsanlagen behandelt.

Die zu deponierenden Fraktionen aus der mechanisch-biologischen Behandlung enthalten den größten Anteil der mineralischen Reststoffe aus dem Abfall.

Die Technologien der mechanisch-biologischen Behandlung sind, bezogen auf die deponierten Abfallqualitäten, sehr unterschiedlich. Anlagen mit reiner Rottetechnik produzieren einen abzulagernden Reststoff mit einem mineralischen Anteil von etwa siebzig Prozent. Man könnte auch sagen, es werden verschmutzte mineralische Abfälle abgelagert.

Verfahren mit einer Vergärungsstufe unterscheiden sich durch die Wahl nasser oder trockener Vergärungsverfahren.

Trockene Vergärungsverfahren benötigen meist keine oder nur eine geringe Abscheidung von mineralischen Bestandteilen vor der Vergärung – mit dem Ziel des Anlagenschutzes.

Bei nassen Vergärungsverfahren muss vor der Vergärung eine aufwendigere Mineralstoffabscheidung durchgeführt werden. Da die abgeschiedenen Mineralstoffe den Gärresten vor der Deponierung zur Einhaltung der Ablagerungskriterien wieder zugeführt werden, ist die Qualität der abgeschiedenen Inertstoffe nicht relevant.

Erstmalig wurden bei Trockenstabilatverfahren Mineralstoffe abgeschieden, die einerseits entsprechend den Ablagerungskriterien wie Rostschlacken deponiert werden können und andererseits mit optischen Sortiersystemen zu verwertbaren Fraktionen aufbereitet werden konnten.

Der Ansatz zur Produktion von verwertbaren Mineralstoffen ist zwar in der MBA-Technologie teilweise vorhanden, bisher aber nicht praktisch umgesetzt.

Um das langfristige Ziel der Maximierung der Verwertung zu erreichen, ist eine intensivere Entwicklung der Verfahren zur Veredlung von mineralischen Reststoffen aus gemischten Siedlungsabfällen erforderlich.

Veredlung von Mineralstoffen aus Abfall

Die SCHU AG Schaffhauser Umwelttechnik hat sich zum Ziel gesetzt, die Qualitäten der im gemischten Siedlungsabfall enthaltenen Mineralstoffe soweit zu optimieren, dass nicht nur eine ablagerungsfähige Mineralstofffraktion entsteht, sondern ein als Ersatzbaustoff verwertbares Produkt.

Wie schon die Aufbereitung der Inertstofffraktion beim Trockenstabilatverfahren noch in der Entwicklungsphase gezeigt hat, sind verwertbare Mineralfraktionen < 5 mm nur mit nassmechanischen Trennverfahren erzielbar.

Von der Firma EcoEnergy Gesellschaft für Energie- und Umwelttechnik mbH wurde seit dem Jahr 2000 ein Verfahren zur nassmechanischen Trennung von gemischten Gewerbeabfällen, u.a. mit dem Ziel der Erzeugung verwertbarer Mineralfraktionen, entwickelt.

Die in Bild 1 (oben) dargestellte Versuchsanlage wurde als Forschungsprojekt von der Deutschen Bundesstiftung Umwelt gefördert und in den Jahren 2004 bis 2007 zuerst an der MBA Wiefels und danach im Technikum der Firma EcoEnergy optimiert und betrieben.

Im Jahr 2008 wurde EcoEnergy von der KBA-Hard, Schaffhausen/Schweiz, mit der Durchführung umfangreicher Versuche beauftragt. In den Versuchen konnte nachgewiesen werden, dass mit der Versuchsanlage mindestens ablagerungsfähige Mineralstoffe aus Restabfall und Bioabfall produziert werden können. Ebenso wie die Produktqualität der Mineralstoffe wurde gleichzeitig die Produktqualität der verbleibenden Organikfraktionen optimiert. So konnten die Organikfraktionen

Bild 1: Versuchsanlage SCHUBIO – Schaffhauser Umwelttechnik Biogasverfahren – verschiedene Standorte

aus Bioabfall auf einen Restaschegehalt von fünf Prozent und die Organikfraktionen aus Restabfall auf zehn Prozent Restaschegehalt aufgereinigt werden. Die Schadstoffgehalte in den Organikfraktionen konnten erheblich gesenkt werden, so dass sogar die Organik aus Restabfall der Bioabfallverordnung zur Anwendung als Kompost genügt.

Das bei der Trennung entstehende Waschwasser enthält über fünfzig Prozent der eingetragenen Biomasse und kann somit in einer Vergärungsanlage mit sehr hohen Wirkungsgraden in Biogas umgesetzt werden.

Die Firma SCHU AG hat nach erfolgreicher Beendigung der Versuche das Verfahren von EcoEnergy übernommen und plant zurzeit die Erneuerung der KBA-Hard unter dem Verfahrensnamen SCHUBIO – Schaffhauser Umwelttechnik Biogasverfahren.

Weitergehende Aufbereitungsversuche mit Aufstromklassierern konnten zeigen, dass die meisten Mineralfraktionen bis auf kleiner ein Prozent Glühverlust aufzubereiten sind und mindestens den Kriterien für die Ersatzbaustoffverwertung nach LAGA Z 1.2 entsprechen.

Mit diesen Ergebnissen kann gezeigt werden, dass mit der nassmechanischen Trennung die nahezu vollständige Verwertung der Mineralfraktion aus gemischten Siedlungsabfällen möglich ist.

Rückgewinnung von Metallen aus feinkörnigen mineralischen Abfällen

Daniel Goldmann und Eike Gierth

1. Einführung

Mit der rasanten wirtschaftlichen Entwicklung der asiatischen Schwellenländer ist der weltweite Bedarf an Rohstoffen in den letzten Jahren dramatisch gestiegen. Die aktuellen Turbulenzen der Finanzmärkte hinterlassen zwar auch ihre Spuren im primären und sekundären Rohstoffbereich, auf mittlere Sicht dürfte dies aber nichts an den generellen Trends ändern. Vor diesem Hintergrund gewinnen gerade metallhaltige Abfälle als Rohstoffquelle eine immer größere Bedeutung.

In den frühen Entwicklungsstadien von Industrienationen steht dem Verbrauch von primären Rohstoffen nur ein relativ kleiner Anfall prinzipiell recyclierbarer Abfälle aus den Lebenszyklen der eigenen Produkte und Anlagen gegenüber. Materialien, die in Anlagenbau- und Infrastrukturmaßnahmen fließen, stehen erst viele Jahre, teils Jahrzehnte später als *Rohstoffquelle Abfall* dem Wirtschaftskreislauf erneut zur Verfügung. Erst in industriell ausgereiften Volkswirtschaften verkürzt sich dieser Zyklus, wenn der Anteil der verbrauchten Rohstoffe zunehmend stärker in kurzlebigere Konsumgüter fließt.

Damit entsteht, wie Bild 1 verdeutlicht, im Laufe der Entwicklung von Volkswirtschaften ein gewisses Potential für die Entkopplung von Wachstum und Verbrauch an primären Rohstoffen [1].

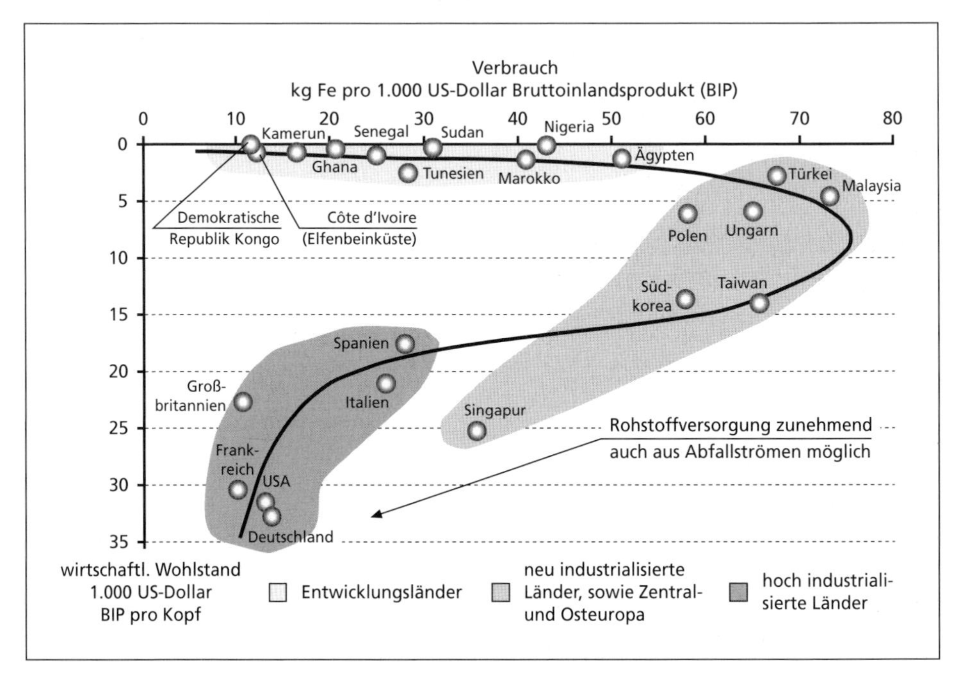

Bild 1: Tendenzen für den weltweiten Rohstoffverbrauch am Beispiel von Stahl anhand von Kuznet´s Kurve

Quelle: BGR Database

Im Gegensatz zu den asiatischen Schwellenländern kann Europa durch ein intelligentes Abfallregime auf relativ große Mengen interessanter Sekundärressourcen zurückgreifen. Doch auch diese Abfälle stehen bereits im Fokus des Interesses der aufstrebenden asiatischen Volkswirtschaften sowie deren Zulieferländern. Besonders werthaltige und ohne großen technischen Aufwand erschließbare Sekundärrohstoff-Quellen verlassen bereits in großen Mengen die Europäische Union. Geringere Umweltstandards und Lohnkosten in den importierenden Staaten verzerren die Wettbewerbssituation (Bild 2).

Wie sich dies letztendlich auch auf die Exportsituation für End-of-Life-Produkte auswirkt, soll beispielhaft für Altfahrzeuge dargestellt werden (Bild 3).

Zur Sicherung der Interessen der eigenen Volkswirtschaft an verfügbaren und preiswerten Rohstoffen werden vor diesem Hintergrund speziell solche NE-Metallhaltigen Abfälle wichtig, für die derzeit noch keine oder keine befriedigenden

Bild 2: Rohstoffversorgung auch aus *komplexen Sekundär-Erzen* zunehmend unter Exportdruck

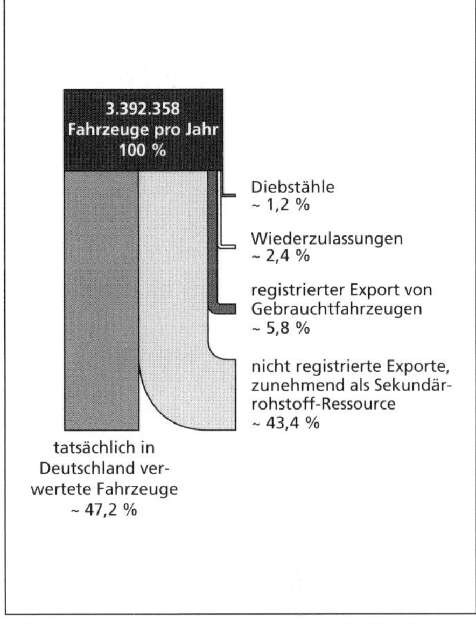

Bild 3: Löschungen und Verbleib von Fahrzeugen in Deutschland

Verwertungsmöglichkeiten bestehen. Feinkörnige, überwiegend mineralische Abfälle mit geringen aber doch relevanten Gehalten verschiedener Buntmetalle stellen eine solche Ressource dar.

Von großer Bedeutung ist eine optimale Nutzung dieser Ressourcen besonders dann, wenn sie Restströme aus vorangehenden Behandlungsstufen komplexer Abfallströme darstellen, da hierdurch auch die Wettbewerbsfähigkeit für die vorlaufenden Prozessstufen verbessert werden kann.

Ein zusätzlicher Aspekt für eine weitergehende Aufbereitung und Nutzung solcher Stoffströme ist in den bestehenden und derzeit in Diskussion befindlichen Anforderungen an Ersatzbaustoffe aus Abfällen gegeben. Gelingt mit der Metall-Rückgewinnung gleichzeitig eine ausreichende Schwermetall-Entfrachtung der verbleibenden Mineralstoff-Fraktionen, sind diese als Ersatzbaustoff bzw. Bauzuschlagstoff verwendbar.

2. Bestehende Infrastruktur und Entwicklungspotentiale bei der Verwertung metallhaltiger Abfälle

Im Hinblick auf die bestehenden Glieder der Kreislaufwirtschaftskette verfügt Deutschland gerade im Bereich der Metalle bereits über wesentliche Stärken. Sammellogistik, Demontagebetriebe, Shredder-Betriebe und ähnliche Aufbereitungsanlagen, Sekundär-Metallhütten und letztlich Halbzeug-, Teile- und Produkthersteller als Abnehmer der Grundstoffe sind vorhanden. Neue Glieder wie Post-Shredder-Technologien wurden in den letzten Jahren entwickelt und im Markt umgesetzt. Neben der Abtrennung und Verwertung grobstückiger Metallteile sowie organikreicher Fraktionen nimmt auch die Gewinnung von

Metallkonzentraten im Kornbereich bis hinunter zu etwa 1 mm durch die Entwicklung und Verbreitung effizienter trockenmechanischer Sortiermethoden insbesondere im Bereich der Wirbelstromscheidung und der sensorgestützten Sortierung zu.

Infolge dieser Entwicklung verbleiben zunehmend Fraktionen an feinkörnigen, überwiegend mineralischen Abfallströmen, die teilweise noch beachtliche Metallgehalte führen, die an Partikel im Korngrößenbereich kleiner 1 mm gebunden sind. Einige dieser Abfallströme, die derzeit entweder überhaupt nicht oder nur unzureichend verwertet werden, können daher durch Entwicklung bisher fehlender Verfahrensstufen nutzbar gemacht werden. Einen solchen, zunehmend wichtiger werdenden Stoffstrom bilden etwa die Shredder-Sande als Rückstand aus der Verwertung von Altfahrzeugen, Elektroaltgeräten und leichtem Mischschrott.

Die Möglichkeiten zur Steigerung der Ressourceneffizienz bei der Verwertung komplexer Abfallströme werden im Folgenden ausgehend vom Beispiel Altfahrzeug-Recycling über die verschiedenen Ebenen der Behandlung unter Einsteuerung weiterer Abfallströme dargestellt. Während die Ebenen 1 und 2 die etablierten Strukturen der Demontage- und Shredder-Betriebe umfassen, wird die Ebene 3 durch die in den letzten Jahren entwickelten und umgesetzten Verfahren der Post-Shredder-Technologien gebildet. Ebene 4 befasst sich letztlich mit den verbliebenen metallhaltigen mineralischen Rückständen.

2.1. Prozesskette zur Behandlung von Altfahrzeugen, Elektro- und Elektronikschrott und leichtem Mischschrott in Demontage- und Shredder-Prozessen (Ebenen 1 und 2)

Im Bereich des Altfahrzeug-Recyclings beginnt der Behandlungsprozess in Ebene 1 in rund 1.200 zertifizierten Demontagebetrieben in Deutschland sowie weiteren ebenfalls zertifizierten Betrieben im benachbarten Ausland [2]. Hier werden eine manuelle Schadstoff-Entfrachtung und die Demontage bestimmter Bauteile zur Wiederverwendung und Verwertung durchgeführt (Bild 4).

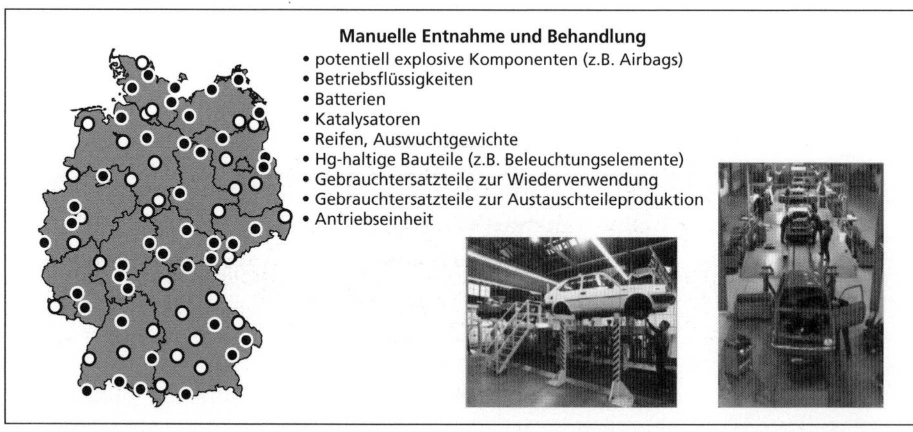

Bild 4: Schadstoff-Entfrachtung und Demontage von Bauteilen zur Wiederverwendung und Verwertung aus Altfahrzeugen

Die so vorbehandelten Karossen werden in Ebene 2 gemeinsam mit weißer Ware und leichtem Mischschrott in rund 35 zertifizierten Shredder-Betrieben in Deutschland oder anderen zertifizierten Betrieben im europäischen Ausland verarbeitet. Abhängig von Vorbehandlungsgrad und Mischung des Shredder-Inputs variieren die Mengenverhältnisse der erzeugten Fraktionen. Haupt-*Produkt* des Shredder-Betriebes ist eine metallurgisch direkt verwertbare Stahlschrott-Fraktion. Den kleinsten aber besonders werthaltigen Stoffstrom bildet die Shredder-Schwerfraktion, die reich an grobstückigen NE-Metallteilen ist (Bild 5).

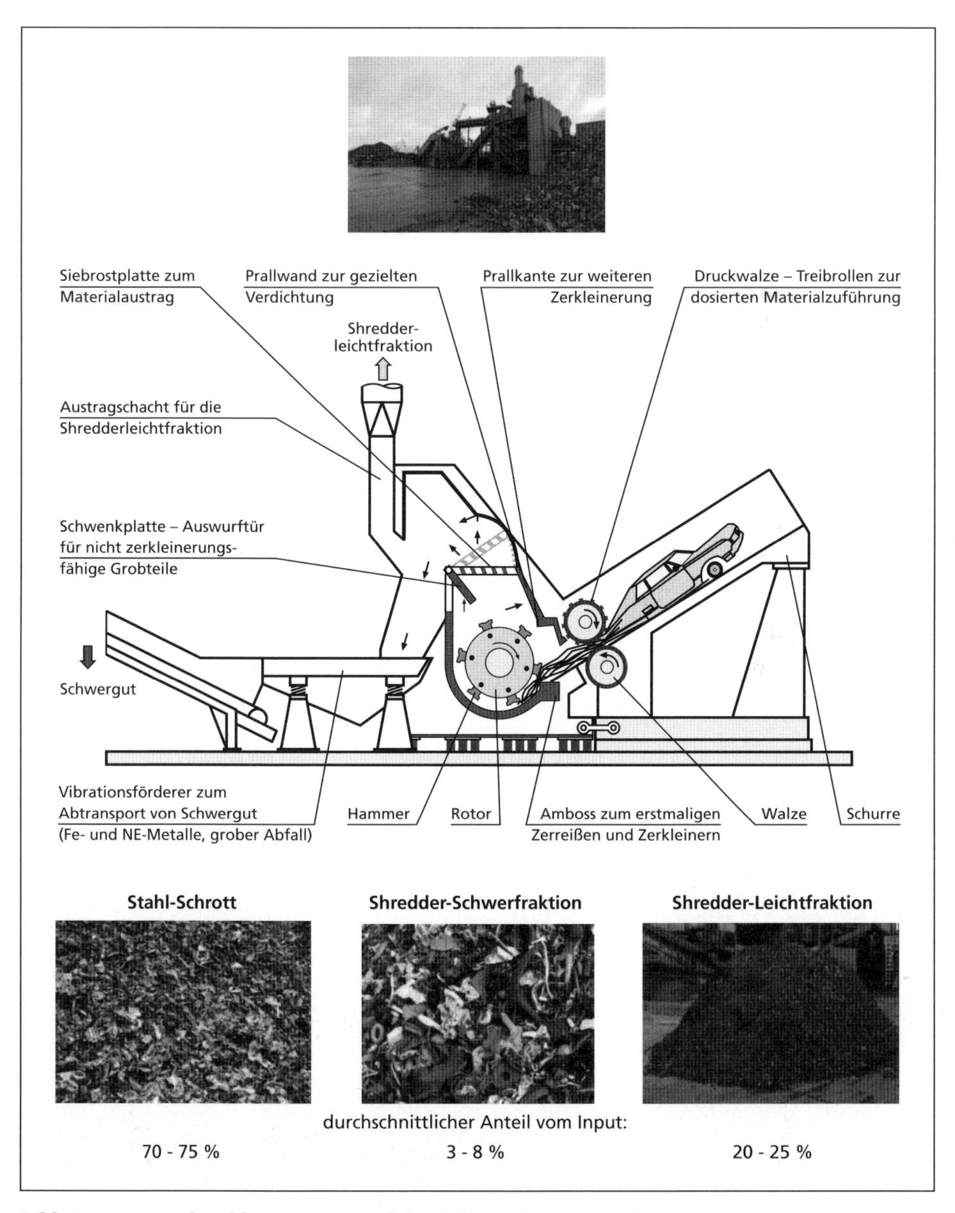

Bild 5: Der Shredder-Prozess und die dabei erzeugten Fraktionen

Diese Shredder-Schwerfraktion (SSF) wird in Aufbereitungsanlagen in der Regel in einem mehrstufigen Trennprozess in verschiedene Metallkonzentrate im Kornbereich > 10 mm, eine metallabgereicherte Rückstandsfraktion > 10 mm und eine Feinkornfraktion < 10 mm separiert.

Die metallabgereicherte Rückstandsfraktion der Shredder-Schwerfraktion und die Shredder-Leichtfraktion (SLF) bilden zusammen die Shredder-Rückstände (SR), die vor Einführung von Post-Shredder-Technologien (PST) deponiert oder in Abfallverbrennungsanlagen beseitigt wurden (Bild 6).

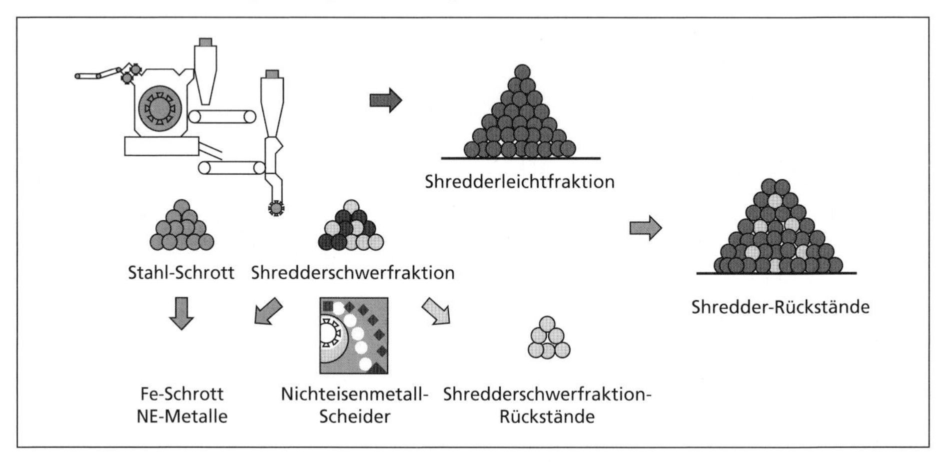

Bild 6: Die Entstehung der Shredder-Rückstände

Die Feinkornfraktion der Shredder-Schwerfraktion-Aufbereitung wird zu Spezial-Aufbereitungsanlagen weitegegeben, die aus dem Kornband 1 bis 10 mm noch NE-Metalle zurückgewinnen. Die Fraktion < 1 mm wird auch von diesen Betrieben nicht weiter aufbereitet und bisher deponiert oder im Bergeversatz genutzt.

2.2. Anfall, Zusammensetzung und Behandlungsoptionen für Shredder-Rückstände (Ebene 3)

Allein aus der Verwertung von Altfahrzeugen, weißer Ware und leichtem Mischschrott fallen in Deutschland zwischen 450.000 und 600.000 Tonnen Shredder-Rückstände pro Jahr an [3]. Für das Aufkommen im gesamten EU-Raum liegen noch keine belastbaren Zahlen vor. Es ist aber mittelfristig von einer Größenordnung von 3,5 bis 6 Millionen Tonnen pro Jahr an Shredder-Rückständen auszugehen. Für den EU-15 Raum werden Anfallmengen von 2 bis 3 Millionen Tonnen pro Jahr angegeben [4].

Ein Blick auf die Zusammensetzung von Shredder-Rückständen zeigt, dass die durchschnittlichen NE-Metallgehalte ein durchaus relevantes Rohstoffpotential darstellen (Bild 7).

Bild 7: Zusammensetzung von Shredder-Rückständen aus einem durchschnittlichen Shredder-Inputmix

Seit den achtziger Jahren des vorigen Jahrhunderts waren mehrere verfahrenstechnische Anläufe genommen worden, Shredder-Rückstände nutzbringend weiter aufzubereiten und zu verwerten. Niedrige Rohstoffpreise einerseits sowie niedrige Deponiegebühren für unaufbereitete Shredder-Rückstände andererseits ließen jedoch keine wirtschaftliche Umsetzung zu. Ausgelöst durch die Europäische Altfahrzeug-Richtlinie aus dem Jahr 2000, die für die Verwertung von Altfahrzeugen eine 95-prozentige Verwertungsquote ab dem Jahr 2015 vorschreibt, bekam die Post-Shredder-Technologie erneut Auftrieb. Dieser wird nun durch die Entwicklung der Rohstoffpreise verstärkt.

In den letzten Jahren kam es so zu einer Umsetzung von Post-Shredder-Anlagen in verschiedenen europäischen Staaten [5, 6]. Tabelle 1 gibt einen Überblick [7] über die wichtigsten Technologien.

Die ersten fünf aufgeführten Technologien betreffen mechanische Aufbereitungsverfahren, bei denen Shredder-Rückstände in verwertbare Fraktionen separiert werden. Die letzten drei Verfahren sehen thermische Prozesse ohne oder nur mit geringfügiger vorgeschalteter mechanischer Aufbereitung vor. Da in diesen drei thermischen Prozessen die Organik-Anteile nicht stofflich verwertet werden können, fallen sie im Hinblick auf die Quotenerfüllung nach Altfahrzeug-Richtlinie in der EU aus.

Die aufgeführten mechanischen Aufbereitungsprozesse haben gemeinsam, dass sie die Shredder-Rückstände in eine oder mehrere Organik-Fraktionen sowie eine überwiegend mineralische Fraktion zerlegen und dabei ein Maximum der Metallgehalte im Bereich > 1 mm in verwertbare Metallkonzentrate überführen.

Die Erweiterung des Behandlungsnetzes auf drei Ebenen soll beispielhaft für Altfahrzeuge mit dem Volkswagen-SiCon-Verfahren (Bild 8) dargestellt werden [8].

Tabelle 1: Übersicht über die wichtigsten Technologien zur Behandlung und Verwertung von Shredder-Rückständen

Firma/Standort	Technologie	Betrieb/Durchsatz	Produkte
LSD GmbH, Deutschland	trockenmechanisches Aufbereitungsverfahren (WESA-SLF Verfahren); Gewinnung von Metall sowie organikhaltiger, heizwertreicher Fraktion	Pilotanlage 1999 Umbau in 2000/2001, Durchsatz von 4 t/h	Organik 60 % Metalle 5 % Mineralstoffe 35 %
Scholz AG, Deutschland	Kombination von zwei Anlagen/Siebklassierung, zur Aufbereitung von Shredderleicht- und Shredderschwerfraktion	Inbetriebnahme seit Frühjahr 2005, Durchsatz von insgesamt 20 t/h Shredderleicht- und -schwerfraktion	Leichtgut und Mineralfraktion Metalle
Galloo Metal, Frankreich und Belgien	mechanische Trennung, SRTL-Verfahren (Shredder Residues Treatment Line); Aufbereitung von Shredderleicht- und Shredderschwerfraktion	Betriebsanlage Durchsatz 265.000 t/a Shredderleichtfraktion (3 Anlagen)	Metalle 30 % Kunststoffe 9 % Brennstoffe 13 % Abfälle 48 %
Volkswagen AG, SiCon GmbH, Deutschland	mechanische Trennung, VW-SiCon-Prozess, Fe- und NE-Metalle, Granulat, Flusen und Sandfraktion	Pilotanlage 1997 Betriebsanlage Durchsatz 100.000 t/a	Granulat 35 % Flusen 31 % Metalle 8 % Sand und Abfälle 26 %
Cometsambre, Belgien	Zerlegung der Shredderleichtfraktion in 5 Produkte: Fe- und NE-Metalle, Kunststoffmischfraktion, Organikfraktion, Mineralfraktion	Betriebsanlage 2002 Durchsatz 35 t/h	k.A.
EBARA, Japan	TwinRec-Verfahren, Kombination aus Wirbelschichtfeuerung und Zyklonbrennkammer	in Betrieb seit 2000, Kapazität 1.500 t/d	Metalle 8 % Glas 25 % Ausbringen 52 % Abfälle bis 15 %
Citron, Le Havre, Frankreich	Oxyreducer-Verfahren zur thermischen Behandlung von schwermetallhaltigen Abfällen	Betrieb 1999 Durchsatz 130.000 t/a Neuanlage (geplant) Durchsatz 500.000 t/a	Eisen 45 % Zink 4,3 % Quecksilber 0,7 % Abfälle 50 %
Reshment-Prozess, Schweiz	zweistufiger Prozess, mechanische Vorbehandlung und thermische Nachbehandlung (CONTOP-Schmelz-Zyklon)	Pläne zum Bau ausgesetzt	k.A.

Im Volkswagen-SiCon-Verfahren wird in einem zweistufigen Prozess der größte Teil der organischen Bestandteile in zwei hochwertig verwertbare Fraktionen überführt (Bild 9). Shredder-Granulat findet als Reduktionsmittel im Hochofenprozess Einsatz, Shredder-Flusen werden als Entwässerungshilfsmittel bei der mechanischen Entwässerung von Klärschlämmen genutzt. Eisen- und NE-Metallfraktionen > 1 mm werden gewonnen und metallurgisch verwertet.

Bei der Aufbereitung in dieser dritten Ebene des Verwertungsnetzes werden zwar die überwiegenden Mengen an Aluminium, Messing und ein Großteil des verbliebenen Kupfers abgetrennt, nennenswerte Mengen an Kupfer und Blei, vor allem aber an Zink werden durch Abtrennung der nahezu metallfreien Organik-Fraktionen in der Sand-Fraktion in Körnungen angereichert, die einer trockenmechanischen Aufbereitung kaum mehr zugänglich sind. Insgesamt liegt der Buntmetallgehalt dieser Sandfraktion bei 3,5 bis 5 %.

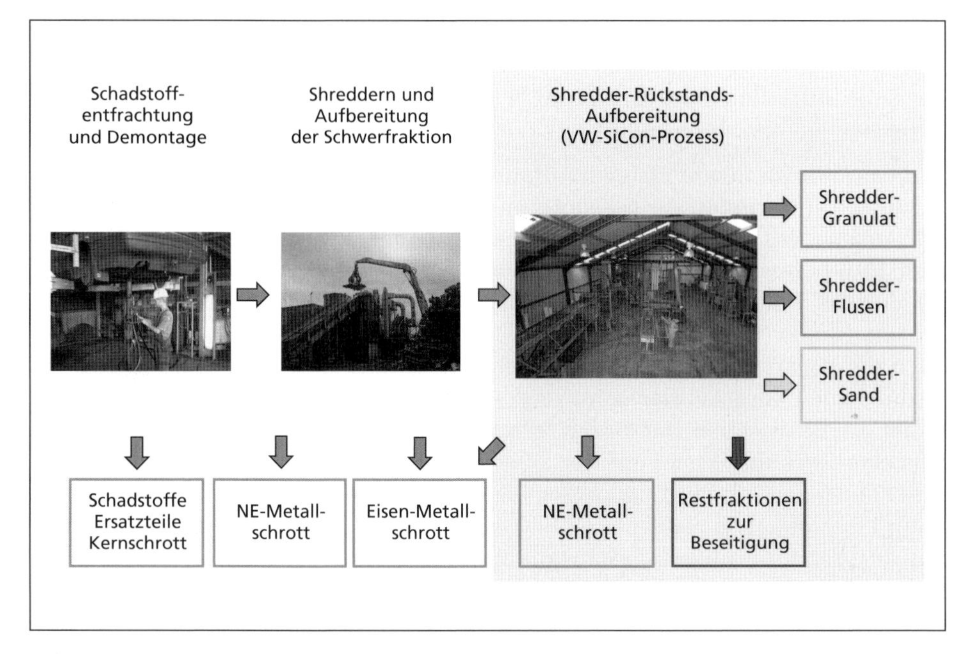

Bild 8: Die aktuelle dreistufige Prozesskette zur Behandlung von Altfahrzeugen und zur Erzeugung verwertbarer Fraktionen mit dem Volkswagen-SiCon-Verfahren

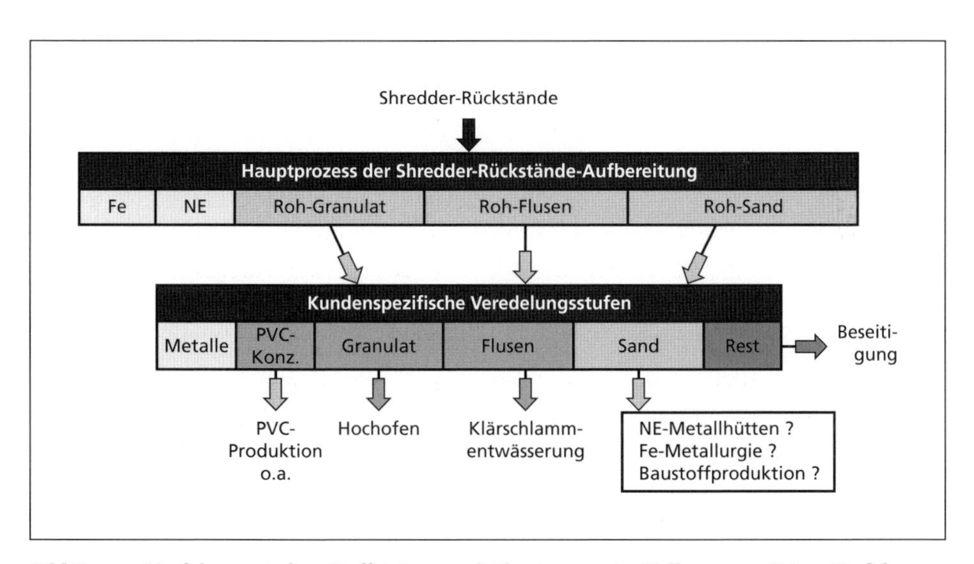

Bild 9: Verfahrensstufen, Stoffströme und Absatzwege im Volkswagen-SiCon-Verfahren

Gemäß den ursprünglichen Planungen der Entwicklungen im Volkswagen-SiCon-Verfahren sollten Mineralstoffe sowie Eisen und Buntmetalle gemeinsam als Schlackebildner und Metallträger bei der Verhüttung von kupferreichen Schrotten eingesetzt werden. Der dafür erforderliche geringere Aufbereitungsaufwand wäre trockenmechanisch darstellbar gewesen. Das Wegbrechen großer Ströme kupferreicher Schrotte durch den Export nach Asien führte allerdings dazu, dass die Sekundär-Kupferhütten ihren Prozess auf die Verarbeitung anderer Vorstoffe umstellen mussten. Damit brach auch der Absatzkanal für den derart aufbereiteten Shredder-Sand weg.

In die primär für den Stoffstrom Altfahrzeug entwickelte Behandlungs- und Verwertungskette wurden zur besseren Auslastung der einzelnen Prozessstufen und zur Ausnutzung von Synergien an verschiedenen Stellen weitere Abfallströme oder Fraktionen aus Abfällen eingeführt. Da im Shredder-Prozess regelmäßig mindestens Schrotte aus den Bereichen Altfahrzeug, Elektro- und Elektronikschrott (weiße Ware) und leichtem Mischschrott eingesetzt werden, müssen auch die daraus resultierenden Shredder-Rückstände mit den Post-Shredder-Technologien verarbeitbar sein. In zunehmendem Maße wird ein Abfallstrom daher auf Basis seiner nutzbaren Inhaltsstoffe und weniger seiner produktspezifischen Herkunft oder Funktion bewertet. Bild 10 zeigt die Erweiterung der drei Ebenen des Verwertungsnetzes für Altfahrzeuge zu einem Verwertungsnetz unter Einschluss von Elektro- und Elektronikschrotten und leichtem Mischschrott mit der derzeitig üblichen Schwankungsbreite im Mischungsverhältnis beim Shredder-Input.

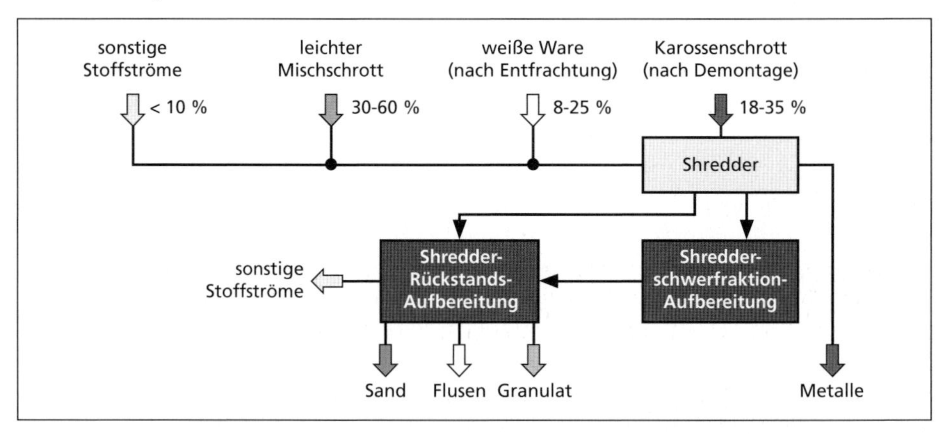

Bild 10: Verwertungsnetz für Altfahrzeuge, Elektro-/Elektronikschrotte und leichten Mischschrott

Je nach Input-Mischung des Shredders variieren nicht nur die Mengenverhältnisse der Shredder-Fraktionen sondern auch die Zusammensetzung der Shredder-Rückstände und damit der Stoffströme, die in den Anlagen der Post-Shredder-Technologien anfallen.

Tabelle 2 gibt die Variationsbreite für die Aufteilung in die Fraktionen des Volkswagen-SiCon-Verfahrens für die Extrempunkte und eine Standard-Inputmischung wieder. Die Shredder-Rückstands-Anteile aus den einzelnen Altprodukten und Altproduktgruppen geben nicht deren Gesamtmasseanteil am Shredder-Input wieder, sondern deren Beitrag zum Anfall an Shredder-Rückständen (SR). So korrespondiert ein Shredder-Rückstands-Anteil von 50 % bei den relativ shredderrückstandslastigen Altfahrzeugen (ELVs) etwa mit einem Shredder-Aufgabe-Anteil an Altfahrzeugen von 35 %.

Tabelle 2: Variationsbreite für die Aufteilung in die Fraktionen des Volkswagen-SiCon-Verfahrens für verschiedene Shredderrückstands-Quellen (Extrempunkte) und eine Standard-Inputmischung

Input-Typ	Anteil %	Output Volkswagen-SiCon-Verfahren						
	Shredder-Rückstände	Granulat	Flusen	Sand	Fe	NE + VA-Stahl	PVC-Fraktion	Rest
leichter Mischschrott	15	5,0	2,2	59,0	8,9	1,3	1,0	22,6
weiße Ware	35	24,0	3,6	35,5	6,7	3,3	3,5	23,4
Altfahrzeuge	50	24,3	21,5	19,3	4,9	3,3	3,6	23,1
Standard-Mischung	100	21,3	12,3	30,9	6,1	3,0	3,2	23,1

Werden diese Shredder-Rückstände aufbereitet, entfallen 30 bis 40 Masseprozent davon auf Shredder-Sande mit Buntmetallgehalten – Kupfer, Blei und Zink – von 3,5 bis 5 % (heutiger Stand) [9, 10]. Legt man die oben genannte Größenordnung von 3,5 bis 6 Millionen Tonnen pro Jahr an Shredder-Rückständen in der EU zu Grunde, ergibt sich ein Potential von rund 80.000 (+/- 40.000) Tonnen pro Jahr an Buntmetallinhalt, der derzeit noch nicht wieder in den Wirtschaftskreislauf eingeschleust wird.

Gleichzeitig werden zwei Entwicklungen bei der Gestaltung neuer Produkte zu einem ansteigenden Gehalt insbesondere an Kupfer und Zink im Feinkornbereich dieses Stoffstroms führen. In den vergangenen zwei Jahrzehnten wurden zunehmend mehr Bleche aus Gründen des Korrosionsschutzes verzinkt. Gelangen diese Bleche mit den Altprodukten in den Shredder-Prozess, wird ein erheblicher Teil des Zinks durch die mechanische Beanspruchung abgeschlagen und endet letztlich im Shredder-Sand. Durch den Siegeszug der Elektronik sind in den letzten zwei Jahrzehnten ebenfalls mehr und mehr feine und feinste Kupferlitzen dezentral in vielen Produkten verbaut worden. Besonders feine Kupferlitzen sind mit bisherigen Aufbereitungsverfahren nicht rückholbar. Diese Entwicklungen steigern das gewinnbare Potential an Buntmetallen aus Shredder-Sanden weiter, quantifizierbare Prognosen liegen allerdings noch nicht vor.

3. Shredder-Sande – feinkörnige mineralische Abfälle als Rohstoffträger für Metalle

Um weiterführende Erkenntnisse über Aufbau und Aufbereitbarkeit von Shredder-Sanden zu gewinnen, wurden am Institut für Aufbereitung und Deponietechnik der TU Clausthal erste Voruntersuchungen durchgeführt. Hierzu wurde ein repräsentativer Shredder-Inputmix geshreddert und in einer Shredder-Schwerfraktion-Aufbereitung sowie einer Volkswagen-SiCon-Anlage aufbereitet. Dem Shredder-Rohsand wurden in trockenmechanischen Schritten Organik- und Metallanteile entzogen. Der verbliebene Sand diente als Untersuchungsgegenstand.

Eine Siebung zeigte, dass rund 70 Masseprozent dieses Shredder-Sandes im Kornbereich < 1 mm anfallen. Während der Glührückstand dieser Fraktion bei rund 85 % der Aufgabemasse liegt, sinkt er in der Fraktion > 1 mm auf etwa

70 % ab. Dem entsprechen TOC-Gehalte in der Fraktion < 1 mm von etwa 12 % und einem gut doppelt so hohen Wert in der Fraktion > 1 mm. Buntmetallgehalte von etwa 4,5 % und Eisen-Gehalte von etwa 12 % finden sich neben der überwiegend mineralisch-glasigen Matrix sowohl in der gröberen wie der feineren Fraktion.

Da derzeit Entwicklungen zur Optimierung der Separation im Bereich > 1 mm mit trockenmechanischen Sortierprozessen zu erwarten sind, konzentrierten sich die Voruntersuchungen auf die Fraktion < 1 mm, die 70 % der Masse der Shredder-Sande und einen ähnlich hohen Anteil der NE-Metall-Inhalte enthält.

3.1. Chemische und mineralogische Untersuchungen der Shredder-Sandfraktion < 1 mm

Aus einer bei 1 mm trocken abgesiebten Großprobe wurde eine Teilprobe gezogen und aus dieser eine Siebmetallanalyse nach Nasssiebung erstellt (Tabelle 3).

Tabelle 3: Siebmetallanalyse einer Shredder-Sandprobe < 1 mm

Kornklasse	Masse	Kupfer	Blei	Zink	Eisen	Bismut	$C_{ges.}$
µm	%						
< 25	8,72	0,20	0,80	2,71	18,49	6,69	10,92
25 – 40	3,99	0,19	1,19	3,01	22,88	12,26	7,95
40 – 63	2,51	0,21	1,15	2,77	21,43	11,97	8,81
63 – 100	7,62	0,21	1,18	2,64	21,08	13,61	8,36
100 – 160	10,51	0,28	0,84	2,15	17,53	16,94	7,9
160 – 250	15,92	0,45	0,74	2,83	15,99	17,88	8,12
250 – 400	15,34	0,77	0,70	2,89	12,68	18,64	9,49
400 – 630	17,37	1,17	0,82	2,94	10,47	19,15	8,64
630 – 1.000	15,98	2,24	1,30	2,63	8,48	12,21	11,34
> 1.000	2,03	10,06	0,92	2,31	12,96	14,79	16,54
Aufgabe	100	1,03	0,88	2,60	11,88	15,27	11,47

Eine kleine aber relativ kupferreiche Überkornfraktion deutet auf Unschärfen im Siebschnitt hin, die auf eindimensional gestreckte Litzen und Drähte hindeuten. Während der Kupfergehalt zu den feinsten Körnungen abnimmt, mindestens aber im Siebüberlauf bis 160 µm noch beachtliche Konzentrationen aufweist, ändern sich die Gehalte an Zink und Blei bis in die feinsten Kornklassen (0 bis 25 µm) kaum.

Mineralogische Analysen, die mit Mikroskopie und Röntgendiffraktometrie durchgeführt wurden, zeigen folgenden in Tabelle 4 aufgelisteten Phasenbestand.

Zur Kategorie Quarz/Silikate/Glas zählen verschiedene kristalline silikatische Phasen, die hier nicht einzeln aufgeführt werden sollen. Darüber hinaus sind Anteile an Graphit, Keramik und Lackresten zu erwähnen.

Bei den mikroskopischen Untersuchungen wurde ein besonderes Augenmerk auf Kupfer und Zink gelegt. Kupfer tritt überwiegend metallisch in Form feiner Litzen auf (Bild 11), untergeordnet in Legierungen wie Bronze und dort vergesellschaftet mit Blei (Bild 12).

Tabelle 4: Phasenbestand einer Shredder-Sandprobe < 1 mm

Matrixverbindungen	Metalle	Metalloxide	Legierungen
Quarz, Silikate, Glas	Eisen	Aluminiumoxide	Messing
Calcit	Aluminium	Magnetit	Bronze
Dolomit	Zink	Hämatit	
	Kupfer	Brauneisen	
	Blei	Rutil	
	Silber	Zirkoniumdioxid	

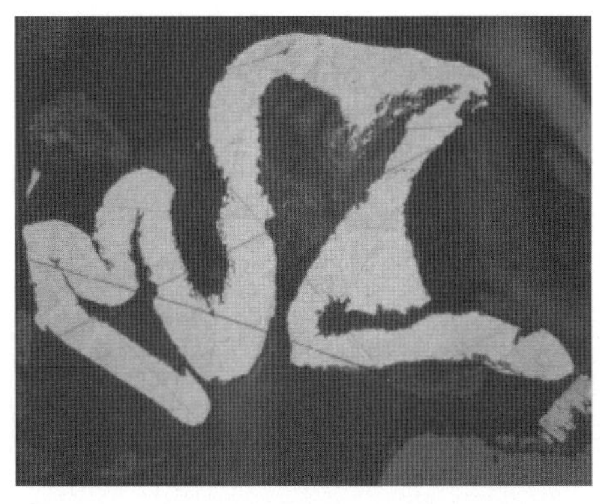

Bild 11: Feine Kupferlitzen mit Durchmessern z.T. im Bereich < 50 µm

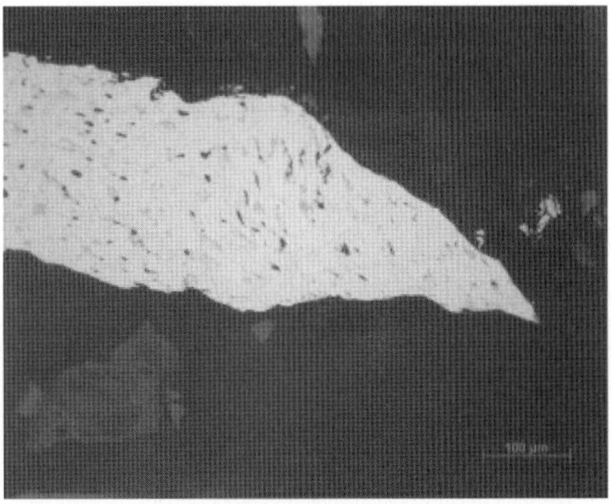

Bild 12: Bronze mit Einschlüssen von Blei (verschieden hellgrau)

Zink findet sich überwiegend in Partikeln, die abgeplatzten Verzinkungsschichten zugeordnet werden können (Bild 13).

Eisen liegt zum größten Teil als Brauneisen (Rost) vor, welches aber auf Grund der relativ rezenten Umwandlung noch magnetische Kerne aus Eisen enthält. Daneben treten metallisches Eisen, Magnetit und Hämatit (Bild 14) auf.

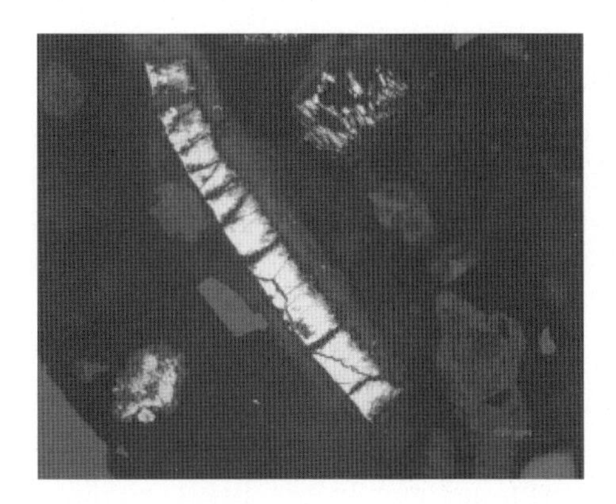

Bild 13: Abgeplatzte Zinkpartikel von Oberflächenbeschichtungen von Blechen mit Durchmessern z.T. im Bereich < 50 µm

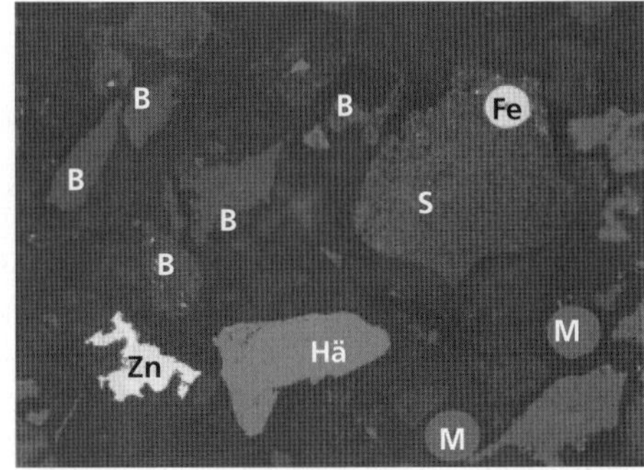

Bild 14: Wesentliche Eisen-Träger: Schlacke (S) mit Magnetit-Skeletten und einem Eisentropfen (Fe), Magnetite (M) zum Teil kugelig ausgebildet, Hämatit (Hä), Brauneisen-Fragmente (B), daneben ein Zink-Partikel (Zn).

3.2. Voruntersuchungen zur Aufbereitbarkeit von Shredder-Sanden

Aus den mineralogischen Untersuchungen konnten einige Schlüsse über das zu erwartende Verhalten der verschiedenen Phasen in Aufbereitungsprozessen gezogen werden.

Aufbauend darauf wurden Voruntersuchungen im Labormaßstab durchgeführt. Diese zeigten, dass eine Separation von Shredder-Sanden in verschiedenen Verfahrensschritten in

- ein Eisen-Konzentrat,
- ein Kupfer-Konzentrat,
- ein Zink- und Blei-dominiertes Metall-Mischkonzentrat,
- eine Mineralstoff-Fraktion, die die Z2-Grenzwerte nach Länderarbeitsgemeinschaft Abfall (LAGA) für Baustoffe aus Abfällen unterschreitet, und
- eine organikreiche Restfraktion

möglich ist.

Eine so weitgehende Auftrennung erfordert allerdings eine komplexe Verfahrensschaltung unter Einschluss von Dichtetrennung, Kornformseparation, Magnetscheidung, Flotation und Laugung.

Erste überschlägige Kalkulationen ergaben , dass unter günstigen Voraussetzungen, insbesondere Metallpreisen, die in der Größenordnung des Durchschnitts der letzten drei Jahre liegen, eine wirtschaftliche Umsetzung erreicht werden kann, wenn ein optimiertes Aufbereitungsverfahren zur Verfügung steht.

Die Entwicklung eines solchen Aufbereitungsverfahrens auf Basis der Ergebnisse bisheriger Voruntersuchungen ist Gegenstand eines aktuell geplanten Forschungsprogramms.

3.3. Ressourcenpotential der Shredder-Sande

Die Rückgewinnung der Buntmetalle ist ohne bergbaulichen Aufwand und ohne thermische Vorbehandlung – da diese Metalle im Unterschied zum überwiegenden Teil der Primärerzmineralien nicht sulfidisch gebunden sind – möglich und birgt somit einen ökonomischen und ökologischen Vorteil. Der Kupfer-Gehalt der Shredder-Sande liegt im Schnitt bei 1 bis 2 %, die Blei- und Zink-Gehalte in Summe bei 3 bis 4 %. Damit kann die Verwertung von Shredder-Sand bezogen auf Kupfer die Gewinnung und Aufbereitung der doppelten bis vierfachen Menge an Kupfer-Erz klassischer porphyrischer Lagerstätten – entsprechend 2 bis 10 Millionen Tonnen pro Jahr für den europäischen Markt – ersetzen. Bezogen auf die Blei- und Zink-Gehalte ließe sich die Gewinnung und Aufbereitung primärer Erze in der Größenordnung von etwa einem Viertel bis der Hälfte der Menge des Shredder-Sandes einsparen. Hinzu kommen positive Ressourceneffekte aus der Verwertung eines Eisenkonzentrats und einer als Bauzuschlagstoff bzw. Ersatzbaustoff geeigneten Mineralstoff-Fraktion.

4. Fazit

Feinkörnige, überwiegend mineralische Abfälle mit geringen aber doch relevanten Gehalten an Metallen, insbesondere Buntmetallen, stellen eine zunehmend wichtigere Ressource zur Sicherung der Rohstoffversorgungskette dar.

Technologien, die zur Aufbereitung komplexer Erze genutzt werden, haben das Potential, maßgeblich zur Rückgewinnung von Metallen aus feinkörnigen mineralischen Abfällen beizutragen und damit auch die Wettbewerbsfähigkeit der Vorkette in der Verwertung zu sichern.

Ein zusätzlicher Aspekt für eine weitergehende Aufbereitung und Nutzung solcher Stoffströme liegt in der Herausforderung, mit der Metall-Rückgewinnung gleichzeitig eine ausreichende Schwermetall-Entfrachtung der verbleibenden Mineralstoff-Fraktionen zu erreichen, um diese als Ersatzbaustoff bzw. Bauzuschlagstoff zu verwenden.

Am Beispiel von Shredder-Sanden zeigt sich, dass differenzierte mineralogische Analysen und der Einsatz klassischer Feinkorn-Aufbereitungstechnologien Erfolg versprechende Ansätze hierfür liefern.

5. Quellen

[1] Goldmann, D.: Ressourceneffiziente Kreislaufwirtschaftsstrukturen bei der Verwertung von End-of-Life-Produkten. In: NE-Metallrecycling – Grundlagen und aktuelle Entwicklungen, Heft 115 der Schriftenreihe der GDMB, S. 37-51, Clausthal-Zellerfeld, 2008

[2] GESA, Gemeinsame Stelle für Altfahrzeuge, www.gesa-info.de

[3] Umweltdaten Deutschland, http://www.umweltbundesamt-umwelt-deutschland.de/umweltdaten/public/theme.do?nodeIdent=2304

[4] Knibb, Gormezano & Partners: Recycling Infrastructure & Post Shredder, Technologies. Report to ACEA, Derby (UK), 2002

[5] Reinhardt, T.; Richter, U.: Entsorgung von Shredderrückständen – ein aktueller Überblick. Wissenschaftlicher Bericht FZKA 6940, Forschungszentrum Karlsruhe, Karlsruhe, 2004

[6] bvse-Schrottmarktinfo Nr. 089: Industrielle Anlage zur Aufbereitung von Shredder-Rückständen in Betrieb genommen. 2008, www.bvse.de/?bvseID=02f30f2d47b8df4b835fe605ce181fef&cid=2&pid=1989

[7] Recycling-Magazin: Problemfall Shredderleichtfraktion: Wie unter veränderten Rahmenbedingungen entsorgen. Ausgabe 08/2005, S. 16-17

[8] Goldmann, D.: Erzeugung verwertbarer Stoffströme mit dem Volkswagen-SiCon-Verfahren. In: Thomé-Kozmiensky, K. J.; Versteyl, A.; Beckmann, M. (Hrsg.): Produktverantwortung – Verpackungsabfälle, Elektro- und Elektronikaltgeräte, Altfahrzeuge. Neuruppin: TK Verlag, 2007, S. 389-395

[9] LIFE Project: Shredder Waste Recycling. LIFE98 ENV/S/476, Halmstad (S), 2001

[10] Beyerbach, H.: Untersuchungen zur Aufbereitung von Shreddersand aus dem Volkswagen-SiCon-Verfahren. Diplomarbeit am IFAD, TU Clausthal, Clausthal-Zellerfeld, 2007

Recycling von Seltenerdelementen aus Leuchtstoffen

Eberhard Gock, Volker Vogt, Jörg Kähler, Adrien Banza Numbi,
Brigitte Schimrosczyk und Agnieszka Wojtalewicz-Kasprzak

1. Ausgangssituation

Vor dem Hintergrund der Rohstoffverknappung und der Monopolisierung des Marktes der Seltenerdelemente gibt es aufwendige Verfahrensentwicklungen, die gemeinsam von den Leuchtstoff-Lampenherstellern und Herstellern von Kathodenstrahlröhren (CRT) mit Forschungsinstituten vorgenommen wurden [1, 2, 3]. Diese Entwicklungen sind Gegenstand dieser Veröffentlichung.

Bei der Verwertung von Leuchtstofflampen und Kathodenstrahlröhren (CRT´s) fällt eine leuchtstoffhaltige Feinfraktion an. Dieser Alt-Leuchtstoff ist ein Gemisch unterschiedlicher Leuchtstoffe, deren Hauptbestandteile Halophosphat- und Dreibandenleuchtstoffe sind. Das Leuchtstoffgemisch ist abhängig von der Verwertungstechnik mehr oder weniger stark mit Glas, Metall (Wendeln, Stromzuführungen, Sockel), Kunststoff (Isolierungen) und Kitt sowie im Falle der Leuchtstofflampen mit Quecksilber kontaminiert. Eine Wiederverwendung der Komponenten oder ihre direkte Rückführung in den Produktionsprozess ist wegen dieser Stoffvermischung nicht möglich. Die quecksilberhaltigen Leuchtstoffabfälle werden als Sonderabfall klassifiziert und aufgrund ungenügender Aufbereitungsmöglichkeiten größtenteils auf Sonderabfall-Deponien verbracht oder in Untertagedeponien eingelagert.

Da die Leuchtstoffe aufgrund ihrer Inhaltsstoffe, insbesondere der Seltenerdelemente ein Rohstoffpotenzial darstellen, ist eine Rückführung in den Produktionsprozess anzustreben. Die Seltenerdelemente sind hauptsächlich Bestandteil der Dreibandenleuchtstoffe. Es handelt sich vor allem um Yttrium, Europium, Terbium, Cer, Gadolinium und Lanthan. Der Seltenerdelementgehalt beträgt abhängig von der Rückgewinnung des Altleuchtstoffs bis zu 10 Gew.-%, berechnet als Oxid. Der jährliche Anfall an Altleuchtstoffen aus dem Leuchtstofflampenrecycling liegt in der EU bei etwa 80 Tonnen bezogen auf Y_2O_3:Eu.

Neben Leuchtstofflampen stellen die Leuchtstoffe der Kathodenstrahlröhren eine weitere bedeutende Rohstoffquelle für Seltenerdelemente dar. Sie enthalten je mittelgroße Röhre etwa zwanzig Gramm Leuchtstoffe, von denen ein Drittel auf Y_2O_2S:Eu entfällt [2]. Die American Standford Resources Inc. gibt an, dass der Markt für zu recycelnde Kathodenstrahlröhren von 275 Millionen Einheiten im Jahr 1999 auf 348 Millionen Einheiten im Jahr 2005 gewachsen ist. Zurzeit werden in der EU Altleuchtstoffe aus Kathodenstrahlröhren mit einem Inhalt von etwa zwanzig Tonnen Y_2O_2S:Eu jährlich zurückgewonnen.

2. Charakterisierung von Leuchtstoffen

Die Lichterzeugung in Leuchtstofflampen beruht auf der Anregung von Quecksilberatomen und der anschließenden UV-Lichtemission der Wellenlänge 254 nm. Diese energiereiche UV-Strahlung wird durch optische Anregung von Leuchtstoffen in energieärmeres sichtbares Licht und Wärme umgewandelt. Die Eigenschaft von Stoffen, einen Teil der durch Anregung aufgenommenen Energie als Strahlung im sichtbaren Spektralbereich wieder abzugeben, wird als Lumineszenz bezeichnet [4]. Bei Kathodenstrahlröhren geschieht die Anregung der Leuchtstoffe mittels eines Elektronenstrahls.

Leuchtstoffe sind synthetisch hergestellte anorganische Verbindungen, deren Fähigkeit zur Lumineszenz oft erst durch Einbau von Aktivatoratomen in das Kristallgitter erreicht wird. Diese bestimmen zum größten Teil das Lumineszenzspektrum und damit die Farbe des Lichtes. Die für die Produktion von Entladungslampen am häufigsten verwendeten Leuchtstoffe sind Halophosphat und der so genannte Dreibandenleuchtstoff. Für Kathodenstrahlröhren werden Leuchtstoffe auf sulfidischer Basis eingesetzt.

Halophosphate sind Fluor- oder Chlorapatite oder auch Strontiumhalophosphate, die jeweils mit dem Aktivator Antimon und dem Sensibilisator Mangan dotiert sind. Arsen- und cadmiumhaltige Leuchtstoffe werden wegen ihrer Toxizität seit etwa 1980 nicht mehr eingesetzt [5].

Als Dreibandenleuchtstoff wird ein Gemisch aus Rot-, Grün- und Blauleuchtstoffen bezeichnet [6]. Die ideale und in absehbarer Zeit alternativlose Rotkomponente ist das mit Europium dotierte Yttriumoxid [7]. Die Emissionseigenschaften dieser Verbindung wurden im Jahre 1964 von Wickersheim und Lefever [8] erstmals beschrieben. Als Grünkomponente wurde vor etwa fünfzehn Jahren vorzugsweise das mit Terbium dotierte Certerbiumaluminat und als Blaukomponente das mit Europium dotierte Bariummagnesiumaluminat eingesetzt.

Seit einigen Jahren werden auch mit Terbium dotiertes Lanthanphosphat oder Gadoliniumpentaborat als Grünkomponenten verwendet [9, 10]. Die chemische Zusammensetzung der gebräuchlichen Leuchtstoffe und deren Abkürzungen sind Tabelle 1 zu entnehmen.

Tabelle 1: Chemische Zusammensetzung von Leuchtstoffen aus Entladungslampen und Kathodenstrahlröhren

Halophosphat		
Calcium-Halophosphat	$Ca_5(PO_4)_3(F, Cl) : Sb^{3+}; Mn^{3+}$	weiß
Strontium-Halophosphat	$Sr_5(PO_4)_3(F, Cl) : Sb^{3+}; Mn^{3+}$	gelb-grün
Dreibandenleuchtstoff für Leuchtstofflampen		
Yttrium-Europium-Oxid (YOE)	$Y_2O_3 : Eu^{3+}$	rot
Bariummagnesiumaluminat (BAM)	$BaMg\,Al_{10}O_{17} : Eu^{2+}$	blau
Certerbiumaluminat (CAT)	$CeMgAl_{11}O_{19} : Tb^{3+}$	grün
Lanthanphosphat (LAP)	$(Ce,La)PO_4 : Tb^{3+}$	grün
Gadoliniumpentaborat (CBT)	$(Ce,Gd)MgB_5O_{10} : Tb^{3+}$	grün
Bildschirmleuchtstoff		
Yttrium-Europium-Oxosulfid	$Y_2O_2S:Eu^{3+}$	rot
Zinksulfid	ZnS:Ag	blau
Zinksulfid	ZnS:Cu, Al	grün

Die technische Einführung von Dreibandenleuchtstoff fand 1974 statt, nachdem bereits 1971 Untersuchungen von Koedam und Opstelten [11] gezeigt hatten, dass durch Kombination von drei Leuchtstoffen im Emissionsbereich von 450, 550 und 610 nm eine Lichtausbeute von 100 lm/W erreicht wird; im Vergleich dazu liefert eine 60 Watt-Glühlampe nur 15 lm/W. Aus diesem Grund nimmt der Marktanteil stetig zu. In Dreibandenleuchtstofflampen konnte bisher auf den Einsatz von Halophosphat jedoch nicht gänzlich verzichtet werden. Eine Halophosphatgrundierung auf der Innenseite der Glasröhre dient als Sichtblende in Bezug auf die Innenkonstruktion der Röhre, auf der anschließend der Dreibandenleuchtstoff aufgetragen wird. Seit 1990 ist die Dreibandenleuchtstofflampe auch als *Energiesparlampe* in unterschiedlichen Bauformen auf dem Markt. 1998 betrug der Anteil des Dreibandenleuchtstoffes an der insgesamt produzierten Leuchtstoffmenge der Osram GmbH bereits zwanzig Prozent.

Das zum Einsatz kommende Leuchtstoffpulver muss eine definierte Korngrößenverteilung haben, damit die Anforderungen bezüglich der UV-Absorption, der Lichtstreuung und der Haftung an der Glaswand gleichermaßen erfüllt sind.

Ausreichende Haftung wird nur von sehr kleinen Partikeln, deren Lichtausbeute allerdings geringer ist als die der größeren Partikeln, erreicht [12]. Bei den Dreibandenleuchtstoffen wird ein d_{50}-Wert von 5 µm eingestellt; bei Halophosphat beträgt der d_{50}-Wert 10 bis 15 µm.

Die Auftragung der Leuchtstoffe bei Leuchtstoffröhren geschieht in Form einer dünnen Schicht auf der Innenseite des Glaskolbens. Dies wird zweckmäßig nach Suspendieren in einem leicht verdampfbaren Lösungsmittel (z.B. Butylacetat) oder auch in Wasser durch Sprühen oder Spülen sowie durch Sedimentieren erreicht. Zur Steigerung der Haftfähigkeit auf der Unterlage werden oft Bindemittel zugegeben (z.B. Nitrocellulose). Nach einer anschließenden Trocknung bei 550 bis 650 °C sollten sich Lösungs- sowie Bindemittel wieder restlos verflüchtigt haben. Um die Fließfähigkeit der Pulver zu verbessern, werden gelegentlich auch Aerosile (SiO_2) oder hochdisperses Al_2O_3 in geringen Mengen zugemischt.

Eine handelsübliche 58 Watt-Leuchtstoffröhre mit einer Länge von 1,5 Meter wiegt 216 g; das entspricht 200 g Kalknatronglas, 5 g Leuchtstoff, 11 g Endkappen (bestehend aus Gestell und Sockel) sowie 0,02 g Quecksilber. Der Leuchtstoff ist ein Gemisch aus achtzig Prozent Halophosphat, zehn Prozent YOE und je fünf Prozent CAT und BAM. Tabelle 2 gibt einen Überblick über die bei der Leuchtstoffröhrenfertigung verwendeten Materialien in Gestell und Sockel.

Tabelle 2: Übersicht über die bei der Herstellung von Gestell und Sockel von Leuchtstoffröhren verwendeten Werkstoffe

Gestell		Sockel	
Inhaltsstoffe	**Menge**	**Inhaltsstoffe**	**Menge**
Halterung • Bleisilikatglas	4,4 g	**Hülsen** • Aluminium • Messing, vernickelt	1,4 g
Emitter • Calcium-, Strontium-, Bariumoxid	0,03 g	**Sockelstifte** • Messing	1,0 g
Stromzuführung und Haltedraht • Stahlband • Nickel/Mangandraht (vernickelt) • Kupfermanteldraht • Stahldraht (verkupfert) • Nickeldraht	1,1 g	**Kitt** • Harzanteil (20 %) * Phenolharz/Polyvinylbuturat • Füllstoffe (80 %) * Kalkspat * Talkum * Kittkreide	2,0 g
Wendel • Wolfram	0,1 g	**Isolierplättchen** • melaminkaschiertes Hartpapier oder Pressstoff	1,0 g

Quellen:

Osram GmbH: Info-Liste, Inhaltsstoffe Zentraler Umwelt- und Strahlenschutz, Blatt 3.2, Mai, 1994

Tiltmann, K. O.; Schüren, A.: Recyclingpraxis Elektronik, S. 164, Verlag TÜV Rheinland GmbH, Köln, 1994

In typischen Kathodenstrahlröhren für Fernsehgeräte wird bei der Herstellung die Innenseite des Bildschirms zunächst mit einer Schwarzmaske bestehend aus Graphitpigmenten beschichtet. Auf den frei gebliebenen Stellen werden in drei getrennten Arbeitsschritten die Bildpunkte für die Farben rot, blau und grün aufgetragen und anschließend der Bildschirm innen ganzflächig mit Aluminium bedampft. Weitere Einbauten sind die Schattenmaske und das Elektronenstrahlsystem.

3. Altleuchtstoffe

Es sind zahlreiche Verwertungsverfahren für Leuchtstofflampen entwickelt und in die Praxis eingeführt worden. Auf dem Markt haben sich die trockenen Shredderverfahren gegenüber den Zerlegeverfahren durchgesetzt, obwohl sie die weitere Trennung der Wertstoffe deutlich erschweren.

Beim Shredderverfahren werden die Leuchtstofflampen und die Kathodenstrahlröhren unabhängig von ihrer Form in einer mittels Zyklon entstaubten Hammermühle trocken zerkleinert und anschließend klassiert (Bild 1). Im Wesentlichen fallen dabei Glasbruch und nur wenig verformte Endkappen oder Metallkomponenten des Elektronenstrahlsystems an. Während das Grobgut auf einer Zweidecksiebmaschine abgetrennt wird, auf der die Separation in Glas und Metall stattfindet, erfolgt die Abreicherung des Mahlgutes an Leuchtstoff durch Zyklonierung, durch Siebung sowie in der gesamten pneumatischen Förderstrecke. Gasförmiges Quecksilber wird im Aktivkohlefilter adsorbiert [15].

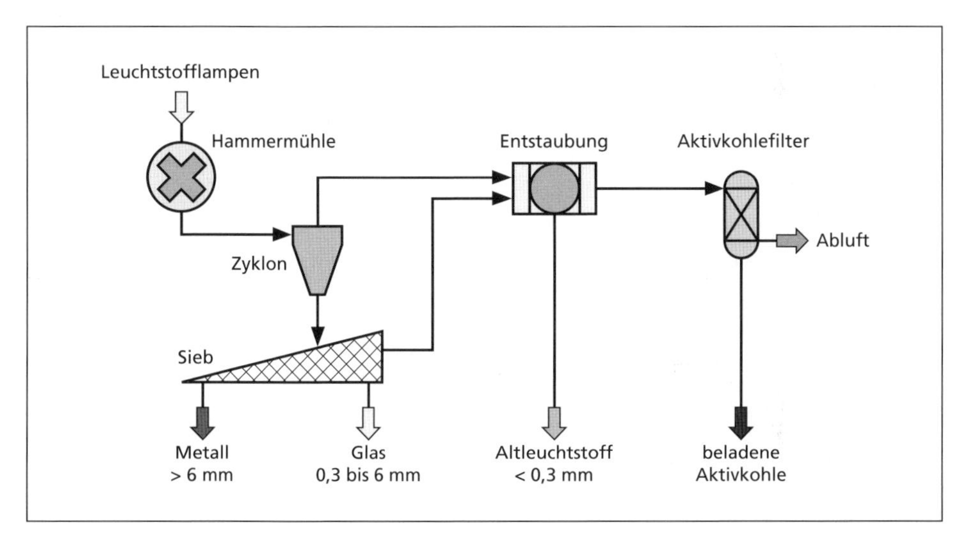

Bild 1: Schematische Darstellung der Leuchtstofflampenverwertung und der CRT-Verwertung in einer Shredderanlage

Quelle: Schimrosczyk, B.: Recycling von Yttriumeuropiumoxid aus Altleuchtstoffen, Dissertation TU Clausthal, 2004

Die Fraktion > 6 mm enthält die Metallreste. Der Altleuchtstoff wird in der Fraktion < 0,3 mm aufgefangen. Die Altleuchtstofffraktion ist ein Gemisch von Leuchtstoffen und Glasstaub, wobei der Anteil an Glasstaub überwiegt.

In der Gesamtbilanz ergeben sich im Falle von Leuchtstofflampen im Mittel

- 91 Prozent Zusatzstoff für die Produktion von minderwertigen Glassorten,
- 4 Prozent Metallschrott,
- 5 Prozent leuchtstoffhaltiger Glasstaub.

Einige Shredderanlagen arbeiten mit Quecksilberrückgewinnung nach dem MRT-Verfahren (*Mercury Recovery Technology*). Bei einem Druck von 500 bis 900 mbar wird das Material in der Vakuumglocke bis auf 600 °C erhitzt. Im Verlauf des Prozesses steigt der Quecksilberanteil im Gas ständig an und kann im Anschluss in einem Abkühlprozess als metallisches Quecksilber kondensiert werden.

Bei dem von der Osram GmbH entwickelten Kapptrennverfahren (Bild 2) handelt es sich um eine trockene Zerlegung ausschließlich von Leuchtstoffröhren [16]. Aus dem beidseitig geöffneten Glasrohr wird das quecksilberhaltige Leuchtstoffpulver mit Pressluft ausgeblasen und aus dem Luftstrom mit Hilfe einer Zyklonstufe und nachgeschaltetem Feinstaubfilter abgeschieden. Die letzte Stufe der Entstaubung bildet ein Aktivkohlefilter, um auch noch Spuren von Quecksilber zu erfassen. Durch optische Vorsortierung kann der seltenerdelementhaltige Leuchtstoff von den minderwertigen Halophosphaten deutlich entfrachtet werden.

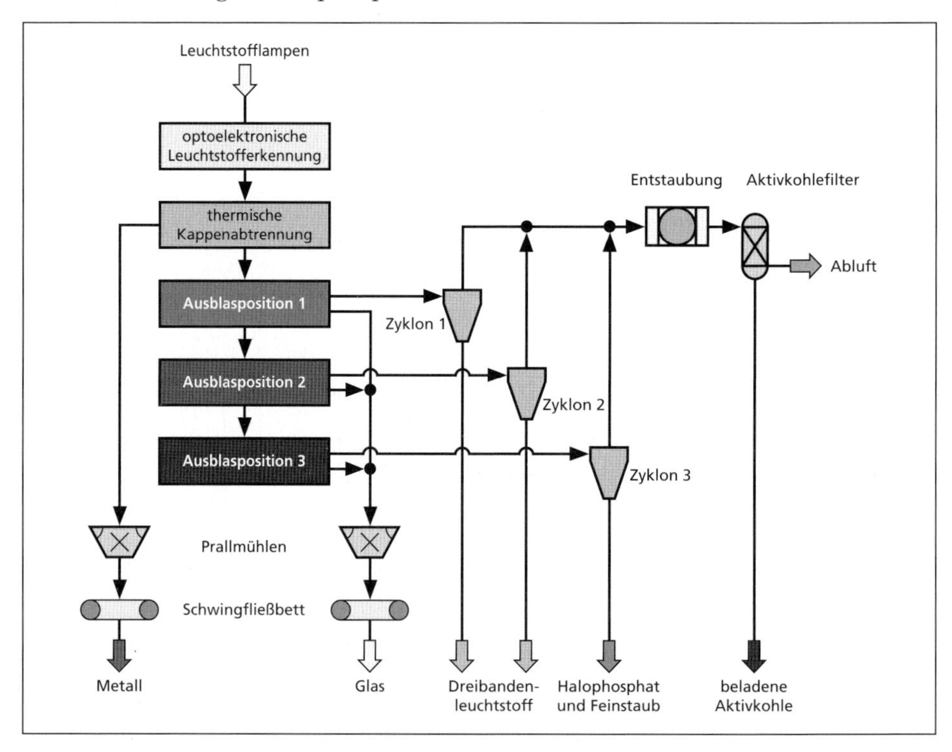

Bild 2: Schematische Darstellung der Zerlegung von stabförmigen Leuchtstofflampen nach vorhergehender optischer Identifizierung der Leuchtstoffschichten in einer Kapptrennmaschine

Quelle: Schimrosczyk, B.: Recycling von Yttriumeuropiumoxid aus Altleuchtstoffen, Dissertation TU Clausthal, 2004

In der Gesamtbilanz ergeben sich für die eingesetzte Lampenmasse im Mittel

- 85 Prozent Glas für die Produktion hochwertiger Leuchtstofflampen,
- 7 Prozent Metallschrott,

- 5 Prozent Siedlungsabfall und
- 3 Prozent Leuchtstoffkonzentrat.

Typische chemische Zusammensetzungen von Leuchtstoffgemischen aus dem Shredder- und Kapptrennverfahren zeigt Tabelle 3.

Tabelle 3: Beispiel für chemische Zusammensetzung der Kapptrenn- und Shredder-Materialien (jeweils auf 100 % normiert)

Bauteil	Komponente	Kapptrennanlage %	Shredderanlage %
Leuchtstoff	Y_2O_3	7,402	0,579
	Eu_2O_3	0,293	0,028
	Ce_2O_3	0,457	0,037
	Tb_2O_3	0,291	0,027
	Gd_2O_3	0,114	0,015
	La_2O_3	0,065	0,011
	P_2O_5	34,492	1,895
	MnO	0,982	0,065
	Sb_2O_3	0,875	0,103
	SrO	3,953	0,299
	MgO	0,469	0,034
	CaO	43,282	2,325
	BaO	0,261	0,066
	Al_2O_3	4,530	0,439
	B_2O_3	0,253	0,164
	Summe	**97,719**	**6,087**
Glas		1,045	93,16
Metall		0,485	0,277
Organik		0,751	0,476

Quelle: Schimrosczyk, B.: Recycling von Yttriumeuropiumoxid aus Altleuchtstoffen. Dissertation TU Clausthal, 2004

Aus der Gehaltsanalyse lässt sich entnehmen, dass die Seltenerdelemente Yttrium (Y), Europium (Eu), Terbium (Tb), Gadolinium (Gd), Lanthan (La) und Cer (Ce), im Kapptrenn-Material in wesentlich höherer Konzentration als im Shredder-Material vorliegen. Die Komponenten eines typischen Dreibandenleuchtstoffgemisches stehen zueinander in einem bestimmten Verhältnis, das von der Farbmischung abhängig ist. Die ermittelten Gehalte an Seltenerdelementen entsprechen einer Zusammensetzung des Dreibandenleuchtstoffgemisches.

Beim Zerlegeverfahren für Fernsehbildschirme wird die Lötverbindung zwischen Front- und Konusglas durch Erhitzen aufgesprengt, die Einbauten entnommen und die Leuchtstoffschicht unter leichtem Schaben abgesaugt. Die gesamte Demontage wird von Hand vorgenommen und ist dementsprechend arbeitsaufwendig. Die Produkte fallen sortenrein an, so dass die Leuchtstofffraktion ausschließlich die Beschichtungskomponenten enthält.

4. Erzeugung von Altleuchtstoffkonzentraten

Altleuchtstoffe unterscheiden sich in ihrer Zusammensetzung durch das vorhergehende Entsorgungsverfahren für Leuchtstofflampen oder Kathodenstrahlröhren. Im Fall des Verzichts auf die Glasrückgewinnung kommt es durch das Shreddern zu einer signifikanten Verdünnung insbesondere durch Glasstaub, so dass mechanische, chemische oder thermische Aufbereitungsmethoden, wie sortierende Klassierung, Flotation oder Destillation zur chemischen Veredelung erforderlich sind. Da die Leuchtstoffe aus Leuchtstofflampen in Bezug auf das Massenaufkommen den wesentlich größeren Anteil darstellen – etwa achtzig Prozent –, beziehen sich die hier gebrachten Beispiele auf den Leuchtstoff aus Leuchtstoffröhren. Bei der chemischen Veredelung werden die Massenströme aus Leuchtstoffröhren und Kathodenstrahlröhren zusammengeführt.

4.1. Sortierende Klassierung

Voraussetzung für eine erfolgreiche Stofftrennung von leuchtstoffhaltigem Shredder-Material durch sortierende Klassierung ist ein deutlicher Unterschied der x_{50}-Werte und eine nicht zu breite Kornverteilung der zu trennenden Komponenten. Gehalt und Ausbringen einer betrachteten Komponente im Feingut und Grobgut können dann für einen beliebigen Trennschnitt mit Hilfe einer von Neeße [17] entwickelten Methode zur Auswertung der Siebgehaltsanalyse vorhergesagt werden [18].

Zur Beschreibung des vorliegenden Trennproblems werden die für jede Korngrößenklasse analysierten Elemente den drei Komponenten – Leuchtstoffe, Glas und Metalle – zugeordnet.

In Tabelle 4 sind Ausbringen und Zusammensetzung der durch Siebklassierung bei 25 µm und bei 50 µm erzeugten Grob- und Feinprodukte zusammengestellt. Die Verringerung der Masse des Leuchtstoffkonzentrates auf 10,0 Prozent bzw. 13,5 Prozent unter Annahme einer idealen Klassierung und das hohe Leuchtstoffausbringen im Feingut von 96,8 Prozent bzw. 98,1 Prozent sind für beide Trennschnitte befriedigend. Eine trockene Klassierstufe, zur Begrenzung der erforderlichen Siebfläche bevorzugt bei 50 µm, ist daher verfahrenstechnisch zweckmäßig. Das Leuchtstoffkonzentrat wird hierbei im Wesentlichen von Glas und teilweise von Metallen entfrachtet; die Dekontamination des Wertstoffes von lumineszenzvermindernden Stoffe bleibt der nachfolgenden Laugung des Feingutes vorbehalten.

Ebenso kann der Fremdstoffanteil im Glas nur vermindert werden; die Reinheit des gewonnenen Glases bleibt unzureichend. So wird beispielsweise der geforderte Eisengehalt von < 5 g/t unabhängig von der Wahl des Siebschnittes deutlich verfehlt. Auch Quecksilber ist über den gesamten Korngrößenbereich verteilt und zwingt zur Einstufung der Glasfraktion als besonders überwachungsbedürftigen Abfall. Auf gleiche Weise wird auch der nach dem Ausblasverfahren erhaltene Altleuchtstoff behandelt. Der Verfahrensschritt ist dann vorrangig eine Schutzsiebung.

Tabelle 4: Ausbringen und Gehalte der Klassierprodukte bei idealer Trennung (Fehlbetrag der Gehalte: Kunststoffe, Quecksilber usw.)

Fraktion	Ausbringen				Gehalt		
	Masse	Leucht-stoff	Glas	Metalle	Leucht-stoff	Glas	Metalle
	%				%		
Aufgabe	100	100	100	100	7,4	91,9	0,28
d_T = 50 µm							
Feingut	13,5	98,1	6,7	43,6	53,5	45,5	0,89
Grobgut	86,5	1,9	93,3	56,4	0,16	99,1	0,18
d_T = 25 µm							
Feingut	10,0	96,8	3,0	22,9	71,2	28,0	0,63
Grobgut	90,0	3,2	97,0	77,1	0,26	99,0	0,24

Quelle: Banza Numbi, A.; Kähler, J.; Gock, E.: CRAFT Project RELUC: Recycling of luminous substances from end-of-life cathode ray tubes. Contract No. GIST-CT-2002-5031, 2005

4.2. Flotation

Eine weitere Anreicherung der yttriumhaltigen Wertstoffe ist durch Flotation möglich. Hierdurch wird nicht nur eine Massenreduzierung wie im Falle der Glasabtrennung, sondern auch eine entscheidende Reagenzieneinsparung bei der nachfolgenden Halophosphatlaugung erzielt. Unter Einsatz von Oxhydrylsammlern und Na_2SiO_3 als Drücker werden etwa siebzig Prozent des vorlaufenden Halophosphats bei höchstens zehn Prozent Yttriumverlust flotiert, wobei dieser Verlust durch eine anschließende Reinigungsflotation gesenkt werden kann. In einer weiteren Flotationsstufe wird die Yttriumkomponente aus dem feinglashaltigen Gemisch in Gegenwart von Na_2SiF_6 als Drücker mit etwa 95 %iger Ausbeute abgetrennt. Nahezu sechzig Prozent des Glases bleiben in den Abgängen, so dass das Yttriumkonzentrat durch Siebung und Flotation um insgesamt mehr als 95 Prozent vom vorlaufenden Glas entfrachtet wird. Das Leuchtstoffkonzentrat aus dem Ausblasverfahren muss nur die Halophosphatflotationsstufe durchlaufen, während die Bildschirmleuchtstoffe aus dem Shredderverfahren zur Glasabtrennung flotiert werden.

4.3. Thermische Umsetzung

Da der yttriumhaltige Leuchtstoff aus Kathodenstrahlröhren (Y_2O_2S:Eu) nicht laugbar ist, muss er zunächst in das Oxid umgewandelt werden. Dies gelingt bei 800 °C in Gegenwart von KOH, wobei das Sulfid teilweise oxidiert wird und als K_2S oder K_2SO_4 gebunden wird. ZnS wird nicht angegriffen, wenn unter CO_2-Atmosphäre gearbeitet wird.

5. Strategien zur chemischen Veredelung

Die Verwertungsstrategien für Altleuchtstoffe haben sich gewandelt. Während noch vor wenigen Jahren größtes Interesse an einzelnen hochwertigen Leuchtstoffkomponenten, z.B. Y_2O_3:Eu, bestand, richtet sich jetzt das Interesse auf synthetische Seltenerdelementkonzentrate, die alle zur Leuchtstoffherstellung benötigten Seltenerdelemente, insbesondere hohe Gehalte der wirtschaftlich relevanten und knappen Elemente Terbium und Europium, enthalten. Nachfolgend werden zwei Verfahrensvarianten beschrieben, die jeweils eine der genannten Strategien verfolgen.

5.1. Erzeugung von reinem Yttrium-Europium-Oxid und Leuchtstoffgemischen

Mit dem Ziel der Gewinnung von europiumdotiertem Yttriumoxid aus Leuchtstoffen von Leuchtstoffröhren oder Kathodenstrahlröhren wurde ein Verfahren in Zusammenarbeit mit der Osram GmbH entwickelt [1, 2, 19]. Wie Bild 3 zu entnehmen ist, werden von den seltenerdelementhaltigen Leuchtstoffabfällen aus den heute gebräuchlichen Shredderanlagen ggf. Grobbestandteile und Glas durch Trockensiebung z.B. mit einer Taumelsiebmaschine bei 50 µm und Halophosphat durch Flotation (1) abgetrennt, um für die nachfolgenden nasschemischen Verfahrensschritte die Feststoffmenge zu reduzieren.

Das Altleuchtstoffkonzentrat wird mit verdünnter Salpetersäure versetzt. Die Feststoffanfangskonzentration ist auf 200 g/l einzustellen. Die Konzentration der Salpetersäure ist so zu bemessen, dass am Ende der Reaktion der ersten Laugungsstufe (2) eine Säurekonzentration von 1 N vorliegt. Durch Kühlen ist sicherzustellen, dass die Temperatur der Suspension während der Säurezugabe 25 °C nicht überschreitet. Die Laugungsdauer der ersten Laugungsstufe beträgt drei Stunden. Die Laugung mit Salpetersäure unter den angegebenen Bedingungen ermöglicht eine weitgehend vollständige Abtrennung der Halophosphatkomponente. Durch Zugabe von 400 ml NaOCl (13 Prozent aktives Chlor) pro Kilogramm Altleuchtstoff kann das gesamte Quecksilber in Lösung gebracht werden.

Nach Abtrennung der erzeugten salpetersauren Calciumphosphatlösung durch Dekantieren ist eine Wäsche des Laugungsrückstandes erforderlich, um anhaftende Mutterlauge zu entfernen. Die Wäsche wird mehrstufig im Gegenstrom vorgenommen und zwischen den einzelnen Waschstufen dekantiert (3).

Die nach der Fest/Flüssig-Trennung anfallende Laugungslösung enthält neben Phosphorsäure und Calciumnitrat auch Beimengungen toxischer Metalle. Für eine Verwertung beispielsweise in der Düngemittelindustrie ist daher eine Laugenreinigung erforderlich. Die Metalle werden durch eine kombinierte Sulfid-, Sulfat- und Silikatfällung (4) abgetrennt. Arsen, Quecksilber und Cadmium können als Sulfid nahezu vollständig abgetrennt werden. Die Antimonkonzentration wird auf < 400 mg/l gesenkt. Strontium wird als schwerlösliches Strontiumsulfat zu 95 Prozent abgeschieden. Die komplexe Bindung und Ausfällung von Fluorid gelingt nur zu 80 Prozent; etwa 1 g/l Fluorid verbleibt in der Lösung.

Die gereinigte phosphorsaure Calciumnitratlösung kann für die Herstellung von Stickstoffphosphat-Düngemitteln eingesetzt werden. Aus wirtschaftlicher Sicht ist allerdings die Rückgewinnung der Salpetersäure anzustreben. Durch

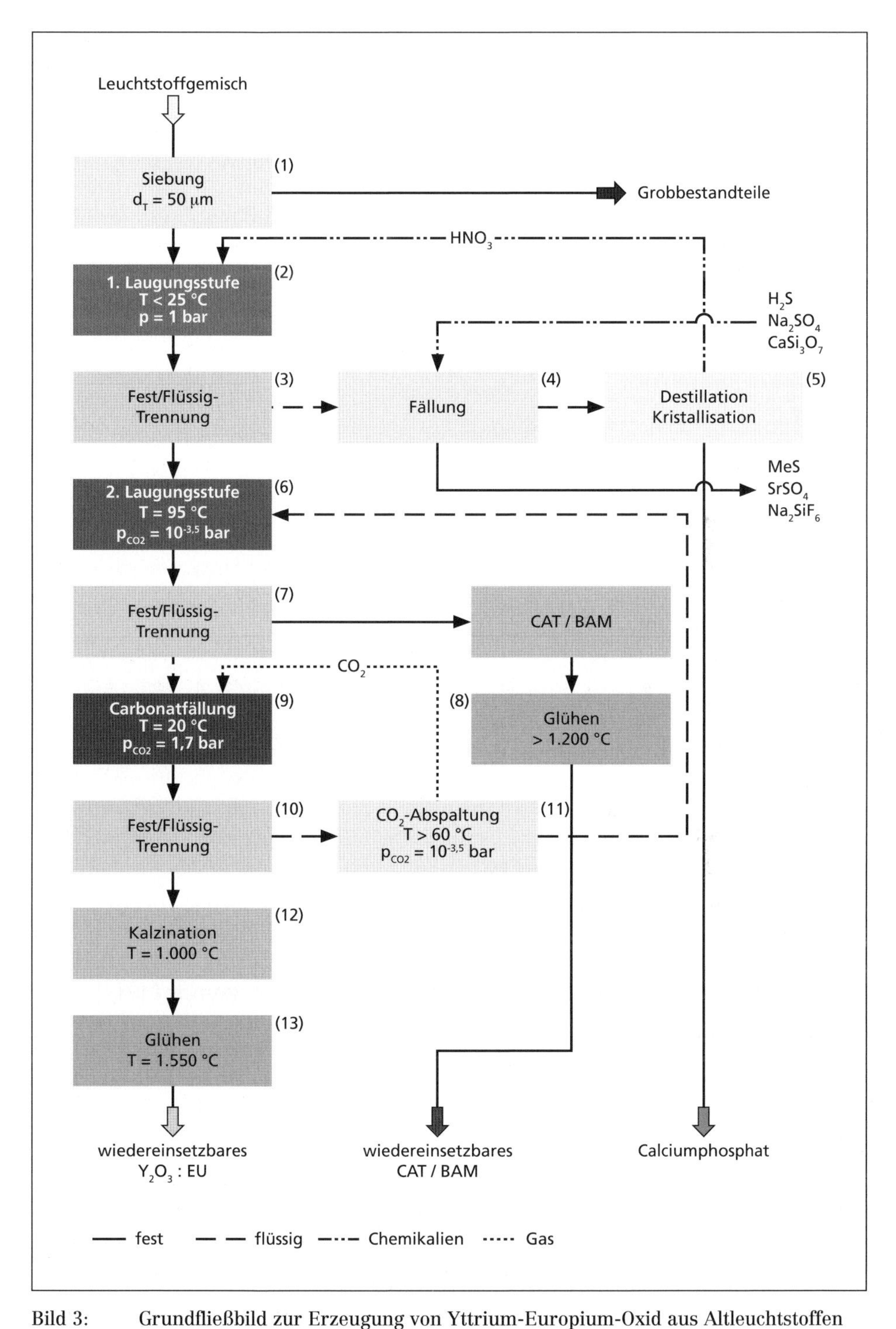

Bild 3: Grundfließbild zur Erzeugung von Yttrium-Europium-Oxid aus Altleuchtstoffen

Quelle: Schimrosczyk, B.: Recycling von Yttriumeuropiumoxid aus Altleuchtstoffen, Dissertation TU Clausthal, 2004

Vakuumdestillation können bei gleichzeitigem Zusatz von Phosphorsäure zur Kristallisation von Calciumphosphat 95 Prozent der Salpetersäure zurückgewonnen werden (5). Der Rückstand besteht aus einem sekundären Calciumphosphat, das in der Düngemittelindustrie verwertet werden kann. Die abdestillierte Säure wird wieder in den Prozess eingespeist. Der verfahrenstechnische Aufwand insbesondere hinsichtlich der Werkstoffwahl ist allerdings sehr hoch, so dass die weitgehende mechanische Vorabtrennung des Halophosphats durch Flotation zu bevorzugen ist.

Der verbleibende Seltenerdelementleuchtstoff, im Wesentlichen bestehend aus CAT, BAM und Y2O3:Eu, wird in der zweiten Laugungsstufe (6) mit Kaliumcarbonatlösung bei einer Kalium-Konzentration von 4 mol/l im offenen System eine Stunde bei einer Temperatur von 95 °C gelaugt. Der pH-Wert steigt dabei infolge Hydrogencarbonatverbrauchs von etwa 10 auf nahezu 12. Nach Fest/Flüssig-Trennung (7) und Nachreinigung z.B. mit Mineralsäure bei Temperaturen > 80 °C, wird der Feststoff, bestehend aus CAT und BAM, unter den bei der Leuchtstoffherstellung üblichen Bedingungen geglüht (8) und steht als Gemisch für den Wiedereinsatz als Luminophor mit geringfügig verminderter Qualität zur Verfügung. Das Filtrat wird von eventuell vorhandenen Schwebstoffen befreit, indem nach Rühren mit Aktivkohle oder unmittelbar über eine Aktivkohleschüttung filtriert wird.

Das Filtrat mit einem pH-Wert von nahezu 12 enthält Yttrium und Europium in Form löslicher Carbonatkomplexe. Aus den vorhergehenden Untersuchungen ist bekannt, dass durch Veränderung des CO_2-Partialdruckes Einfluss auf Art und relativen Anteil der Komplexe in der Lösung und somit auf die Löslichkeit von Yttrium und Europium genommen werden kann. Die yttrium- und europiumhaltige Lösung wird bei Raumtemperatur unter ständigem Rühren mit CO_2 bei einem Druck von $p_{CO2} = 1{,}7$ bar begast (9). Dabei kommt es zur Ausfällung von (Y, Eu-) Carbonaten und der pH-Wert der Lösung fällt auf etwa 8 ab. Die Yttrium- und Europiumkonzentrationen in der Lösung vermindern sich von 28 g/l bzw. 1,4 g/l auf 1,12 g/l bzw. 0,021 g/l bei einem pH-Wert von 8.

Die ausgefällten Carbonate sind zu einem geringen Teil Mischsalze aus K_2CO_3 und $Y_2(CO_3)_3/Eu_2(CO_3)_3$. Daher ist der Feststoff nach der Fest/Flüssig-Trennung (10) mit ausreichenden Mengen an reinstem, heißem Wasser kaliumfrei zu waschen. Der Wasserbedarf lässt sich auf geringste Mengen senken, indem der Filterkuchen auf einer Drucknutsche mit überhitztem Wasserdampf durchströmt wird. Das erhaltene Yttriumeuropiumcarbonat wird durch Kalzinieren (12) zu Y_2O_3:Eu umgesetzt und anschließend bei 1.550 °C geglüht (13). In der carbonathaltigen Lauge können das nötige CO_3^{2-}/HCO_3^- -Verhältnis und der sich daraus ergebende pH-Wert von 10 durch Erwärmen der Lösung unter CO_2-Ausgasung bei leichtem Vakuum schnell erreicht werden (11). Regenerierte Aufschlusslösung und CO_2 werden in den Prozesskreislauf zurückgeführt [20, 21, 22].

Das für Leuchtstoffe aus Leuchtstoffröhren dargestellte Verfahren wurde für die Veredelung von Leuchtstoffen aus Kathodenstrahlröhren erweitert. Es ergibt sich ein modifizierter Verfahrensgang. Der Unterschied besteht in der thermischen Vorbehandlung der Sulfide zur Umwandlung in Oxide in einem Muffelofen. Das thermisch behandelte Material durchläuft die gleichen Laugeprozessstufen wie die Altleuchtstoffe aus Leuchtstoffröhren.

5.2. Erzeugung von synthetischen Seltenerdelementkonzentraten

Diese ebenfalls in Zusammenarbeit mit der Osram GmbH entstandene Verfahrenstechnik stellt den vorläufigen Abschluss der Entwicklungsarbeiten zum Recycling von Altleuchtstoffen dar [3, 23].

Es handelt sich um folgende Laugungsstufen: 1. Abtrennen des Halophosphats mit HCl, 2. Extraktion der in Säure leichtlöslichen Seltenerdelement-Verbindungen, 3. Extraktion der in Säure schwerlöslichen Seltenerdelement-Verbindungen, 4. Aufschluss und 5. Laugung der verbleibenden seltenerdelementhaltigen Komponenten gemäß dem Hauptablaufschema (Bild 4). Die Endbehandlung der fertigen Seltenerdelement-Konzentrate in Form von seltenerdelementhaltigen

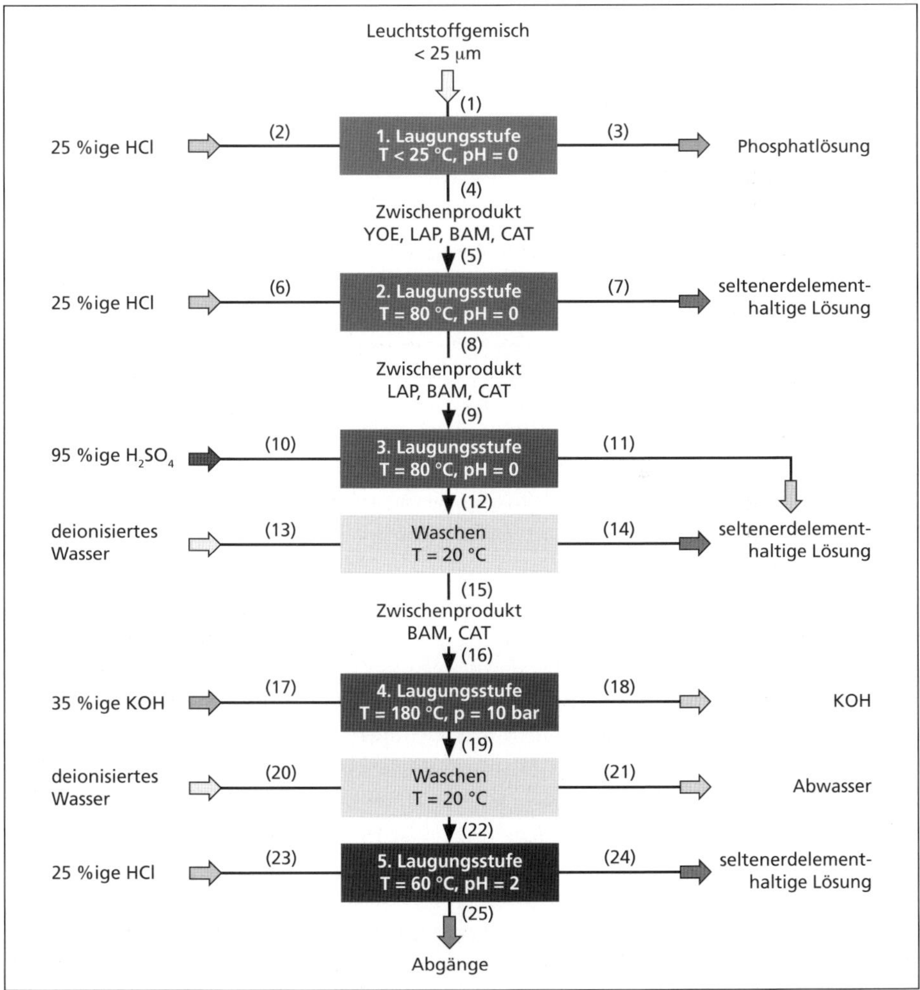

Bild 4: Verfahrensstufen und Stoffströme beim Prozess zur Erzeugung der Seltenerdelementkonzentrate gemäß dem Hauptablaufschema

Quelle: Wojtalewicz-Kasprzak, A.: Erzeugung von synthetischen Selten-Erd-Konzentraten aus Leuchtstoffabfällen, Dissertation TU Clausthal, 2007

Lösungen wird nicht berücksichtigt, da diese Prozessstufe mit einem Standard-Verfahren für Seltenerdelemente realisiert wird. In der 1. Laugungsstufe stellt der halophosphatfreie Rückstand ein Zwischenprodukt und die halophosphathaltige Mutterlauge ein Endprodukt dar. Letztere wird der Abwasserbehandlungsanlage zugeführt. Der Abwasseraufbereitungsprozess wird mit einem Standard-Verfahren durchgeführt und damit bei der Bilanzierung vernachlässigt. In den Laugungsstufen 2 und 3 wird der halophosphatfreie Rückstand mit konzentrierten Säuren behandelt. Als Endprodukte der jeweiligen Laugungsstufen werden seltenerdelementhaltige Lösungen gewonnen. Der ungelöste seltenerdelementhaltige Rückstand wird der 4. Laugungsstufe zugeführt. Hier werden die Seltenerdelemente durch einen basischen Aufschluss unter Druck extrahiert und liegen als Endprodukt in der Lösung vor. Der verbliebene Rückstand, der aus ungelösten Bestandteilen (Glassplittern) besteht, wird als Abfall angesehen und deponiert. Die seltenerdelementhaltigen Lösungen können einer Fällanlage oder direkt einem Seltenerdelementverwerter zugeführt werden. Die für die genannten Laugungsstufen relevanten Stoffströme sind mit Nummern gekennzeichnet dargestellt.

Tabelle 5: Einsatzstoffe, Zwischen- und Endprodukte bei der Aufbereitung von 100 kg halophosphathaltigem Kapp-Trenn-Leuchtstoffgemisch

Prozess	Einsatzstoffe	Zwischenprodukte	Endprodukte
1. Laugungsstufe: Abtrennen des Halophosphats 100 kg Kapp-Leuchtstoffgemisch (54,7 kg Halophosphat)			
kalte Laugung (Stoffströme 1-4)	100 l deion. Wasser 200 l 25 %ige HCl 45 l deion. Wasser	45,3 kg YOE, LAP, BAM, Cat	345 l-Mutterlauge
2. Laugungsstufe: Extraktion leichtlöslicher Seltenerdelement-Verbindungen in Säuren 45,3 kg seltenerdhaltiger Rückstand (21,0 kg Yttriumeuropiumoxid)			
heiße Laugung (Stoffströme 5 – 8)	45 l deion. Wasser 90 l 25 %ige HCl	24,3 kg LAP, BAM, CAT	166,8 kg seltenerdelementhaltige Lösung
3. Laugungsstufe: Extraktion schwerlöslicher Seltenerdelement-Verbindungen in Säuren 24,3 kg seltenerdhaltiger Rückstand (1,6 kg Lanthanphosphat mit Cer, Terbium dotiert)			
heiße Laugung (Stoffströme 9 – 12)	72 l deion. Wasser 24 l 25 %ige H_2SO_4	22,7 kg BAM, CAT	161,2 kg seltenerdelementhaltige Lösung
4. Laugungsstufe: Basischer Aufschluss verbliebener Seltenerdelement-Komponenten 22,7 kg seltenerdhaltiger Rückstand (2,1 kg BAM, 18,9 kg CAT)			
Autoklaven-Aufschluss (Stoffströme 16 – 19)	69 l 35 %ige KOH		33 l KOH
Waschen (Stoffströme 20 – 22)	178 l deion. Wasser		207,3 kg Abwasser
5. Laugungsstufe: Extraktion der Seltenerdelement-Verbindungen in Säure			
heiße Laugung (Stoffströme 23 – 25)	110 l 25 %ige HCl		123,2 kg seltenerdelementhaltige Lösung 1,7 kg Abfall

Quelle: Wojtalewicz-Kasprzak, A.: Erzeugung von synthetischen Selten-Erd-Konzentraten aus Leuchtstoffabfällen, Dissertation TU Clausthal, 2007

In Tabelle 5 werden die aus dem vorher beschriebenen Stoffstrom resultierenden typischen Massen an Einsatzstoffen, Zwischen- und Endprodukten für die Prozessstufen von 1 bis 4 beispielhaft für ein Ausgangsmaterial von hundert Kilogramm halophosphathaltigem Kapptrenn-Leuchtstoffgemisch zusammengestellt.

Bei der Aufbereitung von hundert Kilogramm Kapptrenn-Leuchtstoffgemisch werden 21,3 Kilogramm der reinen Seltenerdelemente zurückgewonnen, die hierbei in Form von seltenerdelementhaltigen Lösungen anfallen. Eine typische Massenverteilung der zurückgewonnenen Seltenerdelemente wird in Tabelle 6 dargestellt.

Tabelle 6: Masse an reinen Seltenerdelementen aus der Aufbereitung von 100 kg Kapptrenn-Leuchtstoffgemisch in seltenerdelementhaltigen Lösungen

Seltenerdelemente	Cer	Europium	Lanthanum	Terbium	Yttrium
Masse (kg)	2,5	1,4	0,6	1,5	15,3

6. Perspektiven

Die bereits erwähnte monopolistische Struktur bei der Produktion von Seltenen Erden zeigt die Entwicklung zwischen 1950 und dem Jahr 2000 [24]. Aus Bild 5 geht hervor, dass die Produktion der Seltenen Erden fast vollständig in der Hand chinesischer Unternehmen ist; die USA und andere Erzeuger verfügen über einen Anteil von maximal zehn Prozent.

Die höchsten Preise wurden 2007 für Terbium und Europium mit 723 EUR/kg bzw. 586 EUR/kg Metall erzielt; Yttrium ist mit 42 EUR/kg Metall angegeben [24].

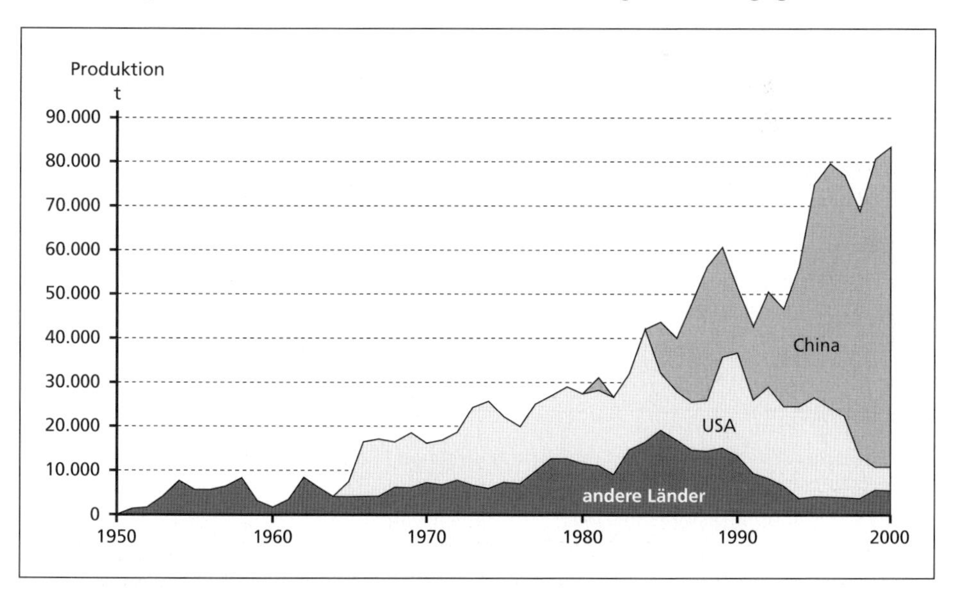

Bild 5: Produktionsentwicklung der Seltenerdelementoxide seit 1950

Quelle: Lewy, H.-I.: Seltene Erden – die metallischen Rohstoffe für die Zukunftstechnologien. London (2007) http://www.crystal-consult.com

Die Konzentrierung auf die Rückgewinnung hochreiner Leuchtstoffkomponenten muss aus wirtschaftlichen Gründen der Herstellung von synthetischen Konzentraten das Feld räumen. Der Wert einer Tonne synthetischen Konzentrats liegt etwa hundert Prozent über dem für Konzentrate aus natürlichen Vorkommen. Obgleich der Herstellungsprozess für synthetische Selten-Erd-Konzentrate verglichen mit der Herstellung aus natürlichen Erzen aufwendiger ist, hat die Kostenkalkulation der Osram GmbH ergeben, dass das hier vorgestellte Verfahren zur Herstellung synthetischer Konzentrate mit Gewinn betrieben werden kann. Darüber hinaus wird ein verfügbares Rohstoffpotenzial auf den Markt gebracht, das die Preise für die Industrie positiv beeinflussen kann. Ein weiterer Aspekt ist die Schonung natürlicher Ressourcen. Für den Anfall von Seltenerdelementoxiden in den Stufen HCl-Laugung, H_2SO_4-Laugung und KOH-Aufschluss ist mit 275 kg Seltenerdelementkonzentrat pro Tonne Leuchtstoffabfall zu rechnen. Der Erlös für dieses Konzentrat liegt in der Größenordnung von 9.000 Euro.

7. Zusammenfassung

Im Elektro- und Elektronikgerätegesetz (ElektroG) von 2005 ist die Rücknahme von Leuchtstoffröhren und Kathodenstrahlröhren geregelt. Als Vorbehandlungsmaßnahme vor dem Deponieren hat sich das Shreddern durchgesetzt. Im Hinblick auf den angespannten Rohstoffmarkt für Seltenerdelemente wird der Leuchtstoffinhalt mit den Seltenerdelementen Yttrium, Europium, Terbium, Gadolinium, Lanthan und Cer für ein Recycling attraktiv.

Es werden zwei Recyclingstrategien vorgestellt, die in enger Zusammenarbeit zwischen Wissenschaft und Industrie entwickelt wurden. Die erste Strategie verfolgt die mehrstufige hydrometallurgische Herstellung von reinen Leuchtstoffen, die direkt wieder eingesetzt werden können. Einbezogen ist dabei das Recycling von Leuchtstoffen aus Kathodenstrahlröhren.

Die zweite Strategie sieht die mehrstufige hydrometallurgische Herstellung von Seltenerdelementkonzentraten vor, die als Zwischenprodukt in die Seltenerdelementproduktion eingeschleust werden.

Aufgrund der drastischen Preisentwicklung und der chinesischen Monopolstellung bei der Seltenerdelementproduktion wird von der Osram GmbH die genannte zweite Strategie favorisiert. Der Erlös für ein solches Konzentrat liegt gegenwärtig bei etwa 33 EUR pro Kilogramm.

8. Literatur

[1] Schimrosczyk, B.: Recycling von Yttriumeuropiumoxid aus Altleuchtstoffen, Dissertation TU Clausthal, 2004

[2] Banza Numbi, A.; Kähler, J.; Gock, E.: CRAFT Project RELUC: Recycling of luminous substances from end-of-life cathode ray tubes, Contract No. GIST-CT-2002-5031, 2005

[3] Wojtalewicz-Kasprzak, A.: Erzeugung von synthetischen Selten-Erd-Konzentraten aus Leuchtstoffabfällen, Dissertation TU Clausthal, 2007

[4] Kraft, Wärme, Licht – Das neuzeitliche Handbuch für Starkstromtechniker, S. 421-447, Technischer Verlag Herbert Cram, Berlin, 1957

[5] Ullmann's Encyclopedia of Industrial Chemistry, Vol. A15, Luminescent Materials, S. 531-532, VCH Verlagsgesellschaft mbH, Weinheim, 1999

[6] Ullmann's Enzyklopädie der technischen Chemie, Bd. 16, Leuchtstoffe, anorganische, S. 180 ff, Verlag Chemie GmbH, Weinheim, 1978

[7] Blasse, G.; Grabmaier, B. C.: Luminescent Materials, S. 116 ff., Springer-Verlag Berlin, Heidelberg, 1994

[8] Wickersheim, K. A.; Lefever, R. A.: Luminescent Behavior of the Rare Earths in Yttrium Oxid and Related Hosts, Journal of Electrochemical Society, Vol. 111, S. 47-51, 1964

[9] Kummer, F.: Mitteilung an die TU Clausthal, Osram GmbH, 1999

[10] Smets, B. M. J.: Phosphors based on rare-earths, a new era in fluorescent lighting, Materials Chemistry and Physics, 16, S. 283-299, 1987

[11] Koedam, M.; Opstelten J. J.: Ligthing Research Technology, 3:205, 1971

[12] Ullmann's Enzyklopädie der technischen Chemie, Bd. 16, Lichterzeugung, S. 238, Verlag Chemie GmbH, Weinheim, 1978

[13] Osram GmbH: Info-Liste, Inhaltsstoffe Zentraler Umwelt- und Strahlenschutz, Blatt 3.2, Mai, 1994

[14] Tiltmann, K. O.; Schüren, A.: Recyclingpraxis Elektronik, S. 164, Verlag TÜV Rheinland GmbH, Köln, 1994

[15] Firmenschrift der Relux Recycling und Umwelttechnik GmbH, Bad Oeynhausen, 2000

[16] Firmenprospekt der WEREC GmbH Berlin, 1998

[17] Neeße, Th.; Feil, A.: Die Dekontaminationscharakteristik verunreinigter Böden zur Beurteilung der Sanierbarkeit von Altlasten, Aufbereitungs-Technik 34/1, S. 27-35, 1993

[18] Sahin, Y.: Aufbereitung der Feinstfraktion einer Shredderanlage im Entladungslampenrecycling, Diplomarbeit TU Clausthal, Institut für Aufbereitung und Deponietechnik, 2000

[19] Gock, E.; Kähler, J.; Schimrosczyk, B., Waldek, U.: Verfahren zum Recycling von Dreibandenleuchtstoffen, Patentschrift DP19918793.2, 23.04.1999, 1999

[20] Gock, E.; Schimrosczyk, B.: Aufbereitung von Leuchtstoffen aus Entladungslampen mit dem Ziel der stofflichen Wiederverwertung, DFG-Abschlussbericht Go 383-12/1, Go 383-12/2, 2000

[21] Gock, E.: Recycling von Leuchtstoffen aus Entladungslampen, Umweltforschung in Clausthal, Beiträge zum Tag der Forschung am 18.11.99, S. 68-70, TU Clausthal ZTW, 1999

[22] Gock, E.; Schimrosczyk, B.: Gewinnung von hochreinem Yttrium-Europiumoxid aus Altleuchtstoffen, Brücken in die Zukunft, Forschung an der TU Clausthal, S. 40-43, TU Clausthal, 2000

[23] Otto, R.; Wojtalewicz, A.: Recycling von Seltenen-Erden aus Lampenleuchtstoffen, Patentanmeldung interne Aktenzeichen, 2006 P09443, 07.03.2006, 2006

[24] Lewy, H.-I.: Seltene Erden – die metallischen Rohstoffe für die Zukunftstechnologien. London (2007) http://www.crystal-consult.com

Verwertung als Baustoffe

Voraussetzungen für die Zulassung von Recyclingmaterial als Baustoff

Petra Schröder

Beton ist ein Fünf-Stoff-System mit den Ausgangsstoffen Zement, Wasser, Gesteinskörnungen, Zusatzstoffen und Zusatzmittel. Als Ausgangsstoffe können natürliche Rohstoffe oder sekundäre Rohstoffe zum Einsatz kommen. Unter sekundären Rohstoffen werden alle Stoffe verstanden, die nicht unmittelbar einer natürlichen Lagerstätte entnommen wurden wie Flugasche, rezyklierte Gesteinskörnungen, Kesselsande usw.

Nach dem Kreislaufwirtschaft- und Abfallgesetz (KrW-/AbfG) [1] kann ein nachhaltiger Baustoff ganz allgemein definiert werden als Baustoff,

- der unter Verwendung eines möglichst hohen Anteils sekundärer Rohstoffe umweltverträglich sowie ohne Qualitätsverlust hergestellt und eingesetzt werden kann,
- der weitgehend rückstandfrei, d.h. abfallarm hergestellt wird,
- dessen Herstellung – Wahl der Ausgangsstoffe, Steuerung von Materialeigenschaften im Herstellprozess usw. – und Einsatz – Kombination mit anderen Baustoffen, Reparatur, Instandsetzung – möglichst weitgehend auf eine spätere Wiederverwendung ausgerichtet ist,
- dessen spätere mehrfache stoffliche Wiederverwendung auf technisch hohem Niveau möglichst vollständig und gesamtökologisch sinnvoll ist.

Die Verwendung sekundärer Rohstoffe, sei es in Form mineralischer Bauabfälle oder als Abfälle oder industrielle Nebenprodukte aus anderen Industriebereichen folgt i.d.R. der Ressourcenschonung und der Abfallvermeidung.

Der Stoffkreislauf für den Bereich *Hochbau* unterscheidet drei Arten der Verwendung oder Verwertung mineralischer Baustoffe:

- Das Material verbleibt im eigenen Stoffkreislauf, z.B. Betonbruch zur Herstellung von neuem Beton; Ziegelmehl zur Herstellung neuer Mauerziegel.
- Der rezyklierte Baustoff verlässt ganz oder teilweise seinen eigenen Kreislauf, z.B. Betonbrechsand zur Herstellung von Mauermörtel.
- Der rezyklierte Baustoff wird im Straßen- und Wege- sowie im Erdbau eingesetzt, z.B. Baukeramik wie Fliesen, Fassadenplatten, Ausbauasphalt, Beton.

Anhand der aktuellen Daten, die von der Arbeitsgemeinschaft Kreislaufwirtschaftsträger Bau (KWT Bau) für das Jahr 2004 im fünften Monitoring-Bericht – Bauabfälle [2] veröffentlicht wurden, fielen in Deutschland rund 73 Millionen Tonnen Bau- und Abbruchabfälle an, wovon etwa fünfzig Millionen Tonnen recycelt wurden. Der Anteil des Bauschutts nach fachgerechter Aufbereitung für die Herstellung von Beton betrug rund 2,5 Millionen Tonnen oder 4,9 Pozent; rund 33 Millionen Tonnen oder 66 Prozent wurden im Straßenbau und rund zwölf Millionen Tonnen oder fünfundzwanzig Prozent im Erdbau eingesetzt (Bild 1). Der Hauptanteil des rezyklierten Materials wird aus dem Stoffkreislauf *Hochbau* herausgezogen und steht somit nicht mehr für den eigenen Stoffkreislauf – z.B. als Gesteinskörnung für Beton – zur Verfügung.

Nach dem fünften Monitoring-Bericht – Bauabfälle der KWT Bau [2] wurden für das Jahr 2004 in Deutschland 549 Millionen Tonnen Gesteinskörnungen produziert. Hiervon entfielen rund 279 Millionen Tonnen auf Kies und Sand, 190 Millionen Tonnen auf Naturstein, ohne Naturstein zur Herstellung von Zement und Kalk, sowie dreißig Millionen Tonnen auf industrielle Nebenprodukte. Der Anteil an rezyklierter Gesteinskörnung – Recycling-Baustoffen – betrug rund fünfzig

Millionen Tonnen (Bild 2). Der Anteil an Recycling-Baustoffen wird gemäß den in Bild 1 dargestellten Möglichkeiten verwertet. Also wird nur ein Bruchteil der rezyklierten Gesteinskörnung für die Herstellung von Beton verwendet.

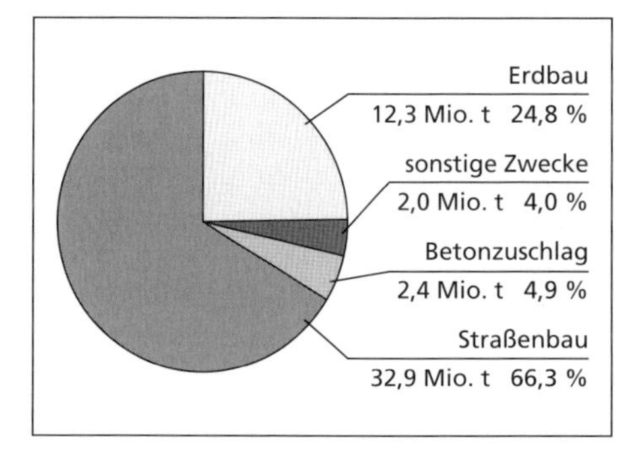

Bild 1: Verwendung von Recycling-Baustoffen in Deutschland im Jahr 2004

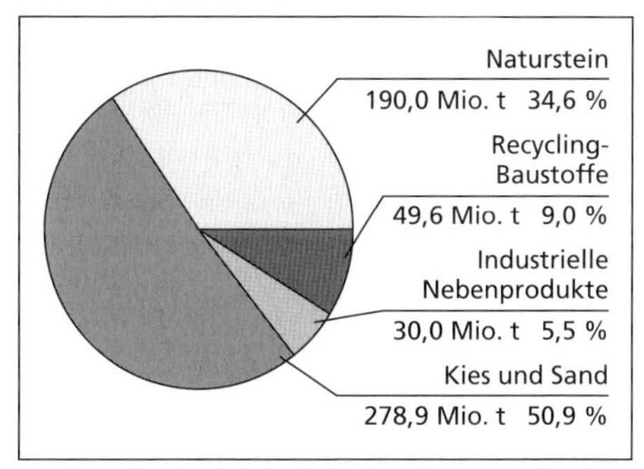

Bild 2: Produktion von Gesteinskörnungen in Deutschland im Jahr 2004

Quelle: Arbeitsgemeinschaft Kreislaufwirtschaftsträger Bau, 5. Monitoring-Bericht Bauabfälle, Erhebung 2004 vom 28. Februar 2007

1. Verwendung von Sekundärrohstoffen für Beton

Für die Herstellung der Betonausgangsstoffe werden schon lange nicht mehr reine Naturprodukte also Primärrohstoffe verwendet. Aber auch das Zugabewasser kann im weitesten Sinne ein Recyclingprodukt – Restwasser – sein. Sowohl die heute in Deutschland verwendeten Zemente als auch Gesteinskörnungen und Betonzusatzstoffe bestehen oftmals auch aus Stoffen, die z.T. in anderen industriellen Herstellprozessen anfallen. In Tabelle 1 wird ein Überblick über genormte oder bauaufsichtlich zugelassene sekundäre Rohstoffe zur Verwendung in Beton gegeben.

Die in Tabelle 1 aufgeführten Bauprodukte sind teilweise europäisch harmonisiert und in so genannten Produktnormen geregelt. Für Bauprodukte nach harmonisierten Normen oder europäischen technischen Zulassungen ist i.d.R. die Brauchbarkeit gegeben.

In Deutschland ist nach dem Erscheinen einer europäischen Produktnorm eine Anpassung des nationalen Regelwerks z.B. durch eine Anwendungsnorm erforderlich. Diese Anwendungsnorm regelt die Verwendung des Produktes in Beton nach DIN EN 206-1 in Verbindung mit DIN 1045-2. Sind in einer europäischen Produktnorm z.B. für einzelne Eigenschaften mehrere Kategorien definiert, so wird in der Anwendungsnorm festgelegt, welche Kategorie oder Klasse für welchen Anwendungsfall in Deutschland mindestens erfüllt werden muss.

Darüber hinaus müssen in Deutschland Gesteinskörnungen nach DIN EN 12620 in die Alkaliempfindlichkeitsklasse nach der Richtlinie *Vorbeugende Maßnahmen gegen eine schädigende Alkalireaktion* des Deutschen Ausschusses für Stahlbeton (DAfStb) eingestuft werden, da die europäische Norm die Eigenschaft Alkali-Kieselsäure-Reaktivität nicht regelt.

Tabelle 1: Übersicht über genormte oder bauaufsichtlich zugelassene sekundäre Rohstoffe zur Herstellung von Beton nach DIN 1045-2

Stoffgruppe	Sekundärrohstoff	
Bindemittel	REA-Gips	
	Hüttensand nach DIN EN 15167-1	
	Steinkohlenflugasche nach DIN EN 450-1	
	Silicastaub nach DIN EN 13263-1	
Zusatzstoffe	Steinkohlenflugasche nach DIN EN 450-1	
	Braunkohlenflugasche mit allgemeiner bauaufsichtlicher Zulassung	
	Silicastaub nach DIN EN 13263-1	
	Hüttensand nach DIN EN 15167-1	
Gesteinskörnungen	Schmelzkammergranulat nach DIN EN 12620	
normal	kristalline Hochofenstückschlacke nach DIN EN 12620	
	ungemahlener Hüttensand nach DIN EN 12620	
normal/leicht	rezyklierte Gesteinskörnungen nach DIN EN 12620/A1 bzw. DIN 4226-100	Beton
		mineralische Baustoffgemische
leicht	Ziegelsplitt nach DIN EN 13055-1	
	Kesselsand nach DIN EN 13055-1	
	Blähglas nach DIN EN 13055-1	

In Tabelle 2 sind die in Deutschland geltenden Normen für die Verwendung von Bauprodukten, die als Sekundärrohstoff anfallen, für die Herstellung von Beton nach DIN 1045-2 aufgeführt.

Tabelle 2: In Deutschland geltende Normen für Bauprodukte, die als Sekundärrohstoff anfallen, für Beton nach DIN 1045-2

Produkt	europäische Norm hEN	Verwendungsregelung
Gesteinskörnung	DIN EN 12620	DIN V 20000-103[2]
rezyklierte Gesteinskörnungen	DIN EN 12620/A1[1]	DAfStb-Richtlinie *Beton nach DIN EN 206-1 und DIN 1045-2 mit rezyklierten Gesteinskörnungen nach DIN 4226 100* gilt zurzeit für DIN 4226-100
leichte Gesteinskörnungen	DIN EN 13055-1	DIN V 20000-104[2]
Flugasche	DIN EN 450-1	DIN 1045-2
Silicastaub	DIN EN 13263-1	DIN 1045-2
Hüttensand	DIN EN 15167-1	allgemeine bauaufsichtliche Zulassung

[1] Noch nicht bauaufsichtlich umgesetzt. Es gilt derzeit DIN 4226-100.

[2] Die Festlegungen von DIN V 20000-103 und -104 wurden in DIN 1045-2:2008-08 übernommen, die mit der Ausgabe 2008/2 der BRL A Teil 1 bauaufsichtlich eingeführt wird.

Neben den Verwendungsregeln ist zusätzlich die Bauregelliste (BRL) B Teil 1 zu beachten. In der BRL B Teil 1 werden harmonisierte europäische Normen nach deren Erscheinen aufgenommen. Die BRL enthält ggf. zusätzliche Anforderungen an das Bauprodukt, die in Deutschland berücksichtigt werden müssen, wie den Nachweis der Umweltverträglichkeit. Dieser muss im Rahmen einer allgemeinen bauaufsichtlichen Zulassung erbracht werden, da die europäischen Normen die Anforderungen an die Umweltverträglichkeit nicht abdecken und auf die Einhaltung der *Regeln am Ort der Verwendung* verwiesen wird.

Gemäß den Anlagen 1/1.3 und 1/1.4 der Bauregelliste (BRL) B Teil 1 ist die Umweltverträglichkeit von industriell hergestellten Gesteinskörnungen nach DIN EN 12620 außer Hochofenstückschlacke, Hüttensand und Schmelzkammergranulat sowie die Umweltverträglichkeit von industriell hergestellten leichten Gesteinskörnungen nach DIN EN 13055-1 außer Blähglimmer (Vermikulit), Blähperlit, Blähschiefer, Blähton, Ziegelsplitt aus ungebrauchten Ziegeln, und Kesselsand bei ausschließlicher Verbrennung von Kohle nicht geregelt und bedarf der allgemeinen bauaufsichtlichen Zulassung.

Bei den Betonzusätzen ist die Umweltverträglichkeit von Flugaschen nach DIN EN 450-1 und organischen Pigmenten nach DIN EN 12878 nicht geregelt.

Für sekundäre Rohstoffe oder Recycling-Baustoffe, die weder von einer europäischen noch nationalen Norm erfasst werden, wird für die Verwendung in Beton generell eine allgemeine bauaufsichtliche Zulassung benötigt wird. Solche Bauprodukte müssen im ersten Schritt der Zulassungsprüfung die gesundheitliche Unbedenklichkeit und/oder Umweltverträglichkeit nachweisen, je nachdem um welches Material es sich handelt und in welchem Herstellprozess es anfällt. Erst wenn die entsprechenden Nachweise vorliegen, kann die grundsätzliche Eignung des Materials als Betonausgangsstoff untersucht werden.

Im Rahmen dieses Beitrags sollen die Voraussetzungen für die Erteilung einer allgemeinen bauaufsichtlichen Zulassung für Recyclingmaterial als Betonausgangsstoff aufgezeigt werden.

2. Rechtliche Grundlagen

Anforderungen an die Umweltverträglichkeit von Baustoffen und Bauprodukten resultieren zuerst einmal aus dem Schutz der unmittelbaren Umwelt einer baulichen Anlage. Danach gewinnt die Betrachtung der Auswirkungen des Bauens auf die regionale und globale Umwelt und damit auf die natürlichen Lebensgrundlagen zunehmend an Bedeutung.

Für das Inverkehrbringen von Bauprodukten sind die gesetzlichen Regelungen des europäischen und nationalen Gefahrstoffsrechts zu beachten. Der Schutz der unmittelbaren Umwelt einer baulichen Anlage gehört zu den wesentlichen Anforderungen der Bauproduktenrichtlinie [3]. Danach dürfen nur Bauprodukte in Verkehr gebracht werden, wenn die daraus errichteten Anlagen auch die aus Hygiene, Gesundheits- und Umweltschutz resultierenden Anforderungen erfüllen. In dem Grundlagendokument Nr. 3 zur europäischen Bauproduktenrichtlinie werden Kriterien zur Beurteilung der Umweltverträglichkeit von Bauprodukten genannt. Dazu gehören das Freisetzen giftiger Gase, das Vorhandensein gefährlicher Teilchen oder Gase in der Luft, die Emission gefährlicher Strahlen, die Wasser- und Bodenverunreinigung oder Vergiftung, die unsachgemäße Beseitigung von Abwasser, Rauch, festem oder flüssigem Abfall sowie die Feuchtigkeitsansammlung in Bauteilen und auf deren Oberfläche in Innenräumen (vgl. [4]).

Das Bauordnungsrecht fordert in den Landesbauordnungen (vgl. § 3 Abs. 1 Musterbauordnung (MBO) [5]), dass bauliche Anlagen so anzuordnen und zu errichten sind, dass die öffentliche Sicherheit oder Ordnung, insbesondere Leben, Gesundheit oder die natürlichen Lebensgrundlagen nicht gefährdet werden. Darüber hinaus müssen gemäß § 13 MBO bauliche Anlagen so angeordnet, beschaffen und gebrauchstauglich sein, dass durch Wasser, Feuchtigkeit, pflanzliche und tierische Schädlinge sowie andere chemische, physikalische oder biologische Einflüsse Gefahren oder unzumutbare Belästigungen nicht entstehen.

Grundwasser und Boden sind hohe Schutzgüter. Ihren Schutz regeln die Wassergesetze und das Bodenschutzrecht. Im Rahmen der Landesbauordnungen sind Gefahren für die natürlichen Lebensgrundlagen abzuwehren, die von baulichen Anlagen oder Teilen von ihnen ausgehen können. Für die Medien *Grundwasser* und *Boden* gilt nach den Landesbauordnungen das gleiche Schutzniveau wie beim Wasser- und Bodenschutzrecht.

3. Bewertungskonzept für den Nachweis der Umweltverträglichkeit

3.1. Allgemeines

Die Umweltverträglichkeit von Bauprodukten wird gemäß den *Grundsätzen zur Bewertung der Auswirkungen von Bauprodukten auf Boden und Grundwasser vom Deutschen Institut für Bautechnik* [6, 7] nachgewiesen.

Die Grundsätze gliedern sich in zwei Teile. In Teil I wird das Konzept zur Bewertung von Bauprodukten hinsichtlich der Besorgnis des Entstehens einer schädlichen Bodenveränderung und hinsichtlich der Besorgnis einer schädlichen Verunreinigung des Grundwassers oder einer sonstigen nachteiligen Veränderung seiner Eigenschaften beschrieben. In Teil II wird das Bewertungskonzept an ausgewählten Bauprodukten konkretisiert.

Mit der Bewertung von Bauprodukten wird sichergestellt, dass bei deren Einbau und Verwendung die Besorgnis des Entstehens einer schädlichen Bodenveränderung und einer Grundwasserverunreinigung ausgeschlossen werden kann. Wenn Abfälle für die Herstellung von Bauprodukten verwendet werden, bilden diese Grundsätze auch die Grundlage für die Bewertung der Schadlosigkeit der Abfallverwertung.

Zu den von diesen Grundsätzen betroffenen Bauprodukten gehören Produkte für bauliche Anlagen, die direkt auf dem Boden aufliegen oder im Kontakt mit diesen sind – erdberührte Bauteile –, insbesondere die bei der Gründung von baulichen Anlagen verwendeten Bauprodukte. Bauprodukte, deren Umweltverträglichkeit nach Regelungen anderer Rechtsbereiche ausreichend beurteilt wurde, fallen nicht unter den Geltungsbereich dieser Grundsätze.

3.2. Bewertung von Beton und Betonausgangsstoffen

3.2.1. Allgemeines

Im Teil II des Bewertungskonzeptes werden als Zulassungsgegenstand die Betonausgangsstoffe – einschließlich der Ausgangsstoffe für Konstruktionsmörtel – Zement, Betonzusatzstoffe, Betonzusatzmittel und Gesteinskörnungen sowie Beton selbst betrachtet.

Eine Bewertung von Betonausgangsstoffen kann sowohl auf Grund der Inhaltsstoffe als auch auf Grund der Herstellung erforderlich sein. Zur Beurteilung der Betonausgangsstoffe unter realen Bedingungen kann es u.U. notwendig werden, einen Standardbeton aus diesen Ausgangsstoffen herzustellen und zu untersuchen.

Eine Bewertung von zuzulassenden Betonen ist nur dann erforderlich, wenn der Beton nicht genormte oder nicht zugelassene Betonausgangsstoffe enthält, deren Auswirkungen auf Boden und Grundwasser nicht bekannt sind.

Beton kann in der gesättigten und in der ungesättigten Bodenzone eingesetzt werden. Beton wird als Frischbeton verarbeitet und liegt, sobald er erhärtet ist, als Festbeton vor. In der Regel ist die Festbetonphase zu untersuchen und zu bewerten.

Gefügedichter Beton wird als wasserundurchlässig, haufwerksporiger Beton – Dränbeton – wird als wasserdurchlässig im Sinne der *Grundsätze zur Bewertung der Auswirkungen von Bauprodukten auf Boden und Grundwasser*, Teil 1 eingestuft. Somit kommen hier zwei verschiedene Anwendungsfälle zum Tragen, die eine differenzierte Betrachtung nach sich ziehen (vgl. [7]).

3.2.2. Ablauf der Bewertung

Die Umweltverträglichkeit wird in mehreren Stufen bewertet. Zunächst wird die Rezeptur des zuzulassenden Bauprodukts bewertet. Im Wesentlichen geht es um die Sicherstellung der Identität des Bauproduktes, die während der Geltungsdauer der Zulassung gewährleistet werden muss, sowie um die Prüfung, ob gefährliche Stoffe im Produkt enthalten sind und ggf. ausgewaschen werden können, so dass diese bei der Prüfung des Eluats zu berücksichtigen sind.

Soll Beton, der unter Verwendung mineralischer Abfälle zur Verwertung als Bauprodukt oder sollen mineralische Abfälle als Betonausgangsstoffe zugelassen werden, müssen die Stoffgehalte im Feststoff und im Eluat des unverdünnten und unvermischten Abfalls gemäß der LAGA-Mitteilung 20 *Anforderungen an die stoffliche Verwertung von mineralischen Abfällen – Technische Regeln* [9] untersucht werden.

Das Eluat wird nach dem modifizierten DEV-S4-Verfahren hergestellt.

Für Abfälle, für die die LAGA-Mitteilung 20 keine abfallspezifische Technische Regel enthält, ist der Umfang der Untersuchungen durch den zuständigen Sachverständigenausschuss, in dem auch die LAGA vertreten ist, festzulegen.

Bei Materialien, bei denen auf Grund der Herkunft oder des Herstellungsprozesses ein Verdacht auf erhöhte Gehalte an Radionukliden besteht, die zur Gefährdung von Boden und Grundwasser führen könnten, ist zusätzlich die Radioaktivität (spez. Aktivität der Radionuklide ^{40}K, ^{226}Ra und ^{232}Th) gammaspektrometrisch zu untersuchen.

Abfälle zur Verwertung, bei denen ein Verdacht auf gesundheitsschädliche Mikroorganismen oder Viren – Krankheitserreger – besteht, sind gesondert zu untersuchen.

Im nächsten Schritt wird in einem Standtest an Beton die Freisetzung der aus dem Bauprodukt mobilisierbaren Stoffe untersucht und bewertet. Die im Standtest gemessenen Freisetzungen müssen die Werte, die aus den Geringfügigkeitsschwellen der LAWA über Modellbetrachtungen abgeleitet werden, einhalten.

Falls nicht für alle auswaschbaren Stoffe Freisetzungsraten existieren – vor allen Dingen für organische Stoffe –, werden die Auswirkungen des Eluats mit ökotoxikologischen Tests ermittelt. Erst wenn diese belegen, dass keine toxischen Effekte in der Umwelt auftreten und die relevanten Stoffgehalte die Freisetzungsraten nicht überschreiten, kann die Umweltverträglichkeit eines Bauproduktes bestätigt werden.

Bei der Ermittlung und Bewertung der mobilisierbaren Inhaltsstoffe muss unterschieden werden, ob Beton oder Betonausgangsstoffe als Bauprodukt zugelassen werden.

Soll der Beton zugelassen werden, sind nur dann Elutionsprüfungen erforderlich, wenn nicht genormte oder nicht zugelassene Betonausgangsstoffe eingesetzt werden.

Sollen Betonausgangsstoffe zugelassen werden, werden Würfel aus Beton, der unter Verwendung des jeweiligen Betonausgangsstoffes hergestellt wurde, und aus einem Vergleichsbeton eluiert und bewertet. Das Ablaufschema zur Bewertung von Abfällen als Betonausgangsstoff ist in Bild 3 dargestellt.

4. Bewertungskonzept für den Nachweis der gesundheitlichen Unbedenklichkeit

Die gesundheitliche Unbedenklichkeit eines Materials wird im ersten Schritt durch Beratung im Sachverständigenausschuss *Gesundheitsschutz und Umwelt* nachgewiesen. Bislang war dies nur für ein thermisch aufbereitetes asbesthaltiges Material notwendig. Zum einen muss in diesem Fall sichergestellt werden, dass die Anlage gemäß Bundes-Immisionsschutzgesetzes (BImSchG) geeignet ist, asbesthaltiges Material thermisch aufzubereiten, so dass für die Umwelt keine Gefahren für Leben und Gesundheit ausgehen und zum anderen muss sichergestellt werden, dass der Anteil an Asbestfasern durch die thermische Aufbereitung unter 0,1 Masseprozent liegt. Hierfür ist das Endprodukt mit einem anerkannten Nachweisverfahren auf die gesundheitliche Unbedenklichkeit hin zu untersuchen.

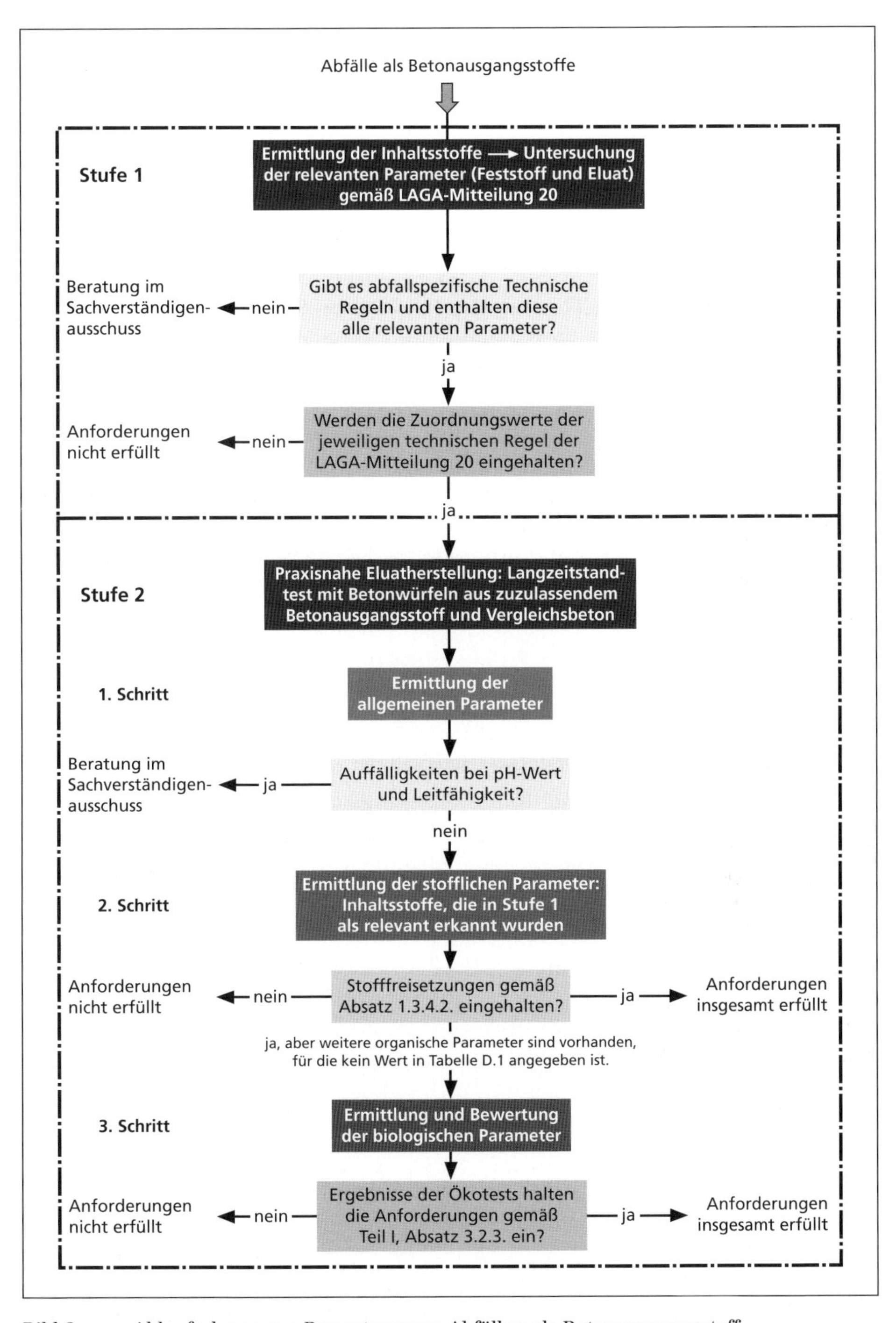

Bild 3: Ablaufschema zur Bewertung von Abfällen als Betonausgangsstoff

Quelle: Grundsätze zur Bewertung der Auswirkungen von Bauprodukten auf Boden und Grundwasser Teil II, Mai 2008, Deutsches Institut für Bautechnik

Darüber hinaus muss sichergestellt werden, dass dieses Nachweisverfahren auch für eine kontinuierliche Überwachung – werkseigene Produktionskontrolle und Fremdüberwachung – geeignet und tauglich ist, Asbestgehalte unter 0,1 Masseprozent zu bestimmen.

Erst wenn die entsprechenden Nachweise vorgelegt und vom DIBt geprüft sowie anerkannt wurden, kann im weiteren Schritt die grundsätzliche Eignung als Betonzusatzstoff des Materials überprüft werden.

5. Verwendung des Recyclingmaterials als Ausgangsstoff für Beton

5.1. Allgemeines

Recyclingmaterial, das als Gesteinskörnung oder Betonzusatzstoff für die Herstellung von Beton nach DIN EN 206-1/DIN 1045-2 verwendet werden soll, muss den Nachweis der Umweltverträglichkeit gemäß den Grundsätzen zur Bewertung der Auswirkungen von Bauprodukten auf Boden und Grundwasser Teil 2 erbringen, siehe auch Kapitel 3. Wenn der Nachweis erbracht wurde, können die betontechnologischen Untersuchungen zum Nachweis der bautechnischen Eignung durchgeführt werden.

Ausgenommen sind rezyklierte Gesteinskörnungen nach DIN 4226-100.

5.2. Verwendung als Betonzusatzstoff

Soll das Recyclingmaterial als Betonzusatzstoff verwendet werden, kann für die Durchführung der Zulassungsprüfung in Rücksprache mit dem DIBt auf die *Zulassungsgrundsätze für anorganische Betonzusatzstoffe – Fassung Dezember 2004* [10] zurückgegriffen werden. Auf Basis der Zulassungsgrundsätze wird dann ein angepasster Prüfplan erstellt.

Im Rahmen der Zulassungsprüfung muss der Betonzusatzstoff die Anforderungen hinsichtlich Unschädlichkeit, Gleichmäßigkeit und Wirksamkeit erfüllen. Neben den produktspezifischen Eigenschaften wie chemische Zusammensetzung sind auch die physikalischen Eigenschaften – z.B. Rohdichte, Feinheit – zu bestimmen. Im Rahmen der Zulassungsprüfung werden mehrere Proben untersucht. Diese Proben werden während eines bestimmten Zeitraums entnommen und untersucht, um Aussagen zur Gleichmäßigkeit des Materials zu erhalten.

An diesen Proben ist die Druckfestigkeit sowohl am Mörtel als auch am Beton zu bestimmen. Darüber hinaus muss nachgewiesen werden, dass die Mischung mit dem Recyclingmaterial als Betonzusatzstoff im Vergleich zur Referenzmischung – ohne Betonzusatzstoff – keine negativen Auswirkungen auf den Mörtel oder Beton hat. Zu diesem Zweck werden am Zementleim und Zementstein das Erstarren und die Raumbeständigkeit ermittelt. Beurteilt wird nach den *Zulassungsgrundsätzen für anorganische Betonzusatzstoffe – Fassung 2004*. Zusätzlich muss auch die Dauerhaftigkeit am Beton nachgewiesen werden. Hierzu zählen die Ermittlung des Karbonatisierungswiderstandes an Feinbeton, des Frostwiderstandes und des Schwindens an festgelegten Betonrezepturen. Die Prüfungen gelten als bestanden, wenn die im Sachverständigenausschuss festgelegten Grenzwerte von den Mischungen nicht überschritten werden und sich nicht wesentlich von den Referenzmischungen (ohne Betonzusatzstoff) unterscheiden.

5.3. Verwendung als Gesteinskörnung

5.3.1. Gesteinskörnung mit Zulassung

Der Prüfplan für die Zulassungsprüfung von rezyklierten Gesteinskörnungen, die nicht DIN 4226-100 erfüllen, wird im zuständigen Sachverständigenausschuss für das jeweilige Material festgelegt.

Bei der Antragstellung für die Erteilung einer allgemeinen bauaufsichtlichen Zulassung für eine Gesteinskörnung sind grundsätzlich die Herkunft des Materials und ggf. der Ausgangsstoffe sowie das Herstellwerk anzugeben. Ferner ist eine Beschreibung des Herstellverfahrens und der Produktionsanlage erforderlich. Darüber hinaus muss der Antragsteller den vorgesehenen Anwendungsbereich und die Druckfestigkeitsklassen des Betons angeben, in der die Gesteinskörnung eingesetzt werden soll.

Im Rahmen der Zulassungsprüfung muss die Gesteinskörnung die Anforderungen hinsichtlich Unschädlichkeit, Gleichmäßigkeit und Anwendbarkeit in den beantragten Festigkeitsklassen/Expositionsklassen erfüllen.

5.3.2. Gesteinskörnung nach DIN 4226-100

DIN 4226-100 *Gesteinskörnungen für Beton und Mörtel – Teil 100: Rezyklierte Gesteinskörnung* legt für rezyklierte Gesteinskörnungen die Typen gemäß Tabelle 3 fest.

Tabelle 3: Stoffliche Zusammensetzung der Typen nach DIN 4226 100

Bestandteile	Typ 1	Typ 2	Typ 3	Typ 4
	Ma.-%			
Beton und Gesteinskörnung nach DIN EN 12620	≥ 90	≥ 70	≤ 20	≥ 80
Klinker, nicht porosierter Ziegel	≤ 10	≤ 30	≥ 80	
Kalksandstein			≤ 5	
andere mineralische Bestandteile[a]	≤ 2	≤ 3	≤ 5	≤ 20
Asphalt	≤ 1	≤ 1	≤ 1	
Fremdbestandteile[b]	≤ 0,2	≤ 0,5	≤ 0,5	≤ 1

[a] Andere mineralische Bestandteile sind zum Beispiel: porosierter Ziegel, Leichtbeton, Porenbeton, haufwerksporiger Leichtbeton, Putz, Mörtel, poröse Schlacke, Bimsstein

[b] Fremdbestandteile sind zum Beispiel: Glas, Keramik, NE-Schlacken, Stückgips, Gummi, Kunststoff, Metall, Holz, Pflanzenreste, Papier, sonstige Stoffe

DIN 4226-100 beinhaltet für rezyklierte Gesteinskörnungen aus der Aufbereitung verwendeter Baustoffe auch den Nachweis der Umweltverträglichkeit.

Derzeit können nur die Typen 1 und 2 zur Herstellung von Beton nach DIN 1045-2 bis zu einer Druckfestigkeitsklasse C30/37 nach der DAfStb-Richtlinie *Beton nach DIN EN 206-1 und DIN 1045-2 mit rezyklierter Gesteinskörnung nach DIN 4226-100* verwendet werden. Die Richtlinie wird derzeit überarbeitet und zukünftig die Verwendung aller Typen regeln.

5.3.3. Gesteinskörnung nach EN 12620/A1

Soll Recyclingmaterial als Gesteinskörnung nach DIN EN 12620 – einschließlich A1-Änderung – verwendet werden, muss geprüft werden, ob das Material einem Typ nach DIN 4226-100 *Gesteinskörnungen für Beton und Mörtel – Teil 100: Rezyklierte Gesteinskörnung* zuzuordnen ist, solange die *DAfStb-Richtlinie – Beton nach DIN EN 206-1 und DIN 1045-2 mit rezyklierten Gesteinskörnungen nach DIN 4226-100 – Teil 1: Anforderungen an den Beton für die Bemessung nach DIN 1045-1 – Dezember 2004* – nicht überarbeitet ist.

Die Richtlinie wird derzeit überarbeitet. Dabei ist auch die notwendige Anpassung an die aktuelle A1-Änderung der DIN EN 12620 geplant. Die Umweltverträglichkeit allerdings ist weiterhin national zu regeln. DIN 4226-100 ist entsprechend zu überarbeiten, anderenfalls werden wieder allgemeine bauaufsichtliche Zulassungen generell für rezyklierte Gesteinskörnungen erforderlich werden.

6. Überblick über erteilte allgemeine bauaufsichtliche Zulassungen

Das DIBt hat für Recyclingmaterial im Bereich *Betontechnologie* auch im Hinblick auf den Nachweis der Umweltverträglichkeit zurzeit folgende allgemeine bauaufsichtliche Zulassungen (abZ) erteilt:

- 63 abZ für Flugaschen zum Nachweis der Umweltverträglichkeit gemäß BRL B Teil 1, Anlage 1/1.5,
- 3 abZ für leichte Gesteinskörnungen zum Nachweis der Umweltverträglichkeit gemäß BRL B Teil 1, Anlage 1/1.4,
- 1 abZ für rezyklierten Gleisschotter und
- 1 abZ für Wirbelschichtsand.

7. Quellen

7.1. Literatur

[1] Kreislaufwirtschafts- und Abfallgesetz vom 27. September 1994 (BGBl. I S. 2705), zuletzt geändert durch Artikel 2 des Gesetzes vom 19. Juli 2007 (BGBl. I S. 1462), Stand: Zuletzt geändert durch Art. 2 G v. 19.7.2007 I 1462

[2] Arbeitsgemeinschaft Kreislaufwirtschaftsträger Bau, 5. Monitoring-Bericht Bauabfälle, Erhebung 2004 vom 28. Februar 2007 www.arge-kwtb.de

[3] Richtlinie des Rates vom 21.12.1988 zur Angleichung der Rechts- und Verwaltungsvorschriften der Mitgliedstaaten über Bauprodukte (89/106/EWG) (ABl. L40 vom 11.02.1989, S. 12), geändert durch die Richtlinie 93/68/EWG des Rates vom 22.07.1993 (ABl. L 220 vom 30.08.1993, S. 1) und geändert durch die Verordnung (EG) Nr. 1882/2003 des Europäischen Parlaments und des Rates vom 29. September 2003 (ABl. EU Nr. L 284 vom 31.10.2003, S. 1, 25) (Bauproduktenrichtlinie)

[4] Zement-Taschenbuch 2008; 51. Ausgabe 2008 Düsseldorf: Verlag Bau+Technik GmbH

[5] Bauaufsichtliche Mustervorschrift der ARGEBAU; Hrsg. DIN Deutsches Institut für Normung e.V. und Justus Achelis; Loseblattsammlung, 1997 ff.; Beuth Verlag Berlin

[6] Grundsätze zur Bewertung der Auswirkungen von Bauprodukten auf Boden und Grundwasser Teil I, Mai 2008, Deutsches Institut für Bautechnik

[7] Grundsätze zur Bewertung der Auswirkungen von Bauprodukten auf Boden und Grundwasser Teil II, Mai 2008, Deutsches Institut für Bautechnik

[8] Pawel, A. Nachweis der Umweltverträglichkeit von Bauprodukten im Rahmen von allgemeinen baufaufsichtlichen Zulassungen. In: Neue Entwicklungen im Betonbau. 08. und 09. März 2007 Fachtagung 2007 des Deutschen Ausschusses für Stahlbeton in Zusammenarbeit mit der Bundesanstalt für Materialforschung und -prüfung

[9] LAGA-Mitteilung 20 *Anforderungen an die stoffliche Verwertung von mineralischen Abfällen – Technische Regeln*, in der jeweils aktuellen Fassung, Erich Schmidt Verlag Berlin, Mitteilungen der Länderarbeitsgemeinschaft Abfall (LAGA) Nr. 20 oder www.laga-online.de

[10] Grundsätze für die Erteilung von Zulassungen für anorganische Betonzusatzstoffe (Zulassungsgrundsätze) – Fassung Dezember 2004 – In: Zulassungs- und Überwachungsgrundsätze Anorganische Betonzusatzstoffe – Fassung Dezember 2004 –. Berlin, 2004 (Schriften des Deutschen Instituts für Bautechnik, Reihe B, Heft 17).

7.2. Normen und Richtlinien

Deutscher Ausschuß für Stahlbeton DAfStb (Hrsg.): DAfStb-Richtlinie Vorbeugende Maßnahmen gegen schädigende Alkalireaktionen im Beton (Alkali-Richtlinie) – Februar 2007 –. Beuth Verlag GmbH Berlin und Köln (Vertriebs-Nr. 65043)

Deutscher Ausschuß für Stahlbeton – DAfStb im DIN Deutsches Institut für Normung e.V. (Hrsg.): DAfStb-Richtlinie – Beton nach DIN EN 206-1 und DIN 1045-2 mit rezyklierten Gesteinskörnungen nach DIN 4226-100 – Teil 1: Anforderungen an den Beton für die Bemessung nach DIN 1045-1 – Dezember 2004 –. Berlin: Beuth, 2004 (Vertriebs-Nr. 65036)

DIN EN 206-1:2001-07 Beton – Teil 1: Festlegung, Eigenschaften, Herstellung und Konformität

DIN EN 206-1/A1:2004-10 Beton – Teil 1: Festlegung, Eigenschaften, Herstellung und Konformität; Deutsche Fassung EN 206-1:2000/A1:2004

DIN EN 206-1/A2:2005-09 Beton – Teil 1: Festlegung, Eigenschaften, Herstellung und Konformität; Deutsche Fassung EN 206-1:2000/A2:2005

DIN 1045-2:2001-07 Tragwerke aus Beton, Stahlbeton und Spannbeton; Teil 2: Beton – Festlegung, Eigenschaften, Herstellung und Konformität – Anwendungsregeln zu DIN EN 206-1 DIN 1045-2

DIN 1045-2/A1:2005-01 Tragwerke aus Beton, Stahlbeton und Spannbeton; Teil 2: Beton – Festlegung, Eigenschaften, Herstellung und Konformität; Anwendungsregeln zu DIN EN 206-1; Änderung A1

DIN 1045-2/A2:2007-06 Tragwerke aus Beton, Stahlbeton und Spannbeton - Teil 2: Beton – Festlegungen, Eigenschaften, Herstellung und Konformität; Anwendungsregeln zu DIN EN 206-1, Änderung A2

DIN 1045-2:2008-08 Tragwerke aus Beton, Stahlbeton und Spannbeton; Teil 2: Beton – Festlegung, Eigenschaften, Herstellung und Konformität – Anwendungsregeln zu DIN EN 206-1 DIN 1045-2

DIN 4226-100:2002-02 Gesteinskörnungen für Beton und Mörtel – Teil 100: Rezyklierte Gesteinskörnungen DIN 4226-100

DIN V 20000-103:2004-04 Anwendung von Bauprodukten in Bauwerken – Teil 103: Gesteinskörnungen nach DIN EN 12620:2003-04

DIN V 20000-104:2004-04 Anwendung von Bauprodukten in Bauwerken – Teil 104: Leichte Gesteinskörnungen nach DIN EN 13055-1:2002-08

DIN EN 450-1:2005-05 Flugasche für Beton – Teil 1: Definition, Anforderungen und Konformitätskriterien; Deutsche Fassung EN 450-1:2005

DIN EN 12620:2003-04 Gesteinskörnungen für Beton; Deutsche Fassung EN 12620:2002

DIN EN 12620

Ber. 1:2004-12 Berichtigungen zu DIN EN 12620:2003-04DIN EN 12620-1/A1

DIN EN 12620:2008-07 Gesteinskörnungen für Beton; Deutsche Fassung EN 12620:2002+A1:2008

DIN EN 13055-1:2002-08 Leichte Gesteinskörnungen – Teil 1: Leichte Gesteinkörnungen für Beton, Mörtel und Einpressmörtel; Deutsche Fassung EN 13055-1:2002

DIN EN 13263-1:2005-10 Silikastaub für Beton – Teil 1: Definitionen, Anforderungen und Konformitätskriterien; Deutsche Fassung EN 13263-1:2005

DIN EN 15167-1:2006-12 Hüttensandmehl zur Verwendung in Beton, Mörtel und Einpressmörtel – Teil 1: Definitionen, Anforderungen und Konformitätskriterien; Deutsche Fassung EN 15167-1:2006

Möglichkeiten der Nutzung industrieller Reststoffe im Beton

Katrin Rübner, Karin Weimann und Tristan Herbst

Zur Herstellung und Aufrechterhaltung von Produktions- und Konsumprozessen werden der natürlichen Umwelt fortwährend mineralische Primärrohstoffe entnommen. Beispielsweise benötigte die deutsche Baustoffbranche 2004 etwa 580 Millionen Tonnen mineralische Primärrohstoffe. Andere Industriezweige setzten etwa 55,8 Millionen Tonnen Mineralien ein [1]. Eine gesteigerte industrielle Produktion und der zunehmende Konsum führen neben dem Verbrauch von unwiederbringlichen Rohstoffen aber auch zur Zunahme von Abfällen, teilweise mit Wertstoffen angereichert. Seit Mitte der achtziger Jahre entwickelt sich die Abfallwirtschaft in Deutschland deutlich von der Abfallbeseitigung hin zur Ressourcen und Klima schonenden Kreislaufwirtschaft [2]. Eine Grundlage dafür sind neue gesetzliche Rahmen- und Randbedingungen auf deutscher und europäischer Ebene. Dennoch müssen weitere wissenschaftliche und ingenieurtechnische Anstrengungen unternommen werden, um noch bessere Verfahren und Techniken für den Klima- und Ressourcenschutz durch eine moderne Abfallwirtschaft und intelligentes Recycling bereitzustellen.

Bei Industrieprozessen werden zunehmend geschlossene Produktionskreisläufe angestrebt, in denen die anfallenden Reststoffe durch Aufbereitung soweit konditioniert werden, dass sie dem Herstellungsprozess wieder zugeführt werden können. Eine andere Möglichkeit ist die artfremde Wiederverwendung der Reststoffe, beispielsweise im Baustoffsektor. Dabei ist der Betonbau innerhalb des gesamten Bauwesens auf Grund der eingesetzten Materialmengen, der breiten Anwendungsvielfalt und der hohen Leistungs- und Entwicklungsfähigkeit hervorragend geeignet, nachhaltige Entwicklungen in diesem Bereich umzusetzen. Im Einsatz von Reststoffen als Zement- und Betonausgangsstoff liegt daher eine große Chance, primäre Ressourcen zu schonen und gleichzeitig eine sinnvolle Verwertung dieser Stoffe zu schaffen. Aber auf dem Gebiet der Reststoffverwertung im Betonbau besteht noch großer Forschungs- und Entwicklungsbedarf. Dazu gehören neben technologischen und ökonomischen Aspekten des Recycling insbesondere Arbeiten zu einer möglichst hochwertigen Anwendung der Reststoffe – kein Downcycling –, zur Methodologieentwicklung – Vorgehensweise, Festlegung von Messverfahren –, zu Langzeit- und Umweltverträglichkeitsstudien und zur Erhöhung der Akzeptanz des Reststoffeinsatzes in der Öffentlichkeit.

1. Anfall von Reststoffen und mögliche Verwertungswege im Beton

In Deutschland fallen jährlich etwa 256 Millionen Tonnen mineralische Reststoffe an, die nicht im Rahmen von geschlossenen Produktionskreisläufen dem Herstellungsprozess wieder zugeführt werden. Die Anteile der mineralischen Abfälle, die in den verschiedenen Branchen entstehen, sind in Bild 1 dargestellt. Der anschließende Verbleib der mineralischen Abfälle wird in Bild 2 gezeigt. Neben der zwölfprozentigen Deponierung werden mineralische Abfälle im Baustoffsektor wiederverwertet, zur Bodenkultivierung und als Füll- und Dämmmaterial. Nur fünf Prozent dieser Reststoffe werden derzeit in Beton und Zement recycelt [3, 4].

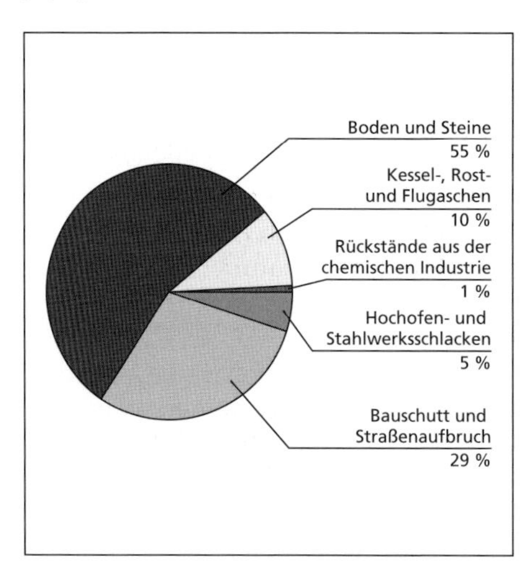

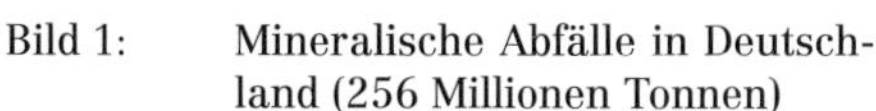

Bild 1: Mineralische Abfälle in Deutschland (256 Millionen Tonnen)

Quellen:

Dehoust, G.; Küppers, P.; Gebhardt, P.; Rheinberger, U.; Hermann, A.: Aufkommen, Qualität und Verbleib mineralischer Abfälle. UFOPLAN-Bericht 204 33 325, Umweltbundesamt, Dessau, November 2007

Ramolla, S.; Schwab, C.: Abfallstoffe/Reststoffe – Verwertungswege im Beton und in anderen Baustoffen. Unveröffentlichte Datensammlung, Bundesanstalt für Materialforschung und -prüfung, Oktober 2006

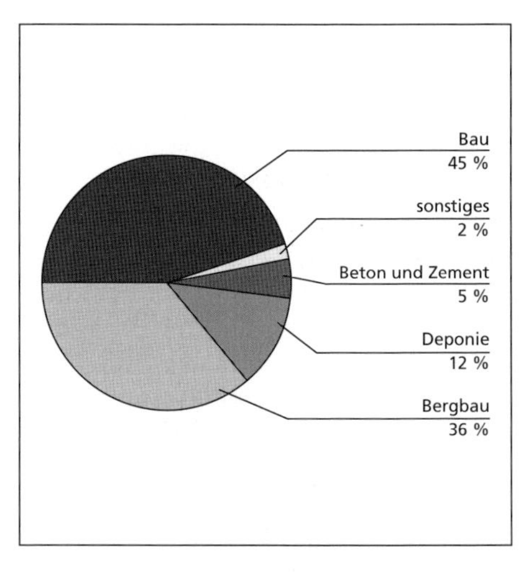

Bild 2: Verbleib der mineralischen Abfälle

Quellen:

Dehoust, G.; Küppers, P.; Gebhardt, P.; Rheinberger, U.; Hermann, A.: Aufkommen, Qualität und Verbleib mineralischer Abfälle. UFOPLAN-Bericht 204 33 325, Umweltbundesamt, Dessau, November 2007

Ramolla, S.; Schwab, C.: Abfallstoffe/Reststoffe – Verwertungswege im Beton und in anderen Baustoffen. Unveröffentlichte Datensammlung, Bundesanstalt für Materialforschung und -prüfung, Oktober 2006

Im Betonbau können mineralische Reststoffe als Gesteinskörnung, Betonzusatzstoff, als Bestandteil von Zementen oder Spezialbindemitteln sowie direkt in der Zementklinkerproduktion Anwendung finden. Für den Einsatz von Reststoffen aus metallurgischen Prozessen und aus Kohlekraftwerken, sowie aus dem Ziegel- und Betonrecycling bestehen bereits lange Traditionen. Viele dieser Materialien sind genormt oder bauaufsichtlich zugelassen. Es gibt aber weitere Sekundärrohstoffe, die bisher nicht genutzt oder nur auf einem niedrigen Niveau recycelt werden. Tabelle 1 gibt einen Überblick über solche Materialien und ihre Einsatzmöglichkeiten in der Baustoffproduktion.

Tabelle 1: Wichtige Sekundärrohstoffe, die in mineralischen Baustoffen einsetzbar sind

Einsatzgebiet	Reststoff	
	genormt oder zugelassen	Forschung
Gesteinskörnung für Beton	Blähglas, Kesselsand, Schmelzkammergranulat, Metallhüttenschlacke, kristalline Hochofenstückschlacke ungemahlener Hüttensand, Hüttenbims Rostasche rezyklierter Betonsplitt Ziegelsplitt	Porenbeton, Mauerwerksabfall Hochbauabbruch, Bauschutt, Brechsand Straßenaufbruch, Straßenkehricht Abfallverbrennungsasche, Schwermetallschlacke, Waschberge Altglas, Sanitärkeramik Klärschlamm, Deinking-Schlamm
Beton- und Mörtelzusätze (Zusatzstoff, Zusatzmittel, Fasern)	Steinkohlenflugasche Silicastaub Gesteinsmehle Braunkohlenflugasche (BFA) JÄWAMENT E/F des Kraftwerks Jänschwalde, Blöcke E und F	Braunkohlenflugasche Hochofen-, Stahlwerks-, Edelstahlschlacke Sanitärkeramik, Laborkeramik Rückstände aus Industrieabwasser Katalysatorabfälle Altglas, Altreifen, Altkunststoffe, Holzspäne Pflanzenaschen, Macadamianussschalen
Zementbestandteile, Zumahlstoffe Spezialbindemittel	Hüttensand Silicastaub Steinkohlenflugasche	Braunkohlenflugasche Hochofen-, Stahlwerks-, Edelstahlschlacke, Gießereirestsand Abfallverbrennungsasche asbest- und faserhaltige Massen Rückstände aus Industrieabwasser Katalysatorabfälle
Straßen- und Bahnbau, Erd-, Grund-, Deponie- und Bergbau (Splitte, Schotter, Schütt-, Füll-, Versatz- und Abdichtmaterial)	Rost-, Kessel-, Abfallverbrennungsaschen, Steinkohlenflugasche Eisen-, Metallhüttenschlacke, Hüttensand, Schmelzkammergranulat, Gießereirestsand Straßenaufbruch, Asphaltaufbruch, pechhaltige Reststoffe Hochbauabbruch, Bauschutt Gleisschotter, Bodenaushub Waschberge	Braunkohlenflugaschen Gasreinigungsabfälle, Rückstände aus Industrieabwasser, Deinking-Schlamm asbesthaltige Massen
Ziegel und andere Baukeramik (Tonersatzmaterial, Gesteinskörnung)	Ziegelbruch, Keramikabfälle Produktionsabfälle	Schlamm aus Papierherstellung und Bodenwaschanlagen, Faul-, Klär-, Hafenschlamm, Rückstände aus Industrieabwasser Kehricht, Erdreich aus Altlastensanierung, asbesthaltige Massen Recyclingpolystyrol, Altpapier, Sägemehl, Reismehl, Reisstroh
Kalksandstein, Porenbeton	Hüttensand Steinkohlenflugasche	Braunkohlenflugasche Rückstände aus Industrieabwasser, Gesteinsmehl, Betonbrechsand

Im Folgenden werden als Beispiel ausgewählte Ergebnisse von Untersuchungen verschiedener Reststoffe, die bisher noch nicht hochwertig im Beton wiederverwertet werden, vorgestellt. Die einzelnen Materialien sind:

- Hausmüllverbrennungsasche (MVA) als grobe Gesteinskörnung für Beton,
- Betonbrechsand (BS) als feine Gesteinskörnung für Beton,
- Filterrückstand (FR) als Betonzusatzstoff,
- Papierasche (PA) als Zementzumahlstoff.

Für die Beurteilung des möglichen Einsatzpotentials wurden die Reststoffe umfassend betontechnologisch und chemisch-mineralogisch hinsichtlich der Materialeigenschaften charakterisiert, gegebenenfalls zusätzlich aufbereitet und abschließend im Beton oder Mörtel geprüft.

2. Hausmüllverbrennungsasche als grobe Gesteinskörnung

In modernen Anlagen zur thermischen Behandlung von Hausmüll und Siedlungsabfällen fallen neben der Energieerzeugung – Strom und Prozessdampf – folgende Stoffe an: Salzsäure, Gips, Schrott, Nichteisenmetalle und mineralische Müllverbrennungsasche. Bei der Verbrennung von einer Tonne Hausmüll entstehen etwa dreihundert Kilogramm Asche [5]. Zur Erzeugung einer qualitativ hochwertigen, recycelbaren Müllverbrennungsasche sind eine umfassende Aufbereitung und mehrmonatige Ablagerungen notwendig. Diese aufbereiteten Aschen werden heute vorwiegend im Straßenbau als ungebundene Untergrundtragschicht, als Füllmaterial für Schallschutzwände oder zur Verfüllung von Deponien eingesetzt [3, 5-7]. Aufgrund der guten Aufbereitungsqualität der Asche erscheint aber auch eine höherwertige Verwendung als Gesteinskörnung in Beton möglich [6, 8-12].

Für die hier beschriebenen Untersuchungen stand eine umfassend aufbereitete und mehrere Monate abgelagerte Hausmüllverbrennungsasche zur Verfügung. Für den Einsatz im Beton wurde das Material zusätzlich in einer Seekieswaschanlage konditioniert und in die Korngruppen 2/8, 8/16 und 16/32 mm fraktioniert. Die einzelnen Korngruppen zeigt Bild 3.

Bild 3: Hausmüllverbrennungsasche nach Aufbereitung, Ablagerung und zusätzlicher Behandlung in einer Kieswaschanlage (Korngruppen 2/8, 8/16 und 16/32 mm von links nach rechts)

Müllverbrennungsasche besteht aus etwa achtzig Prozent mineralischen Produkten – glasige und kristalline Silicate, Aluminate, Oxide –, fünfzehn Prozent Altglas sowie jeweils fünf Prozent Metallen und keramischen Bestandteilen. Die Müllverbrennungsasche-Fraktionen haben im Durchschnitt eine Rohdichte von etwa 2,4 g/cm³, eine Porosität von fünfzehn Prozent und dadurch eine bis zu fünf Prozent erhöhte Wasseraufnahme. Die durchschnittliche chemische Zusammensetzung der Müllverbrennungsasche ist in Tabelle 2 zusammengestellt. Aufgrund ihrer chemisch-mineralogischen Eigenschaften erscheint die Asche prinzipiell als Gesteinskörnung zur Herstellung von Normalbetonen verwendbar zu sein. Auch die Anforderungen an die Umweltverträglichkeit recycelter Gesteinskörnungen werden von den untersuchten Ascheproben erfüllt [8, 13].

Tabelle 2: Durchschnittliche chemische Zusammensetzung der Hausmüllverbrennungsasche

SiO_2	Al_2O_3	Fe_2O_3	CaO	MgO	CuO	ZnO	Na_2O	K_2O	SO_3	Cl^-
Ma.-%										
55,7	14,1	8,8	11,9	2,7	0,5	0,3	1,4	1,3	0,6	0,9

Müllverbrennungsasche enthält aber auch eine Reihe betonschädigender Inhaltsstoffe. Besondere Probleme bereiten Chloride, Sulfate, metallisches Aluminium, Altglasfragmente und andere alkaliempfindliche Bestandteile. Die Gehalte dieser Komponenten sind für die einzelnen Korngruppen der Müllverbrennungsasche in Tabelle 3 zusammengestellt. Insbesondere durch die Aluminiumauflösung und die Glaskorrosion im alkalischen Milieu des Frisch- und Festbetons entstehen voluminöse Reaktionsprodukte, die Treibvorgänge im Festbeton verursachen und letztendlich zu Rissen, Abplatzungen und Pop-Outs führen [8, 14]. Beispiele für Schäden, die auf einen Aluminium- oder Glaseinschluss zurückzuführen sind,

Tabelle 3: Anteil an betonschädigenden Bestandteilen im Ausgangsmaterial Müllverbrennungsasche und in den Aschen nach einer zusätzlichen Aufbereitung, G – Glasseparation, L – Laugenbehandlung, T – thermische Behandlung

Müllverbrennungsasche (MVA)		Bestandteil				
		Aluminium (Metall)	Altglas	Alkali-Empfindliches*	Chlorid	Sulfat
mm		Ma.-%				
MVA	2/8	1,06	19,9	4,4	0,96	0,84
	8/16	0,71	14,5	4,0	0,91	0,73
	16/32	0,51	6,0	1,2	0,87	0,41
MVA(G)	2/8	1,10	7,2	3,0	0,28	1,01
	8/16	0,73	7,5	2,6	0,23	0,71
	16/32	0,62	2,8	1,0	0,27	0,60
MVA(L)	2/8	0,14	14,3	n.n.	< 0,01	0,35
	8/16	0,08	12,3	n.n.	< 0,01	0,24
	16/32	0,38	5,9	n.n.	< 0,01	0,25
MVA(T)		n.n.	n.n.	0,7	< 0,01	n.n.

n.n. nicht nachweisbar
* Glas, Aluminium, Eisen, Zink, alkaliempfindliche Mineralphasen

zeigen die Anschliffe in den Bildern 4 und 5. Auch andere alkaliempfindliche Bestandteile können durch Alkali-Kieselsäure-Reaktion zu Schäden führen [15]. Bei hohen Chloridgehalten über 0,15 Masseprozent muss mit weiteren Betonschäden und oberhalb 0,04 Masseprozent mit Bewehrungsstahlkorrosion gerechnet werden [16]. Sulfatgehalte größer einem Masseprozent sind als kritisch im Hinblick auf ein mögliches Sulfattreiben anzusehen [17].

Bild 4: Aluminiumeinschluss in einem Beton mit Müllverbrennungsasche als Gesteinskörnung, der eine Abplatzung verursachte (Anschliff, Auflichtmikroskopie, EDX)

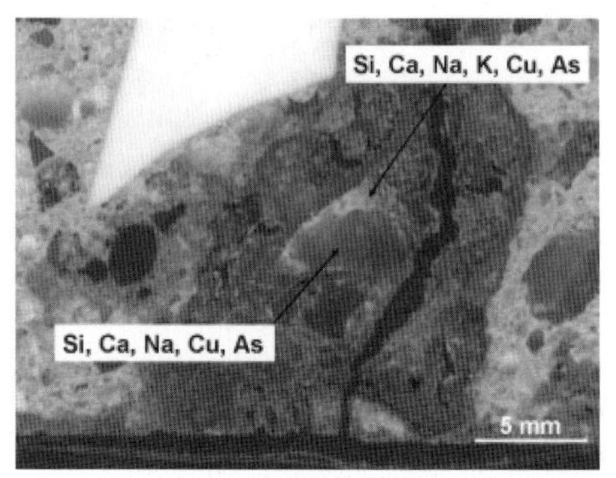

Bild 5: Altglasagglomerat in einem Beton mit Müllverbrennungsasche, das zum Bruch des Betonbalkens führte (Anschliff, Scanner, EDX)

Für den Einsatz von Müllverbrennungsasche als Gesteinskörnung in Beton sind weiterführende Aufbereitungsmaßnahmen erforderlich. Ziel ist die Entfernung der schädlichen Stoffe oder ihre Reduzierung unter die Grenzwerte. Erprobte zusätzliche Aufbereitungen führen zu folgendem Ergebnis:

- Mit einer opto-pneumatischen Sortiermaschine kann Altglas abgetrennt werden [6] (MVA(G)), so dass der Glasanteil dadurch halbiert werden kann.
- Eine Behandlung mit Natronlauge und anschließendes Waschen bewirkt eine Reduktion des Aluminiummetallgehalts auf unter 0,4 Prozent, eine Entfernung von alkaliempfindlichen Bestandteilen sowie eine Reduktion der Chlorid- und Sulfatgehalte unter die Grenzwerte (MVA(L)).
- Eine thermische Konditionierung bei etwa 1.300 °C beseitigt die Störstoffe (MVA(T)). Allerdings liegt die Asche dann nicht mehr als Gesteinskörnung, sondern als erstarrter Schmelzkuchen, der neue glasige, alkaliempfindliche Mineralphasen enthält, vor.

Die Störstoffgehalte für die unterschiedlichen zusätzlich aufbereiteten Aschen enthält Tabelle 3.

Untersuchungen an Betonen mit Müllverbrennungsasche als Gesteinskörnungen zeigen die Wirksamkeit der zusätzlichen Aufbereitungsmaßnahmen. In den Betonen, die mit den Kennwerten: Sieblinie B32, Zement CEM I 32,5 R mit 310 kg/m³, effektiver Wasser/Zement-Wert 0,60, hergestellt wurden, waren für die Körnungen von 2 bis 32 mm die natürlichen Gesteinskörnungen durch Müllverbrennungsasche ausgetauscht. Als Vergleichsmaterial dienten Betone gleicher Zusammensetzung mit ausschließlich natürlichem Quarzsand und Kies und mit recyceltem Betonsplitt für die Fraktionen von 2 bis 32 mm.

Die Entwicklung der Druckfestigkeit der Betone zeigt Bild 6. Mit allen unterschiedlich aufbereiteten Müllverbrennungsaschen können gut verarbeitbare Betone der Festigkeitsklasse C20/25 hergestellt werden. Die Festigkeiten des Vergleichbetons mit ausschließlich natürlicher Gesteinskörnung wird jedoch nicht vollständig erreicht. Die Eigenschaften der Müllverbrennungsasche-Betone ändern sich ähnlich wie beim Einsatz von recyceltem Betonsplitt. Im Vergleich zu einem Beton mit ausschließlich natürlichen Gesteinskörnungen haben die Materialien um etwa zehn Prozent geringere Druckfestigkeiten und dynamische E-Moduln sowie doppelt so hohe Porositäten [8]. Die Müllverbrennungsasche-Betone weisen jedoch Risse und Abplatzungen auf, die von den Aluminium-Einschlüssen verursacht werden. Nur die Betone mit der laugenbehandelten, aluminiumarmen Asche bleiben schadensfrei. Außerdem werden bei einem Nebelkammertest nach [15] (Lagerung der Betonproben bei 99,9 Prozent r.F., 40 °C) an allen Müllverbrennungsasche-Betonen Alkali-Kieselsäure-Reaktionen (AKR) beobachtet, die meistens von Glaseinschmelzungen der Aschekörner ausgehen. Das dabei gebildete Alkalisilicatgel kann sich zunächst im Porenraum verteilen, so dass innerhalb des Prüfzeitraums von neun Monaten keine Dehnungen messbar sind. Aber an größeren Glasagglomeraten bilden sich Risse und langfristig sind Schäden durch Glaskorrosion nicht auszuschließen [18].

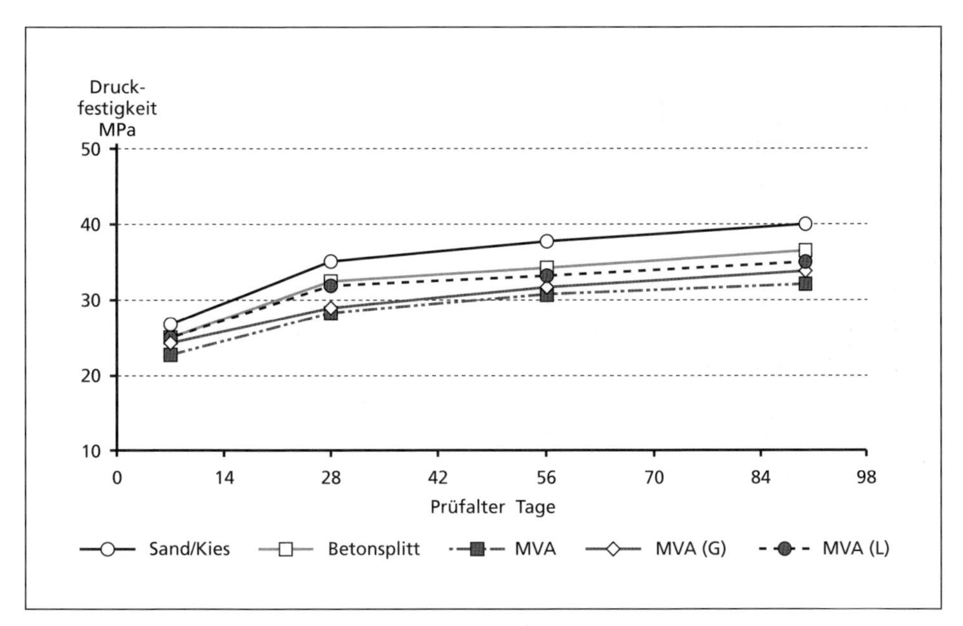

Bild 6: Entwicklung der Druckfestigkeit von Betonen mit unterschiedlich aufbereiteten Müllverbrennungsaschen (Ausgangmaterial Müllverbrennungsasche, glasreduzierte Asche MVA(G), laugenbehandelte Asche MVA(L)) im Vergleich zum Beton mit natürlicher Gesteinskörnung und recyceltem Betonsplitt

3. Betonbrechsand als feine Gesteinskörnung

Die Recyclingquote von Altbeton und Bauschutt beträgt in Deutschland etwa 62 Prozent. Davon wurden jedoch nur rund fünf Prozent als Gesteinskörnung in der Betonherstellung wiederverwertet [19]. Beim Zerkleinern von Bauschutt fallen je nach Brechertyp folgende Anteile an Betonbrechsanden (BS) an: zwanzig bis vierzig Prozent mit einer Korngröße ≤ 2 mm und dreißig bis sechzig Prozent mit einer Korngröße ≤ 4 mm. Der Brechsand wird überwiegend nur auf einem niedrigen Level, z.B. als Verfüllmaterial, recycelt oder deponiert. Aufgrund gesetzlicher Bestimmungen [20] hat die Wiederverwertung der Brechsande in Beton gegenwärtig nur geringe Bedeutung. Ursache dieses Ausschlusses sind vor allem die im Vergleich zu gröberen Recycling-Körnungen ungünstigeren Eigenschaften der Brechsande, wie erhöhte Wasseraufnahme, geringere Dichte, höhere Schadstoffbelastungen und ein größerer Anteil an feinen abschlämmbaren Bestandteilen. Der Grund dafür ist vor allem der vergleichsweise größere Anteil an altem Zementstein, der an den natürlichen Gesteinskörnungen haftet. Insofern sollte eine Aufbereitung des Brechsands, die zu einer Anreicherung des Natursteinanteils führt, sein Einsatzpotential als Gesteinskörnung für Beton verbessern.

Um Betonbrechsand auf einem höherwertigen Recyclingniveau wieder vollständig in den Stoffkreislauf einbringen zu können, wurden im Rahmen eines EU-LIFE-Projektes [21] Möglichkeiten zur Nassaufbereitung von Betonbrechsand mit Dichtetrennung untersucht. Ziel war es, ein Brechsand-Schwergut, angereichert mit Naturstein, zu erhalten, das aufgrund seiner durch die Nassaufbereitung verbesserten Materialeigenschaften als Gesteinskörnung in der Betonherstellung eingesetzt werden kann. Als Ausgangsmaterial wurden Brechsande aus selektivem Rückbau verwendet, die soweit wie möglich schadstoffarm und von hoher Sortenreinheit waren. Bild 7 zeigt einen im Rahmen des Projektes untersuchten Brechsand. Die durchschnittliche chemische Zusammensetzung des Brechsands ist in Tabelle 4 zusammengestellt. Die für den Einsatz im Beton kritischen Eigenschaften, wie Zementsteingehalt – gemessen als salzsäurelösliche Bestandteile –, Feinanteilgehalt < 100 µm und Wasseraufnahme, enthält Tabelle 5.

Bild 7: Betonbrechsand (Auflichtmikroskop)

Tabelle 4: Durchschnittliche chemische Zusammensetzung eines Betonbrechsands

SiO_2	CaO	Al_2O_3	Fe_2O_3	Mn_2O_3	TiO_2	MgO	Na_2O	K_2O	SO_3	Cl^-
Ma.-%										
71,1	5,0	5,0	1,5	0,3	0,3	1,5	0,5	1,2	1,0	0,01

Tabelle 5: Kritische Eigenschaften eines Betonbrechsands im Vergleich zu den Produkten aus der Nassaufbereitung

Eigenschaften	Einheit	Brechsand	aufbereitete Brechsand-Fraktionen		
			Schwergut	Leichtgut	Feinstgut
Feinanteile < 100 µm	%	5,4	0,4	2,5	100
säurelösliche Bestandteile	%	22,4	16,5	27,1	47,4
Wasseraufnahme	%	9,3	6,3	11,0	n.b.
Dichte	g/cm³	2,54	2,56	2,48	n.b.

n.b. nicht bestimmt

Der Betonbrechsand wurde in drei Hauptverfahrensschritten nassmechanisch aufbereitet [22-24]:

- Aufschluss des Materials in einem Eirich-Intensivmischer unter Zugabe von Wasser,
- Separierung der Feinstfraktion (< 100 µm) in einem Hydrozyklon,
- Dichtesortierung des Materialhauptstroms 0,1 bis 4 mm unter Anwendung der Setztechnik in ein Schwergut und ein Leichtgut.

Bei optimaler Verfahrensführung der Setzmaschine betrug der Austrag an Schwergut zwischen siebzig und fünfundachtzig Prozent des Ausgangsmaterials.

Wie die Kennwerte des Schwerguts in Tabelle 5 zeigen, führt die Nassaufbereitung zur erwünschten Verschiebung der Eigenschaften in Richtung natürlicher Gesteinskörnung. Im Einzelnen sind das eine Erhöhung des Anteils an säureunlöslichen Bestandteilen und die Erhöhung der Dichte, die beide ein Maß für den Natursteinanteil sind, sowie die Reduzierung der Wasseraufnahme. Zusätzlich können durch die Nassaufbereitung die Sulfat- und Chloridgehalte, falls diese in den Brechsanden erhöht sind, im Schwergut gesenkt werden [22-24].

Zur weiteren Beurteilung des Schwerguts dienten Baustoffprüfungen an Mörteln und Betonen. In den Mörteln, die mit einem Größtkorn von 4 mm, einem Portlandzement CEM I 32,5 R mit 340 bis 410 kg/m³ und einem effektiven Wasser/Zement-Wert von 0,60 hergestellt wurden, war die gesamte Gesteinskörnung durch Brechsand ersetzt. Die Betone, die mit den Kennwerten: Sieblinie B16, Zement CEM I 32,5 R mit 310 kg/m³, effektiver Wasser/Zement-Wert 0,60, hergestellt wurden, hatten einen Brechsandanteil bis zu fünfzig Prozent. Es wurden Probekörper mit dem Brechsand-Ausgangsmaterial und dem durch Aufbereitung erzeugten Brechsand-Schwergut hergestellt. Zu Vergleichszwecken dienten Mörtel und Betone gleicher Zusammensetzung mit natürlichem Sand und Kies.

Die Entwicklung der Druckfestigkeit der Mörtel mit hundert Prozent Brechsand als Gesteinskörnung und der Betone mit einem Brechsand-Anteil von fünfzig Prozent zeigt Bild 8. Es wird deutlich, dass die Mörtel und Betone mit Brechsand-Schwergut im Vergleich zum Brechsand-Ausgangsmaterial höhere Festigkeiten erzielen können. Ähnlich positiv wirkt sich die Eigenschaftsverbesserung des Schwerguts auf die Biegezugfestigkeit und den dynamischen E-Modul der Proben

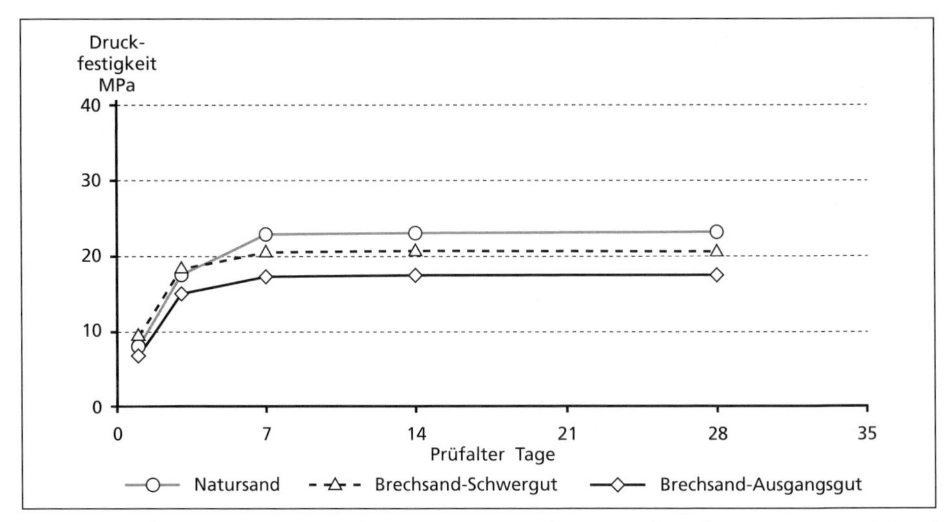

Bild 8: Entwicklung der Druckfestigkeit von Mörteln mit Brechsand-Ausgangsmaterial und Brechsand-Schwergut als Gesteinskörnung im Vergleich zur Probe mit natürlicher Gesteinskörnung

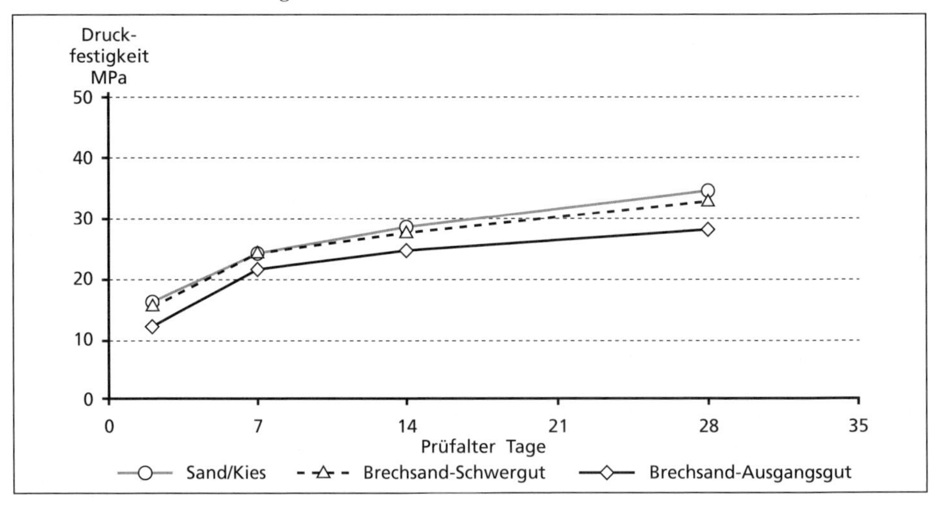

Bild 9: Entwicklung der Druckfestigkeit von Beton mit Brechsand-Ausgangsmaterial und Brechsand-Schwergut (anteilig jeweils fünfzig Prozent der gesamten Gesteinskörnung) als Gesteinskörnung im Vergleich zur Probe mit natürlicher Gesteinskörnung

aus [22-24]. Die Qualität von Natursanden kann jedoch nicht vollständig erreicht werden. Als Ursachen werden die auch noch im aufbereiteten Brechsand-Schwergut enthaltenen Zementsteinanteile gesehen. Außerdem haben viele Brechsand-Partikel eher eine plattige Kornform und gebrochene Oberflächen, was sich im Vergleich zu den zumeist gerundeten natürlichen Sanden und Kiesen ungünstig auf die Festigkeiten auswirkt. Auch die sichtbaren Schäden an den Einzelpartikeln der Brechsand-Gesteinskörnung und ein hoher Anteil an leicht spaltbarem Feldspat, wie das Bild 10 zeigt, könnten zur Schwächung des Mörtel- oder Betongefüges beitragen [25].

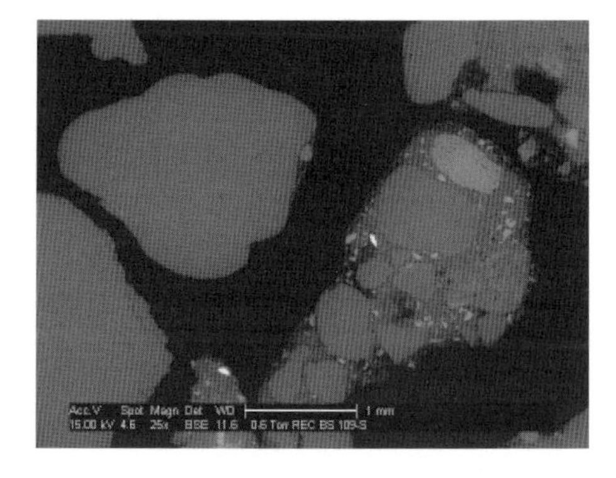

Bild 10: Partikel unterschiedlicher Mineralzusammensetzung des Materials Brechsand-Schwergut im Dünnschliff (ESEM)

Im Sinne einer vollständigen Verwertung des Brechsandes wurde zusätzlich für die Leicht- und Feinstfraktion eine Einsatzmöglichkeit in der Kompostierung untersucht. Beide Fraktionen enthalten Anteile an Kalk und organischem Material, die in der Betonherstellung nicht erwünscht sind, jedoch für die Bodenverbesserung nutzbar sein können [22-24].

4. Filterrückstand und Papierasche als Zementsubstitut

Reststoffe aus Kohlekraftwerken und der Metallurgie, wie Steinkohlen- und Braunkohlenflugasche, Hüttensand, Silicastaub, werden seit Jahren als puzzolanische und latent hydraulische Zusätze in Zementen, Mörteln und Betonen zur Eigenschaftsoptimierung eingesetzt. Aber auch andere Reststoffe haben aufgrund ihrer chemisch-mineralogischen Zusammensetzung das Potential, als Zusatz- oder Zumahlstoff eingesetzt zu werden. Dazu gehören sowohl Reststoffe der Silicon- und Silanproduktion [26], Rückstände der Aluminiumsulfat- und Kieselsäureherstellung [27-29], und Altkatalysatoren [30-34] aus der chemischen Industrie als auch Rückstände aus dem Altpapierrecycling [35-42].

Für die hier beschriebenen Studien wurden ein Filterrückstand (FR) aus der Abwasseraufbereitung der chemischen Industrie auf seine Einsatzfähigkeit als puzzolanischer Betonzusatzstoff und eine Papierasche (PA) aus dem Altpapierrecycling auf ihre Anwendbarkeit als Zementzumahlstoff untersucht.

4.1. Filterrückstand

Der Filterrückstand fällt als feuchter Filterkuchen bei der Aufbereitung von Abwässern der Kieselsäure- und Zeolithproduktion an. Aus einem Kubikmeter Abwasser werden etwa 23 kg Rückstand mit einem Wassergehalt von etwa fünfundachtzig Prozent abgepresst. Daraus ergeben sich etwa 3,5 kg wasserfreier kieselsäurehaltiger Reststoff pro Kubikmeter Abwasser. Die Rückstände werden gegenwärtig kostenpflichtig deponiert oder zur Rekultivierung von Tagebauhalden eingesetzt. Für die Untersuchungen stand das Material als trockenes Granulat mit einer Partikelgröße ≤ 2 mm zur Verfügung. Bild 11 zeigt den Filterrückstand im Anlieferungszustand.

Bild 11: Kieselsäurehaltiger Filterrückstand

Bild 12: Filterrückstand nach Nassaufbereitung getrocknet und gemahlen, Korngröße < 200 µm (ESEM)

Der Filterrückstand enthält neben anderen anorganischen Komponenten etwa siebzig bis achtzig Prozent Kieselsäure, die hauptsächlich in amorpher Form vorliegt. Seine Feststoffdichte beträgt etwa 2,3 g/cm³. Er hat eine besonders große spezifische Oberfläche, die in Abhängigkeit von der Aufbereitung 200 bis 300 m²/g erreicht. Diese hohen Werte werden vermutlich von den porösen Agglomeraten aus kolloidalen und mikronisierten Kieselsäurepartikeln hervorgerufen, die in ESEM[1]-Aufnahmen (Bild 12) gefunden werden und die sich auch im großen Mesoporenvolumen von etwa 800 mm³/g widerspiegeln. Die chemisch-physikalischen Eigenschaften von Filterrückstand sind in den Tabellen 6 und 7 zusammengestellt. Aufgrund des hohen Gehalts an amorpher Kieselsäure sollte der Filterrückstand in Mörtel und Beton als puzzolanischer Zusatzstoff zu verwenden sein. Aber seine Sulfat- und Chloridgehalte sind hinsichtlich der Anforderungen von ≤ 1,5-3,5 Masseprozent SO_3 und ≤ 0,1-0,3 Masseprozent Cl^- für einen anorganischen Betonzusatzstoff nach [43] zu hoch.

Tabelle 6: Chemische Zusammensetzung des Filterrückstands vor und nach Nassaufbereitung

Parameter[1]	Filterrückstand Ausgangsmaterial	Filterrückstand nassaufbereitet	Grenzwerte [1]
	Ma.-%		
SiO_2	72,46	80,28	–
CaO	1,45	1,75	≤ 20,0
Al_2O_3	5,09	5,47	–
Fe_2O_3	1,73	3,13	–
MgO	4,68	4,44	≤ 7,0
SO_3	5,60	0,18	≤ 1,5 – 3,5
Na_2O/K_2O[2]	1,66	0,33	≤ 4,5
Cl^-	0,44	0,03	≤ 0,1 – 0,3
Glühverlust	4,52	3,86	≤ 5,0 – 8,0

[1] glühverlustfrei [2] Na_2O-Äquivalent

[1] Zulassungs- und Überwachungsgrundsätze Anorganische Betonzusatzstoffe. Schriften des Deutschen Instituts für Bautechnik, Reihe B, Heft 17, Fassung Dezember 2004, DIBt, Berlin, 2005

[1] Environmental Scanning Electron Microscope

Tabelle 7: Physikalische Eigenschaften des Filterrückstands vor und nach der Nassaufbereitung

Eigenschaft	Einheit	Filterrückstand Ausgangsmaterial	Filterrückstand nassaufbereitet
Korngröße	mm	≤ 2 mm	≤ 200 µm
Dichte	g/cm³	2,35	2,26
spez. Oberfläche	m²/g	196	289
Porenvolumen[1]	cm³/g	0,77	0,90
häuf. Porenradius	nm	16	15

[1] Mesoporen mit Porenweiten 2 bis 50 nm

Da die Sulfate und Chloride hauptsächlich als wasserlösliche Verbindungen vorliegen, können sie durch Waschen des Filterrückstands im Durchflussverfahren nahezu vollständig entfernt werden. Im Anschluss an die Nassaufbereitung wurde der Filterrückstand getrocknet und für die Einsatzprüfungen als Betonzusatzstoff im Mörtel und Beton auf eine Korngröße ≤ 200 µm aufgemahlen. Die Eigenschaften des aufbereiteten Filterrückstand enthalten die Tabellen 6 und 7.

Für die betontechnologischen Prüfungen nach [43] dienten Mörtel und Betone mit Filterrückstand-Zusätzen. Die Mörtel wurden mit Normsand mit einem Größtkorn von 2 mm [44], einem Portlandzement CEM I 32,5 R, einem Bindemittelgehalt von 450 kg/m³, einem Wasser/Bindemittel-Wert von 0,50 und einem Fließmittel Woermann FM 21 hergestellt. Die Betonmischungen bestanden aus quarzitischem Sand und Kies entsprechend Sieblinie B8, Zement CEM I 32,5 R, einem Bindemittelgehalt von 360 kg/m³, einem Wasser/Bindemittel-Wert von 0,57 und einem Fließmittel Woermann FM 21. Die Mörtel und Betone wurden jeweils ohne und mit fünf und zehn Prozent Filterrückstand als Zementersatz bei konstantem Bindemittelgehalt hergestellt.

Sowohl bei einem fünfprozentigen als auch bei einem zehnprozentigen Austausch des Zements gegen den kieselsäurehaltigen Filterrückstand werden Mörtel- und Betonfestigkeiten erreicht, die den Werten der Vergleichsproben ohne Filterrückstand nahezu entsprechen. Die Entwicklung der Druckfestigkeiten sind in Abhängigkeit vom Probenalter in den Bildern 13 und 14 dargestellt. Auch bei weiteren Eigenschaften, wie Schwindverhalten, dynamischer E-Modul, Porosität und Karbonatisierung, zeigen die Mörtel und Betone mit Filterrückstand-Zusätzen keine wesentlich ungünstigeren Ergebnisse als die Vergleichsproben [29]. Allerdings erfordert dies die Zugabe von Fließmittel, um bei gleichen Wasser/Bindemittel-Werten eine gute Verarbeitbarkeit zu erzielen [29].

Der Filterrückstand wirkt offensichtlich nicht nur als feinteiliger Füllstoff, sondern ist auch als reaktives Puzzolan an der Zementhydratation beteiligt und trägt dadurch zur Festigkeitsentwicklung bei. Die Ergebnisse von kalorimetrischen Messungen an Zementleimen eines CEM I 32,5 R mit und ohne Filterrückstand-Zusatz bestätigen diese Vermutung. Bild 15 zeigt die auf den gesamten Bindemittelgehalt (CEM I und FR) bezogene Wärmefreisetzungsrate der Zementleime. Die auf den Zementgehalt (CEM I) bezogene freigesetzte Hydratationswärme ist in Bild 16 dargestellt. Die Zugabe von Filterrückstand beschleunigt in den ersten

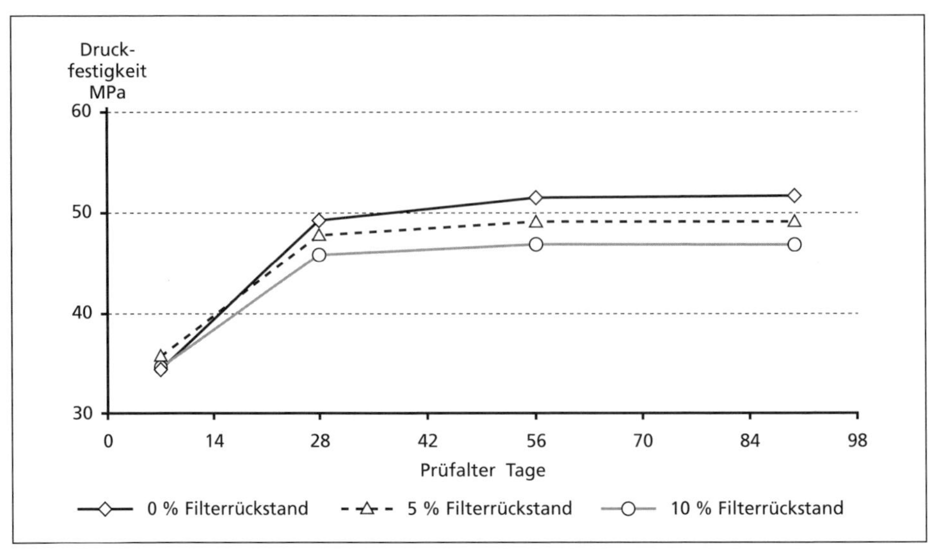

Bild 13: Entwicklung der Druckfestigkeit von Mörtel mit und ohne Zusatz von kieselsäurehaltigem Filterrückstand (FR) als Betonzusatzstoff

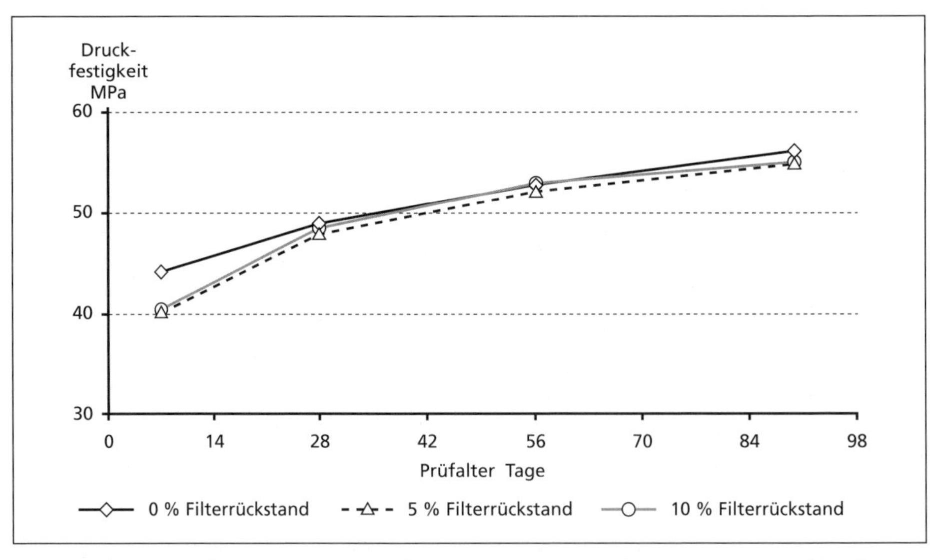

Bild 14: Entwicklung der Druckfestigkeit von Beton mit und ohne Zusatz von kieselsäurehaltigem Filterrückstand (FR) als Betonzusatzstoff

Stunden des Abbindens die Hydratation, da die porösen unregelmäßig geformten Filterrückstand-Partikel vermutlich als zusätzliche Kristallisationskeime wirken. Nach der anfänglich von den Filterrückstand-Zementleimen größeren freigesetzten Wärmemenge sind die Hydratationswärmen zwischen dem ersten und zweiten Tag der Hydratation für Zememtleime mit und ohne Filterrückstand nahezu gleich. Charakteristisch für ein puzzolanisches Verhalten ist, dass die filterrückstandhaltigen Zementleime anschließend wieder eine größere Wärmemenge freisetzen.

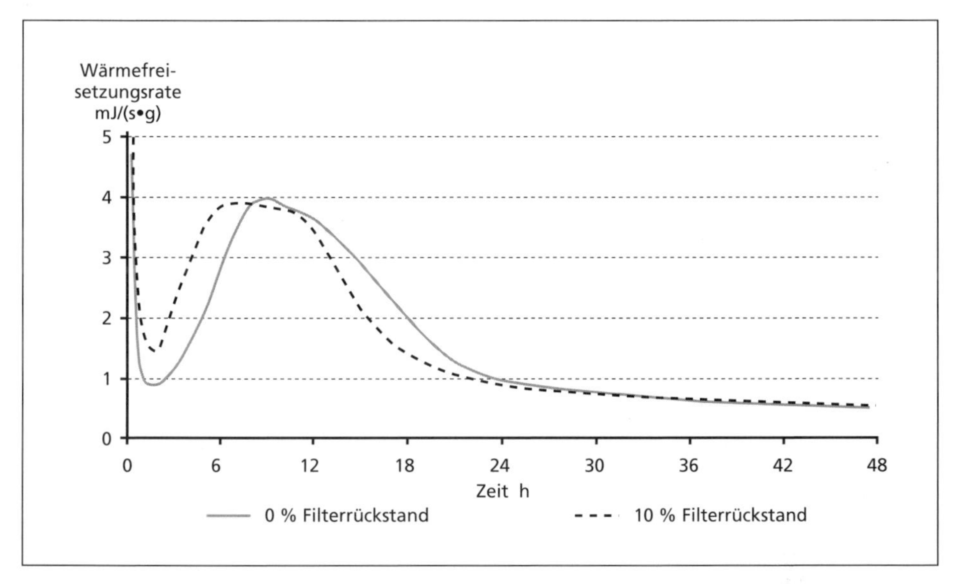

Bild 15: Einfluss des Filterrückstands auf die Wärmefreisetzungsrate von Zementleim eines CEM I 32,5 R (bezogen auf den Bindemittelgehalt)

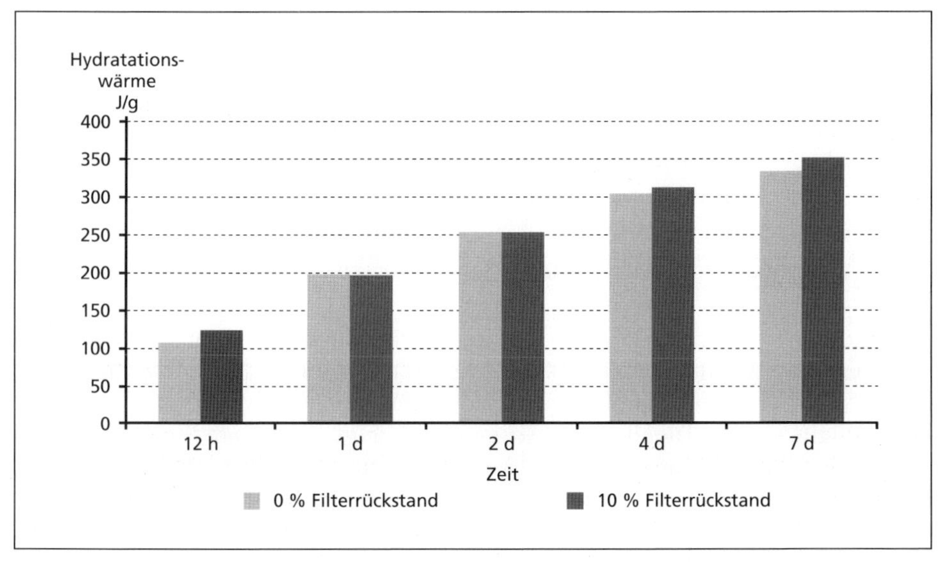

Bild 16: Einfluss des Filterrückstands auf die Hydratationswärme von Zementleim eines CEM I 32,5 R (bezogen auf den Zementgehalt)

4.2. Papierasche

Papierschlamm aus der Altpapieraufbereitung und dem Deinking wird gegenwärtig teilweise deponiert oder einer einfachen energetischen Verwertung zugeführt, wobei Papierasche anfällt. Pro Tonne Papierschlamm entstehen etwa

240 kg Papierasche. Die Verbrennungsrückstände werden zu 16 Prozent der Ziegelindustrie und zu 52 Prozent der Zementindustrie zugeführt. Aber 26 Prozent der Papieraschen werden immer noch deponiert oder auf niedrigem Niveau wiederverwertet [45]. Im Sinne einer Anhebung der hochwertigen Verwertungsquote der Papierasche unter besonderer Ausnutzung ihrer spezifischen Ascheeigenschaften, stehen Papieraschen immer wieder im Mittelpunkt von Forschungsarbeiten. Die hier beschriebenen Untersuchungen erfolgten an einer Papierasche, die als feinkörniges Material, wie in Bild 17 zu sehen, vorlag. Die Korngrößenverteilung der Asche entspricht nahezu der des verwendeten Portlandzements mit einer Korngröße ≤ 100 µm.

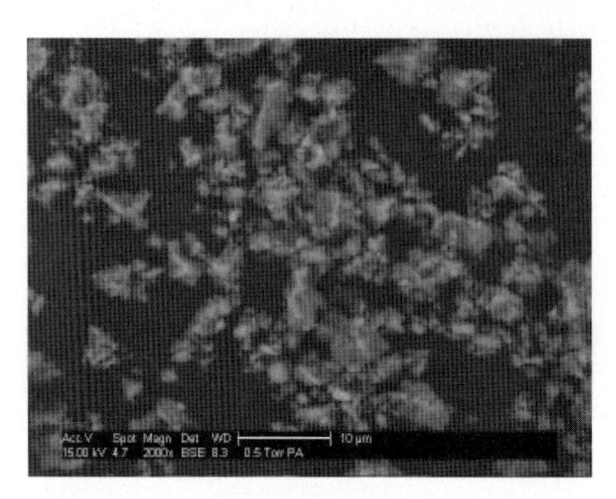

Bild 17: Papierasche mit einer Korngröße ≤ 100 µm (ESEM)

Die Papierasche hat mit ihren Anteilen an CaO, SiO_2, Al_2O_3 und MgO eine ähnliche Zusammensetzung wie ein Portlandzement. Sie ist jedoch etwas kalkärmer und Al_2O_3-reicher. Die genaue chemische Zusammensetzung der Papierasche ist in Tabelle 8 zusammengestellt. Die mineralischen Hauptbestandteile der Papierasche sind Calcit, Gehlinit, α-Dicalciumsilicat, eine hydraulisch aktive Komponente, Kalk und Quarz. Die Feststoffdichte beträgt etwa 2,82 g/cm³. Die Asche hat mit 4,2 m²/g eine etwas größere spezifische Oberfläche als der Portlandzement CEM I 42,5 R (1,3 m²/g), die vermutlich von den unregelmäßigen Oberflächen der Agglomerate, hervorgerufen wird. Aufgrund der chemisch-mineralogischen Zusammensetzung werden von der Papierasche hydraulische Eigenschaften erwartet, so dass ein Einsatz als Zementzumahlstoff möglich sein sollte.

Durch Homogenisieren von Zement-Papierasche-Gemischen wurden unter Verwendung eines Portlandzements CEM I 42,5 R und zehn und zwanzig Masseprozent Papierasche Kompositzemente erzeugt. Die chemische Zusammensetzung der Zemente enthält Tabelle 8. Als Vergleichsproben dienten ein Portlandzement CEM I 42,5 R (Portlandzement) und ein Quarzmehl-Zement, in dem zwanzig Prozent des Portlandzements durch inertes (quasi unreaktives) Quarzmehl (QM) ersetzt waren.

Die Papierasche-Zemente erfüllen die chemischen Anforderungen nach EN 197-1 [46] hinsichtlich des Glühverlusts sowie des Alkali-, Sulfat- und Chloridgehalts. Als problematisch ist der zu hohe Freikalkgehalt anzusehen, der die Hydratation und die Raumbeständigkeit negativ beeinflussen kann. Prüfungen zum Erstarrungsverhalten an Zementleimen der Papierasche-Zemente ergeben allerdings, dass sowohl die Kennwerte für den Erstarrungsbeginn als auch die Raumbeständigkeit die normativen Anforderungen [46] erfüllen. Gegenüber dem reinen Portlandzement beginnt das Erstarren aber viel früher und das Dehnungsmaß ist deutlich erhöht. Die Einzelwerte sind in Tabelle 9 zusammengestellt.

Tabelle 8: Chemische Zusammensetzung von Papierasche, Portlandzement CEM I 42,5 und der PA-Zemente

Parameter[1]	Papierasche	Portlandzement CEM 42,5 R	Papierasche-Zement (10 % Papierasche)	Papierasche-Zement (20 % Papierasche)	Anforderungen [1]
	Ma.-%				
SiO_2	24,20	20,18	20,58	20,98	
CaO	54,90	61,81	61,12	60,43	
Al_2O_3	13,10	3,99	4,90	5,81	
Fe_2O_3	1,20	3,99	3,71	3,43	
TiO_2	0,40	< 0,1	0,04	0,08	
CuO	0,30	n.n.	0,03	0,06	
MgO	3,70	1,99	2,16	2,33	≤ 5,0
SO_3	1,20	3,31	3,10	2,89	≤ 4,0
Na_2O	0,10	0,24	0,23	0,21	
K_2O	1,00	0,79	0,81	0,83	
Na_2O/K_2O[2]	0,76	0,76	0,76	0,76	≤ 4,0 [2]
Cl^-	0,14	0,08	0,09	0,09	≤ 0,10
CaO_{frei}	14,45	1,40	2,71	4,01	≤ 1,5 [2]
Glühverlust	5,96	2,73	3,05	3,38	≤ 5,0

[1] glühverlustfrei

[2] Na_2O-Äquivalent

[1] EN 197-1:2000 (D) + A1:2004: Zusammensetzung, Anforderungen und Konformitätskriterien von Normalzement. CEN Europäisches Komitee für Normung, Brüssel, 2004

[2] Schmidt, M.: Zement mit Zumahlstoffen. Zement-Kalk-Gips, 1992, Jg. 45, Nr. 2, S. 64-69

Tabelle 9: Erstarrungsverhalten und Raumbeständigkeit der Papierasche-Zemente im Vergleich zum Portlandzement (PZ)

Eigenschaft		Portlandzement CEM 42,5 R	Papierasche-Zement 10 % Papierasche	Papierasche-Zement 20 % Papierasche	Anforderungen [1]
Erstarren					
Beginn	min	159	140	114	≥ 60
Ende	min	186	147	129	
Raumbeständigkeit					
Dehnung	mm	0,1	0,7	1,9	≤ 10

[1] EN 197-1:2000 (D) + A1:2004: Zusammensetzung, Anforderungen und Konformitätskriterien von Normalzement. CEN Europäisches Komitee für Normung, Brüssel, 2004

Die Festigkeit der Papierasche- und Vergleichszemente wurde nach DIN EN 196-1 [44] geprüft. Dementsprechend wurden Mörtel mit den Mischungskennwerten: Normsand mit einem Größtkorn von 2 mm, Zement mit 450 kg/m³, Wasser/Zement-Wert von 0,50, hergestellt.

Sowohl der zehnprozentige als auch der zwanzigprozentige Papierasche-Zement erreicht im Prüfalter von 28 Tagen die geforderte Druckfestigkeit von ≥ 42,5 MPa. Die Entwicklung der Druckfestigkeiten der Mörtelproben ist in Abhängigkeit vom

Probenalter in Bild 18 dargestellt. Die Festigkeitswerte der Papierasche-Zemente liegen nur geringfügig unter denen des reinen Portlandzements. Ein Vergleich mit dem Quarzmehl-Zement, der entsprechend der Zugabemenge des Inertstoffs eine zwanzig Prozent geringe Festigkeit aufweist, bestätigt die Vermutung, dass die Papierasche aufgrund ihrer hydraulisch aktiven Komponenten zur Festigkeitsentwicklung beiträgt. Ähnliche Eigenschaftsabstufungen zwischen dem Portlandzement und den Kompositzementen werden auch bei weiteren Kennwerten, wie Biegezugfestigkeit, dynamischer E-Modul und Schwindverhalten, gefunden.

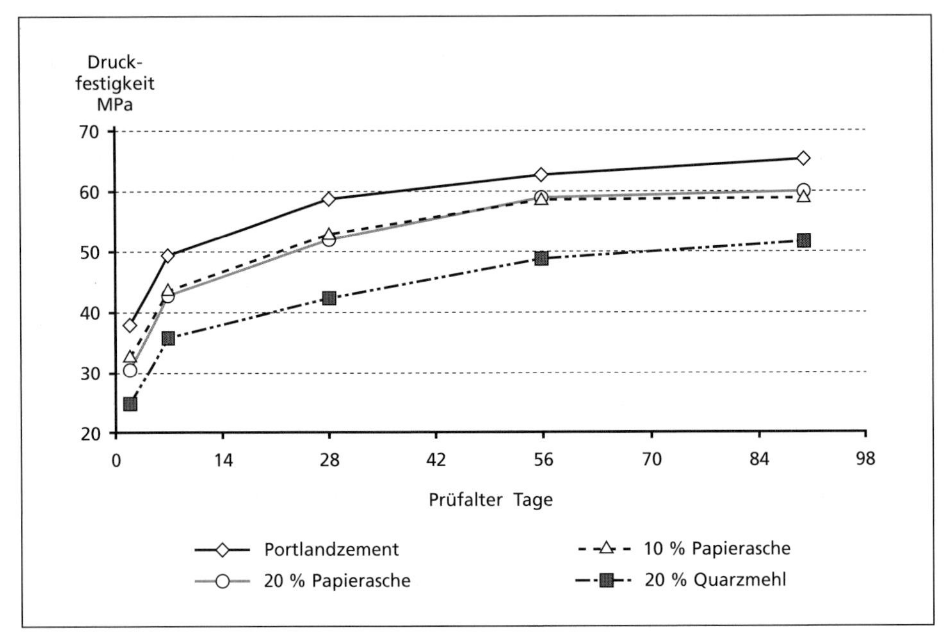

Bild 18: Entwicklung der Druckfestigkeit von Mörteln aus Papierasche-Zement im Vergleich zu Portlandzement und Quarzmehl-Zement

Die Ergebnisse der kalorimetrischen Messungen an Zementleimen bestätigen diese Vermutung. Bild 19 zeigt die auf den gesamten Zementgehalt bezogene Wärmefreisetzungsrate der Zementleime. In Bild 20 sind die auf den Portlandzement-Gehalt bezogenen freigesetzten Hydratationswärmen dargestellt. In den Papierasche-Zementen ist die Geschwindigkeit der Hydration in den ersten Stunden beschleunigt. Ein Effekt der wiederum von den porösen unregelmäßig geformten Papierasche-Partikeln, die als zusätzliche Kristallisationskeime wirken können, verursacht wird. Auch eine frühe Reaktion des Freikalks der Papierasche kann zu dieser Reaktionsbeschleunigung beitragen. Wird die freigesetzte Hydratationswärme nur auf den Portlandzement-Gehalt bezogen, dann ist die freigesetzte Wärme der Papierasche-Zemente über die gesamte Messzeit größer als beim reinen Portlandzement. Dieser Befund ist charakteristisch für die hydraulische Aktivität des Papierasche-Zusatzes. Das inerte, nichtreaktive Quarzmehl hingegen bewirkt eine Reduzierung der freigesetzten Wärmemenge.

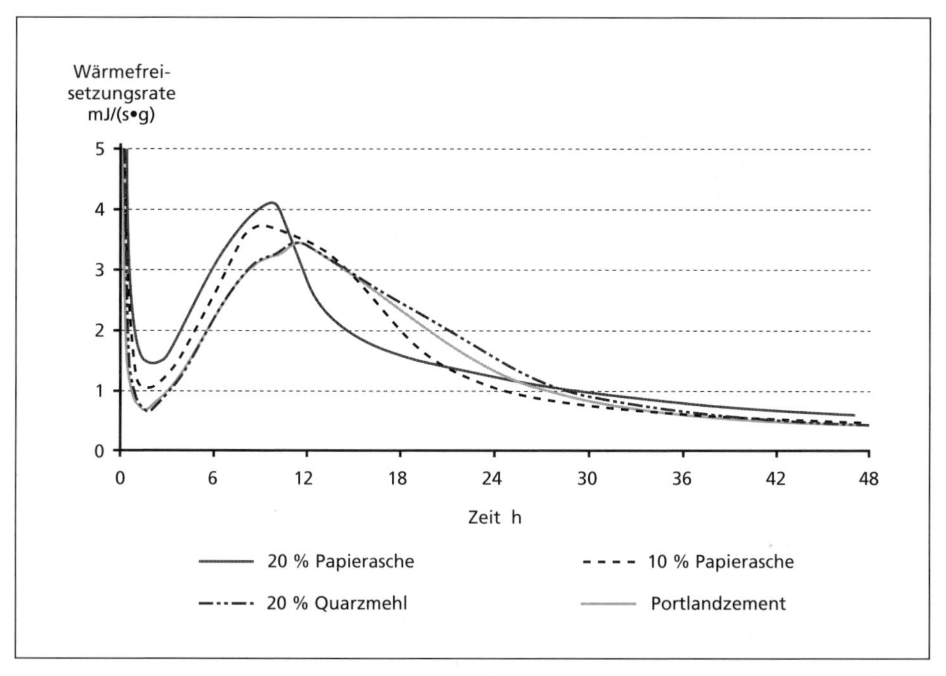

Bild 19: Vergleich der Wärmefreisetzungsrate (bezogen auf den Zementgehalt) von Papierasche-Zement, Quarzmehl-Zement und Portlandzement

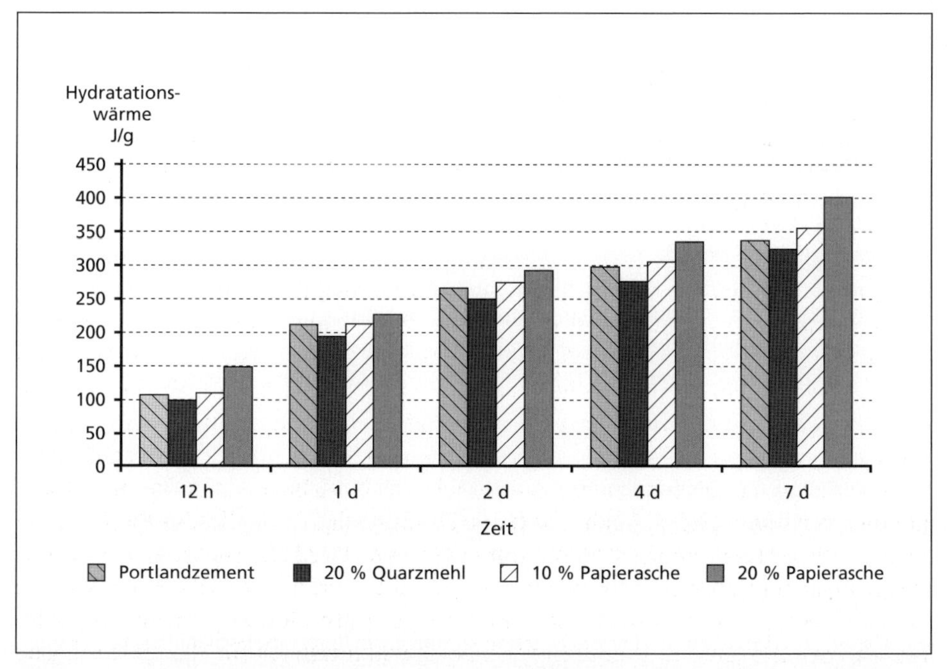

Bild 20: Hydratationswärme (bezogen auf den Portlandzement-Gehalt) von Papierasche-Zement, Quarzmehl-Zement und Portlandzement

5. Zusammenfassung

An vier Beispielen wurde gezeigt, welche Möglichkeiten es gibt, Reststoffe in Beton einzusetzen, aber auch welche Zwänge sich aus materialtechnischen Anforderungen ergeben. Oft müssen die Eigenschaften der Reststoffe durch zusätzliche Aufbereitungsmaßnahmen verbessert werden, um sie als Gesteinskörnung oder Beton- oder Zementzusatz einsetzen zu können und damit eine hochwertige Wiederverwertung zu gewährleisten.

Natürlich müssen für den Einsatz von Sekundärrohstoffen für jeden Einzelfall neben den technologischen auch ökonomische und ökologische Fragestellungen betrachtet, alternative Verwertungswege und die Konkurrenz zu anderen Recyclingprodukten überprüft, sowie die lokale Situation des Reststoffanfalls und Bestands an natürlichen Rohstoffen berücksichtigt werden. Dabei fallen solche Analysen nicht zwangsläufig aufgrund *teurer* zusätzlicher Aufbereitungsschritte zu Ungunsten des Recyclingprodukts aus [6, 22, 48, 49]. Oft sind jedoch zusätzliche Kosten für die Wiederverwertung ein K.o.-Kriterium für neue Technologie- und Materialentwicklungen. Dennoch darf der Gedanke des Klima- und Ressourcenschutzes nicht ausgeblendet werden, da sonst Innovationen verhindert werden. Eine wichtige Voraussetzung für die Weiterverfolgung von Forschungsarbeiten zu Aufbereitung und Verwendung von Reststoffen in der Bauindustrie ist vor allem die Schaffung einer größeren Akzeptanz für das Recycling und die Recyclingprodukte sowohl bei den Reststoffproduzenten als auch bei den Baustoffnutzern.

6. Literatur

[1] Statistisches Bundesamt: Statistisches Jahrbuch 2007 für die Bundesrepublik Deutschland. Wiesbaden, September 2007

[2] Knappe, F.; Blazejczak, J.: Potentialanalyse der deutschen Entsorgungswirtschaft, UFOPLAN-Bericht 206 31 303, Umweltbundesamt, Dessau, Januar 2007

[3] Dehoust, G.; Küppers, P.; Gebhardt, P.; Rheinberger, U.; Hermann, A.: Aufkommen, Qualität und Verbleib mineralischer Abfälle. UFOPLAN-Bericht 204 33 325, Umweltbundesamt, Dessau, November 2007

[4] Ramolla, S.; Schwab, C.: Abfallstoffe/Reststoffe – Verwertungswege im Beton und in anderen Baustoffen. Unveröffentlichte Datensammlung, Bundesanstalt für Materialforschung und -prüfung, Oktober 2006

[5] Römpp: Hausmüllverbrennung. RÖMPPOnline, Version 3.2, Georg Thieme Verlag, Stuttgart, 2008

[6] Zwahr, H.: MV-Schlacke – Mehr als nur ein ungeliebter Baustoff. In: Bilitewski, B.; Urban, A.I.; Faulstich M. (Hrsg.): 10. Fachtagung Thermische Abfallbehandlung – Schriftenreihe des Instituts für Abfallwirtschaft und Altlasten, Technische Universität Dresden, 2005

[7] Reichelt, J.; Pfrang-Stotz, G.: Technical properties and environmental compatibility of MSWI bottom ashes and other industrial by-products used as recycled materials in road construction. IT3 Conference Incineration and Thermal Treatment Technologies, New Orleans, Louisiana, 2002

[8] Rübner, K.; Haamkens, F.; Linde, O.: Untersuchungen an Beton mit Hausmüllverbrennungsasche als Gesteinskörnung. Jahrestagung der Fachgruppe Bauchemie, 27.-28. September 2007, Siegen. In: GDCh-Fachgruppe Bauchemie (Hrsg.): GDCh-Monographie, Band 37, Gesellschaft Deutscher Chemiker, Frankfurt am Main, 2007, S. 253-260

[9] Courard, L.; Degeimbre, R.; Darimont, A.; Laval, A.-L.; Dupont, L.; Bertrand, L.: Utilisation des mâchefers d'incinérateur d'ordures ménagères dans la fabrication de pavés en béton. Mater. Structures, 2002, Vol.35, pp. 365-372

[10] Pera, J.; Coutaz, L.; Ambroise, J.; Chababbet, M.: Use of incinerator bottom ash in concrete. Cem. Con. Res., 1997, Vol. 27, No. 1, pp. 1-5

[11] Schmidt, M.: Verwertung von Müllverbrennungsrückständen zur Herstellung zementgebundener Baustoffe. Beton, 1988, Bd. 38, Nr. 6, S. 238-245

[12] Pilny, F.; Hiese, W.: Schwer- und Leichtbeton aus Müll-Schlackensinter. Die Bautechnik, 1967, Bd. 7, S. 230-238

[13] Müllverwertung Rugenberger Damm: Sicher entsorgen – sinnvoll verwerten. Umwelterklärung 2008, MVR, Hamburg

[14] Müller, U.; Rübner, K.: The microstructure of concrete made with municipal waste incinerator bottom ash as an aggregate component. Cem. Con. Res., 2006, Vol. 36, No. 8, pp. 1434-1443

[15] DAfStb-Richtlinie: Vorbeugende Maßnahmen gegen schädigende Alkalireaktion im Beton (Alkali-Richtlinie). Deutscher Ausschuss für Stahlbeton, Berlin, Februar 2007

[16] DIN 1045-2: Tragwerke aus Beton, Stahlbeton und Spannbeton – Teil 2: Beton – Festlegung, Eigenschaften, Herstellung und Konformität – Anwendungsregeln zu DIN EN 206-1. Beuth Verlag GmbH, Berlin, August 2008

[17] DIN EN 12620: Gesteinskörnungen für Beton; Deutsche Fassung EN 12620:2002 + A1:2008. Beuth Verlag GmbH, Berlin, Juli 2008

[18] Warianka, E.: Design von Baustoffen am Beispiel eines Putzes und eines Betons mit Glaszuschlag. Dissertation, Universität-Gesamthochschule Siegen, 2000

[19] KWTB: 5. Monitoring-Bericht Bauabfälle (Erhebung 2004). Arbeitsgemeinschaft Kreislaufwirtschaftsträger Bau, Berlin, Februar 2007

[20] DAfStb-Richtlinie: Beton nach DIN EN 206-1 und DIN 1045-2 mit rezyklierten Gesteinskörnungen nach DIN 4226-100, Teil 1: Anforderungen an den Beton für die Bemessung nach DIN 1045-1. Deutscher Ausschuss für Stahlbeton, Berlin, Dezember 2004

[21] EU-LIFE-Projekt LIFE00 ENV/D/000319, RECDEMO: Complete Utilisation of the Sand Fraction from Demolition Waste Recycling. Co-ordinator: Bundesanstalt für Materialforschung und -prüfung (BAM), Fachgruppe IV:3 *Abfallbehandlung und Altlastensanierung*, 2001-2004.

[22] Weimann, K.; Giese, L.B.: Nassaufbereitung von Betonbrechsand durch Dichtetrennung – neue Ergebnisse und Einsatzmöglichkeiten. Workshop Recycling 2005, Bauhaus-Universität Weimar, Oktober 2005

[23] Weimann, K.; Müller, A.: Baustoffeigenschaften von nass aufbereiteten Betonbrechsanden. Tagungsbericht der 16. Internationalen Baustofftagung IBAUSIL 2006, Band 2, F.A. Finger-Institut für Baustoffkunde, Bauhaus-Universität Weimar, 2006, 1365-1372

[24] Weimann, K.; Müller, A.: Effects of Wet Processed Crushed Concrete Fines as Secondary Aggregates in Building Materials. In: Dhir, R.K.; Hewlett, P.C.; Csetenyi, L.; Newlands, M.D. (eds.): Proc. 7th Int. Congress Concrete: Construction's sustainable option, Dundee, UK, 8-10 July 2008, Role for Concrete in Global Development, IHS BRE Press, 2008, pp. 499-510

[25] Penttala, V.; Komonen, J.: Effects of aggregates and microfillers on the flexural properties of concrete. Magazine of Concrete Research, 1997, Vol. 49, pp. 81-97

[26] Curbach, C.; Hempel, R.; Speck, K.: Ein Abprodukt der chemischen Industrie als Betonzusatzmittel. In: Curbach, M.; Graße, W.; Haim, H.D.; Opitz, H.; Schorn, H.; Stritzke, J. (Hrsg.): Jahresmitteilungen 2000 – Schriftenreihe des Instituts für Tragwerke und Baustoffe, Heft 12, Technische Universität Dresden, 2000, S. 49-65

[27] Fu, X.; Wang, S.; Huang, S.; Hou, X.; Hou, W.: The influences of siliceous waste on blended cement properties. Cem. Con. Res., 2003, Vol. 33, No. 6, pp. 851-856

[28] Anderson, D.; Roy, A.; Seals, R.K.; Cartledge, F.K.; Akhter, H.; Jones, S.C.: A preliminary assessment of the use of an amorphous silica residual as a supplementary cementing material. Cem. Con. Res., 2000, Vol. 30, No. 3, pp. 437-445

[29] Rübner, K.; Meinhold, U.: Use of silica residue from chemical industry as mineral additive for concrete. In: Dhir, R.K.; Harrison, T.A.; Zheng, L.; Kandasami, S. (eds.): Proc. 7th Int. Congress Concrete: Construction's sustainable option, Dundee, UK, 8-10 July 2008, Durability: Achievement and Enhancement, IHS BRE Press, 2008, pp. 661-672

[30] Pacewska B.; Wilinska I.; Bukowska M.; Nocun-Wczelik W.: Effect of waste aluminosilicate material on cement hydration and properties of cement mortars. Cem. Con. Res., 2002, Vol. 32, No. 11, pp. 1823-1830

[31] Hsu, K.-C.; Tseng, Y.-S.; Ku, F.-F.; Su, N.: Oil cracking waste catalysts as an active pozzolanic material for superplasticized mortars. Cem. Con. Res., 2001, Vol. 31, No. 12, pp. 1815-1820

[32] Pacewska, B.; Bukowska, M.; Wilinska, I.; Swat, M.: Modification of the properties of concrete by a new pozzolan – A waste catalyst from the catalytic process in a fluidized bed. Cem. Con. Res., 2002, Vol. 32, No. 1, pp. 145-152

[33] Paya, J.; Monzó, J.; Borrachero, M.V.; Velázquez, S.: Evaluation of the pozzolanic activity of fluid catalytic cracking catalyst residue (FC3R). Thermogravimetric analysis studies on FC3R-Portland cement pastes. Cem. Con. Res., 2003, Vol. 33, No. 4, pp. 603-609

[34] Su, N.; Fang, H.-Y.; Chen, Z.-H.; Liu, F.-S.: Reuse of waste catalysts from petrochemical industries for cement substitution. Cem. Con. Res., 2000, Vol. 30, No. 11, pp. 1773-1783

[35] Ramolla, S.; Rübner, K.; Meng, B.: Untersuchungen zur Verwertung industrieller Reststoffe als Primärrohstoffsubstitut in Mörtel und Beton. Jahrestagung der Fachgruppe Bauchemie, 27.-28. September 2007, Siegen. In: GDCh-Fachgruppe Bauchemie (Hrsg.): GDCh-Monographie, Band 37, Gesellschaft Deutscher Chemiker, Frankfurt am Main, 2007, S. 237-244

[36] Ahmadi, B.; Al-Khaja, W.: Utilization of paper waste sludge in the building construction industry. Resources, Conservation and Recycling, 2001, Vol. 32, pp. 105-113

[37] Biermann, J. J.; Voogt, N.: A narrow line between ash and product. CEPI-Workshop, Brussels, 2001

[38] Frías Rojas, M.; Sánchez de Rojas, M. I.: Influence of metastable hydrated phases on the pore size distribution and degree of hydration of MK-blended cements cured at 60 °C. Cement and Concrete Research, 2005, Vol. 35, No. 7, pp. 1292-1298

[39] García, R.; Vigil de la Villa, R.; Vegas, I.; Frías, M.; Sánchez de Rojas, M. I.: The pozzolanic properties of paper sludge waste. Construction and Building Materials, 2008, Vol. 22, No. 7, pp. 1484-1490

[40] Pera, J.; Amrouz, A.: Development of highly reactive metakaolin from paper sludge. Advanced Cement Based Materials, 1998, Vol. 7, pp. 49-56

[41] Simpson, P. T.; Zimmie, T. F.: Waste paper sludge – an update on current technology and reuse. Proc. of Sessions of the ASCE Civil Engineering Conference and Exposition, Baltimore, Maryland, October 2004, Geotechnical Special Publication No. 127, American Society of Civil Engineers, 2004, pp. 75-90

[42] Vegas, I.; Frías, M.; Uretta, J.; San José, J.T.: Obtaining a pozzolanic addition from the controlled calcination of paper mill sludge. Performance in cement matrices. Materiales de Construción, 2006, Vol. 56, pp. 49-60

[43] Zulassungs- und Überwachungsgrundsätze Anorganische Betonzusatzstoffe. Schriften des Deutschen Instituts für Bautechnik, Reihe B, Heft 17, Fassung Dezember 2004, DIBt, Berlin, 2005

[44] DIN EN 196-1: Prüfverfahren für Zement – Teil 1: Bestimmung der Festigkeit. Beuth Verlag GmbH, Berlin, Mai 2005

[45] Verband Deutscher Papierfabrikanten e.V.; Verein Deutscher Zementwerke e.V.; Gesellschaft für Papier-Recycling mbH: Leitfaden zum Einsatz von Rückständen aus der Zellstoff- und Papierindustrie in der Zementindustrie. Düsseldorf, Bonn, Mai 2002

[46] EN 197-1:2000 (D) + A1:2004: Zusammensetzung, Anforderungen und Konformitätskriterien von Normalzement. CEN Europäisches Komitee für Normung, Brüssel, 2004

[47] Schmidt, M.: Zement mit Zumahlstoffen. Zement-Kalk-Gips, 1992, Jg. 45, Nr. 2, S. 64-69

[48] Weil, M.; Jeske, U.: Ökologische Positionsbestimmung von Beton mit rezyklierten Gesteinskörnungen. Workshop Recycling 2005, Bauhaus-Universität Weimar, Oktober 2005

[49] Müller, A.: Aufbereiten und Verwerten von Bauabfällen – Angebote aus der Forschung für die Praxis. Workshop Recycling 2005, Bauhaus-Universität Weimar, Oktober 2005

Deponien und Altlasten

Planung und Genehmigung einer Deponie der Klasse I
– Strategische und unternehmerische Gesichtspunkte –

Tilmann Quensell

1. Einleitung

Die Otto Dörner Unternehmensgruppe mit Sitz in Hamburg konzentriert sich auf zwei Geschäftsbereiche, die unter dem Titel Entsorgung einerseits und Kies- und Deponiebetriebe andererseits zusammengefasst werden können. Die gesamte Gruppe beschäftigt etwa 700 Mitarbeiter und erwirtschaftet einen konsolidierten Jahresumsatz von 110 Millionen Euro.

Zwischen den beiden Geschäftsbereichen und den einzelnen Firmen, die diesen Bereichen zugeordnet sind, gibt es verschiedene Verbindungen, insbesondere bei den Themen

- Bauabfallverwertung,
- Bauschutt-Recycling,
- Altlastensanierung sowie
- Beseitigung von belasteten Mineralstoffen wie Hart-Asbest.

Die im Folgenden vorgestellte Bauschuttdeponie der Klasse I hat für die Kieswerke die Bedeutung, dass Rückfrachten und zusätzliche Erträge generiert werden können. Für den Entsorgungsbereich stellt die Deponie im eigenen Hause einen wichtigen Wettbewerbsvorteil dar.

2. Strategische Unternehmensplanung

Die Entscheidung, das Genehmigungsverfahren zum Bau einer Deponie der Klasse I auf dem Standort eines Kieswerkes der Unternehmensgruppe südlich von Hamburg aufzunehmen, wurde vor über zehn Jahren gefällt. 1997 war bereits klar, dass die häufig in ausgebeuteten Kiesgruben befindlichen Altdeponien in der bisherigen Form so nicht weiter betrieben werden können. Es war darüber hinaus absehbar, dass die Errichtung neuer Deponien nach den Vorgaben der TA

Siedlungsabfall durchgeführt werden muss und die bis dato im Betrieb befindlichen Altdeponien ohne Dichtung und ohne Sickerwasserfassung in der Form nicht mehr den zukünftigen Anforderungen entsprachen. Auch die Unternehmensgruppe Otto Dörner verfügt noch über eine ungedichtete Altdeponie, die spätestens Ende Juni 2009 den Betrieb einstellen wird. Diese Deponie war bei der Entscheidungsfindung 1997 noch voll im Betrieb und hatte eine Restkapazität von etwa 600.000 Kubikmeter feste Masse.

Im norddeutschen Raum haben die Verhältnisse während der Eiszeit dazu geführt, dass die meisten Werke über einen hohen Sandanteil verfügen. Das Massengut Sand lässt sich am Markt nur absetzen, wenn die Transportkosten pro Tonne gering gehalten werden. Dies lässt sich nur realisieren, wenn sich an dem Produktionsstandort für Kies und Sand auch eine Deponie und/oder Bodenverfüllung befindet. In Hittfeld bei Hamburg verfügt die Unternehmensgruppe auch über eine große Bodenverfüllung, sodass sie in Ortsnähe zum Ballungsgebiet immer eine sehr wettbewerbsfähige Position einnehmen konnte. Zukünftig musste also dafür gesorgt werden, die Annahme von belasteten Materialien in einer modernen Deponie zu gewährleisten, um die Wettbewerbsfähigkeit weiter aufrecht zu erhalten.

Für den Geschäftsbereich Entsorgung spielt der Deponiebetrieb ebenfalls eine große Rolle. Mineralische Restmassen mit Belastungen müssen deponiert werden. Es finden großflächige Altlastensanierungen statt, bei denen in erster Linie die Übernahmemöglichkeit von belasteten Böden eine große Rolle spielt. In diesem Segment gibt es ein starkes Wettbewerberfeld, wobei nur wenige Wettbewerber über eigene Deponien verfügen. Ziel der Unternehmensgruppe war es, mineralische Reststoffe möglichst dem Recycling zuzuführen und eine Verwertung zu realisieren. Die langjährige Erfahrung zeigt, dass dies nicht unbegrenzt möglich ist. Dem Recycling auch nach heutigem Stand der Technik sind bei Belastungen aus Mineralölschäden, aus Verunreinigungen mit Farben, Lacken und anderen Vornutzungen Grenzen gesetzt. Man kann sie minimieren oder statt Abbruch intelligenten Rückbau betreiben. Man kann auch bei der Altlastensanierung akribisch darauf achten, dass eine Vermengung von unbelasteten Böden mit belasteten Böden vermieden wird. Sind die Hot-Spots aber definiert, und die Belastung ist eingegrenzt und erkannt, kommt man an einer Beseitigung auch in Zukunft nicht vorbei.

Aus strategischer Sicht wurde daher die Genehmigung einer neuen Deponie angestrebt. Die größte Unsicherheit war die Frage, ob die politischen Rahmenbedingungen gemäß den eigenen Einschätzungen eintreten würden. Davon ist abhängig wie sich der Annahmepreis entwickeln wird.

3. Risiken

In der Entsorgungswirtschaft muss man sich erfahrungsgemäß über die Risiken bei Investitionen mehr Gedanken machen als in anderen Wirtschaftszweigen. Die Vergangenheit hat immer wieder bewiesen, dass gerade der Entsorgungsmarkt eindeutige rechtliche Rahmenbedingungen braucht, um gut zu funktionieren. Dies ist logisch, da es sich um einen Markt handelt, der zumindest in seiner

Entstehung nicht auf Angebot und Nachfrage begründet war, sondern durch den politischen Willen geschaffen wurde, um anfangs den Menschen und dann die gesamte Umwelt zu schützen. Wo also die Qualität der Dienstleistung oder der eingesetzten Technik nicht durch die Nachfrage bestimmt wird, sondern durch den politischen Willen, ist auch ein klarer politischer Rahmen erforderlich. Die Politik hat dieses anscheinend immer noch nicht verstanden. Es gibt nach wie vor auch bei neuen gesetzlichen Werken und Verordnungen große Auslegungsspielräume, die von den Bundesländern sehr unterschiedlich genutzt werden – je nachdem wie die politische Interessenlage ist.

Aufgrund dieser Rechtsunsicherheit, die in den vergangenen Jahren viele Betriebe, die an eine rechtssichere Zukunft glaubten, in den Ruin getrieben hat, war es sehr schwer, die Entscheidung über eine große Investition in die Zukunft zu treffen. Eine Deponie ist keine Anlage, die man wieder ab- oder umbauen kann. Sie ist auch kein LKW, den man wieder verkaufen kann. Eine Deponie ist eine Immobilie, die – wenn sie erst einmal gebaut ist – als unveränderbare Investition in der Landschaft steht. Vor diesem Hintergrund standen die folgenden Fragen im Mittelpunkt:

- Müssen wirklich alle Altdeponien irgendwann den Betrieb einstellen?
- Welche Preispolitik werden kommunal betriebene Deponien in dem gleichen Einzugsgebiet zukünftig betreiben?
- Wird der Stand der Technik – wie jetzt geplant – zum Realisierungszeitpunkt auch wirklich von allen verlangt?
- Gibt es gerade mit Blick in die neuen Bundesländer nicht wieder Ausnahmegenehmigungen, wo Altdeponien doch auf niedrigerem Niveau mit technisch kleinstem Anspruch weiterbetrieben werden dürfen?
- Werden alte Kieswerke nach Bergrecht anders behandelt und weiter verfüllt, ohne dass die gleichen Maßstäbe angelegt und eingefordert werden?
- Was wird aus den Deponien, die jetzt noch Hausmüll annehmen durften?
- Wird es weitere Verordnungen zu Deponierung und Verwertung auf Deponien geben und wie sehen sie aus?
- Kommt die Verwertungsverordnung für mineralische Ersatzbaustoffe wirklich?

Damals lag noch nicht die Erfahrung des Jahres 2005 vor, als zwar die Deponien keinen hausmüllähnlichen Gewerbeabfall und keinen Hausmüll zur Ablagerung annehmen durften, aber doch wieder Schlupflöcher gefunden wurden und große Zwischenläger in der ganzen Republik entstanden. Mit dieser Erfahrung wäre die Entscheidung wahrscheinlich noch schwerer gefallen.

Problematisch war für die Entscheidung darüber hinaus die Erfahrung mit Wettbewerbern aus dem kommunalen Bereich. Betreiber landeseigener Deponien neigen stärker zu einer nicht immer nachvollziehbaren Preispolitik. Wenn die Gewinnmaximierung nicht die einzige Zielsetzung ist, werden Wettbewerber schwer einschätzbar und bedeuten ein erhöhtes Risiko für den privaten Investor.

Im Jahr 1997 wurde trotz allem die Entscheidung getroffen, das Genehmigungsverfahren zu beginnen. Die Genehmigung wurde so gestaltet, dass in verschiedenen Abschnitten gebaut werden durfte, um das unternehmerische Risiko angesichts der vielen offenen Fragen möglichst gering zu halten.

4. Unternehmerische Entscheidung

Die Risiken, die vor der Investitionsentscheidung definiert wurden, waren also vielschichtig. Da die Unternehmensgruppe aber seit vielen Jahren im Ballungsgebiet Hamburg Altlastensanierung betreibt und somit einen guten Überblick hatte, welche Mengen belasteter mineralischer Reststoffe jährlich ungefähr in Hamburg anfallen, wurde diese Entscheidung trotz der Risiken getroffen. Auch war damals schon absehbar, dass es immer schwieriger wurde, Kieswerke oder sogar Deponien im näheren Einzugsgebiet von Hamburg genehmigen zu lassen. Der Speckgürtel um Hamburg dient als Erholungsgebiet oder exquisite Wohnlage im Grünen, sodass in jedem Fall mit erheblichem Widerstand aus der Bevölkerung zu rechnen war. Darüber hinaus spielten damals die Transportkosten gerade bei Massenschüttgütern schon eine erhebliche Rolle. Es war also klar, dass die Nähe zu Hamburg einerseits politischen Widerstand mit sich bringen würde, aber auch einen deutlichen Wettbewerbsvorteil verschaffen würde, falls die Genehmigung erteilt werden würde.

Das Kieswerk in Hittfeld bot einen großen Vorteil, der für das Vorhaben sprach: Es gab eine Rekultivierungsverpflichtung, nach der das knapp hundert Hektar große Gelände, welches etwa zwanzig Meter tief ausgebeutet wurde, wieder verfüllt werden musste.

Das schlagende Argument war, dass bei einem qualitativen Austausch der wieder zu verfüllenden Massen bei gleichzeitiger technischer Sicherung auf neuestem Stand ein für die Umwelt neutrales Konzept angeboten wurde.

Für die Verkehrsbelastung, Staub- und Lärmemissionen und auch für das Grundwasser spielte es u.E. keine Rolle, ob unbelasteter Boden oder belastete mineralische Reststoffe wieder verfüllt werden, wenn bei Nachweis einer natürlichen geologischen Barriere eine hochwertige Dichtung mit Sickerwassererfassung gebaut wird. Die geologische Barriere konnte zusätzlich nachgewiesen werden. Die Deponie wird jetzt nach Vorgaben der Technischen Anleitung Siedlungsabfall (TASi) und der Abfallablagerungsverordnung (AbfAblV) – also mit einer zusätzlichen Dichtung aus einem Meter Ton, der praktisch wasserundurchlässig ist, mit Filter- und Schutzschicht gebaut. Die Sickerwassererfassung wird das während der Bau- und Einlagerungsphase anfallende Regenwasser, das durch die Reststoffe läuft, auffangen. Es wird analysiert und dann entweder dem Klärwerk zugeführt oder in Gräben eingeleitet, falls es unbelastet ist.

Letztendlich wurde ein Planfeststellungsverfahren durchgeführt, das mit allen Prüfungen und öffentlichen Anhörungen, Stellungnahmen und Gutachten zehn Jahre in Anspruch genommen hat.

Zu Beginn wurde eine Wirtschaftlichkeitsrechnung durchgeführt. Die Investition wurde mit 12 Millionen Euro geplant. Gerechnet wurde mit einem kalkulatorischen Zinssatz über zehn Prozent, um den beschriebenen hohen Risiken Rechnung zu tragen. Die Prognosen sind gegenwärtig etwas besser als ursprünglich geplant. Grund dafür ist, dass sich die kurz bevorstehende Stilllegung der Alt-Deponien Mitte 2009 jetzt langsam bemerkbar macht. Im Großraum Hamburg ist festzustellen, dass das Preisniveau für die Annahme von mineralischen Reststoffen zur Beseitigung leicht anzieht. Es kann davon ausgegangen werden, dass es spätestens Ende 2009 eine Verknappung der benötigten Deponiekapazität geben wird. Das Problem wird noch verschärft, wenn die Verordnung zur Verwertung von mineralischen Reststoffen tatsächlich in der gegenwärtig diskutierten Form in Kraft treten sollte.

5. Zusammenfassung

Es ist abzuwarten, wie sich das bevorstehende Problem zu knapper Deponiekapazitäten lösen wird. Es ist zu hoffen, dass die politischen Rahmenbedingungen in etwa so bestehen bleiben wie sie sich jetzt abzeichnen oder gegenwärtig Bestand haben. Die Entscheidung der Otto Dörner Unternehmensgruppe, die Deponie zu bauen, war eine gute Entscheidung. Angesichts der aufgezählten Risiken war es ratsam, die Deponie in drei Abschnitten zu bauen, um auf Veränderungen einigermaßen flexibel reagieren zu können. Veränderungen in der Entsorgungswirtschaft können – wie bekannt ist – sehr groß sein und dramatische Auswirkungen haben. Es bleibt zu wünschen, dass von politischer Seite mehr Stabilität geschaffen wird, damit der Unternehmer in der Entsorgungswirtschaft mehr Planungssicherheit für seine kapitalintensiven Vorhaben hat.

Sanierung einer Bergbaualtlast
– Rückbau und Metallrecycling durch Biotechnologie –

Adrian-Andy Nagy, Daniel Goldmann, Eberhard Gock,
Axel Schippers und Jürgen Vasters

Sulfidhaltige Ablagerungen des Buntmetallerzbergbaues können beim Zutritt von Wasser und Sauerstoff durch katalytische Wirkung von Mikroorganismen schwermetallhaltige Sauerwässer bilden, die Böden und Gewässer kontaminieren. Zusätzlich können Wind und Regen durch Erosion zur weiträumigen Verteilung der Schwermetallsulfide der Ablagerungen führen. Weltweit ist eine Vielzahl ähnlicher Probleme bekannt. Neben der Sanierung buntmetallhaltiger Bergeteiche kommen auch Verwertungsmaßnahmen in Betracht.

Die Bundesanstalt für Geowissenschaften und Rohstoffe (BGR) aus Hannover erhielt im Jahre 2003 den Auftrag zur stofflichen Verwertung und Sanierung eines Bergeteiches des Blei-Zink-Kupfer-Bergbaues in Peru.

1. Objektbeschreibung

Es handelt sich um den Bergeteich Ticapampa mit Abgängen der Blei-Zinkerz-Flotation der Verarbeitungsanlage *Compania Minera Alianza*. Die Flotationsberge wurden durch Rohrleitungen abwärts zu den am Ufer des Flusses Rio

Santa angelegten Bergeteichen transportiert. Die Erzaufbereitung in der Region wurde vor etwa dreißig Jahren beendet (Bild 1). Ohne Sicherungsmaßnahmen wurden die Betriebsanlagen stillgelegt und die Bergeablagerungen den Witterungsbedingungen überlassen (Bild 2). Die Blei- und Zinkerze aus den peruanischen Minen Collaracra, Hinchis, Santa Rita, Tarugo, Huancapeti und Hercules wurden durch Grobzerkleinerung und Feinmahlung für die Flotation vorbereitet. Der Bergeteich Ticapampa liegt etwa dreißig Kilometer südöstlich der Stadt Huaraz (3.052 m), der Hauptstadt der Provinz Ancash/Peru. Er befindet sich auf einer Höhe von 3.410 Metern; die geographischen Koordinaten sind E 0231684 und N 8919480 [1].

Bild 1: Verlassene Erzverarbeitungsanlage der Compania Minera Alianza. Ansicht in Richtung Bergeteich und Fluss Rio Santa

Quelle: BGR

Das Bergeteichsystem Ticapampa ist rund 900 Meter lang, etwa 200 Meter breit und bis zu 19 Meter hoch. Sein Volumen beträgt etwa 1,4 Millionen Kubikmeter. Die Dämme sind terrassenförmig mit einer Steigung von 60° und einer Höhe von fünf Meter angelegt. Obwohl hier als *Bergeteich* in Anlehnung an die Terminologie der BGR bezeichnet, handelt es sich um eine Spülhalde. Der Fluss Rio Santa dräniert zusammen mit zahlreichen Nebenflüssen eine Oberfläche von 14.954 km^2 zwischen der Cordillera Blanca im Osten und der Cordillera Negra im Westen. Die Länge des Flusses Rio Santa beträgt 316 km; er hat ein durchschnittliches Gefälle von 1,4 Prozent. In der trockenen Küstenebene wird das Flusswasser zur Bewässerung benutzt. An seiner Mündung in den pazifischen Ozean hat der Rio Santa im Jahresmittel einen Zufluss von 143 Kubikmeter pro Sekunde. In

Bild 2: Der Bergeteich Ticapampa, randlich vom Rio Santa erodiert. Die rötlichen Pfützen von Eisenhydroxidausfällungen – hier durch schwarze Umrandung gekennzeichnet – zeigen die Sauerwasserbildung an

Quelle: BGR

der nahen Umgebung des Bergeteiches auf den unteren Gebirgsebenen werden Landwirtschaft und Viehzucht betrieben. Es werden Kartoffeln, Hafer und Gerste angebaut. In den flussabwärts vom Bergeteich Ticapampa gelegenen Gebieten wird Wasser durch Bewässerungskanäle aus dem Rio Santa zur Landbewässerung entnommen. Der durchschnittliche jährliche Niederschlag beträgt im Gebiet Ticapampa 718 Millimeter bei einer durchschnittlichen jährlichen Verdampfung von 1.245 Millimeter. Die Regenzeit dauert von Dezember bis März.

Insgesamt sechs Ablagerungsblöcke bilden das Bergeteichsystem. Die Blöcke haben unterschiedliche Abmessungen. Bild 3 zeigt den Ablagerungsplan des Bergeteiches Ticapampa im Überschwemmungsgebiet des Flusses Rio Santa. Abhängig von der Größe und Höhe der Blöcke wurde der Bergeteich durch insgesamt 15 Bohrungen mit fünf bis 19 Meter Teufe beprobt. Daraus wurden in Abständen von jeweils einem Meter, teilweise auch 0,5 Meter, insgesamt 243 Proben gewonnen. Aus jeder der fünfzehn Bohrungen wurde eine Mischprobe gewonnen. Das Volumen des Bergeteiches beträgt 1,4 Millionen Kubikmeter. Unter Berücksichtigung des Alters des Bergeteiches Ticapampa und einer Porosität von zehn Prozent wurde eine Masse von etwa 3,8 Millionen Tonnen Bergeteichmaterial ermittelt (Tabelle 1).

Die Probenvorbereitung des Materials umfasste Homogenisierung, Probeteilung und Aufmahlung mit einer Schwingmühle. Der Metallinhalt und das Nebengestein wurde mit Hilfe der spektroskopischen Standardmethoden ICP-OES und AAS quantitativ bestimmt.

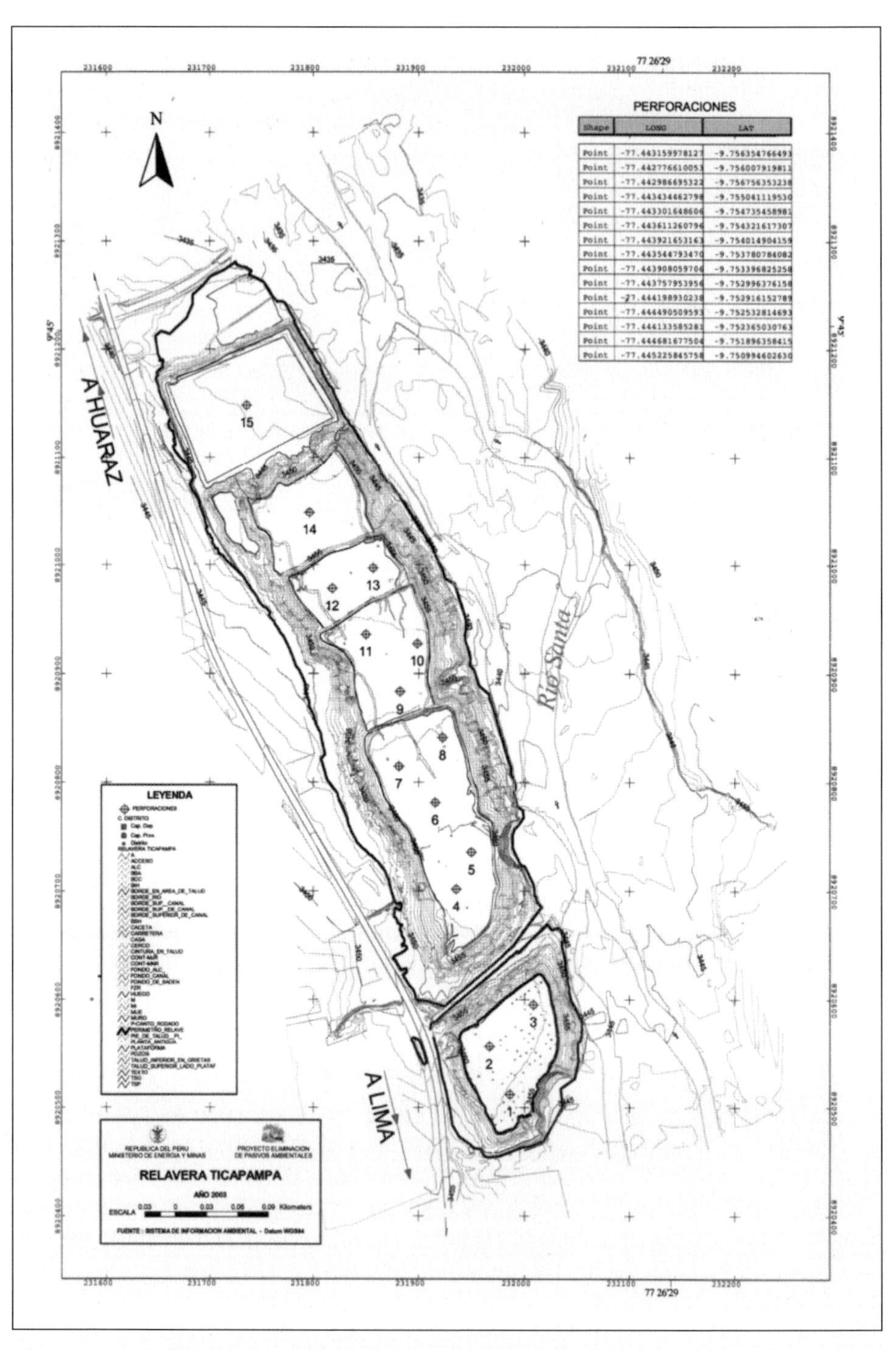

Shape	LONG	LAT
Point	-77.443159978127	-9.756354766493
Point	-77.442776610053	-9.756007919811
Point	-77.442986695322	-9.756756353238
Point	-77.443434462798	-9.755041119530
Point	-77.443301648606	-9.754735458981
Point	-77.443611260796	-9.754321617307
Point	-77.443921653163	-9.754014904159
Point	-77.443544793470	-9.753780784082
Point	-77.443908059706	-9.753396825258
Point	-77.443757953956	-9.752996376158
Point	-77.444198930238	-9.752916152789
Point	-77.444490509593	-9.752532814693
Point	-77.444133585281	-9.752365030763
Point	-77.444681677504	-9.751896358415
Point	-77.445225845758	-9.750994602630

Bild 3: Ablagerungsplan des Bergeteiches (Spülhalde) Ticapampa im Überschwemmungsgebiet des Flusses Rio Santa

Quelle: BGR

Tabelle 1: Massen der Hauptelemente der sechs Blöcke des Bergeteiches Ticapampa

Element	Masse	Element	Masse
	t		t
Gold	4,6*	$Al_2O_3 \cdot SiO_2$	3.208.577
Silber	134,5	Blei	11.776
Eisen	297.734	Mangan	10.317
Schwefel	220.895	Calcium	27.203
Arsen	122.521	Magnesium	6.153
Zink	27.331	Natrium	6.428
Kupfer	1.939	Kalium	34.796

* Der Goldinhalt wurde mit dem niedrigsten analysierten Goldgehalt von 1,21 ppm ermittelt.

Die Untersuchungen zur mineralogischen Zusammensetzung wurden sowohl mit der Röntgendiffraktometrie als auch der Elektronenmikrosondenanalyse und durch Erzmikroskopie durchgeführt (Tabelle 2).

Bild 4 zeigt den Anschliff eines mit dem Herd hergestellten Konzentrats, das die besten Informationen liefert. In diesem Anschliff schließt ein Pyritkorn (FeS_2) ein Galenitkorn (PbS) mit ein. Das Galenitkorn ist mit zwei Körnern von Arsenopyrit (FeAsS) verwachsen. Fahlerz tritt ebenfalls mit Pyrit verwachsen auf.

Mineral	chemische Formel	Abkürzungen
Pyrit	FeS_2 (kubisch)	py
Markasit	FeS_2 (orthorhombisch, dipyramidal)	ma
Arsenopyrit	FeAsS	apy
Sphalerit	(Zn,Fe)S	sph
Chalkopyrit	$CuFeS_2$	cpy
Galenit	PbS	ga
Boulangerit	$Pb_5Sb_4S_{11}$	bo
Fahlerz	$(Cu,Ag,Fe,Zn)_{12}As_4S_{13}$-$(Cu,Fe,Ag,Zn)_{12}Sb_4S_{13}$	fz
Pyrrhotin	$Fe_{1-x}S$	pyth
Rutil	TiO_2 (tetragonal)	ru
Goethit	FeO(OH)	go

Tabelle 2: Mineralbestand des Bergeteichmaterials (BM), des Mittelproduktes (MK) und des Konzentrats (K)

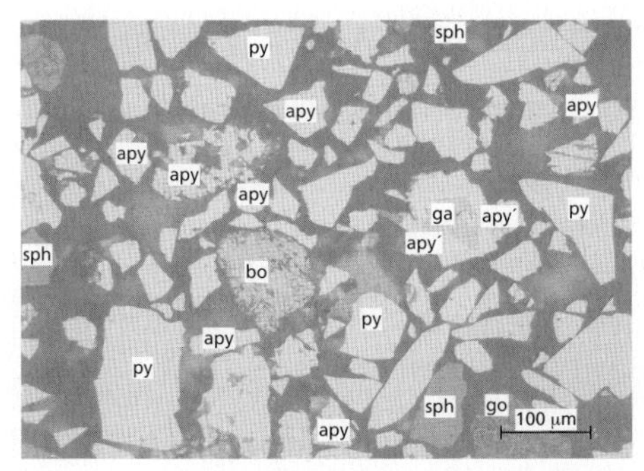

Bild 4: Erzmikroskopische Aufnahme eines durch Dichtetrennung erzeugten Konzentrats; Lange Bildkante: 1.450 µm, Anschliff des Konzentrats

Es sind keine Innenreflexe im Fahlerz erkennbar; wahrscheinlich handelt es sich um Tetraedrit ($Cu_3SbS_{3,25}$) [2]. Die Hauptbestandteile sind Pyrit (py) und Arsenopyrit (apy). In der Mitte ist ein Korn von Boulangerit ($Pb_5Sb_4S_{11}$) zu sehen. Daneben konnten einige Sphaleritkörner (ZnS) festgestellt werden. Aufgrund unterschiedlicher Farben der Innenreflexe des Sphalerits wird auf unterschiedliche Eisengehalte geschlossen. Der Eisenanteil der helleren Sphaleritkörner liegt unter fünf Prozent.

2. Sickerwasserprognose

Die Bestimmung des Sauerwasserbildungspotentials und die Sickerwasserprognose wurden mit Hilfe des Druckoxidationstests durchgeführt, der am Institut für Aufbereitung, Deponietechnik und Geomechanik der TU Clausthal entwickelt wurde. Das Prinzip ist die Oxidation sulfidischer Minerale mit Sauerstoff in wässrigem Medium bei erhöhten Druck- und Temperaturbedingungen. Diese Testmethode hat die folgenden Vorteile [3, 4]:

- Vorhersage der Langzeitverhältnisse innerhalb eines kurzen Zeitraumes,
- Differenzierung nach säurebildenden und säureneutralen Metallsulfiden,
- simultane Nachbildung von Säurebildung, Säurepufferung und Metallfreisetzung,
- Aussagen zur maximalen Sauerwasserbelastung.

Die Untersuchungen zur Sauerwasserbildung werden in einem Agitations-Autoklaven von Typ 1220 der Firma Ernst Haage (Bild 5) durchgeführt.

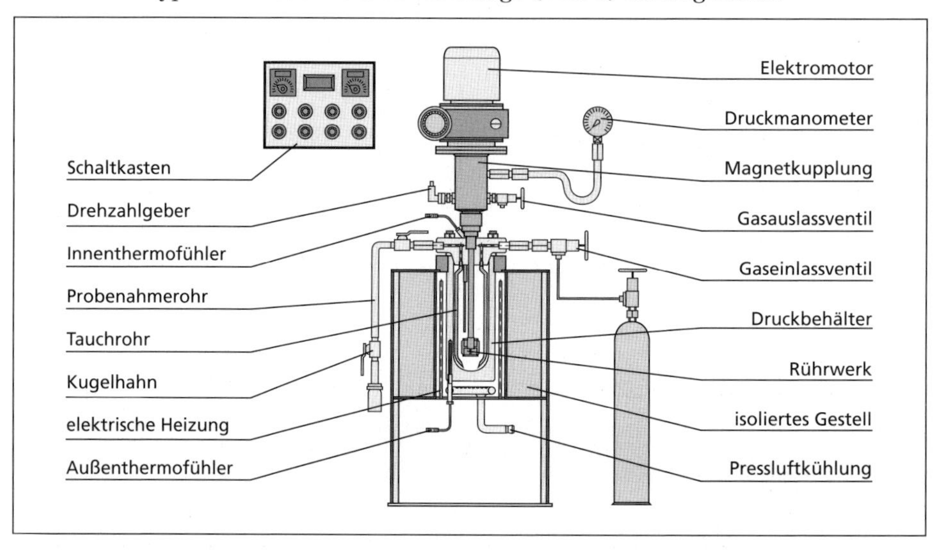

Bild 5: Agitations-Autoklav zur Bestimmung des Sauerwasserbildungspotentials

Das Gerät ist aus säurebeständigem CrNiMo-Stahl gebaut und die medienberührten Teile sind in Titan gefertigt. Die stopfbuchslosen Rührwerke mit Hochleistungs-Mischkreisel werden über eine Magnetkupplung mit stufenlos regelbarem Elektromotor angetrieben. Dabei wird die Rührerdrehzahl vom induktiven Drehzahlmesser erfasst und am Schaltkasten angezeigt. Die elektrische Heizung ist als Strahlungsheizung ausgeführt und in einem isolierten Gestell eingebaut, worin der Autoklav lose eingesetzt ist. Durch PID-Regelung und Innen-/Wandtemperaturmessung wird die Temperatur mit sehr geringer Abweichung vom Sollwert eingestellt. Die Abkühlung ist über eine im Gestell eingebaute Pressluftbrause möglich. Zur Druckbeaufschlagung mit Reaktionsgas wird das Gaseinlassventil mit Tauchrohr benutzt; der aktuelle Betriebsdruck wird am

Manometer angezeigt. Das Gasauslassventil dient der Druckentspannung des Systems nach der Reaktion. Das Volumen des Reaktors beträgt zwei Liter. Er kann unter einem Druck bis maximal 200 bar und einer maximalen Temperatur von 350 °C betrieben werden. Während der Druckoxidation verlaufen Säurebildungs- und Neutralisationsprozesse parallel.

Das Säurebildungspotential entspricht der Quellstärke und berechnet sich aus dem Nettosäurebildungspotential und dem Neutralisationspotential. Es entspricht der Säuremenge als $CaCO_3$-Äquivalent, die bei vollständiger Oxidation der säurebildenden Sulfide entsteht. Bei den Metallsulfiden existieren insgesamt drei sulfidgruppenabhängige Oxidationsmechanismen.

$$MeS + 2\ O_2 \longrightarrow MeSO_4 \qquad \text{(Gl. 1)}$$

$$2\ MeS + 4{,}5\ O_2 + 2\ H_2O \longrightarrow Me_2O_3 + 2\ H_2SO_4 \qquad \text{(Gl. 2)}$$

$$2\ MeS_2 + 7{,}5\ O_2 + 4\ H_2O \longrightarrow Me_2O_3 + 4\ H_2SO_4 \qquad \text{(Gl. 3)}$$

Bei der ersten Reaktion (Gl. 1) werden die H_3O^+-Ionen in äquimolarem Verhältnis verbraucht und gebildet, so dass die Summenreaktion eine Neutralreaktion dargestellt. Metallsulfide, die entsprechend der zweiten Gleichung (Gl. 2) oxidiert werden, sind dadurch gekennzeichnet, dass sie ebenfalls im Sauren gelaugt werden. Durch Hydrolyse von gelösten Fe^{3+}-Ionen wird eine entsprechende Schwefelsäuremenge freigesetzt. Die Metallsulfide der dritten Gruppe (Gl. 3) werden ausschließlich durch Sauerstoff und/oder Fe^{3+}-Ionen oxidiert, so dass im Oxidationsprozess ein Schwefelsäureüberschuss entsteht. Für die realitätsnahe Kalkulation der Säurebildung wird nicht der gesamte Sulfidschwefelanteil in freie Schwefelsäure umgerechnet, sondern es gelten die in Tabelle 3 für verschiedene Metallsulfide angegebenen Umsetzungen [5].

Tabelle 3: Effektive Säurebildung bei vollständiger Oxidation verschiedener Metallsulfide

Gruppe	Metallsulfide	Säurebildung	Säureverbrauch	freie Säure
		mol H_3O^+/mol MeS		
1	ZnS, PbS, CuS	2	2	0
2	FeS, $CuFeS_2$, FeAsS	4	2	2
3	FeS_2, MoS_2, WS_2	4	0	4

Quelle: Reiss, M. (2002): Beitrag zur Quantifizierung der Sauerwasserbildung sulfidhaltiger Abgänge der Montanindustrie für die Konzeptionierung von Verminderungsmaßnahmen, Dissertation, TU Clausthal, p. 20

Es wurden hundert Gramm Bergeteichmaterial in einem Liter Wasser suspendiert und unter einem Sauerstoffpartialdruck von zehn bar bei einer Temperatur von 180 °C zwei Stunden gerührt. Die pH-Werte der Suspensionen betrugen vor der Druckoxidation 7,3 und danach 1,3. Die Temperaturerhöhung bei der Lösereaktion führt grundsätzlich zu Änderungen der Konzentrationsverhältnisse. Mit dem Druckoxidationstest des Bergeteichmaterials werden über 65 Prozent des Sulfidschwefels zu Sulfaten oxidiert. Die Konsequenz der Entstehung von Schwefelsäure ist die weitgehende Mobilisierung von Schwermetallen. Obgleich Calcium und Magnesium zu 95 Prozent in Lösung überführt wurden, konnte kein reales Neutralisationspotential festgestellt werden.

Die Berechnungen ergaben, dass im Bergeteich mit einer mobilisierbaren Metallmenge von bis zu 130.000 Tonnen und mit einer Schwefelmenge (als Metallsulfate und Schwefelsäure) bis zu 150.000 Tonnen zu rechnen ist. Zur Charakterisierung des polymetallischen Eluats wurde eine zweistufige Titration bis pH 4,3 und pH 8,3 mit Hilfe einer 1N NaOH-Lösung durchgeführt. Aus der verbrauchten Titrationslösung ergaben sich das in Tabelle 4 angegebene Netto-Säurebildungspotential (NetAP), das Netto-Metallfreisetzungspotential (NetMeP), das Sauerwasserbildungspotential (AWP), das Neutralisationspotential (NP) und das Säurebildungspotential (AP) [3]. Zur Vermeidung der Sauerwasserbildung sind entsprechend dem gefundenen Sauerwasserbildungspotential etwa 72 Kilogramm $CaCO_3$ pro Tonne Bergeteichmaterial erforderlich.

Tabelle 4: Sauerwasserbildungskennwerte bei der Druckoxidation des Bergeteichmaterials aus Ticapampa

NetAP	NetMeP	AWP	NP	AP
kg $CaCO_3$/t				
54,5	17,5	72	0	54,5

3. Mechanische Aufbereitung

Zur Bestimmung der Korngrößenverteilung des Bergeteichmaterials wurden Nasssiebung und Laserbeugungsspekrometrie [6] (Typ CILAS715) durchgeführt. Für die Bestimmung der Korngrößenverteilung der einzelnen Blöcke (Block 1 bis Block 6) wurden aus den jeweiligen Gesamtbohrungen sechs Mischproben erzeugt. Bild 6 stellt die Korngrößenverteilungen des Bergeteichmaterials für jeden Bergeteichblock dar. Die Korngrößenverteilungen der ersten vier Blöcke weisen hohe Ähnlichkeit auf. Nur bei Block 2 handelt sich um ein etwas gröberes Material. Der d_{50}-Wert liegt zwischen 30 und 55 µm.

Eine Entschlämmung des Bergeteichmaterials beziehungsweise die Abtrennung der Kornklasse < 30 µm lässt sich mit Hydrozyklonen durchführen. Bei Verwendung eines 200 mm-Hydrozyklons wurde ein hoher Durchsatz und eine gute Verteilung der Trübemenge im Über- und Unterlauf erreicht.

Bei einer Sortierung des Bergeteichmaterials mit einem Stoßherd wurden etwa 8,50 Prozent Konzentrat mit einem Goldgehalt von 9,5 ppm und etwa 10,5 Prozent Mittelprodukt mit einem Goldgehalt von 2,34 ppm erzeugt. Nach einer erneuten Trennung des Mittelproduktes wurde im Wesentlichen der Schwermetallsulfidanteil weiter konzentriert. Insgesamt wurden etwa zwölf Prozent Konzentrat mit einem Gold- und Silbergehalt von 10,29 ppm und 88,20 ppm erzeugt. Die anfallenden Berge sind weitgehend goldfrei und enthalten weniger als ein Prozent Sulfide.

Der Feinkornanteil beträgt 26,12 Prozent und enthält etwa sechs Prozent Schwefel in Form von Sulfiden.

Parallel zu den Versuchen mit dem Stoßherd wurden aus wirtschaftlichen Gründen Sortierungsversuche mit einer Wendelrinne durchgeführt. Bei der Wendelrinnensortierung mit Vorentschlämmung des Bergeteichmaterials wurde ein Metallkonzentrat mit einem Goldgehalt von 6,25 ppm und einem Silbergehalt von 37,88 ppm erzielt.

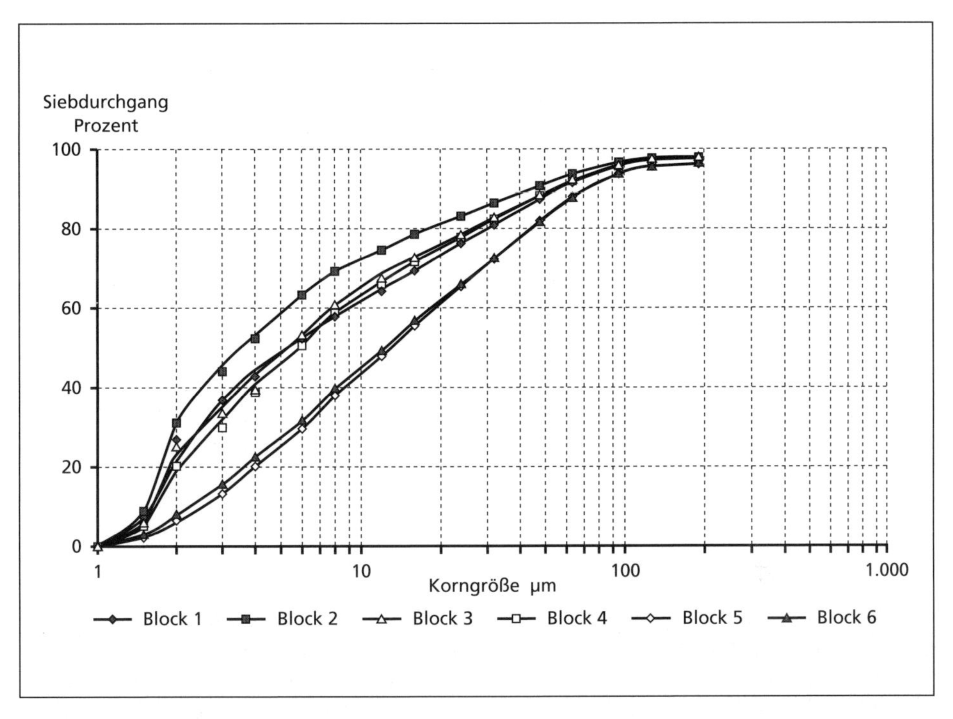

Bild 6: Korngrößenverteilungskennlinien der Mischproben Blöcke 1 bis 6 des Bergeteichmaterials

Die Sulfidabscheidung der Feinkornfraktion gelingt durch Flotation mit Kaliumamylxanthat als Sammler und Natriumwasserglas als Drücker und Dispergierungsmittel mit über neunzigprozentigem Sulfidschwefelausbringen. Für die flotative Entpyritisierung des Feinkorns ist eine Feststoffkonzentration der Flotationstrübe von 100 g/l bei einem pH-Wert von 9 erforderlich. Das höchste Ausbringen von Sulfiden sowie von Schwermetallen wurde bei einem Sammlereinsatz von 150 g/t Kaliumamylxanthat, einem Schäumereinsatz von 75 g/t Flotanol C7 (Alkylpolyethylenglykol) und einem Drückereinsatz von 2 kg/t Natriumwasserglas erreicht.

4. Laugung

Die Gewinnung der Edelmetalle geht von mechanisch erzeugten Konzentraten aus. Eine bakterielle Vorbehandlung der Konzentrate führt zu einer kürzeren Laugedauer und einem besseren Edelmetallausbringen bei der nachgeschalteten Cyanidlaugung. Aus diesem Grund wurden im Referat für Geomikrobiologie der Bundesanstalt für Geowissenschaften und Rohstoffe (BGR) in Hannover Versuche zur biologischen Sulfiderzlaugung der an der TU Clausthal durch Dichtetrennung gewonnenen Konzentrate durchgeführt. Das biologisch gelaugte Konzentrat wurde anschließend an der TU Clausthal einer Cyanidlaugung zur Edelmetallgewinnung unterzogen.

4.1. Biologische Vorlaugung

Es wurde eine Mischkultur von Laugungsbakterien aus der BGR-Stammsammlung eingesetzt [7]. Diese bestand aus den Stämmen Acidithiobacillus ferrooxidans (Ram 6F), Acidithiobacillus thiooxidans (Ram 8T) und Leptospirillum ferrooxidans (R3). Für Ansätze der ersten und zweiten Versuchsreihe wurden je zwei Gramm Konzentrat aseptisch in 300 ml-Erlenmeyerkolben eingewogen. Mit einem sterilen Messzylinder wurden für drei parallele Ansätze mit Bakterien jeweils 70 ml Medium nach Leathens ohne Eisen hinzugegeben. Anschließend wurde mit jeweils 10 ml Inocculum aus einer Kultur jeder der drei Stämme angeimpft. Als Kontrollansätze wurden in drei 300 ml-Erlenmeyerkolben mit je zwei Gramm Konzentrat jeweils 90 ml Medium ohne Eisen und 10 ml Methanol (enthielt 2 % Thymol) zur Inaktivierung von Bakterien eingefüllt. Um die Verdunstung über die mehr als neunzigtägige Versuchsdauer auszugleichen, wurde die Masse der Ansätze festgestellt und das verdunstete Wasser jeweils mit sterilem deionisiertem Reinstwasser ersetzt. Im Falle eines Anstieges des pH-Wertes über 3 wurde der pH-Wert auf 2,5 bis 3 durch Zugabe steriler 0,5 M Schwefelsäure abgesenkt, um eine optimale biologische Laugung zu gewährleisten.

Bei weiteren Versuchsreihen wurden zur Durchführung der Cyanidlaugung größere Konzentratmengen biologisch gelaugt. Es wurden jeweils 200 g Ticapampa-Konzentrat, das mit dem Stoßherd hergestellt worden war, eingesetzt. Dazu wurden für zehn Ansätze mit je etwa zwanzig Gramm Konzentrat aseptisch in 1.000 ml-Erlenmeyerkolben eingewogen. Das Flüssigkeitsvolumen betrug jeweils 500 ml (480 ml Medium ohne Eisen und 20 ml Inocculum aus den biologischen Ansätzen des zweiten Versuchs). Die Versuchsserien dauerten 75 beziehungsweise 36 Tage. Nach Versuchende wurden jeweils die Feststoffe aus jedem Versuchsansatz bei 60 °C für die nachfolgende Cyanidlaugung getrocknet. Bei allen Laugungsversuchen konnte aufgrund der Aktivität der Laugungsbakterien eine Auflösung von Metallsulfiden im Konzentrat festgestellt werden. In Bild 7 a und b sind das Kupfer-, Blei-, Eisen-, Zink- und Arsenausbringen und der pH-Wert in Abhängigkeit von der Laugedauer für den zweiten Laugeversuch exemplarisch dargestellt. Das Metallausbringen ist bei der biologischen Vorlaugung erheblich höher als bei einem Kontrollversuch ohne Bakterien. Am Anfang des Kontrollexperiments hatte die Laugetrübe einen pH-Wert von 3,8. Der pH-Wert wurde durch Schwefelsäurezugabe von 3,8 auf 2,5 abgesenkt. Im Versuchsverlauf war ein Anstieg auf über pH 3, wahrscheinlich aufgrund des Schwefelsäureverbrauchs durch die chemische Laugung der Metallsulfide, zu beobachten. Bei Versuchsende betrugen die Metallgehalte in der Lösung 6,7 ppm Kupfer, 3,6 ppm Blei, 835 ppm Eisen und 211 ppm Zink (nicht dargestellt). In den ersten 21 Tagen erreichte die Konzentration von Arsen etwa 520 ppm, was einem Arsenausbringen von über sechzig Prozent entspricht. Danach sank die Arsenkonzentration kontinuierlich bis auf 150 ppm zu Versuchsende (91 Tage) ab, entsprechend einem Ausbringen von etwa vierzig Prozent. Es wird auf Ausfällungen von Eisenarsenat geschlossen. Die Ergebnisse zeigen, dass durch die Aktivität der Bakterien in den ersten 21 Tagen überwiegend Arsenopyrite gelaugt wurden. Das Ausbringen von Arsen von über sechzig Prozent entsprach dem zehnfachen Ausbringen der chemischen Laugung.

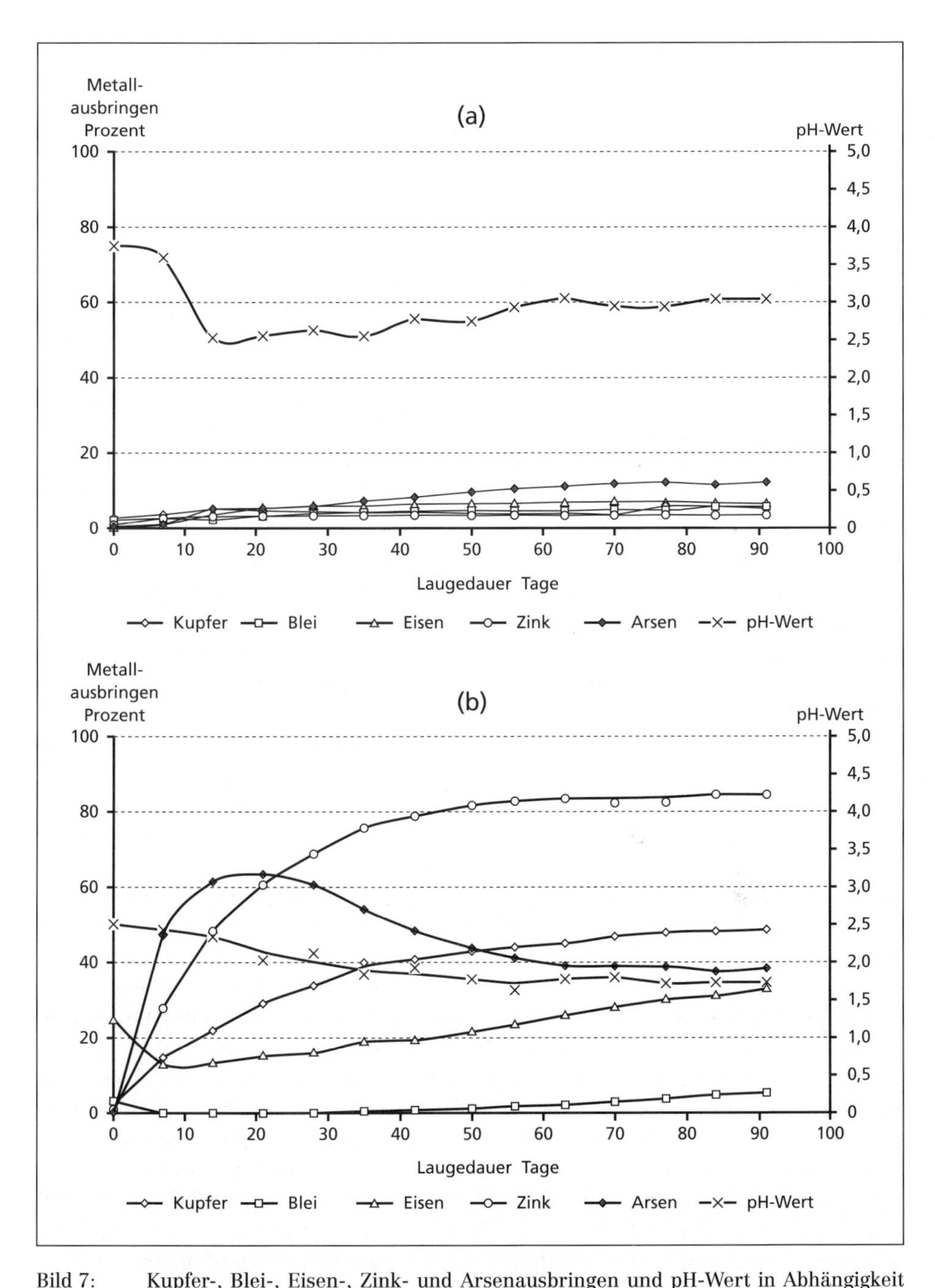

Bild 7: Kupfer-, Blei-, Eisen-, Zink- und Arsenausbringen und pH-Wert in Abhängigkeit von der Dauer der biologischen Laugung des Herdkonzentrats
(a): Chemische Kontrolle ohne Bakterien
(b): Biologische Laugung mit einer Mischkultur aus Acidithiobacillus ferrooxidans (Ram 6F), Acidithiobacillus thiooxidans (Ram 8T) und Leptospirillum ferrooxidans (R3)

Quelle: A. Schippers, BGR, Hannover

4.2. Mineralogische Analyse der Rückstände der biologischen Vorlaugung

Der Rückstand des biologisch gelaugten Konzentrats wurde erneut mit der Mikrosonde untersucht. Es wurden zusammengesetzte Rückstreuelektronenbilder (Back-Scatter-Detector (BSE)) sowie andere Elementverteilungsbilder der interessantesten Details angefertigt.

Bild 8 stellt die mineralogische Analyse der Rückstände mittels Mikrosonde dar. Es belegt, dass vorzugsweise Arsenopyrit biologisch gelaugt wurde. Im Zentrum des Bildes ist teilweise aufgelöster Arsenopyrit zu sehen (weißes Kreuz). Im Vergleich zu den Rückständen des nicht gelaugten Konzentrats ist Arsenopyrit zu fast hundert Prozent umgesetzt, während Pyrit im Wesentlichen unangegriffen blieb. Daneben ist ein unveränderter Pyrit und eine teilweise angelöste Zinkblende (sph) zu sehen.

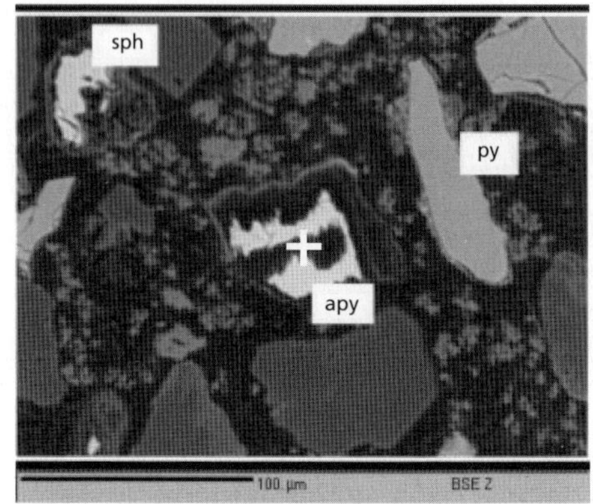

Bild 8: Mineralogische Analyse eines Rückstandes

Quelle: F. Melcher, BGR, Hannover

4.3. Cyanidlaugung

In Bild 9 a und b ist der NaCN-Verbrauch und das entsprechende Gold- und Silberausbringen bei der Cyanidlaugung von unbehandeltem und biologisch vorbehandeltem Herdkonzentrat in Abhängigkeit von der Laugedauer dargestellt. Nach etwa sechs Stunden Laugedauer des biologisch vorbehandelten Konzentrats war das Gold vollständig ausgebracht. Bei der Laugung von unvorbehandeltem Konzentrat ließen sich nur etwa sechzig Prozent des Goldinhaltes gewinnen. Der Natriumcyanidverbrauch betrug bei der Laugung des biologisch vorbehandelten Konzentrats etwa 4 kg/t und bei der Laugung des unvorbehandelten Konzentrats 3,3 kg/t. Das weist darauf hin, dass durch die bakterielle Vorbehandlung der Konzentrate die Stabilität der Mineralstrukturen verringert wird und die Löserate der anderen Metalle wächst. Die Auflösung von Gold und Silber läuft im Allgemeinen der Metallauflösung voraus. Das Silberausbringen betrug 55,6 Prozent. Damit wird das Ausbringen gegenüber der Cyanidlaugung von unvorbehandeltem Konzentrat verdoppelt.

5. Verfahrenstechnische Umsetzung

Bild 10 stellt das Verfahrensfließbild für die mechanische Aufbereitung des Bergeteichmaterials dar. Für die Aufbereitung der 3,8 Millionen Tonnen Bergeteichmaterial werden fünf Jahre bei einer durchschnittlichen täglichen Arbeitszeit von zwanzig Stunden veranschlagt. Der Verfahrensvorschlag sieht

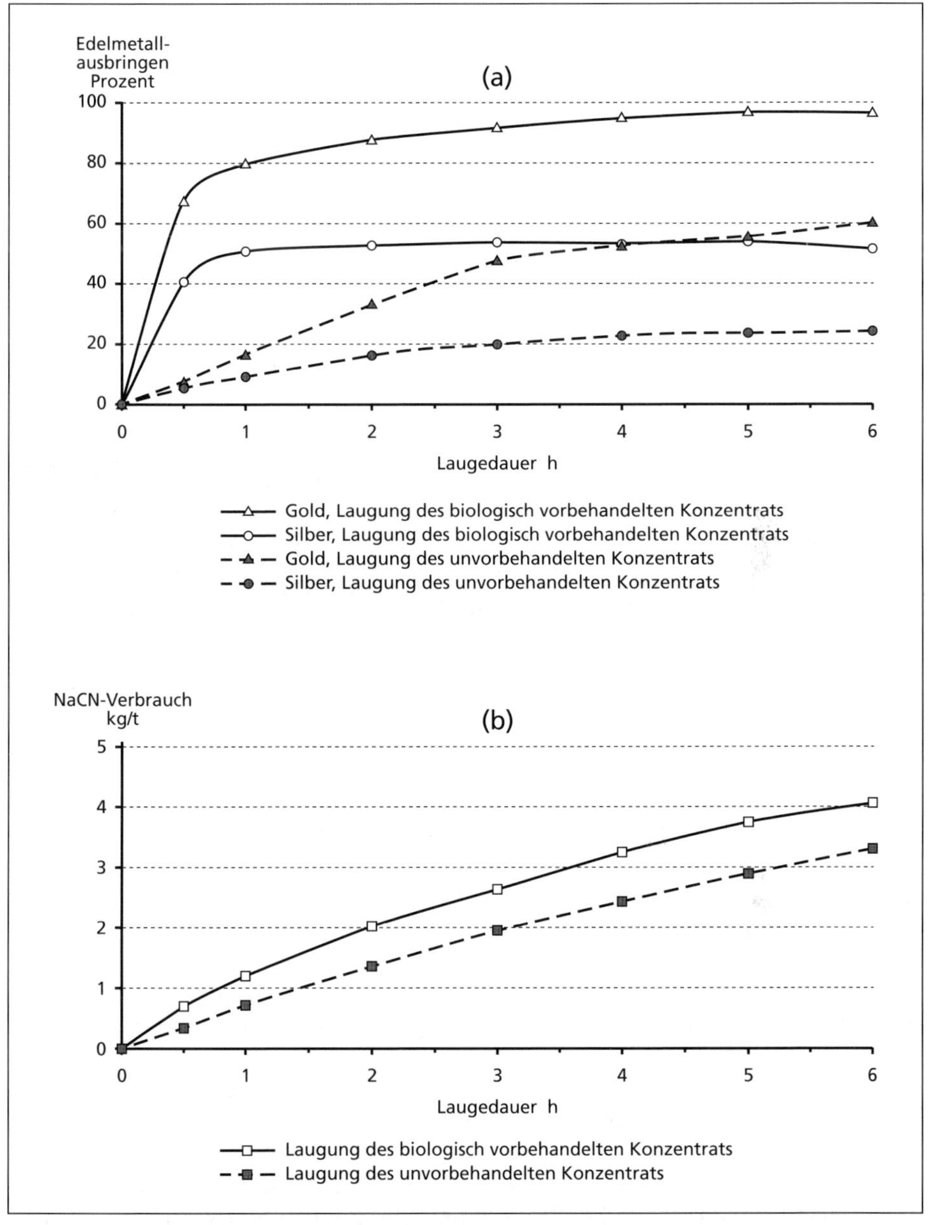

Bild 9: Gold- und Silberausbringen (a) und der NaCN-Verbrauch (b) bei der Cyanidlaugung des Herdkonzentrats in Abhängigkeit der Laugedauer

einen geschlossenen Wasserkreislauf vor. Das Prozesswasser wird mit zwei Pumpen (Pumpe 1) zu dem etwa zehn Kilometer entfernten ehemaligen Bergeteich gepumpt und das z.B. mit einem Hochdruckwasserstrahl aufgeschlossene Bergeteichmaterial mit zwei parallel betriebenen Suspensionspumpen (Pumpe 2) zur Aufbereitungsanlage gefördert. Zum Ausgleich von Durchsatzschwankungen ist ein Pufferbehälter (Behälter 1) mit hundert Kubikmeter Volumen vorgesehen,

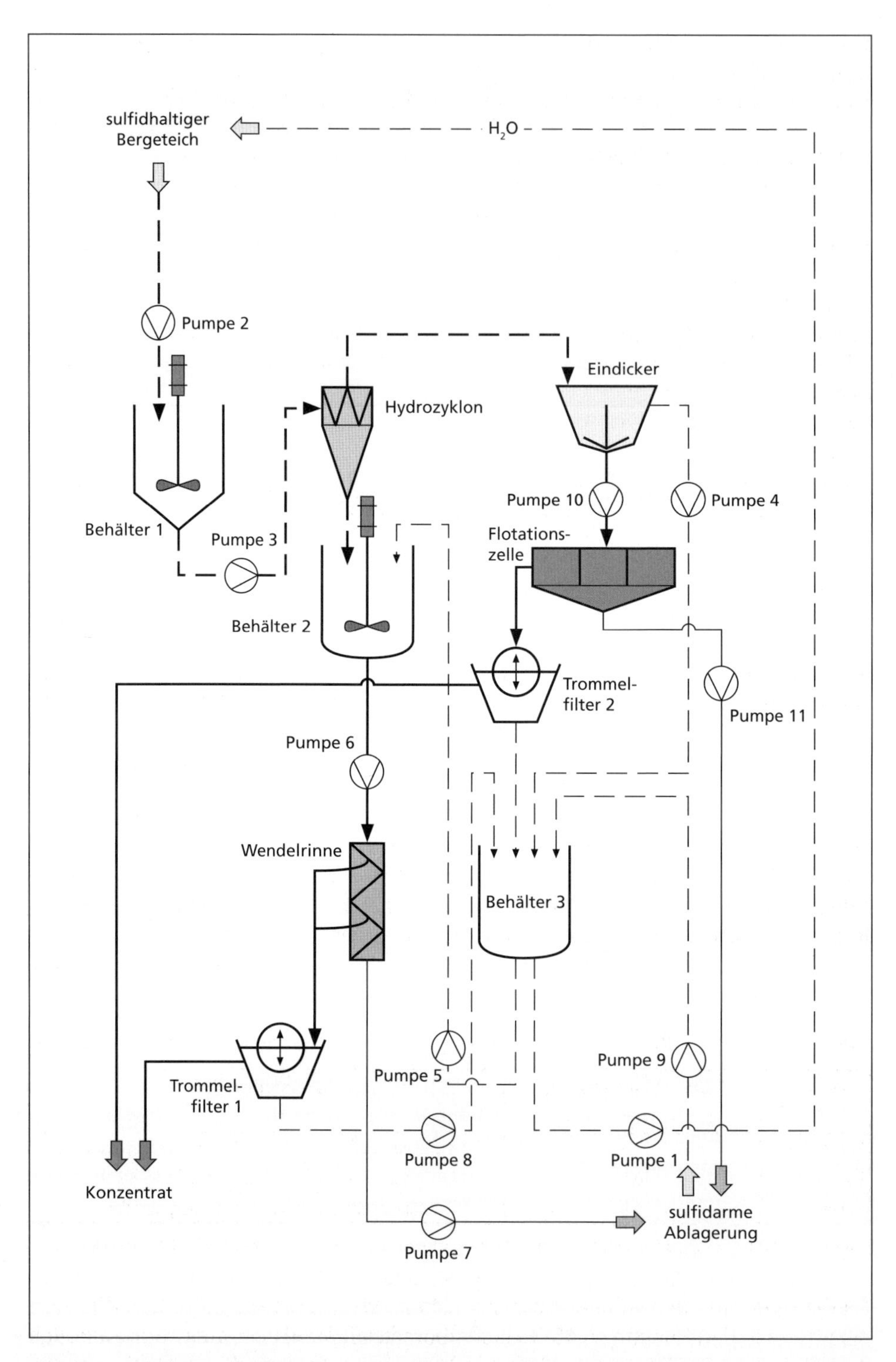

Bild 10: Verfahrensfließbild zur mechanischen Aufbereitung des Bergeteichmaterials aus Ticapampa

der bei einem angenommenen Durchsatz von etwa 1.000 m³/h im Falle von Betriebsstörungen ausreichend Reaktionszeit zulässt. Aus diesem Behälter werden parallel fünf Hydrozyklonanlagen durch fünf Pumpen (Pumpe 5) unabhängig voneinander beschickt. Der Unterlauf der Hydrozyklone gelangt in den Pufferbehälter (Behälter 2), der als Vorlage für die durch die Suspensionsförderpumpe (Pumpe 6) beschickten Wendelrinnen dient. Das Konzentrat wird mit Hilfe des Trommelfilters 1 entwässert, während die sulfidfreien Berge mit der Pumpe (Pumpe 7) zum neu angelegten Bergeteich gefördert werden. Der Hydrozyklonoberlauf wird eingedickt (Eindicker) und der erzeugte Dickschlamm flotiert (Flotationsanlage). Das Konzentrat wird entwässert (Trommelfilter 2) und die Bergesuspension zum Bergeteich gepumpt. Das in den einzelnen Entwässerungsstufen und dem Bergeteich zurückgewonnene Prozesswasser wird in Stapelbehälter (Behälter 3) gesammelt und entsprechend dem Bedarf auf die einzelnen Prozessschritte verteilt.

In Bild 11 wird das Fließschema des BIOX-Verfahrens [8] gezeigt. Die mesophilen Bakterien werden an das Konzentrat angepasst und vermehrt. Das durch Aufbereitung erzeugte Pyrit/Arsenopyrit-Konzentrat wird in den Speichertank gepumpt und mit Wasser suspendiert.

Wenn das Aufgabematerial direkt nach der Flotation in den Speichertank geleitet wird, wird vorher die Feststoffkonzentration der Flotationstrübe auf fünfzig Prozent erhöht, um zu vermeiden, dass zu große Mengen der für die Biooxidation giftigen Flotationsreagenzien in die BIOX-Reaktoren gelangen. Die Mindestkonzentration von Schwefel beträgt sechs Prozent für eine adäquate bakterielle Aktivität während der Biooxidation. Im zweiten Tank wird die für die Biooxidation nötige Nährlösung hergestellt. Der BIOX-Betrieb besteht aus sechs gleich großen Reaktoren, drei primären BIOX-Reaktoren und drei sekundären Reaktoren. Die primären Reaktoren sind parallel und die sekundären in Serie geschaltet. Der Feststoffgehalt im Betrieb beträgt etwa dreißig Prozent. Die Biooxidation läuft im Gegensatz zum Laborbetrieb nur zwischen vier und sechs Tagen. Im Allgemeinen wird die Hälfte dieser Zeit für die Prozesse in den primären BIOX-Reaktoren verbraucht, um eine stabile bakterielle Population zu erhalten und das Auswaschen von Bakterien zu verhindern. Die im zweiten Tank hergestellte Nährlösung (Tabelle 5) wird in die primären Reaktoren eingegeben.

Tabelle 5: Für den BIOX-Prozess eingesetzte Nährstoffkonzentrationen und Nährstoffquellen

Nährstoff	Nährstoffkonzentration kg/t	Nährstoffquelle
Stickstoff	1,7	Ammoniumsulfat, Ammoniumphosphatsalze, Harnstoff
Phosphor	0,9	Ammoniumphosphat und Phosphorsäure
Kalium	0,3	Kaliumsulfat, Kaliumhydroxid, Phosphatsalze

Quelle: Rawlings, D. E.; Johnson, D. B. (Eds) (2007): Biomining, Springer-Verlag Berlin Heidelberg

Da die Oxidation der Schwefelminerale ein exothermer Prozess ist und die Temperaturen in den Reaktoren 45 °C nicht überschreiten dürfen, muss kontinuierlich durch eingebaute Wärmetauscher gekühlt werden. Das resultierende Warmwasser wird im Kühlturm abgekühlt. Zur Förderung der bakteriellen Zellreproduktion

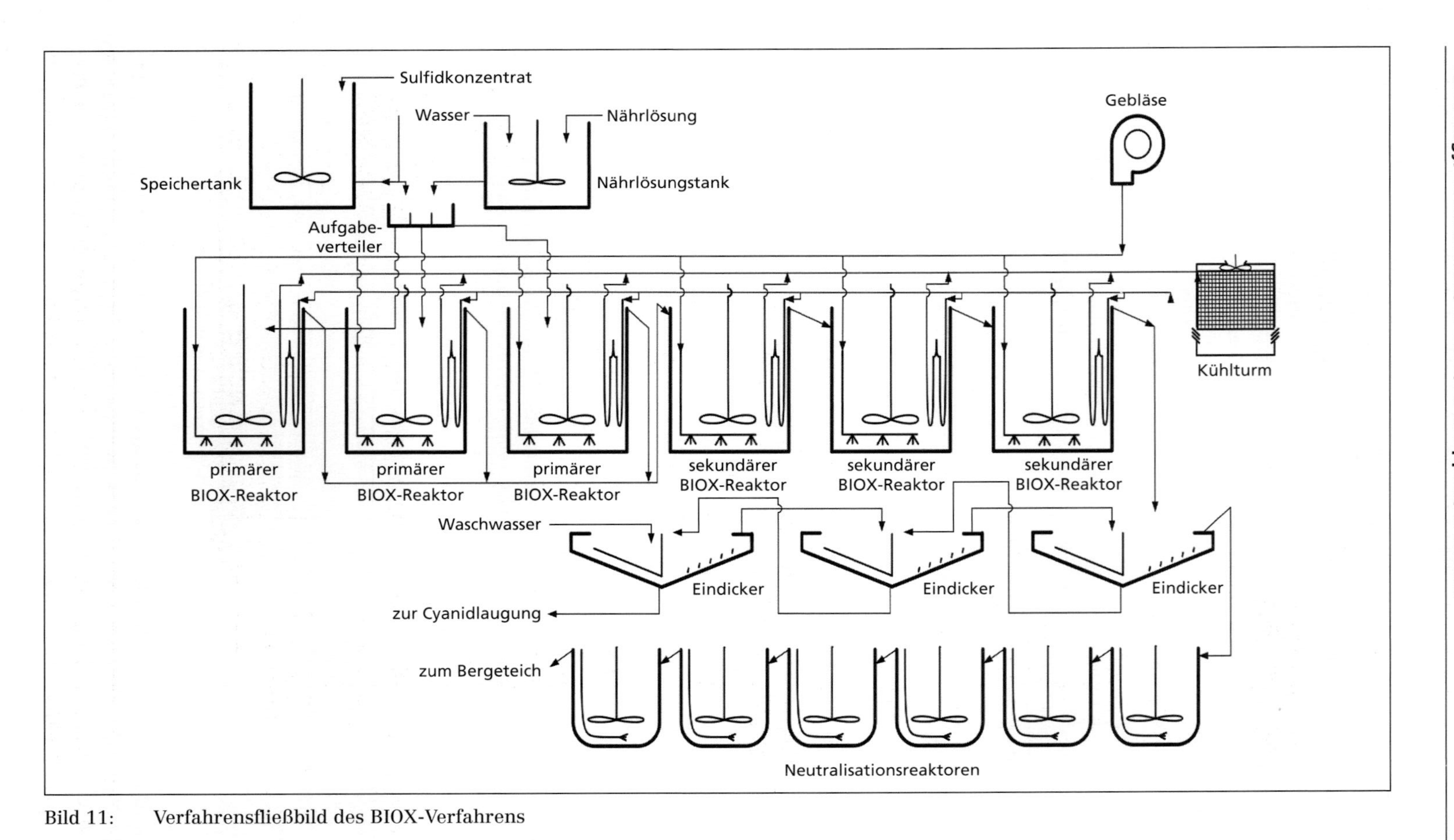

Bild 11: Verfahrensfließbild des BIOX-Verfahrens

Quelle: Rawlings D. E.; Johnson D. B. (Eds) (2007): Biomining, Springer-Verlag Berlin Heidelberg

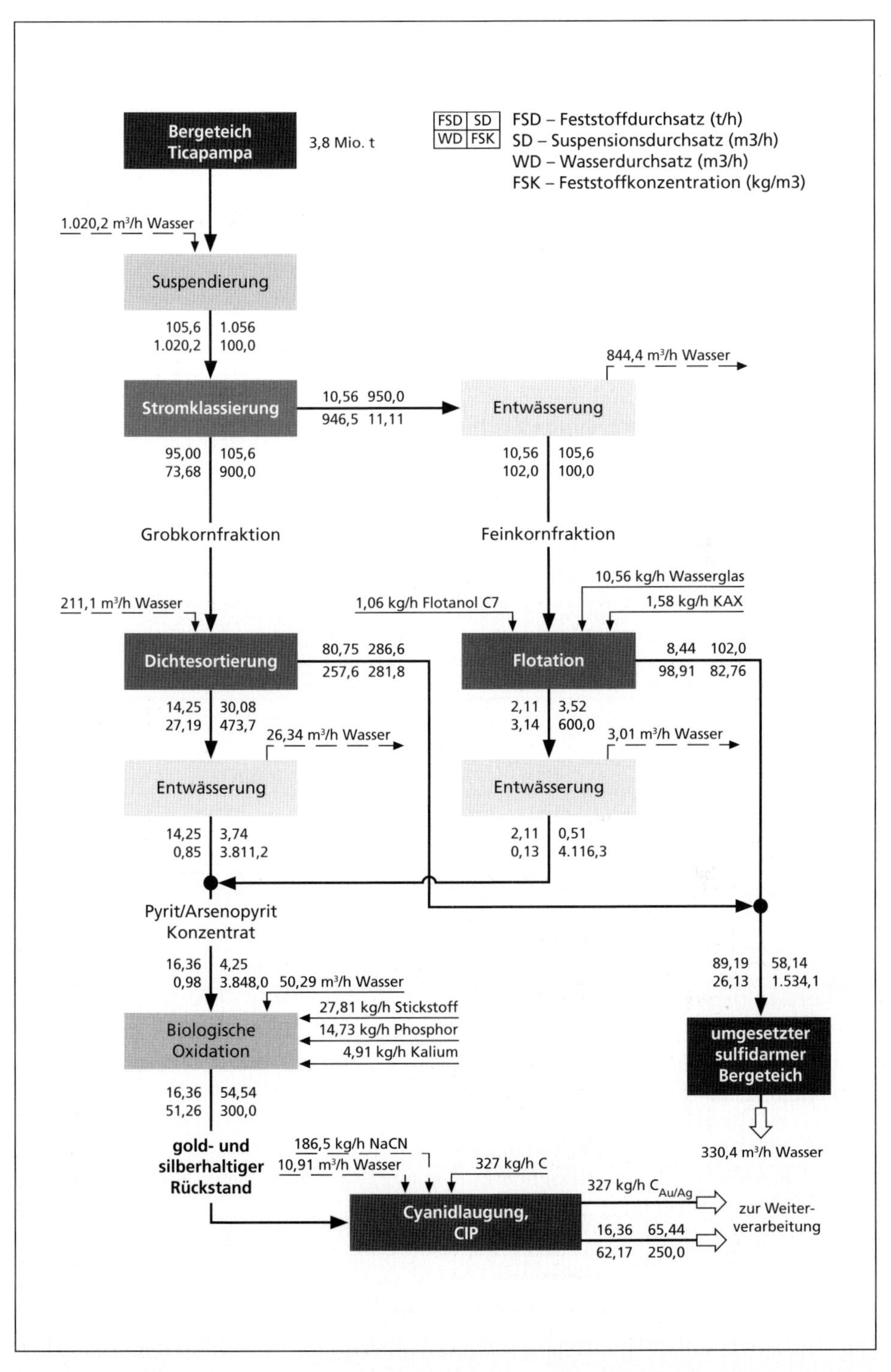

Bild 12: Bilanzierung der Stoffströme der Aufbereitung des Bergeteichmaterials aus Ticapampa

muss das Konzentrat einen zweiprozentigen Gehalt an Carbonaten haben. Die minimale Sauerstoffkonzentration von 2 mg/l in der Laugungssuspension wird durch eine permanente Belüftung gesichert. Der pH-Wert der Laugungssuspension wird automatisch zwischen 1,2 und 1,8 gehalten. In den Eindickern wird das biooxidierte Konzentrat im Gegenstrom gewaschen, bis die Eisenkonzentration der Suspension einen Wert von 1 g/l bei einem pH-Wert von etwa 1 bis 3 unterschreitet. Hintergrund ist die Minimierung des Cyanidverbrauchs bei der Laugung. Die Waschlösungen aus den Eindickern werden in den Neutralisationsreaktoren auf einen pH-Wert von 8 eingestellt. Das ausgefällte Eisen und Arsen liegen als Eisenarsenat in einer stabilen chemischen Verbindung vor, so dass die Suspension gefahrlos in einem Bergeteich abgelagert werden kann.

Bild 12 zeigt die Bilanz des Feststoff-, Suspensions- und Wasserdurchsatzes der Aufbereitungsschritte und die Feststoffkonzentration der Suspensionen bei der Aufbereitung des Bergeteichmaterials aus Ticapampa.

6. Erlöspotential

Tabelle 6 zeigt die Ermittlung des Erlöspotentials für das aus dem Bergeteichmaterial gewonnene Konzentrat.

Tabelle 6: Ermittlung des Erlöspotentials für das gewonnene Konzentrat bei der Aufbereitung des gesamten Bergeteichmaterials aus Ticapampa

Metall	Gold[1]	Silber
Inhalt	4,6 t	134,5 t
Aufbereitungsausbringen	90 %	20 %
Aufbereitungskonzentrat	0,48 Mio. t	
Metallgehalt des Konzentrats	8,7 ppm	56,5 ppm
Edelmetallpreise[2]	930,7 USD/XAU[3]	17,77 USD/XAG[4]
Wert der Edelmetalle im Konzentrat	77,98 Mio. EUR	7,74 Mio. EUR
Erlöspotential des Konzentrats	85,72 Mio. EUR	
Erlöspotential pro Tonne Bergeteichmaterial	22,56 EUR/t	

[1] Der Goldinhalt wurde mit dem niedrigsten analysierten Goldgehalt von 1,21 ppm ermittelt
[2] Stand 25.09.2008
[3] XAU: Feinunze (31,1034768 Gramm) Gold
[4] XAG: Feinunze (31,1034768 Gramm) Silber

Der Gesamtwert der Edelmetalle aus dem Konzentrat wurde für ein Goldausbringen von neunzig Prozent und ein Silberausbringen von zwanzig Prozent berechnet. Die Metallpreise wurden aus den DWS Investments bei einem Dollar-Euro-Kurs vom 25.09.2008 kalkuliert. Es handelt sich um etwa 85 Millionen Euro. Die erforderliche Umlagerung des Bergeteichmaterials wurde nach [9] mit 1,60 EUR/t berechnet.

Die Umlagerungskosten umfassen die Kosten für die Aufnahme, den Transport und den Wiedereinbau des Bergeteichmaterials, die Stabilisierung, die Abdeckung und die Rekultivierung, die Drainage und die Wege.

Die zusätzlichen Aufwendungen für die Aufbereitung des Bergeteichmaterials zur Rückgewinnung des Goldes und Silbers umfassen daher nur die reinen Kapital- und Betriebskosten der Aufbereitungslinie ohne weitere Gewinnungs- und

Transportkosten. Im Kostenvergleich mit anderen bekannten Aufbereitungsanlagen [10] für vergleichbare Rohstoffe ist bei dem ermittelten Erlöspotential ein positives Betriebsergebnis möglich.

7. Zusammenfassung

Im Auftrag der Bundesanstalt für Geowissenschaften und Rohstoffe Hannover (BGR) wurde in der Region Huaraz/Peru ein Bergeteich des ehemaligen Blei-Zink-Kupfer-Sulfiderzbergbaues in Ticapampa auf seine Umweltverträglichkeit hin untersucht. Der Bergeteich mit einem Gesamtvolumen von etwa 1,4 Millionen Kubikmetern, einer Höhe von etwa neunzehn Metern, einer Länge von rund neunhundert Metern und einer Breite von etwa zweihundert Metern befindet sich im Überschwemmungsgebiet des Flusses Rio Santa, der als Wasserspender für die Landwirtschaft im Tiefland Huaraz dient. Mit Hilfe eines am Institut für Aufbereitung, Deponietechnik und Geomechanik der TU Clausthal entwickelten Druckoxidationstests wurde zunächst das Sickerwasserbildungspotenzial bestimmt und herausgefunden, dass mit einer Schwefelsäurefreisetzung von bis zu 150.000 Tonnen zu rechnen ist. Das Gefährdungspotenzial besteht in der Mobilisierung der Metallgehalte, die durchschnittlich 500 ppm Kupfer, 0,75 Prozent Zink, 3,2 Prozent Arsen, 540 ppm Antimon, 45 ppm Cadmium und 11 ppm Chrom betragen. Mit diesem Befund ergibt sich die Notwendigkeit einer Sanierung durch Rückbau des Bergeteiches. Im Hinblick auf die Kostenminimierung des Rückbaues wurden der Edelmetallinhalt und seine mineralogische Bindungsform ermittelt. Der Edelmetallgehalt beträgt 1,21 ppm Gold und 35 ppm Silber. Bei etwa 3,8 Millionen Tonnen Bergeteichmaterial ergeben sich Edelmetallinhalte von etwa 4,6 Tonnen Gold und 134 Tonnen Silber.

Es wurde ein Konzept zur Edelmetallgewinnung mit dem Ziel der Kostenreduzierung des Rückbaues entwickelt. Da bei den mineralogischen Untersuchungen herausgefunden wurde, dass das Gold an Arsenopyrit gebunden ist, wurden Aufbereitungsuntersuchungen mit mechanischen, chemischen und biochemischen Methoden durchgeführt. Ein Durchbruch betreffend den Cyanidverbrauch und die Reaktionsgeschwindigkeit ergab sich durch den Einsatz der biologischen Vorlaugung der Konzentrate der mechanischen Aufbereitung. Diese Versuche fanden bei der BGR mit einer Mischkultur von Laugungsbakterien aus der BGR-Stammsammlung statt. Mit einer nachfolgenden herkömmlichen Cyanidlaugung gelingt es, mit einer Laugedauer von maximal fünf Stunden und einem Cyanidverbrauch von etwa vier Kilogramm pro Tonne ein Silberausbringen von etwa fünfzig Prozent und ein fast vollständiges Goldausbringen zu erzielen. Auf der Basis der durchgeführten Aufbereitungsversuche wurde ein Aufbereitungsverfahren, bestehend aus mechanischen und biochemischen Stufen, konzipiert und ausgelegt. Pro Tonne Bergeteichmaterial ergibt sich ein Erlöspotenzial von 22,56 EUR. Die Abgänge der biologischen Laugung müssen durch Kalkzusatz neutralisiert werden und sind dann ablagerungsfähig. Im Kostenvergleich mit anderen bekannten Aufbereitungsanlagen für vergleichbare Rohstoffe ist bei dem ermittelten Erlöspotenzial ein positives Betriebsergebnis möglich. Das weitgehend entmetallisierte Bergeteichmaterial besitzt kein Schwefelsäurebildungspotenzial und kann sicher abgelagert werden.

8. Literaturverzeichnis

[1] Dorr, J. V. N and Bosqui, F. L. (2004): Assessment of Environmental Hazard Potential and Remediation Options of the Ticapampa and Pacococha Tailings, Peru; Terzan Atmaca, Lothar Hahn, Julio Bonelli Arenas; Hannover

[2] Ramdohr, P.; Strunz, H. (1967): Klockmann´s Lehrbuch der Mineralogie, Ferdinand Enke Verlag Stuttgart, Deutschland, 421-425

[3] Reiss, M. (2002): Beitrag zur Quantifizierung der Sauerwasserbildung sulfidhaltiger Abgänge der Montanindustrie für die Konzeptionierung von Verminderungsmaßnahmen, Dissertationsarbeit, metallurg., Petrol Eng. USA, 27-47

[4] Gock, E.; Reiss M. (2006): Contribution on the quantification of acid water formation in sulphide-bearing wastes from the mining industry, XXIII International Processing Congress, 3.-8. September, Istanbul, p. 2115-2122

[5] Reiss, M. (2002): Beitrag zur Quantifizierung der Sauerwasserbildung sulfidhaltiger Abgänge der Montanindustrie für die Konzeptionierung von Verminderungsmaßnahmen, Dissertation, TU Clausthal, p. 20

[6] Beke, B. (1971): Õrlemények szemcseméret-eloszlásának egyenletességi tényezõje. Müszaki Tudomány 44, Hungary, pp. 83-96

[7] Bosecker, K. (1997): Bioleaching: metal solubilization by mikroorganism. FEMS Microbiol. Rev. 20, p 600-605

[8] Rawlings, D. E.; Johnson, D. B. (Eds) (2007): Biomining, Springer-Verlag Berlin Heidelberg

[9] Ostertag-Henning, C. (2005), Persönliche Mitteilung, Bundesanstalt für Geowissenschaften und Rohstoffe, Hannover

[10] Wills A. B. (2006): Wills´ Mineral Processing Technology, An Introduction to the Practical Aspects of Ore Treatment and Mineral Recovery, Seventh Edition, Published by Elsevier Ltd.

Dank

Der Herausgeber dankt den an diesem Buch beteiligten Personen und Unternehmen.

In erster Linie danken wir den Autoren, die mit ihren Manuskripten den Rohstoff für dieses Buch geliefert haben. Wir wissen, dass es für sie zusätzliche Arbeit und Belastung ist, neben ihren beruflichen Pflichten ein anspruchsvolles Manuskript anzufertigen, das als Teil eines Buchs länger als ein Zeitschriftenartikel seine Wirkung entfaltet. Der Anspruch, eigene Gedanken und Arbeiten angemessen darzustellen und darüber hinaus zum Ansehen des Unternehmens, der wissenschaftlichen Institution oder der Kanzlei beizutragen, erhöht den psychischen Druck. Das Ergebnis kann sich sehen lassen: die Autoren haben qualitativ hochwertige Manuskripte geliefert. Unser Dank ist der angemessene redaktionelle Umgang mit den Manuskripten und die hohe Qualität der Präsentation in diesem Buch.

Daran haben zahlreiche Personen und Unternehmen engagiert mitgewirkt; die werbenden Unternehmen mit der Schaltung von Inseraten, die Mitarbeiter des Verlags mit ihrem Einsatz und die Druckerei mit der Qualität von Druck und buchbinderischer Verarbeitung.

Mit der Schaltung der Inserate haben die Unternehmen dieses Buch in der vorgelegten Qualität erst möglich gemacht. Das Zusammenwirken von Autoren und werbender Wirtschaft erhöht den Informationsgrad dieser Publikation und wird – wie wir durch zahlreiche Gespräche wissen – von den Lesern als wichtige Informationsquelle wahrgenommen.

Der Dank des Herausgebers und des Verlags an Autoren und Wirtschaft dokumentiert sich in der sorgfältigen Bearbeitung der Manuskripte, des Bildmaterials und der Druckvorstufe, damit das Buch die verdiente Verbreitung und Würdigung findet. Wir sehen es als Verpflichtung, die Botschaft der Artikel und Inserate einem großen Publikum zugänglich zu machen.

Sind die Manuskripte im Verlag, beginnt für uns die Arbeit; dazu gehören unter anderem die Homogenisierung der Fachausdrücke, die Rechtschreibkontrolle, die Bearbeitung des Bildmaterials, die Verschlagwortung und die Herstellung des einheitlichen Erscheinungsbildes. Ziel des Herausgebers und des Verlags bleibt die Einhaltung eines hohen Qualitätsstandards und dessen weitere Entwicklung. Absolute Perfektion ist nicht erreichbar, aber sie bleibt unser Ziel. Um diesem Ziel näher zu kommen, haben wir mit neuen Macs und Programmen – InDesign und Illustrator – unsere EDV-Ausstattung runderneuert. Die moderne Ausstattung und die neuen Programme haben mit diesem Buch dank der Einsatzfreude der Mitarbeiter ihre Bewährung bestanden.

Die Mitarbeiter des Verlags haben mit großem Engagement auch diese Herausforderung gemeistert. Ihnen gebührt der Dank des Herausgebers:

Dr.-Ing. Stephanie Thiel hat die Redaktion, das Lektorat und – gemeinsam mit Martina Ringgenberg – die Erstellung des Schlagwortverzeichnisses übernommen.

Petra Dittmann hat die Buchplanung organisatorisch geleitet, den Kontakt mit den Autoren und Inserenten aufrechtgehalten und beim Satz und bei der Neuanfertigung von Tabellen mitgearbeitet.

Martina Ringgenberg hat die Abwicklung der Druckvorstufe besorgt, das Buch technisch geplant und die Zusammenarbeit mit der Druckerei, den Autoren und Inserenten organisiert sowie den Buchsatz und die grafischen Arbeiten durchgeführt.

Neu dazu gekommen ist Andreas Schulz, er hat zahlreiche Zeichnungen angefertigt und zu grafischen Darstellungen umgesetzt, die auch didaktischen Ansprüchen genügen; auch half er bei der Korrektur.

Großen Dank schulden Herausgeber und Verlag immer wieder der Druckerei Mediengruppe Universal Grafische Betriebe München GmbH für die sorgfältige Verarbeitung unserer Vorlagen zu einem ansehnlichen Buch hoher Qualität. Die Mitarbeiter dieses Unternehmens schaffen es immer wieder, unsere Bücher trotz des Termindrucks pünktlich auszuliefern. Das belohnen wir mit unserer nunmehr zwanzigjährigen Treue.

Dem Herausgeber ist es ein großes Bedürfnis, allen an diesem Buch Beteiligten voller Bewunderung für ihre hervorragenden Leistungen zu danken.

November 2008 *Karl J. Thomé-Kozmiensky*

Autorenverzeichnis

Dr. rer. nat. Burkart Adamczyk
BAM Bundesanstalt für Materialforschung und -prüfung
Richard-Willstädter-Straße 11
12489 Berlin
Tel.: 030-63.92-59.62
Fax: 030-63.92-59.17
E-Mail: burkart.adamczyk@bam.de

Inga Beer LL. M.
Umweltbundesamt
Wörlitzer Platz 1
06844 Dessau
Tel.: 0340-21.03-23.89
Fax: 0340-21.04-23.89
E-Mail: inga.beer@uba.de

Dipl.-Ing. Markus Berger
Technische Universität Berlin
Fachgebiet Systemumwelttechnik
Straße des 17. Juni 135
10623 Berlin
Tel.: 030-3.14-2.50.84
Fax: 030-3.14-2.17.20
E-Mail: markus.berger@tu-berlin.de

Ministerialrat Dr.-Ing. Heinz-Ulrich Bertram
Niedersächsisches Umweltministerium
Referat 36 Abfallwirtschaft, Altlasten
Archivstraße 2
30169 Hannover
Tel.: 0511-1.20-32.56
Fax: 0511-1.20-99.32.56
E-Mail: heinz-ulrich.bertram@mu.niedersachsen.de

Dr. rer. nat. Rudolf Brenneis
BAM Bundesanstalt für Materialforschung und -prüfung
Richard-Willstädter-Straße 11
12489 Berlin
Tel.: 030-63.92-58.49
Fax: 030-63.92-59.17
E-Mail: rudolf.brenneis@bam.de

Professor Dipl.-Ing. Harald Burmeier
Ingenieurtechnischer Verband Altlasten e.V. (ITVA)
Herbert-Meyer-Straße 7
29556 Suderburg
Tel.: 05826-9.88-93.28
Fax: 05826-9.88-92.22
E-Mail: burmeier@uni-lueneburg.de

Professor Dr. rer. nat. Matthias Finkbeiner
Technische Universität Berlin
Fachgebiet Systemumwelttechnik
Straße des 17. Juni 135
10623 Berlin
Tel.: 030-3.14-2.43.41
Fax: 030-3.14-2.17.20
E-Mail: matthias.finkbeiner@tu-berlin.de

Dipl.-Ing. Eike Gierth
Technische Universität Clausthal
Institut für Endlagerforschung
Adolph-Roemer-Straße 2 A
38678 Clausthal-Zellerfeld
Tel.: 05323-72-25.10
Fax: 05323-72-35.00
E-Mail: gierth@min.tu-clausthal.de

Professor em. Dr.-Ing. habil. Eberhard Gock
Technische Universität Clausthal
Institut für Aufbereitung, Deponietechnik und Geomechanik
Walther-Nernst-Straße 9
38678 Clausthal-Zellerfeld
Tel.: 05323-72-20.37
Fax: 05323-72-23.53
E-Mail: gock@aufbereitung.tu-clausthal.de

Professor Dr.-Ing. Daniel Goldmann
Technische Universität Clausthal
Institut für Aufbereitung, Deponietechnik und Geomechanik
Walther-Nernst-Straße 9
38678 Clausthal-Zellerfeld
Tel.: 05323-72-27.35
Fax: 05323-72-23.53
E-Mail: goldmann@aufbereitung.tu-clausthal.de

Dipl.-Ing. Tristan Herbst
BAM Bundesanstalt für Materialforschung und -prüfung
Abteilung VII Bauwerkssicherheit
Unter den Eichen 87
12205 Berlin
Tel.: 030-81.04-32.53
Fax: 030-81.04-17.17
E-Mail: tristan.herbst@bam.de

Dipl.-Ing. Peter Hoffmeyer
Vorstandsvorsitzender
Nehlsen AG
Furtstraße 14 – 16
28759 Bremen
Tel.: 0421-62.66-4.52
Fax: 0421-62.66-1.41
E-Mail: martina.witzeck@nehlsen.com

Dipl.-Ing. Michael Joost
ThyssenKrupp MillServices & Systems GmbH
Vinckeufer 3
47119 Duisburg
Tel.: 0203-4.69.02-36
Fax: 0203-4.69.02-83
E-Mail: michael.joost@thyssenkrupp.com

Dr.-Ing. Jörg Kähler
Technische Universität Clausthal
Institut für Aufbereitung, Deponietechnik und Geomechanik
Walther-Nernst-Straße 9
38678 Clausthal-Zellerfeld
Tel.: 05323-72-25.68
Fax: 05323-72-23.53
E-Mail: joerg.kaehler@tu-clausthal.de

Dr.-Ing. Michael Kühn
FEhS Institut für Baustoff-Forschung e.V.
Bliersheimer Straße 62
47229 Duisburg
Tel.: 02065-99.45-53
Fax: 02065-99.45-10
E-Mail: m.kuehn@fehs.de

Professor Dr.-Ing. Karl E. Lorber
Montanuniversität Leoben
Institut für nachhaltige Abfallwirtschaft und Entsorgungstechnik
Peter-Tunner-Straße 15
A-8700 Leoben
Tel.: 0043-38.42-4.02-51.01
Fax: 0043-38.42-4.02-51.02
E-Mail: iae@unileoben.ac.at

Dr.-Ing. Margit Löschau
Pöyry Energy GmbH
Borsteler Chaussee 51
22453 Hamburg
Tel.: 040-6.92.00-1.20
Fax: 040-6.92.00-2.29
E-Mail: margit.loeschau@poyry.com

Dr. Jürgen Millat
Ö. b. v. Umweltsachverständiger
Schmiedestraße 19
18184 Pastow
Tel.: 0381-4.53.87.64
Fax: 0381-4.53.87.65
E-Mail: j.millat@t-online.de

Dr.-Ing. Heribert Motz
Geschäftsführer
FEhS Institut für Baustoff-Forschung e.V.
Bliersheimer Straße 62
47229 Duisburg
Tel.: 02065-99.45-31
Fax: 02065-99.45-10
E-Mail: h.motz@fehs.de

Dr.-Ing. Dirk Mudersbach
FEhS Institut für Baustoff-Forschung e.V.
Bliersheimer Straße 62
47229 Duisburg
Tel.: 02065-99.45-47
Fax: 02065-99.45-10
E-Mail: d.mudersbach@fehs.de

Dr.-Ing. Adrian-Andy Nagy
Technische Universität Clausthal
Institut für Aufbereitung, Deponietechnik und Geomechanik
Walther-Nernst-Straße 9
38678 Clausthal-Zellerfeld
Tel.: 05323-72-21.35
Fax: 05323-72-23.53
E-Mail: aan@tu-clausthal.de

Dr.-Ing. Adrien Banza Numbi
1615, 21A Street NW
Calgary, Alberta
Kanada, T2N 2M7
E-Mail: anbanza@yahoo.com

Dr. Tilmann Quensell
Geschäftsführer
OTTO DÖRNER Kies und Deponien GmbH & Co. KG
Lederstraße 24
22525 Hamburg
Tel.: 040-5.48.85-2.58
Fax: 040-5.48.85-3.46
E-Mail: susanne.muench@doerner.de

Dr. Katrin Rübner
BAM Bundesanstalt für Materialforschung und -prüfung
Abteilung VII Bauwerkssicherheit
Unter den Eichen 87
12205 Berlin
Tel.: 030-81.04-17.14
Fax: 030-81.04-17.17
E-Mail: katrin.ruebner@bam.de

Mag. Dr. Daniela Sager
Montanuniversität Leoben
Institut für nachhaltige Abfallwirtschaft und Entsorgungstechnik
Peter-Tunner-Straße 15
A-8700 Leoben
Tel.: 0043-38.42-4.02-51.09
Fax: 0043-38.42-4.02-51.02
E-Mail: daniela.sager@unileoben.ac.at

Dr.-Ing. Brigitte Schimrosczyk
HC Starck GmbH
Am Schleeke 78 – 91
38642 Goslar
Tel.: 05321-7.51-39.77
Fax: 05321-7.51-49.77
E-Mail: brigitte.schimrosczyk@hcstarck.com

Dr. rer. nat. Axel Schippers
Privatdozent
Bundesanstalt für Geowissenschaften und Rohstoffe Hannover
Referat Geomikrobiologie
Stilleweg 2
30655 Hannover
Tel.: 0511-6.43-31.03
Fax: 0511-6.43-23.04
E-Mail: axel.schippers@bgr.de

Dipl.-Ing. Petra Schröder
Deutsches Institut für Bautechnik
Kolonnenstraße 30 L
10829 Berlin
Tel.: 030-7.87.30-3.61
Fax: 030-7.87.30-1.13.28
E-Mail: whi@dibt.de

Dipl.-Biol. Kirsten Schu
SCHU AG Schaffhauser Umwelttechnik
Winkelriedstraße 82
CH-8203 Schaffhausen
Tel.: 0041-52-5.11.10.11
Fax: 0041-52-5.11.10.19
E-Mail: k.schu@schu-ag.de

Professor Dr. Klaus-Günter Steinhäuser
Direktor
Umweltbundesamt
Wörlitzer Platz 1
06844 Dessau
Tel.: 0340-21.03-30.00
Fax: 0340-21.04-30.00
E-Mail: klaus-g.steinhaeuser@uba.de

Dipl.-Chem. Lars Tietjen
Umweltbundesamt
Wörlitzer Platz 1
06844 Dessau
Tel.: 0340-21.03-31.11
Fax: 0340-21.04-31.11
E-Mail: lars.tietjen@uba.de

Professor Dr.-Ing. habil. Dr. h. c. Karl J. Thomé-Kozmiensky
Dorfstraße 51
16816 Nietwerder
Tel.: 03391-45.45-0
Fax: 03391-45.45-10
E-Mail: tkverlag@vivis.de

Dr.-Ing. Jürgen Vasters
Bundesanstalt für Geowissenschaften und Rohstoffe Hannover
Stilleweg 2
30655 Hannover
Tel.: 0511-6.43-21.47
Fax: 0511-6.43-23.04
E-Mail: juergen.vasters@bgr.de

Rechtsanwältin Dr. Andrea Versteyl
Andrea Versteyl Rechtsanwälte
Umwelt- und Planungsrecht
Taubenstraße 23
10117 Berlin
Tel.: 030-31.01.86-80
Fax: 030-31.01.73-33
E-Mail: rechtsanwaelte@andreaversteyl.de

Dr.-Ing. Volker Vogt
Technische Universität Clausthal
Institut für Aufbereitung, Deponietechnik und Geomechanik
Walther-Nernst-Straße 9
38678 Clausthal-Zellerfeld
Tel.: 05323-72-26.22
Fax: 05323-72-23.53
E-Mail: vogt@aufbereitung.tu-clausthal.de

Ministerialrat Rüdiger Wagner

Bundesministerium für Umwelt, Naturschutz und Reaktorsicherheit
Bernkasteler Straße 8
53175 Bonn
Tel.: 01888-3.05-25.90
Fax: 01888-3.05-23.98
E-Mail: ruediger.wagner@bmu.bund.de

Dipl.-Ing. Karin Weimann

BAM Bundesanstalt für Materialforschung und -prüfung
Abteilung IV Material und Umwelt
Unter den Eichen 87
12205 Berlin
Tel.: 030-63.92-59.58
Fax: 030-63.92-59.17
E-Mail: karin.weimann@bam.de

Dr.-Ing. Lars Weitkämper

RWTH Aachen
Lehr- und Forschungsgebiet Aufbereitung mineralischer Rohstoffe
Lochner Straße 4 – 20
52064 Aachen
Tel.: 0241-80-9.63.46
Fax: 0241-80-9.26.35
E-Mail: weitkaemper@amr.rwth-aachen.de

Dr.-Ing. Agnieszka Wojtalewicz-Kasprzak

E.ON Kernkraft GmbH
Zentrale Hannover
Tresckowstraße 5
30457 Hannover
Tel.: 0511-4.39-27.55
Fax: 0511-4.39-47.10
E-Mail: agnieszka.wojtalewicz-kasprzak@eon-energie.com

Professor Dr.-Ing. Hermann Wotruba
RWTH Aachen
Lehr- und Forschungsgebiet Aufbereitung mineralischer Rohstoffe
Lochner Straße 4 – 20
52064 Aachen
Tel.: 0241-80-9.72.45
Fax: 0241-80-9.26.35
E-Mail: amr@amr.rwth-aachen.de

Dipl.-Ing. Klaus Wruss
Montanuniversität Leoben
Institut für nachhaltige Abfallwirtschaft und Entsorgungstechnik
Peter-Tunner-Straße 15
A-8700 Leoben
Tel.: 0043-38.42-4.02-51.01
Fax: 0043-38.42-4.02-51.02
E-Mail: klaus.wruss@wruss.at

Inserentenverzeichnis

BSR Berliner Stadtreinigungsbetriebe **neben S. 20, 244**

Ringbahnstraße 96
12103 Berlin
Tel.: 030-75.92-49.00
Fax: 030-75.92-25.81
http://www.bsr.de

MARTIN GmbH für Umwelt- und Energietechnik **neben S. 21**

Leopoldstraße 248
80807 München
Tel.: 089-3.56.17-0
Fax: 089-3.56.17-2.99
E-Mail: mail@martingmbh.de
http://www.martingmbh.de

mbb – Ingenieurbüro für Aufbereitungstechnik **neben S. 52, 245**

Gartenstraße 20
25557 Bendorf
Tel.: 04872-94.20.91
Fax: 04872-94.20.92
E-Mail: michaelbraeumer@t-online.de
http://www.mbb-separation.de

MEAB Märkische Entsorgungsanlagen-Betriebsgesellschaft mbH **neben S. 53, 212**

Tschudistraße 3
14476 Potsdam
Tel.: 033208-60-0
Fax: 033208-60-2.35
E-Mail: info@meab.de
http://www.meab.de

SAR Elektronic GmbH **neben S. 213**

Gobener Weg 31
84130 Dingolfing
Tel.: 08731-7.04-0
Fax: 08731-77.40
E-Mail: info@sar.biz
http://www.sar.biz

Schlagwortverzeichnis

A

B

F

G

H

I

K

L

M

N

O

P

Q

R

S

T

U

V

W

Z